"十三五"普通高等教育规划教材

(第二版)

AutoCAD 机械制图及上机指导

编著　张　琳　马晓丽　宋　艳
主审　莫正波

中国电力出版社
CHINA ELECTRIC POWER PRESS

内 容 提 要

本书是“十三五”普通高等教育规划教材。全书分为10章，主要内容包括AutoCAD基本知识，绘图环境设置与常用基本操作，辅助绘图命令，常用二维绘图命令，二维图形编辑命令，文字与表格，尺寸标注，图块、外部参考与设计中心，布局与打印出图，三维实体建模，并附全国CAD技能一级（计算机绘图师）考试图——工业产品类21套题及第5期评分标准，供报考全国CAD技能等级考试的读者参考。书中特别强调了机械图（平面图形、三视图、剖视图、零件图、装配图和三维图）的绘图步骤和技巧，并且每章都配有与上机指导教学相结合的实例练习和习题。

本书可作为普通高等学校及职业技术院校工科计算机绘图教材，也可作为计算机绘图培训教材，还可作为各类相关技术人员和自学者的参考用书。

图书在版编目（CIP）数据

AutoCAD机械制图及上机指导/张琳，马晓丽，宋艳编著．—2版．—北京：中国电力出版社，2019.8(2020.5重印)

“十三五”普通高等教育规划教材

ISBN 978-7-5198-3313-8

Ⅰ.①A…　Ⅱ.①张…②马…③宋…　Ⅲ.①机械制图－AutoCAD软件－高等学校－教学参考资料

Ⅳ.①TH126

中国版本图书馆CIP数据核字（2019）第120586号

出版发行：中国电力出版社

地　　址：北京市东城区北京站西街19号（邮政编码100005）

网　　址：http://www.cepp.sgcc.com.cn

责任编辑：霍文婵（010-63412545）

责任校对：黄　蓓　闫秀英

装帧设计：赵丽媛

责任印制：钱兴根

印　　刷：三河市百盛印装有限公司

版　　次：2016年8月第一版　2019年8月第二版

印　　次：2020年5月北京第八次印刷

开　　本：787毫米×1092毫米　16开本

印　　张：17.75

字　　数：437千字

定　　价：48.00元

前 言

AutoCAD 具有功能强大、命令简捷、操作方便的特点，目前已经广泛地应用于建筑、机械、电子、化工等很多领域，已成为在机械工程设计领域中最为流行的计算机辅助设计软件。使用计算机辅助设计可以极大地提高工作效率，缩短设计周期，同时方便设计资料的保存与管理。因此，正确、熟练地掌握 AutoCAD 已成为设计人员必备的职业技能。

本书第一版自 2016 年出版以来使用学校较多，用户反映较好，本次分别在内容和习题方面进行了修订更新，并附“全国 CAD 技能等级考试试题”第 1～21 期考试试题（其中 14～21 期考试试题可通过扫描二维码方式获得），可作为读者报考“全国 CAD 技能等级考试”的参考资料。

为了使用户更轻松、快捷地学习 AutoCAD，本书遵循由简到难、循序渐进的规律介绍该软件的使用。本书在编排上分门别类、条理清楚，在内容的讲解上充分考虑了 AutoCAD 软件的特点，列举了大量的例题和上机实例。本书还特别强调操作能力的训练，每个章节都配有与教学内容相结合的综合实例和习题，用户可以做到在实际操作中学习知识、边学边练、理论联系实际。

本书由青岛理工大学张琳、马晓丽和青岛黄海学院宋艳编著，同时参与本书编写和整理工作的还有青岛理工大学杨月英、张效伟、高丽燕、滕绍光、刘奕捷、王培、郑洁、周烨、奚卉、王贵飞、刘平、宋琦、张学秀、於辉、钱涛、张琪等。本书由青岛理工大学莫正波进行审稿。

在编写过程中吸纳了许多同仁的宝贵意见和建议，在此表示衷心地感谢。

限于编者水平，书中难免有疏漏和不足之处，恳请广大读者批评指正。

编 者

2019 年 5 月

全国CAD技能等级考题

第一版前言

AutoCAD 是由美国 Autodesk 公司开发的通用计算机绘图辅助设计软件（Auto Computer Aided Design）。Autodesk 公司对 AutoCAD 软件在功能开发、界面设计，甚至每个命令的操作上不断地进行更新、完善。从 2000 年至今，已经相继推出了十几个版本，AutoCAD 2014 为目前的较新版本。

由于 AutoCAD 功能强大、命令简捷、操作方便，目前已经广泛地应用于建筑、机械、电子、化工等很多领域，已成为在机械工程设计领域中最为流行的计算机辅助设计软件。使用计算机辅助设计可以极大地提高工作效率，缩短设计周期，同时方便设计资料的保存与管理，正确、熟练地掌握 AutoCAD 已成为设计人员必备的职业技能。

为了使读者更轻松、快捷地学习 AutoCAD 2014，本书遵循由简到难、循序渐进的规律介绍该软件的使用。本书在编排上尽量做到分门别类、条理清楚，在内容的讲解上充分考虑了 AutoCAD 的特点，列举大量的例题和上机实例。本书还特别强调操作能力的训练，每个章节都配有与上机指导教学相结合的实例练习和习题，读者可以做到在实际操作中学习知识、边学边练、理论联系实际。

为提高大学生的综合素质，便于大学生与社会工作接轨，提高学生就业率，根据《中共中央国务院关于进一步加强人才工作的决定》文件精神，中华人民共和国人力资源和社会保障部中国就业培训技术指导中心与中国工程图学学会共同开展全国 CAD 技能等级考试。本书后面附“全国 CAD 技能等级考试试题”第 1～13 期考试试题和第 5 期评分标准，可作为读者报考全国 CAD 技能等级考试的参考资料。

本书由青岛理工大学张琳、马晓丽编著，同时参与本书编写和整理工作的还有青岛理工大学杨月英、高丽燕、刘平、张效伟、於辉、滕绍光、刘奕捷、王培、宋琦、张学秀、钱涛、张琪、郑洁等。本书由青岛理工大学莫正波进行审稿。

在编写过程中吸纳了许多同仁的宝贵意见和建议，在此表示衷心的感谢。

限于编者水平，书中难免有疏漏和不足之处，恳请广大读者批评指正。

编　者

2016 年 6 月

目　　录

第 1 章　AutoCAD 基本知识

1.1　安装与启动 AutoCAD

AutoCAD 基本知识具有通用性，本书以 AutoCAD 2014 为例来讲解。

在安装 AutoCAD 之前，首先必须查看系统需求、了解管理权限需求，其次要找到 AutoCAD 的序列号并关闭所有正在运行的应用程序。完成上述任务之后，就可以安装 AutoCAD 了。本节先了解程序对系统的安装需求，然后介绍详细的安装与配置方法。

1.1.1　AutoCAD 所需系统配置

在安装 AutoCAD 前，首要任务是确保计算机满足最低系统要求，否则在 AutoCAD 内和操作系统级别上可能会出现问题。在安装过程中，程序会自动检测 Windows 操作系统是 32 位还是 64 位版本，然后根据实际需要安装适当版本的 AutoCAD 软件。要注意的是，不能在 32 位系统上安装 64 位版本的 AutoCAD，反之亦然。本节主要介绍在 32 位 Windows 系统上安装 AutoCAD 2014 的方法。

为保证软件的正常安装和运行，发挥 AutoCAD 2014 的强大功能，用户所用计算机的最低配置必须满足以下要求：

(1) 操作系统：Windows 2000、Windows XP、Windows 7/8/10。

(2) 浏览器：具有 IE8.0 REC。

(3) 处理器：Pentium Ⅲ或更高，≥800MHz。

(4) 内存：256MB。

(5) 显卡：1024×768 VGA 真彩色。

(6) 硬盘：需要 1.6GB。

建议在与 AutoCAD 语言版本相同的操作系统上安装和运行 AutoCAD 软件。

1.1.2　安装 AutoCAD

AutoCAD 软件的安装向导中包含了与安装相关的所有资料。通过安装向导可以访问用户文档、更改安装程序语言、选择特定语言的产品、安装补充工具以及添加联机支持服务。下面介绍使用安装向导进行安装的方法。

安装 AutoCAD 2014 的操作步骤如下。

(1) 先双击解压文件中的 AutoCAD 2014 Simplified Chi... 文件，将“AutoCAD 2014 Simplified Chinese 32 位或 64 位简体中文正式破解版 .exe”文件解压到电脑硬盘中，电脑运行初始化设置，自动打开安装向导，单击如图 1-1 所示“完成”按钮，系统自动安装完成。

(2) 安装完成后，双击桌面 AutoCAD 2014 快捷方式图标 AutoCAD 2014 - 简体中文 (Simplified Chinese) 或单击“开始”——“所有程序”——“Autodesk”——“AutoCAD 2014-Simplified Chinese”——“运行 AutoCAD 2014”，在“Autodesk 许可”界面单击“激活”按钮，如图 1-2 (a) 所示。

(3) 选择界面如图 1-2 (b) 所示，选择“立即连接并激活”或“我具有 Autodesk 提供

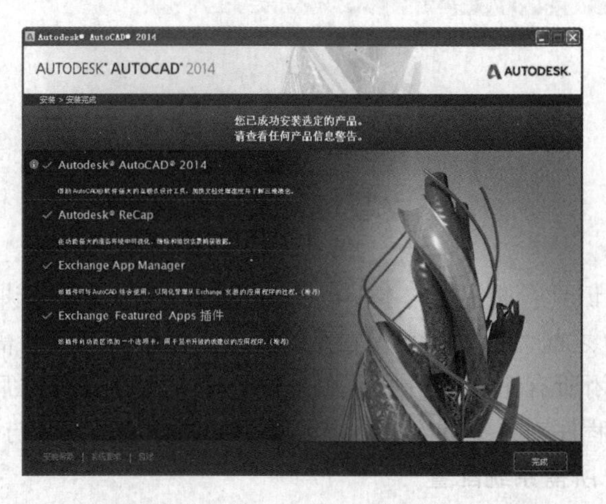

图 1-1　CAD2014 安装向导

(a)

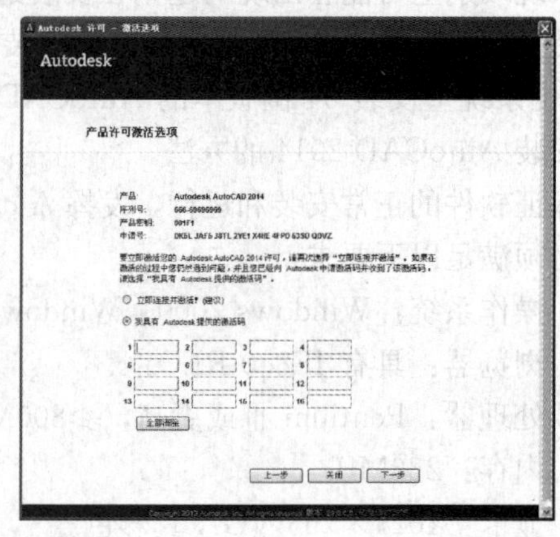

(b)

图 1-2　激活产品

（a）激活界面；（b）选择界面

的激活码”。如果选择“我具有 Autodesk 提供的激活码”，则运行注册机　　　　　　（注册机 32 位或 64 位与安装的 Auto CAD 软件对应），从激活界面复制申请号粘贴到注册机的“Request”栏中，单击注册机上的“Mem Patch”按钮，再单击“Cenerate”按钮生成激活码，获取激活码界面如图 1-3 所示。复制激活码粘贴到软件激活界面的输入格中，如图 1-2（b)所示，点下一步完成激活，安装完毕如图 1-4 所示。

1.1.3　启动 AutoCAD

安装 AutoCAD 2014 后，系统会自动在 Windows 桌面上生成对应的快捷方式图标　　。双击该快捷方式图标，即可启动 AutoCAD 2014。与启动其他应用程序一样，也可以通过 Windows 资源管理器、Windows 任务栏的　　按钮等启动 AutoCAD 2014。

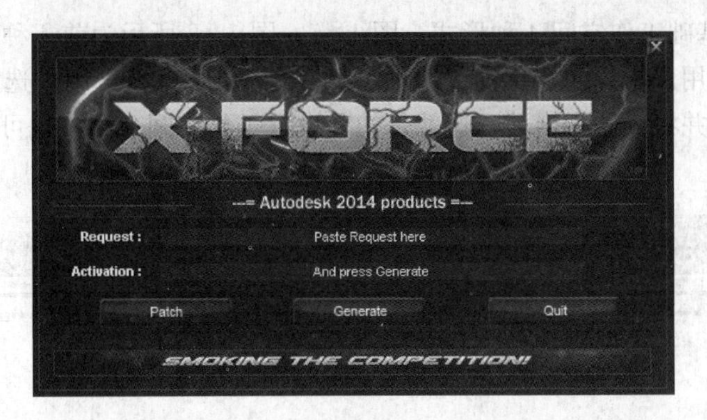

图1-3 获取激活码界面

图1-4 激活完成

1.2 AutoCAD工作空间及经典工作界面

本节介绍AutoCAD 2014的工作空间，并详细介绍其经典工作界面。

1.2.1 AutoCAD 2014工作空间

AutoCAD 2014的工作空间（又称为工作界面）有二维草图与注释、三维建模、Auto-

CAD 经典和三维基础工作空间 4 种形式，图 1-5～图 1-8 所示为前 4 种工作空间。所谓的初始空间指的是当用户指定初始化安装选项后，AutoCAD 将基于用户选定的项目自动创建一个新的工作空间并将其置为当前，这就是初始设置工作空间。用户也可以根据需要创建并保存新的工作空间。

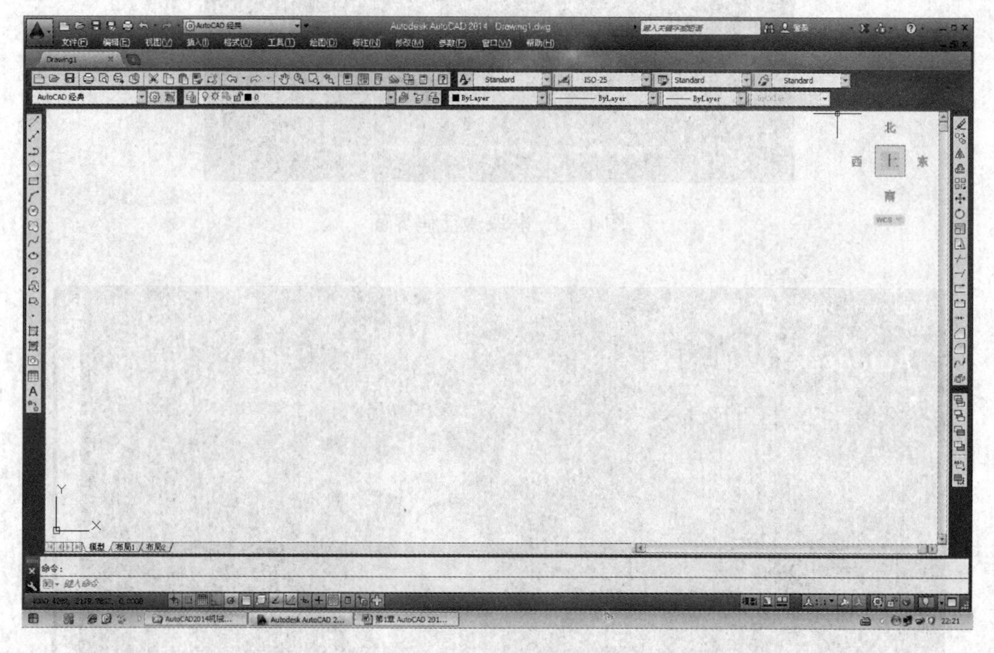

图 1-5　经典工作界面

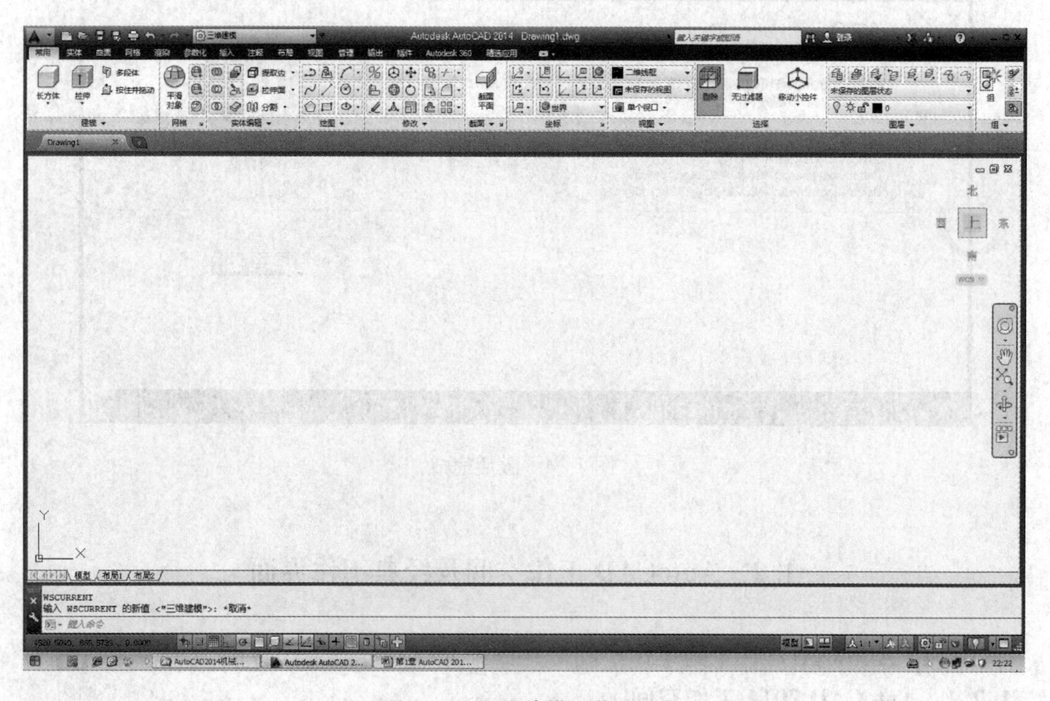

图 1-6　三维建模工作界面

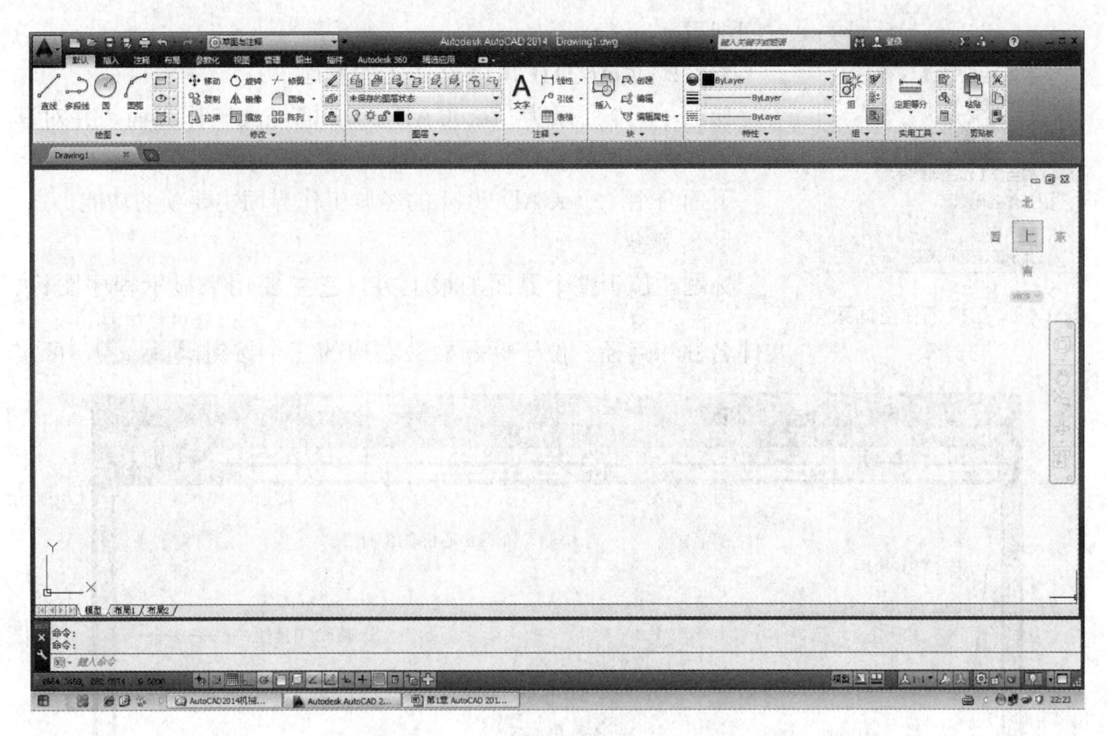

图 1-7　二维草图与注释工作界面

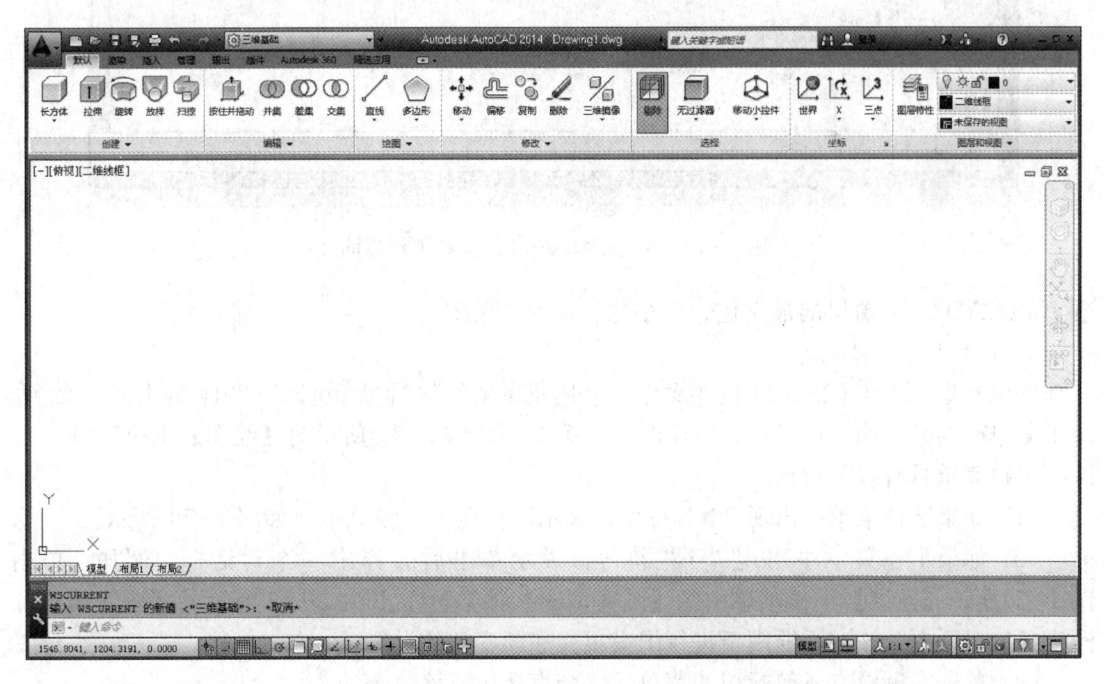

图 1-8　三维基础工作界面

切换工作界面的方法之一是：单击状态栏（位于绘图界面的最下面一栏）上的“切换工作空间”按钮，AutoCAD 弹出对应的菜单，如图 1-9 所示，从中选择对应的绘图工作

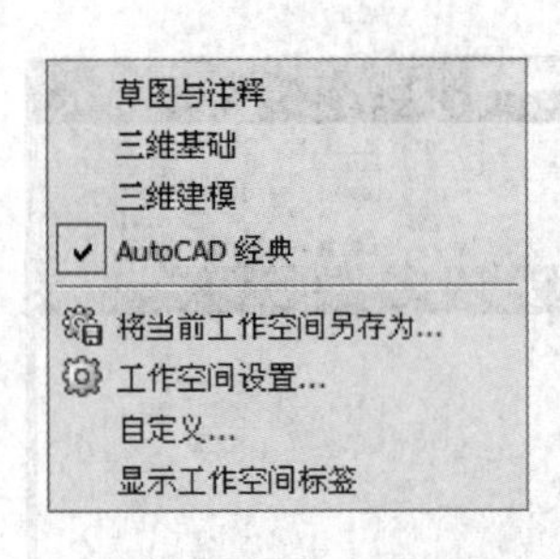

图 1-9 切换工作空间菜单

空间即可。

1.2.2 AutoCAD 2014 经典工作界面

如图 1-10 所示为 AutoCAD 2014 的经典工作界面，并对其给出了较为详细的注释。

下面介绍 AutoCAD 2014 的经典工作界面主要项的功能。

1. 标题栏

标题栏位于整个界面的最上方，它主要用来显示程序图标、文件名称和路径。位于标题栏最右边的三个按钮，可实现 AutoCAD 2014 窗口的最大化、最小化、还原、关闭。

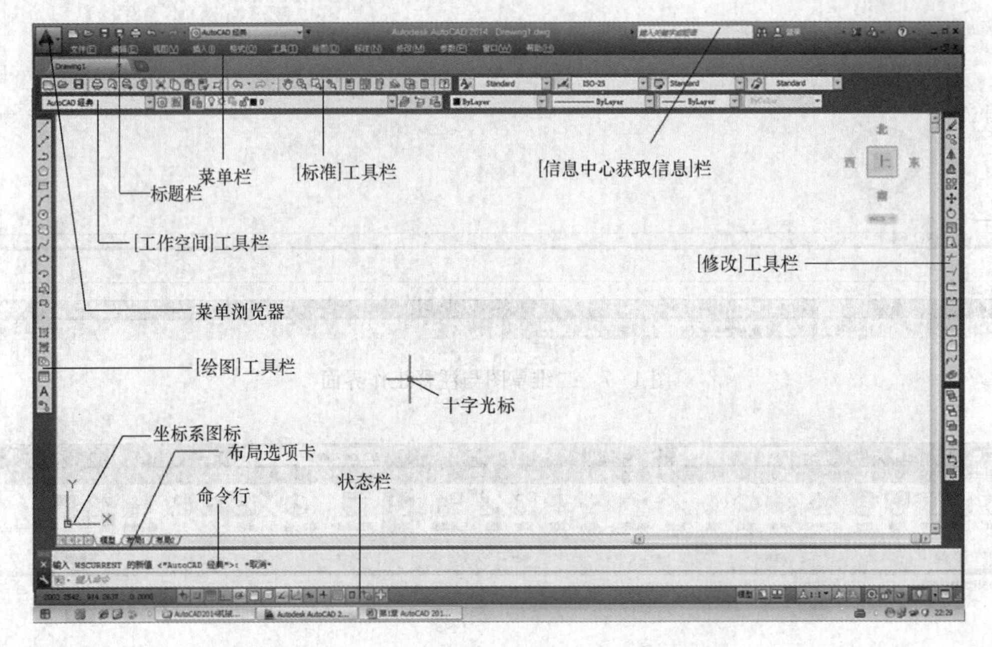

图 1-10 AutoCAD 2014 的经典工作界面

2. 菜单栏

菜单栏是 AutoCAD 2014 的主菜单。利用菜单能够执行 AutoCAD 2014 的大部分命令。单击菜单栏的某一项，可以打开对应的下拉菜单。如图 1-11 所示为【绘图】下拉菜单。

下拉菜单具有以下特点：

（1）如果下拉菜单中出现“▶”符号，表示还存在下一级菜单，如图 1-11 所示。

（2）如果下拉菜单中出现“…”符号，表示单击后会弹出一个对话框。例如，单击图 1-11所示【绘图】下拉菜单中的【图案填充】项会显示出图 1-12 所示的【图案填充和渐变色】对话框，该对话框用于进行图案填充和渐变色的设置。

（3）单击右侧没有任何标识的菜单项，会直接执行该命令。

AutoCAD 2014 还提供有快捷菜单，用于快速执行 AutoCAD 2014 的常用操作。单击鼠标右键可打开快捷菜单。当前的操作不同或光标所在的位置不同时，单击鼠标右键后打开的快捷菜单不同。例如，如图 1-13 所示的是光标位于绘图窗口时，单击鼠标右键弹出的快捷菜单。

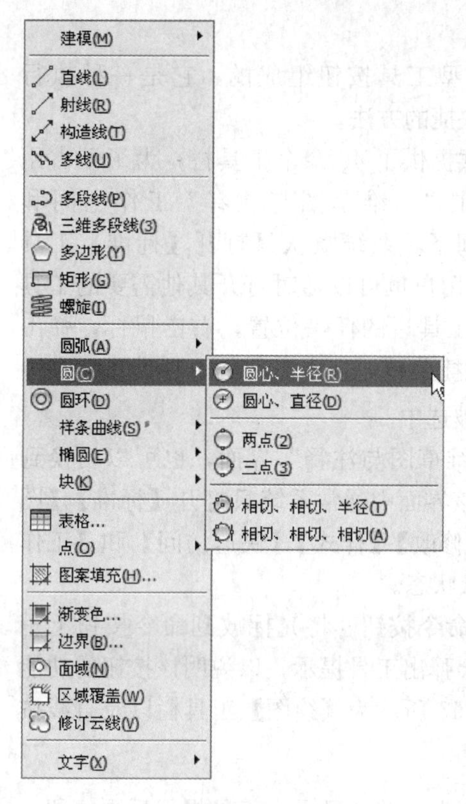

图 1 - 11 【绘图】下拉菜单

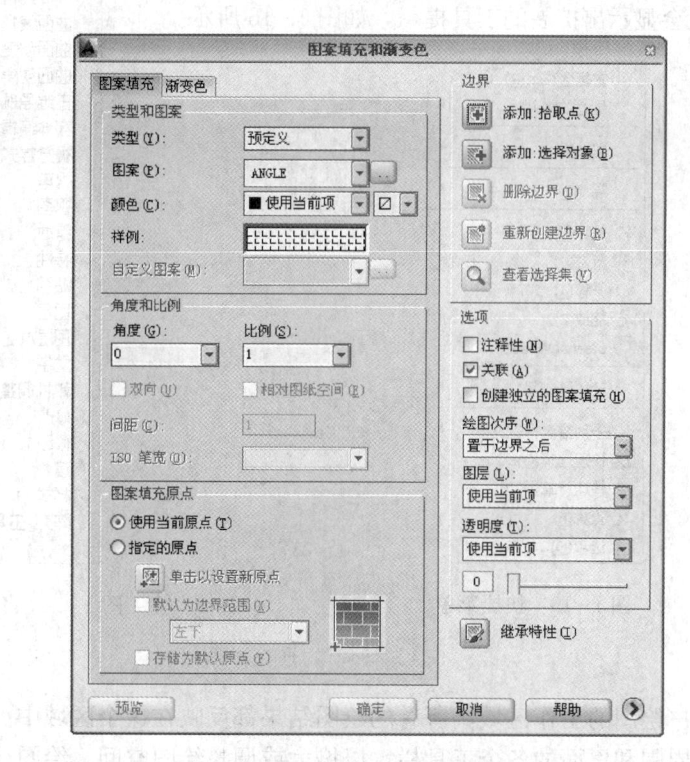

图 1 - 12 【图案填充和渐变色】对话框

3. 工具栏

工具栏是由一组图标型工具按钮组成的，它是一种执行AutoCAD 2014 命令更为快捷的方法。

AutoCAD 2014 系统共提供了 40 余个工具栏，为了不占用更多的绘图空间，通常在“二维草图与注释”工作空间和“AutoCAD经典”工作空间下，系统默认只打开【标准】工具栏、【工作空间】工具栏。用户也可以随时打开其他需要的工具栏。方法为：将鼠标移至工具栏的任一位置，右击鼠标，弹出如图 1 - 14所示的工具栏快捷菜单，选中需要的选项即可。左边标有“✔”的选项表示已被选中。

如果用户不习惯“二维草图与注释”界面，也可以切换到“AutoCAD 经典”界面，该界面中通常系统只打开【标准】【图层】【对象特性】【绘图】【修改】【样式】【快速访问】和【工作空间】8 个工具栏作为默认状态。

每个工具栏上有一些命令按钮。将光标放到命令按钮上稍作停顿，AutoCAD 2014 会弹出工具提示，以说明该按钮的功能以及对应的命令。如图 1 - 15 所示为【绘图】工具栏以及直线按钮 对应的工具提示。

将光标放到工具栏按钮上，并在显示出工具提示后再停留一段时间（约 2s），又会显示出扩展的工具提示，如图 1 - 16 所示。

图 1 - 13 快捷菜单

CAD 标准
UCS
UCS II
Web
标注
标注约束
✔ 标准
标准注释
布局
参数化
参照
参照编辑
测量工具
插入
查询
查找文字
点云
动态观察
对象捕捉
多重引线
✔ 工作空间
光源
✔ 绘图
✔ 绘图次序
绘图次序，注释前置
几何约束
建模
漫游和飞行
平滑网格
平滑网格图元
曲面编辑
曲面创建
曲面创建 II
三维导航
实体编辑
视觉样式
视口
视图
缩放
✔ 特性
贴图
✔ 图层
图层 II
文字
相机调整
✔ 修改
修改 II
渲染
✔ 样式
阵列_工具栏

图 1 - 14 工具栏快捷菜单

4. 绘图区域

绘图区域是用户绘图的工作区域，所有的绘图结果都反映在这个区域中。用户可以根据需要关闭或移动其周围和里面的各个工具栏，以增大或调整绘图空间。绘图区域的右侧和下侧有垂直方向和水平方向的滚动条，拖动滚动条可以垂直或水平移动视图。选项卡控制栏位于绘图区的下边缘，单击【模型→布局】选项，可以在模型空间和图纸空间之间进行切换。

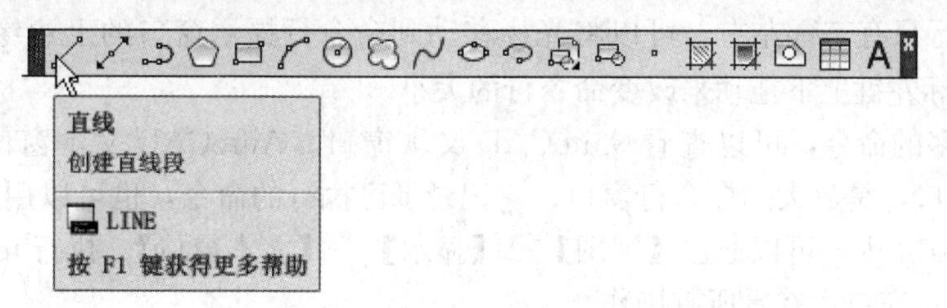

图1-15　【绘图】工具栏以及显示出绘直线的工具提示

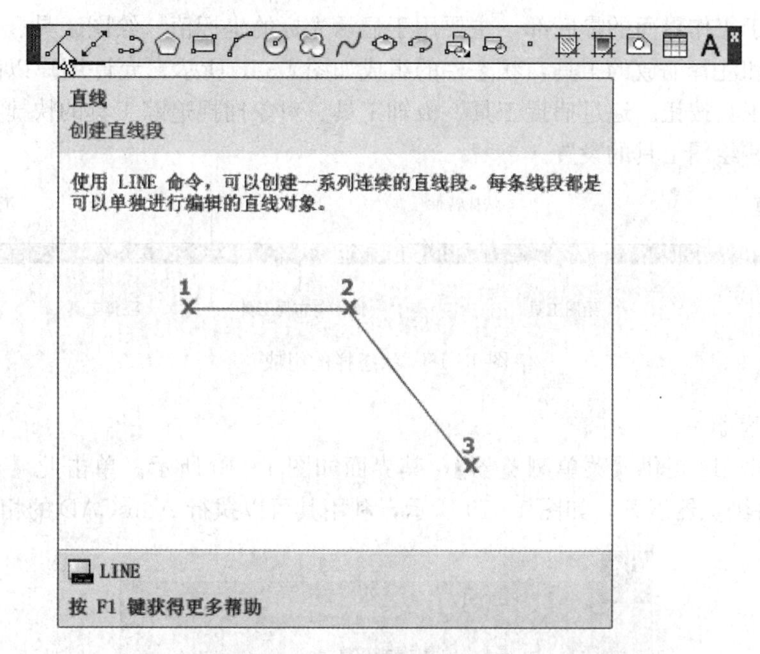

图1-16　扩展的工具提示

5. 命令行

执行一个AutoCAD命令有多种方法，除了下拉菜单、单击绘图工具栏或面板选项板的按钮外，执行AutoCAD命令最常用的方式就是在命令行直接输入命令。命令行主要用来输入AutoCAD绘图命令、显示命令提示及其他相关信息。在使用AutoCAD进行绘图时，不管用什么方式，每执行一个命令，用户都可以在命令行获得命令执行的相关提示及信息，它是进行人机对话的重要区域。特别对于初学者来说，一定要养成随时观察命令行提示的好习惯，它是指导用户正确执行AutoCAD命令的有力工具，命令窗口如图1-17所示。

图1-17　命令窗口

在命令行输入命令后，有的需按空格键或Enter键来执行或结束命令。输入的命令可以是命令的全称，也可以为相关的快捷命令，如【直线】命令，可以输入“line”，也可输入【直线】命令的快捷命令“l”，输入的字母不分大小写。在逐渐熟悉AutoCAD的绘图命令后，使用快捷命令比单击工具栏绘图按钮速度快得多，可以大大提高工作效率。

通常命令行只有三行左右，可以将光标移动到命令行提示窗口的上边缘，当光标变成 ≑ 时，按住鼠标左键上下拖动来改变命令行的大小。

想看到更多的命令，可以查看 AutoCAD 文本窗口。AutoCAD 文本窗口是记录 AutoCAD 命令的窗口，是放大的命令行窗口，它记录了已执行的命令，也可以用来输入新命令。在 AutoCAD 2014 中，可以通过【视图】—【显示】—【文本窗口】、执行 textscr 命令或按 F2 键来打开文本窗口，查看所有操作。

6. 状态栏

状态栏位于工作界面的最底部，主要用于显示光标的坐标值、绘图工具、导航工具以及用于快速查看和注释缩放的工具，状态栏的组成如图 1 - 18 所示。允许用户以图标或文字的形式查看图形工具按钮。通过捕捉工具、极轴工具、对象捕捉追踪工具的快捷菜单，用户可以轻松更改这些绘图工具的设置。

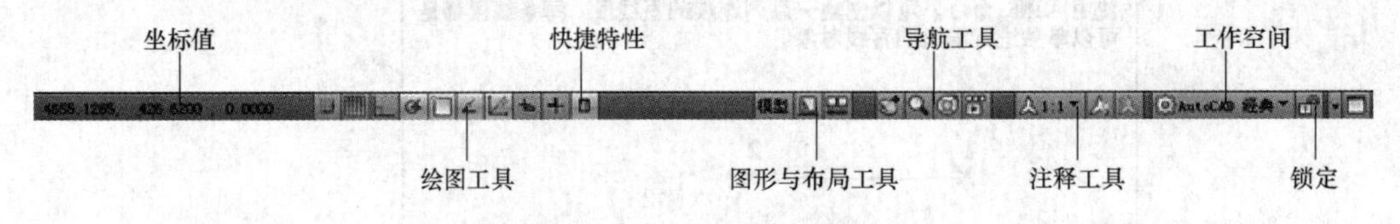

图 1 - 18　状态栏的组成

7. 菜单浏览器

AutoCAD 2014 提供【菜单浏览器】，其界面如图 1 - 10 所示。单击此【菜单浏览器】，AutoCAD 会将浏览器展开，如图 1 - 19 所示，利用其可以执行 AutoCAD 的相应命令。

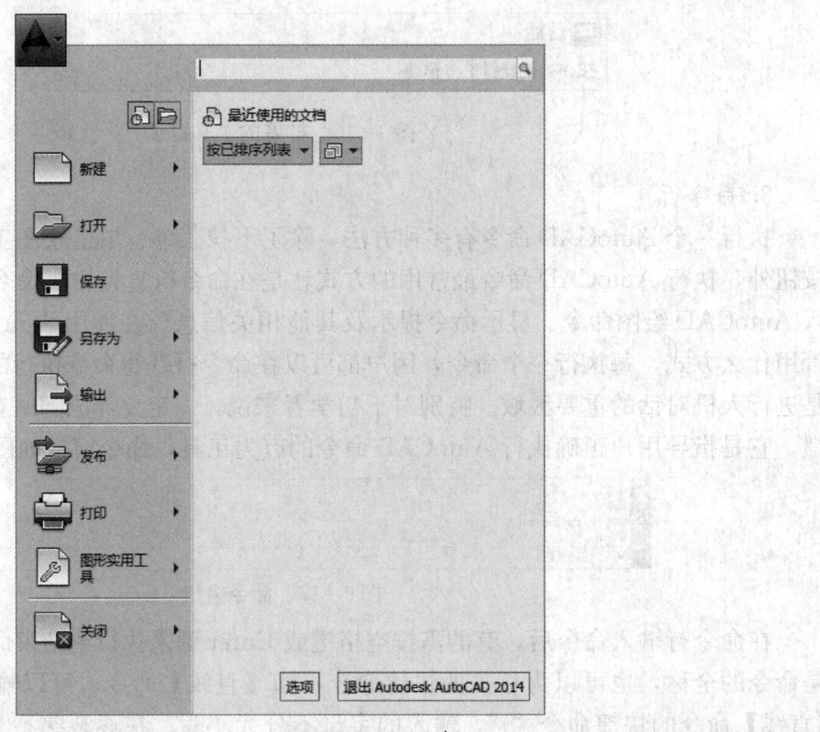

图 1 - 19　菜单浏览器

1.3　AutoCAD 的图形文件管理

AutoCAD 的图形文件管理主要包括文件的创建、打开、保存和关闭。

1.3.1　新建图形文件

可以用以下几种方法建立一个新的图形文件：

（1）下拉菜单：【文件】—【新建】。

（2）【菜单浏览器】:【新建】—【图形】。

（3）标准工具栏按钮：。

（4）命令行：new。

（5）快捷键：Ctrl＋N。

执行新建图形文件命令后，屏幕出现如图 1-20 所示的【选择样板】对话框。用户可以选择其中一个样本文件，单击 打开(O) 按钮即可。除了系统给定的这些可供选择的样板文件（样板文件扩展名为 . dwt)，用户还可以自己创建所需的样板文件，以后可以多次使用，避免重复劳动。

图 1-20　【选择样板】对话框

如果不需要选择样板，用户还可以选择使用 打开(O) ▼ 中的小三角，则出现如图 1-21 所示的打开方式选择界面，可根据需要选择打开模板文件、无样板打开-“英制”、无样板打开-“公制”。一般选择无样板打开-“公制”。

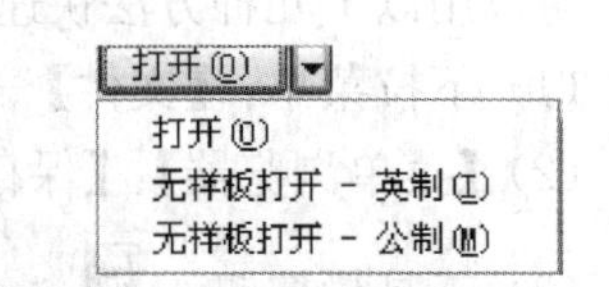

图 1-21　新建图形打开方式

1.3.2　打开原有文件

AutoCAD 2014 可以记忆刚刚打开过的 9 个图形文件

（系统默认为9个），要快速打开最近使用过的文件，可以单击【文件】下拉菜单选择所需的文件。当然，用户可以随意改变【文件】下拉菜单列出最近使用过的文件数（0～9）。方法为单击下拉菜单【工具】—【选项】，弹出【选项】对话框，选择【打开和保存】选项卡，在【文件打开】选择区域更改【列出最近所用文件数】即可。

一般一个已存在的AutoCAD文件可以用以下几种方法打开：

（1）下拉菜单：【文件】—【打开】。

（2）【菜单浏览器】：【打开】—【图形】。

（3）标准工具栏按钮：。

（4）命令行：open。

（5）快捷键：Ctrl＋O。

出现如图1-22所示的【选择文件】对话框，用户可以找到已有的某个AutoCAD文件单击，然后选择对话框中右下角的 打开(O) 按钮。

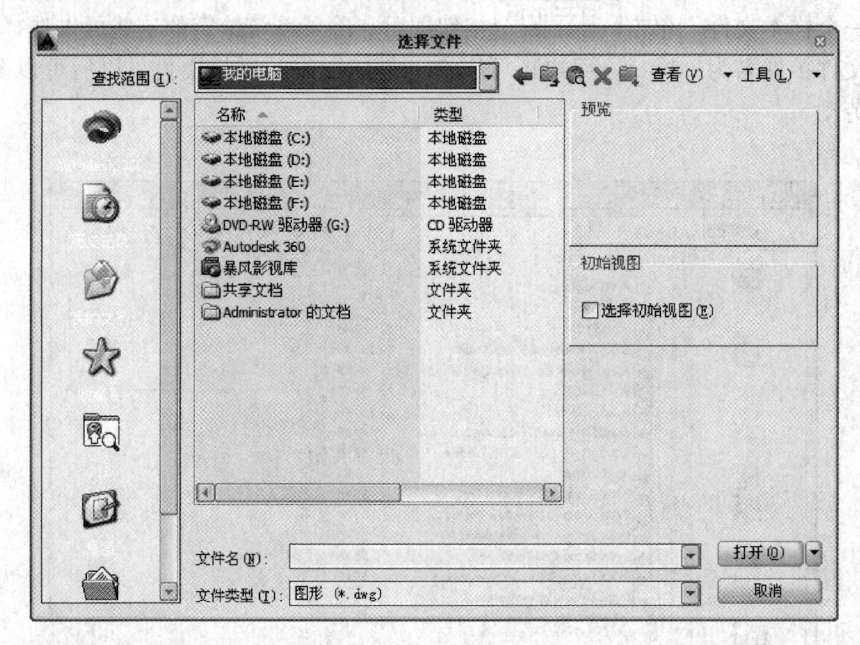

图1-22　【选择文件】对话框

1.3.3　保存图形文件

为了防止因突然断电、死机等情况丢失或影响已绘制的图样，用户应养成随时保存图形的良好习惯。

可以用以下几种方法快速保存AutoCAD图形文件。

（1）下拉菜单：【文件】—【保存】。

（2）【菜单浏览器】：【保存】。

（3）工具栏按钮：。

（4）命令行：qsave。

（5）快捷键：Ctrl＋S。

当执行快速保存命令后，对于还未命名的文件，系统会提示输入要保存文件的名称，对于已命名的文件，系统将以已存在的名称保存，不再提示输入文件名。

用户还可以用下面的另存方法改变已有文件的保存路径或名称。

(1) 下拉菜单:【文件】—【另存为】。

(2)【菜单浏览器】:【另存为】—【图形】。

(3) 命令行：saveas 或 save。

(4) 快捷键：Ctrl+Shift+S。

执行【另存为】命令后，出现如图1-23所示【图形另存为】对话框。在【保存于】下拉列表中选择重新保存的路径；在【文件名】编辑框中输入另存的文件名，系统将自动以".dwg"的扩展名进行保存，如果要保存为样板文件，将文件的扩展名改为".dwt"；在【文件类型】下拉列表中选择保存的类型格式，然后单击 保存(S) 按钮即可。如果是在装有高版本AutoCAD程序的机器上绘制的图样，要拿到装有低版本的机器上使用时，可以在此选择相应低版本的保存类型，否则文件打不开。

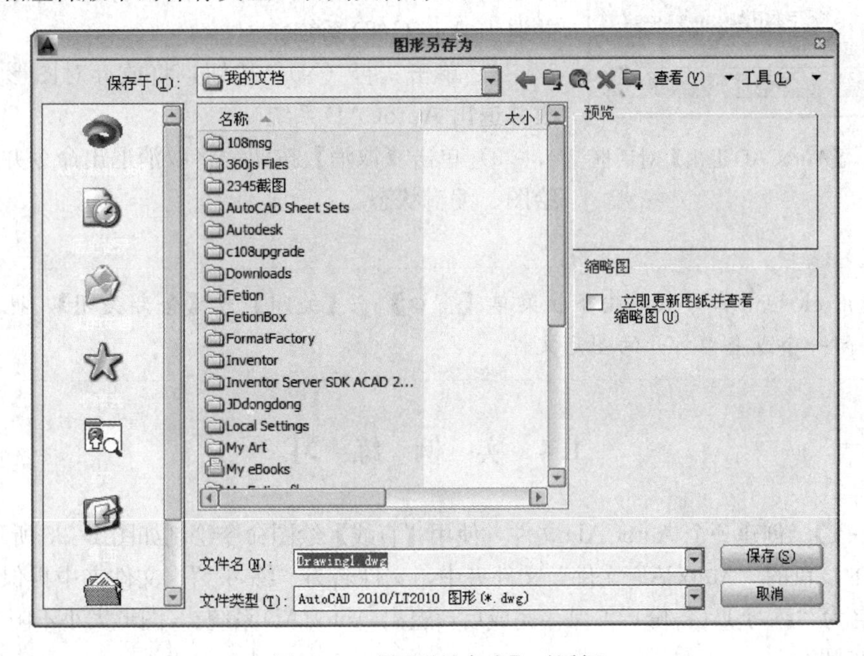

图1-23 【图形另存为】对话框

除了这些用户自己保存文件的方法外，AutoCAD 2014还提供了自动保存的功能，通常系统会每隔10min自动保存一次，用户也可随意调整保存间隔时间。方法为：单击下拉菜单【工具】—【选项】，弹出【选项】对话框，选择【打开和保存】选项卡，在【文件安全措施】选区，选中【自动保存】复选框，调整【保存间隔分钟数】项即可。

1.3.4　关闭文件

要关闭当前打开的AutoCAD图形文件而不退出AutoCAD程序，可以使用下列几种方法。

(1) 下拉菜单:【文件】—【关闭】。

(2)【菜单浏览器】:【关闭】—【当前图形】。

（3）命令行：close。

（4）快捷键：Ctrl＋F4。

（5）按钮：图形文件窗口右上角 ✕（下拉菜单右方）。

如果要退出 AutoCAD 程序，则程序窗口和所有打开的图形文件均将关闭，方法如下。

（1）下拉菜单：【文件】—【退出】。

（2）【菜单浏览器】：【退出】。

（3）命令行：quit 或 exit。

（4）快捷键：Ctrl＋Q 。

（5）按钮：程序窗口右上角 ✕（标题栏右方）。执行该命令后，若当前图形未改动，则立即退出 AutoCAD 系统；若图形有改动，则屏幕上弹出如图 1-24 所示的【AutoCAD 退出】对话框。

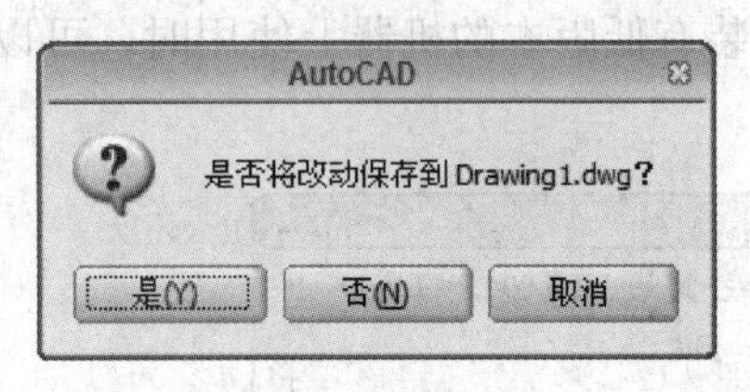

图 1-24 【AutoCAD 退出】对话框

1）单击“是（Y）”按钮，将对已命名的文件存盘并退出 AutoCAD 系统；对未命名的文件则命名后存盘并退出 AutoCAD 系统。

2）单击“否（N）”按钮，将放弃对图形所做的修改并退出 AutoCAD 系统。

3）单击【取消】按钮，将取消退出命令并返回到原绘图、编辑状态。

使用 closeall 命令或单击下拉菜单【窗口】—【关闭】或【全部关闭】，也可以快速关闭一个或全部打开的图形文件。

1.4 实　例　练　习

【例 1-1】 创建一个 AutoCAD 文件，使用【直线】绘图命令绘制如图 1-25 所示的图形，将其保存在 D 盘的“AutoCAD 文件”文件夹中，文件名为“练习 1”。文件夹中再保存一个备份，文件名为“练习 1（备份）”，保存完成后，退出 AutoCAD 系统。(图形大小不限)

绘制步骤：

（1）启动 AutoCAD 2014 中文版。

（2）选择【标准】工具栏的【新建】按钮。弹出【选择样板】对话框，在名称列表中选择“acad”样板，如图 1-26 所示，创建一个 AutoCAD 新文件。

图 1-25 使用【直线】命令绘制图形

（3）在【绘图】工具栏中单击【直线】按钮，启动【直线】命令。

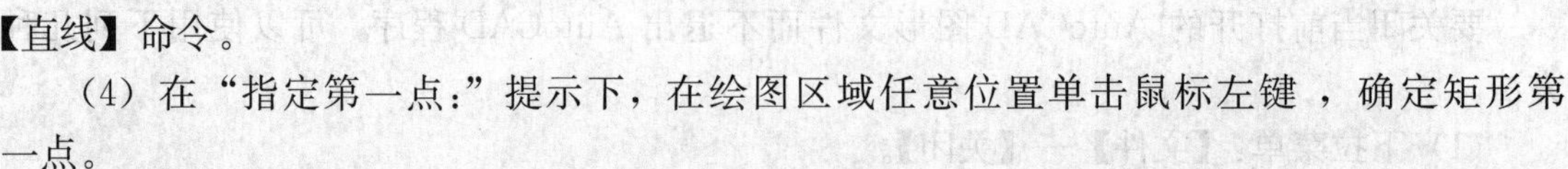

（4）在“指定第一点：”提示下，在绘图区域任意位置单击鼠标左键 ，确定矩形第一点。

（5）依次在“指定下一点或［放弃出 U］：”提示下，在绘图区域另一位置单击鼠标左

图 1 - 26　选择样板

键，确定矩形第二点。

(6) 在“指定下一点或［闭合(C)/放弃(U)]:”提示下，在绘图区域另一位置单击鼠标左键，确定矩形第三点。

(7) 在“指定下一点或［闭合(C)/放弃(U)]:”提示下，在绘图区域另一位置单击鼠标左键，确定矩形第四点。

(8) 在“指定下一点或［闭合(C)/放弃(U)]:”提示下，命令行输入字母 C，然后

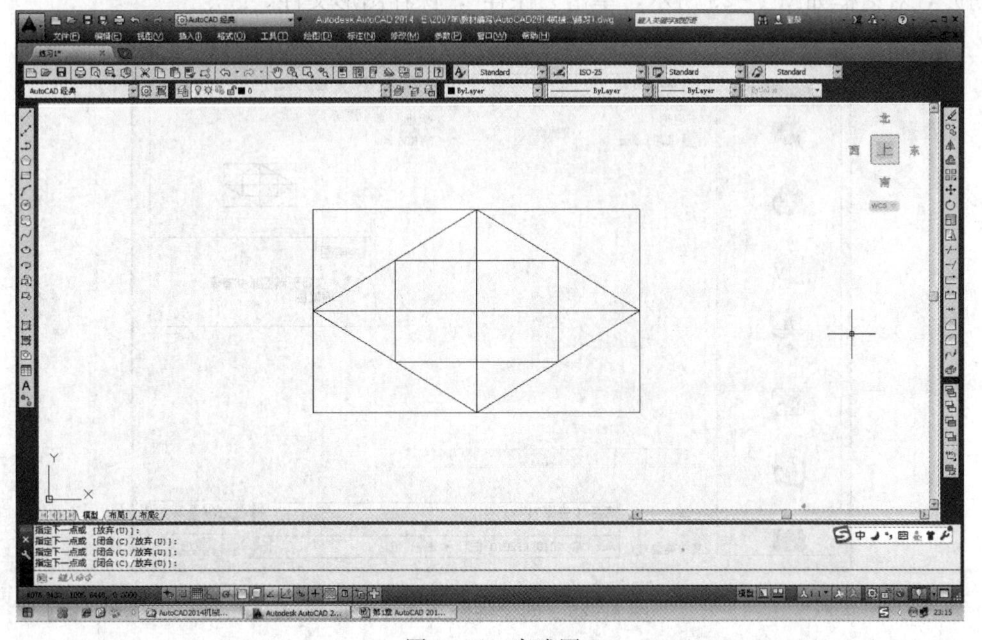

图 1 - 27　完成图

按 Enter 键，即可得到封闭的矩形。

（9）依照同样的操作步骤绘制其余图线，完成全图。如图 1-27 所示为完成图界面。

（10）绘制完毕后，选择标准工具栏【标准】—【保存】按钮，弹出【图形另存为】对话框。在【保存于】下拉列表框中选择路径“D：/AutoCAD 文件”，在【文件名】文字框中输入“练习 1”，对话框如图 1-28 所示，单击“保存”，保存图形文件。

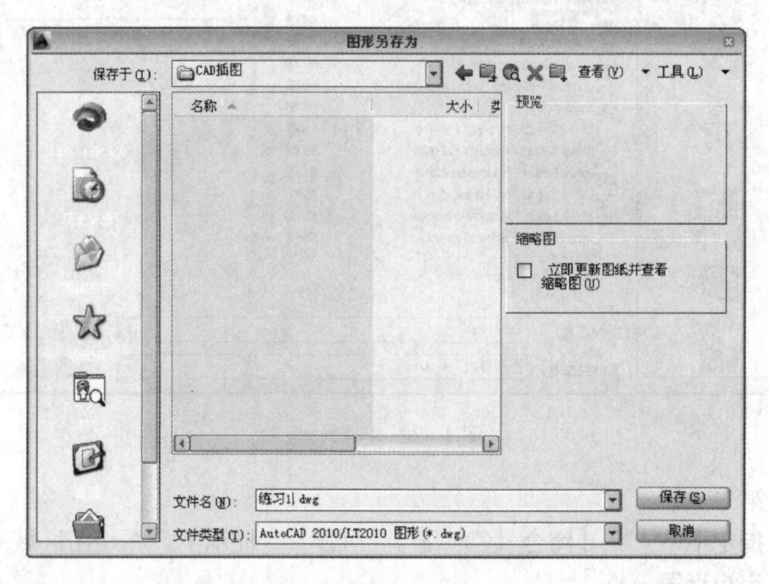

图 1-28　【图形另存为】对话框

（11）单击下拉菜单【文件】—【另存为】命令，弹出【图形另存为】对话框。在【保存于】下拉列表框中选择路径“D：/AutoCAD 文件”，在【文件名】文字框中输入“练习 1(备份)”，对话框如图 1-29 所示，单击“保存”，保存图形文件。

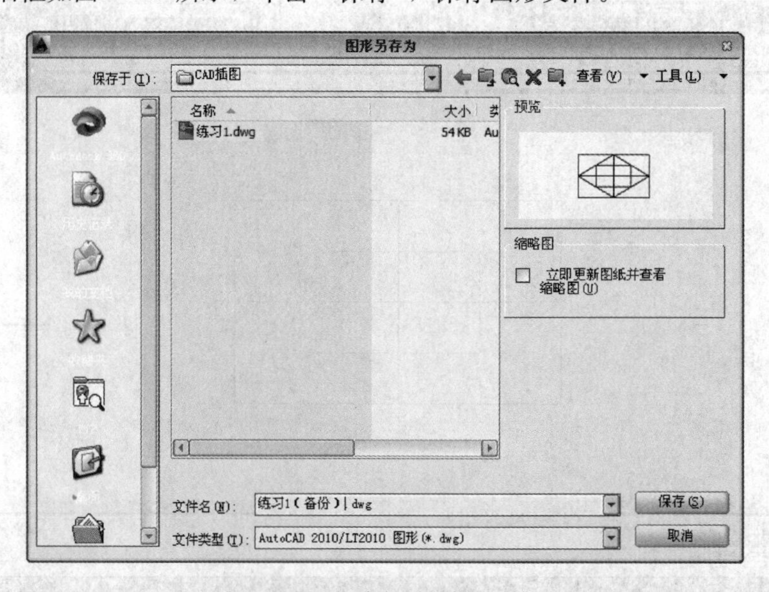

图 1-29　创建备份文件对话框

（12）单击下拉菜单【文件】—【退出】命令，退出 AutoCAD 系统。

第 2 章　绘图环境设置与常用基本操作

本章学习目标

通过对本章的学习，用户能够根据所要绘制的图形，设置绘图界限、绘图单位、绘图比例等绘图环境，为图形设置图层，并熟悉 AutoCAD 常用的基本操作。

本章重点

- 绘图环境的设置；
- 数据输入的方法；
- 对象选取的方式；
- 常用基本操作；
- 图层的设置与管理。

通常情况下，AutoCAD 安装好后，就可以在默认的设置下绘图了。为了绘图更规范，提高绘图效率，用户应该熟悉如何确定绘图的基本单位、图纸的大小和绘图比例，即进行绘图环境的设置。用户可以通过 AutoCAD 提供的各种绘图环境设置的功能选项方便地进行设置，并且可以随时进行修改。本章除了介绍如何进行绘图环境设置之外，还把在绘图过程最常用到的基本操作归纳在一起向用户做简要介绍，以方便初学者的学习与练习。AutoCAD 还向用户提供了“图层”这种有用的管理工具，把具有相同颜色、线型、线宽等特性的图形放到同一个图层上，以便于用户更有效地组织、管理、修改图形对象。

2.1　绘图环境的设置

2.1.1　设置绘图界限

图形界限是在 X、Y 二维平面上设置的一个矩形绘图区域，它是通过指定矩形区域的左下角点和右上角点来定义的。启动【图形界限】设置命令的方法如下。

（1）下拉菜单：【格式】—【图形界限】。

（2）命令行：limits。

在执行 limits 命令后，命令行提示以下信息：

```
命令：limits                                          //执行【图形界限】设置命令
重新设置模型空间界限：
指定左下角点或［开（ON）/关（OFF）］＜0.0000，0.0000＞：//输入左下角点坐标或直接回车取系统默
                                                        认点（0.0000，0.0000）
指定右上角点＜420.0000，297.0000＞：                 //输入右上角点坐标或直接回车取系统默
                                                        认点（420.0000，297.0000）
```

在命令行提示“指定左下角点或［开（ON）/关（OFF）］＜0.0000，0.0000＞：”时，

可以直接输入“on”或“off”打开或关闭“出界检查”功能。“on”表示用户只能在图形界限内绘图，超出该界限，在命令行会出现“＊＊超出图形界限”的提示信息；“off”表示用户可以在图形界限之内或之外绘图，系统不会给出任何提示信息。

2.1.2 设置绘图单位

图形单位设置的内容包括：长度单位的显示格式和精度、角度单位的显示格式和精度及测量方向、拖放比例。启动【单位】设置命令的方法如下。

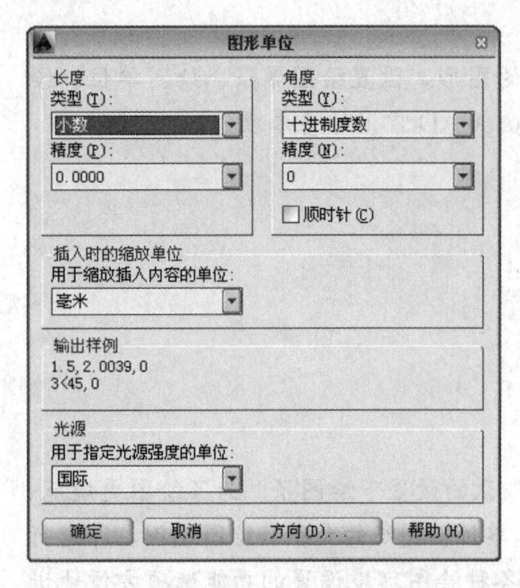

图 2-1 【图形单位】对话框

(1) 下拉菜单：【格式】—【单位】。

(2) 命令行：units。

执行上述命令后，屏幕会出现如图 2-1 所示的【图形单位】对话框。在【长度】选区，单击【类型】下拉列表，在“建筑”“小数”“工程”“分数”“科学”5 个选项中选择需要的单位格式，通常选择“小数”；单击【精度】下拉列表选择精度选项，当在【类型】列表中选择不同的选项时，【精度】列表的选项随之不同，当选择“小数”时，最高精度可以显示小数点后 8 位，如果用户对该项不进行设置，系统默认显示小数点后 4 位。

应注意，这里单位精度的设置，只是设置屏幕上的显示精度，并不影响 AutoCAD 系统本身的计算精度。

在【角度】选区，单击【类型】下拉列表，在 5 个选项中选择需要的单位格式；单击【精度】下拉列表选择精度选项。对于机械工程，可以选择“十进制度数”或“度/分/秒”的单位格式。【顺时针】复选框用来表示角度测量的旋转方向，选中该项表示角度测量以顺时针旋转为正，否则以逆时针旋转为正。

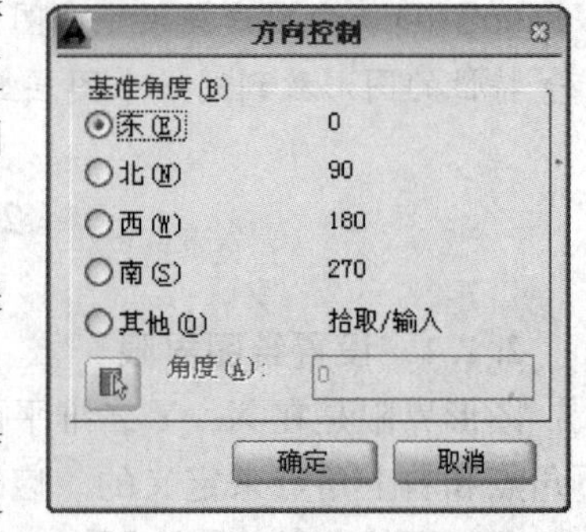

图 2-2 【方向控制】对话框

【图形单位】对话框下方的 方向(D)... 按钮用来确定角度测量的起始方向，即“基准角度”。单击该按钮，弹出如图 2-2 所示的【方向控制】对话框。对话框中有 4 种标准方位的复选框可供用户选择，也可选择【其他】复选框，输入任意角度作为基准角度。通常选择系统默认方向“东”为基准角度，即以屏幕上 X 轴的正向作为角度测量的起始方向。

2.1.3 应用【选项】对话框进行环境设置

【选项】对话框是对各种参数进行设置的非常有用的工具，用它可以完成改变新建文件的启动界面、给文件添加密码、修改自动保存间隔时间等设置。实际上，【选项】对话框包含了绝大部分 AutoCAD 的可配置参数，用户可以依据自己的需要和习惯在此对 AutoCAD 的绘图环境进行个性化设置。随着用户对 AutoCAD 操作的逐渐熟练，会发现绘图过程中遇到的许多问题都可以用【选项】对话框来解决。对于初学者，只要对【选项】对话框的各选项卡的主要功能有一个概括的了解就可以了，没有必要掌握所有的内容，只有在今后的实际应用中，从不断遇到问题、解决问题的过程中才能对【选项】对话框的使用有更好的了解。

调用【选项】对话框的方法如下。

(1) 下拉菜单：【工具】—【选项】。

(2) 命令行：options。

(3) 快捷菜单：无命令执行时，在绘图区域单击右键，选择【选项】选项。

执行上述命令后，弹出如图 2-3 所示的【选项】对话框。该对话框中包含了【文件】【显示】【打开和保存】【打印和发布】【系统】【用户系统配置】【草图】【三维建模】【选择集】【配置】10 个选项卡。下面分别对【选项】对话框中各选项卡的功能做简单介绍。

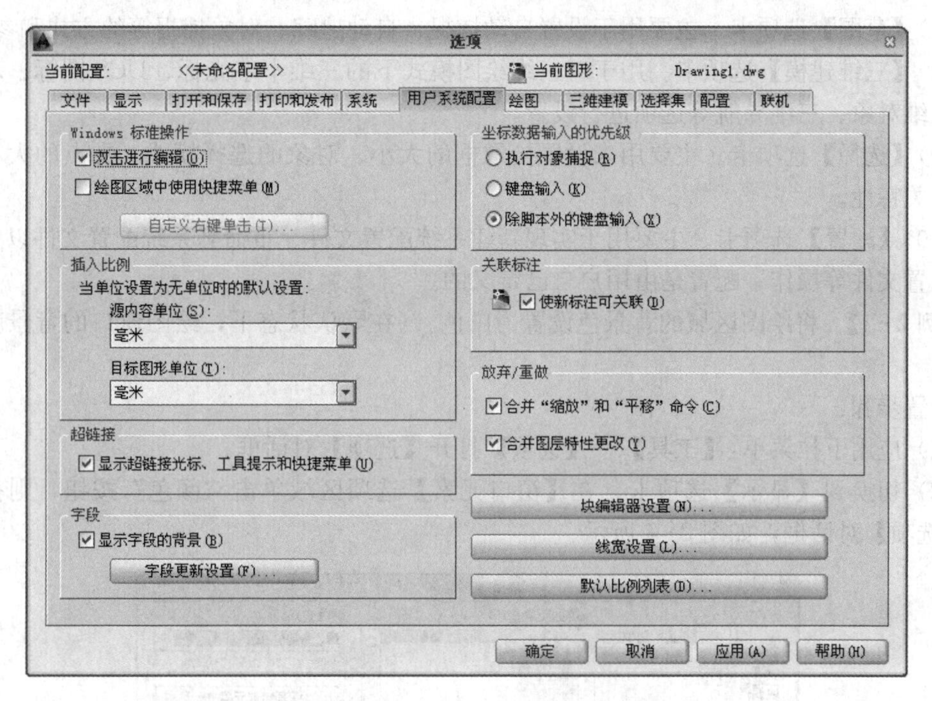

图 2-3 【选项】对话框

(1)【文件】选项卡。【文件】选项卡列出了 AutoCAD 2014 的搜索支持文件、驱动程序文件、菜单文件以及其他文件的文件夹，还列出了用户定义的可选设置，如用于进行拼写检查的目录等。用户可以通过此选项卡，指定 AutoCAD 搜索支持文件、驱动程序、菜单文件以及其他文件的文件夹，同时还可以通过其指定一些可选的用户定义设置。

(2)【显示】选项卡。【窗口元素】【布局元素】【十字光标大小】和【参照编辑的褪色度】选区的选项主要用来控制程序窗口各部分的外观特征；【显示精度】和【显示性能】选区的选项主要用来控制对象的显示质量。如绘制的圆弧弧线不光滑，则说明显示精度不够，可以提高【圆弧和圆的平滑度】的设置。当然，显示精度越高，AutoCAD 生成图形的速度越慢。

(3)【打开和保存】选项卡。【文件保存】【文件安全措施】和【文件打开】选区的选项主要对文件的保存形式和打开显示进行设置，如文件保存的类型、自动保存的间隔时间、打开 AutoCAD 后显示最近使用的文件的数量等；【外部参照】和【objectARX 应用程序】选区的选项用来设置外部参照图形文件的加载和编辑、应用程序的加载和自定义对象的显示。

（4）【打印和发布】选项卡。此选项卡主要用于设置 AutoCAD 的输出设备。默认情况下，输出设备为 Windows 打印机，但也可以设置为专门的绘图仪，也可对图形打印的相关参数进行设置。

（5）【系统】选项卡。主要对 AutoCAD 系统进行相关设置。包括三维图形显示系统设置、是否显示 OLE 特性对话框、布局切换时显示列表更新方式设置和【启动】对话框的显示设置等内容。

（6）【用户系统配置】选项卡。是用来优化用户工作方式的选项。包括控制单击右键操作、控制插入图形的拖放比例、坐标数据输入优先级设置和线宽设置等内容。

（7）【草图】选项卡。主要用于设置自动捕捉、自动追踪、对象捕捉等的方式和参数。

（8）【三维建模】选项卡。用于对三维绘图模式下的三维十字光标、UCS 图标、动态输入、三维对象、三维导航等选项进行设置。

（9）【选择】选项卡。主要用来设置拾取框的大小、对象的选择模式、夹点的大小和颜色等相关特性。

（10）【配置】选项卡。主要用于实现新建系统配置文件、重命名系统配置文件以及删除系统配置文件等操作。配置是由用户自己定义的。

【例 2-1】 将绘图区域的背景色设置为白色。（在默认状态下，绘图窗口的背景颜色为黑色）

设置步骤：

（1）应用下拉菜单：【工具】—【选项】打开【选项】对话框。

（2）切换到【显示】选项卡，在【窗口元素】选项区域单击“颜色”按钮，则打开了【颜色选项】对话框，如图 2-4 所示。

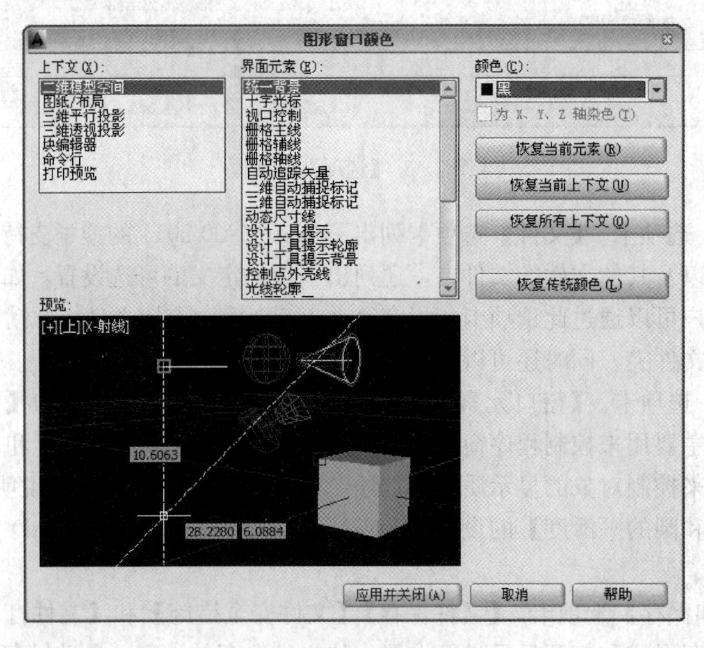

图 2-4 【颜色选项】对话框

（3）对话框右上角有【颜色】选项，单击该选项右边的小三角，将其由黑改为白，如图

2-5 所示。

（4）单击图 2-5 中的 应用并关闭(A) 按钮，完成设置，这时，绘图区的背景色就变成白色了。

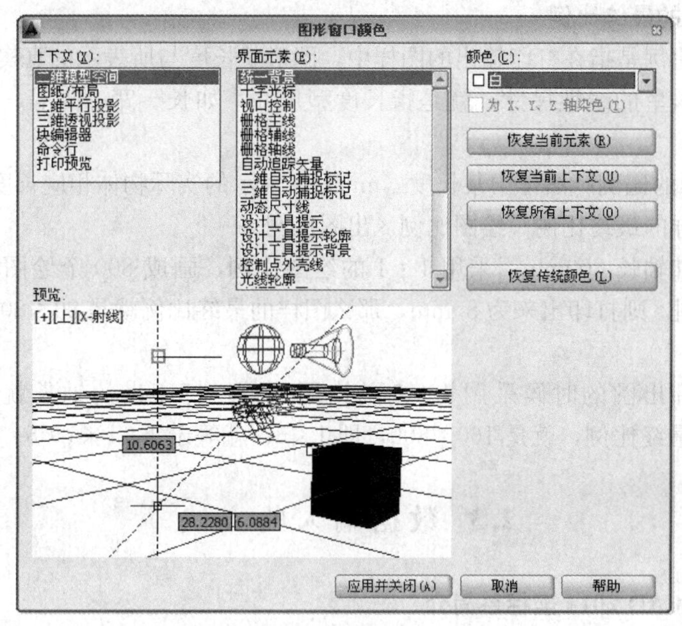

图 2-5　将背景颜色设置为白色

2.2　绘图比例、出图比例与输出图样的最终比例

在传统的手工绘图中，由于图纸幅面有限，同时考虑尺寸换算简便，绘图比例受到较大的限制。而 AutoCAD 绘图软件可以通过各种参数的设置，使得用户可以灵活地使用各种比例方便地进行绘制。

2.2.1　绘图比例

绘图比例是 AutoCAD 绘图单位数与所表示的实际长度（mm）之比。即

绘图比例＝绘图单位数∶表示的实际长度（mm）

如轴长 800mm，如果画成 80 个绘图单位，所采用的比例就是 1∶10；如果按照 1∶1 的比例画，就可以直接画成 800 个绘图单位。

由于 AutoCAD 中因为图形界限可以设置任意大，不受图纸大小的限制，所以通常可以按照 1∶1 的比例来绘制图样，这样就省去了尺寸换算的麻烦。

2.2.2　出图比例

出图比例是指，在打印出图时，所要打印出的长度（mm）与 AutoCAD 的绘图单位数之比。即

出图比例＝打印出图样的某长度（mm）∶表示该长度的绘图单位数

例如，800 个绘图单位长的轴，打印出来为 80mm，那么出图比例就是 1∶10。

绘制好的 AutoCAD 图形图样，可以以各种比例打印输出，图形图样根据打印比例可大可小。但是在打印出图时，一定要注意调整尺寸标注参数和文字的大小。例如，要使打印在图

纸上尺寸数字和文字的高度为 3.5 mm，以 1∶10 的比例打印，则字体的高度应为 35。AutoCAD 2014 在状态栏右边，如果将文字设置为注释性对象，可以通过注释比例灵活地改变文字等对象的大小。

2.2.3 图样的最终比例

图样的最终比例是指在打印输出的图样中，图形某长度与所表示的真实物体相应要素的线性尺寸之比。这里的线性尺寸，就是指长度型尺寸，如长、宽、高等，而不是面积、体积、角度等。即

输出图样的比例＝图样中某长度（mm）∶表示的实际物体相应长度（mm）

很显然，图样的最终比例＝绘图比例×出图比例。

举例说明：如轴长 800mm，采用 1∶1 的绘图比例，画成 800 个绘图单位；如果采用 1∶10 的出图比例，则打印出来为 80mm，那么图样的最终比例就是 80∶800，即 1∶10；也就等于 1∶1×1∶10。

但是，如果在出图的时候采用 1∶5 的出图比例，打印出的轴长就应该是 800/5＝160mm，图样的最终比例，就是 160∶800，即 1∶5；就等于 1∶1×1∶5。

2.3 数据输入的方法

2.3.1 AutoCAD 2014 坐标系简介

在默认状态下，AutoCAD 处于世界坐标系（World Coordinate System，WCS）的 XY 平面视图中，在绘图区域的左下角出现一个如图 2-6 所示的 WCS 图标。WCS 坐标为笛卡儿坐标，即 X 轴为水平方向，向右为正；Y 轴为竖直方向，向上为正，Z 轴垂直于 XY 平面，指向用户方向为正。

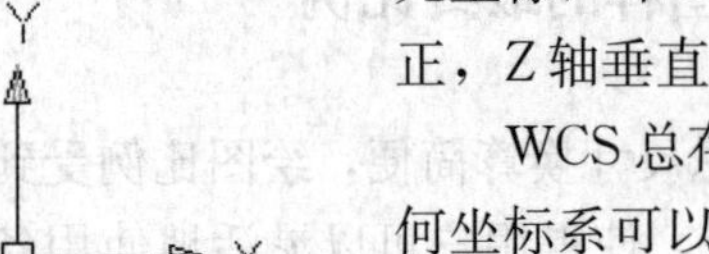

图 2-6 坐标系图标

WCS 总存在于每一个设计图形中，是唯一且不可改动的，其他任何坐标系可以相对它来建立。AutoCAD 将 WCS 以外的任何坐标系统称为用户坐标系（User Coordinate System，UCS），它可以通过执行 UCS 命令对 WCS 进行平移或者旋转等操作来创建。

2.3.2 点的坐标输入

AutoCAD 的坐标输入方法通常采用绝对直角坐标、相对直角坐标、绝对极坐标和相对极坐标 4 种。下面分别介绍这 4 种输入方法。

1. 绝对直角坐标

在直角坐标系中，坐标轴的交点称为原点，绝对坐标是指相对于当前坐标原点的坐标。在 AutoCAD 中，默认原点的位置在图形的左下角。

当输入点的绝对直角坐标（X，Y，Z）时，其中 X、Y、Z 的值就是输入点相对于原点的坐标距离。通常，在二维平面的绘图中，Z 坐标值默认等于 0，所以用户可以只输入 X、Y 坐标值。当确切知道了某点的绝对直角坐标时，在命令行窗口用键盘直接输入 X、Y 坐标值来确定点的位置非常准确方便。应注意两坐标值之间必须使用西文逗号“,”隔开（注意不能用中文逗号的输入格式，否则命令行会出现“点无效”的字样）。

2. 相对直角坐标

在绘图过程中，特别是绘制复杂的图形时，每一个点都采用前面所述的绝对直角坐标输

入，会很烦琐且显得笨拙。有时采用相对直角坐标输入法更加灵活方便。

相对直角坐标就是用相对于上一个点的坐标来确定当前点，也就是说用上一个点的坐标加上一个偏移量来确定当前点的点坐标。相对直角坐标输入与绝对直角坐标输入的方法基本相同，只是 X、Y 坐标值表示的是相对于前一点的坐标差，并且要在输入的坐标值的前面加上“@”符号。在后面的绘图中将经常用到相对直角坐标。

在 AutoCAD 2006 后的版本中，新增了动态输入功能，即状态栏中的 DYN 按钮，当按下此按钮时，输入的坐标值直接就是相对坐标。

【例 2-2】 用直线命令绘制如图 2-7 所示的矩形。

绘制步骤：

（1）单击【绘图】工具栏的【直线】按钮，启动【直线】命令。

（2）输入 A 点的绝对坐标值 100，100。

（3）输入矩形左上角点的相对坐标@0，100。

（4）输入矩形右上角点的相对坐标值@200，0。

（5）输入 D 点的相对坐标值@0，−100。

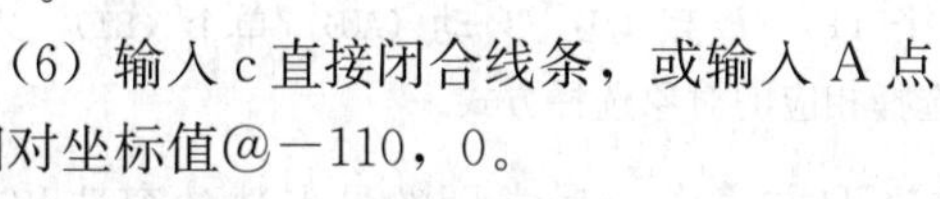

（6）输入 c 直接闭合线条，或输入 A 点的相对坐标值@−110，0。

图 2-7　矩形

3. 绝对极坐标

极坐标是一种以极径 R 和极角 θ 来表示点的坐标系。绝对极坐标是从点（0，0）或（0，0，0）出发的位移，但给定的是距离或角度。其中距离和角度用<分开，如“$R<\theta$”。计算方法是从 X 轴正向转向两点连线的角度，以逆时针方向为正，如 X 轴正向为 0°，Y 轴正向为 90°。绝对极坐标在 AutoCAD 中较少采用。

4. 相对极坐标

相对极坐标中 R 为输入点相对前一点的距离长度，θ 为这两点的连线与 X 轴正向之间的夹角，如图 2-8 所示。在 AutoCAD 中，系统默认角度测量值以逆时针为正，反之为负值。输入格式为“@$R<\theta$”。

【例 2-3】 按照如下程序操作，绘制如图 2-9 所示的五角星。

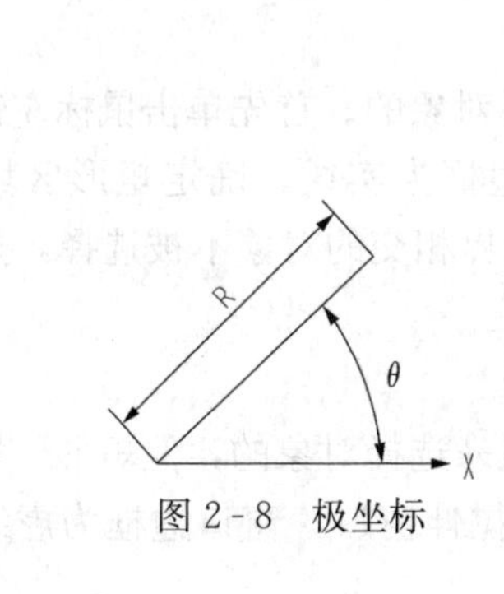

图 2-8　极坐标

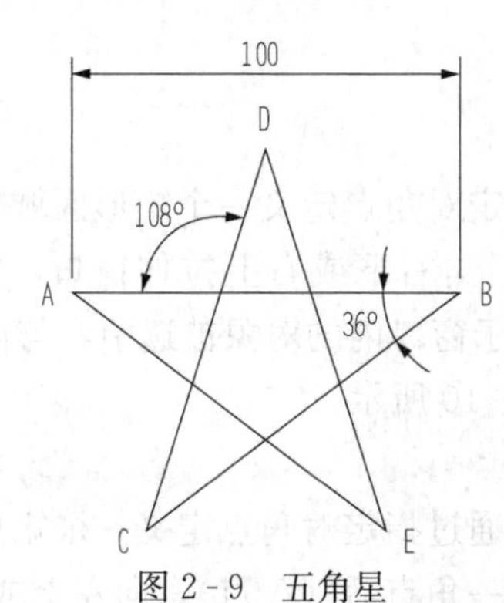

图 2-9　五角星

（1）单击【绘图】工具栏中的【直线】按钮，启动【直线】命令。

（2）输入A点的绝对直角坐标值200，100。

（3）输入B点的相对极坐标值@100<0。

（4）输入C点的相对极坐标值@－100<36。

（5）输入D点的相对极坐标值@100<72。

（6）输入E点的相对极坐标值@－100<108。

（7）输入c闭合到A点。

2.4 选择编辑对象的方法

在执行AutoCAD的许多编辑命令过程中，命令行都会出现“选择对象：”的提示，即需要选择进行相关操作的对象。

AutoCAD向用户提供了多种对象选择的方式。在命令行提示“选择对象：”时，输入“?”或当前编辑命令不认识的字母，可以查看所有方式。

选择对象：?　　　　　　　//输入?

＊无效选择＊

需要点或窗口（W）/上一个（L）/窗交（C）/框（BOX）/全部（ALL）/栏选（F）/圈围（WP）/圈交（CP）/编组（G）/添加(A）/删除（R）/多个（M）/前一个（P）/放弃（U）/自动（AU）/单个（SI）

//输入括号内的字母即可选择相应的对象选择方式

下面介绍各种对象选择方式的含义，在这些选取方式中，最常用的是点选、窗选和交叉窗选几种。

1. 点选

当命令行出现“选择对象：”提示时，十字光标变为拾取框，将拾取框压住被选对象并单击左键，这时对象变为虚线，说明对象被选中，命令行会继续提示“选择对象：”，继续选择需要的对象，直到不再选取时，单击右键结束选择对象同时执行相关操作（按Enter键或空格键效果相同）。点选方式适合拾取少量、分散的对象。

按住Shift键再次选择被选中对象，可以将其从当前选择集中删除。

2. 窗选

窗选是通过指定对角点定义一个矩形区域来选择对象的。首先单击鼠标左键确定第一个角点（A点），然后向右下或右上拉伸窗口，窗口边框为实线，确定矩形区域后单击左键(B点)，则全部位于窗口内的对象被选中，与窗口边界相交的对象不被选择，选中部分为虚线，其效果如图2-10所示。

3. 交叉窗选

交叉窗选也是通过指定对角点定义一个矩形区域来选择对象的，但矩形区域的定义不同于窗选。在确定第一角点后（A点），向左上或左下拉伸窗口，窗口边框为虚线，确定矩形区域后单击左键（B 点），则全部位于窗口内和与窗口边界相交的对象均被选中，选中部分为虚线，其效果如图 2 - 11 所示。

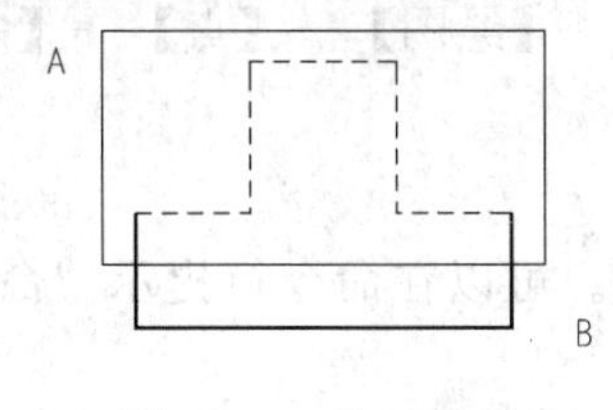

图 2 - 10　窗选效果

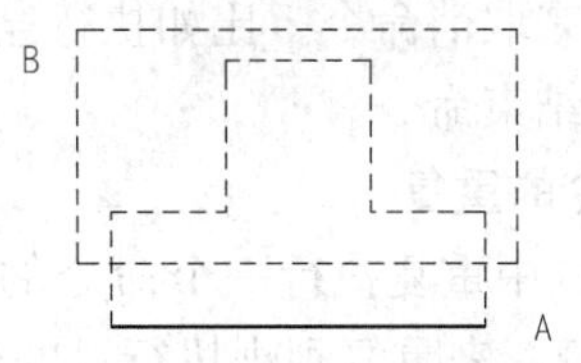

图 2 - 11　交叉窗选效果

点选、窗选和交叉窗选通常作为系统的默认选择方式，即在命令行提示“选择对象：”时，不必输入括号内的字母即可直接进行选择。

2.5 常用基本操作

利用 AutoCAD 完成的所有工作都是用户对系统通过命令来执行的，所以用户必须熟悉命令的执行与结束以及对命令的一些常用操作。

2.5.1　命令的执行与结束

执行一个命令往往有多种方法，这些命令之间可能存在难易、繁简的区别。用户可以在不断的练习中找到一种适合自己的、最快捷的绘图方法或绘图技巧。

通常可以用以下几种方法来执行某一命令。

（1）命令行输入命令。在命令行输入相关操作的完整命令或快捷命令。如绘制直线，可以在命令行输入“LINE”或“L”。

（2）单击工具栏中的图标按钮。这种方法比较形象、直接。将鼠标在按钮处停留数秒，会显示按钮的名称，帮助用户识别。如单击绘图工具栏中的按钮，可以启动【直线】命令。

（3）单击下拉菜单。一般的命令都可以在下拉菜单中找到，它是一种较实用的命令执行方法。如单击下拉菜单【绘图】—【直线】来执行【直线】命令。由于下拉菜单较多，它又包含许多子菜单，所以准确地找到菜单命令需要熟悉记忆它们，并且由于单击次数较多而影响工作效率。

在命令行输入命令执行操作时，需要按 Enter 键或空格键才能使系统执行命令。

结束命令主要有以下 4 种方法。

（1）回车。最常用的结束命令的方法，比如画一条线段，当确定了第二点时，直接回车，就会结束命令，否则它就会要求你给出下一点的参数。

（2）空格。在 AutoCAD 中，除了书写文字外空格与回车的作用是一样的。

（3）鼠标右键。要结束绘制时，单击鼠标右键会出现快捷菜单。将光标移到【确认】

处，单击鼠标左键可以结束命令，与回车效果相同。

（4）Esc键。在AutoCAD中，可以说是Esc键的功能最强大，无论命令是否完成，都可通过按Esc键来取消命令。比如执行绘制多点命令（【绘图】—【点】—【多点】），就只能通过Esc键来结束命令。

2.5.2 命令的重复

在AutoCAD中重复执行一个命令的方法有很多。可以在命令行提示“命令:”时，按Enter键或空格键，来重复刚刚执行过的命令。

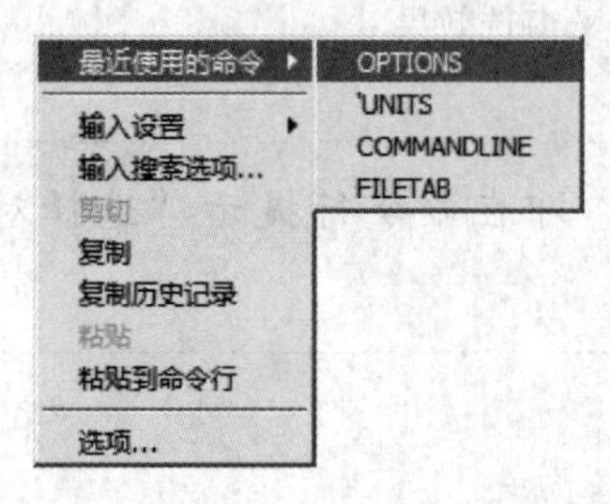

图2-12 命令窗口快捷菜单

如果要想重复执行近期执行过但又不是刚刚执行过的一个命令，可以将光标移至命令行，单击右键，弹出如图2-12所示的命令窗口快捷菜单，选择【近期使用的命令】，系统列出近期使用过的6条命令，选择想要重复执行的命令即可。

如果要多次使用同一个命令，则可以在命令行输入multiple命令回车，命令行提示“输入要重复的命令名:”，输入要重复的命令，就可以重复执行该命令，直到用户按Esc键为止。

2.5.3 命令的放弃

命令的放弃即撤销，放弃最近执行过的一次操作的方法如下。

（1）下拉菜单：【编辑】—【放弃】。

（2）标准注释工具栏按钮。

（3）命令行：undo或u。

（4）快捷键：Ctrl+Z。

放弃近期执行过的一定数目操作的方法如下。

（1）下拉列表：单击按钮右侧列表箭头，在列表中选择一定数目要放弃的操作。

（2）命令行：undo。

在命令行输入undo命令后回车，命令行提示如下：

命令：undo

输入要放弃的操作数目或［自动（A）/控制（C）/开始（BE）/结束（E）/标记（M）/后退（B）］<1>：4

//输入要放弃的操作数目，回车

正多边形 GROUP 圆 GROUP 矩形 GROUP LINE GROUP //系统提示所放弃的4步操作的名称

2.5.4 命令的重做

重做是指恢复undo命令刚刚放弃的操作，它必须紧跟在u或undo命令后执行，否则命令无效。

重做单个操作的方法如下。

（1）下拉菜单：【编辑】—【重做】。

（2）标准注释工具栏按钮：。

（3）命令行：redo。

（4）快捷键：Ctrl+Y。

重做一定数目的操作的方法如下。

（1）下拉列表：单击按钮右侧列表箭头，在列表中选择一定数目需重做的操作。

（2）命令行：mredo。

2.6 图层与对象特性

图层是 AutoCAD 提供的重要绘图工具之一。可以把图层看作是没有厚度的透明薄片，各层之间完全对齐，一层上的某一基准点精确地对准其他各层上的同一基准点。按照国家制图标准规定，在绘制工程图时，对于不同用途的图线需要使用不同的线型和线宽来绘制。AutoCAD 向用户提供了“图层”这种有用的管理工具，把具有相同颜色、线型、线宽等特性的图形放到同一个图层上，以便于用户更有效地组织、管理、修改图形对象。

2.6.1　图层及其特性

用户可以把图层理解成没有厚度、透明的图纸，一个完整的工程图样由若干个图层完全对齐、重叠在一起形成的。同时，还可以关闭、解冻或锁定某一图层，使得该图层不在屏幕上显示或不能对其进行修改。图层是 AutoCAD 用来组织、管理图形对象的一种有效工具，在工程图样的绘制工作中发挥着重要的作用。

图层具有以下一些特性：

（1）图名：每一个图层都有自己的名字，以便查找。

（2）颜色、线型、线宽：每个图层都可以设置自己的颜色、线型、线宽。

（3）图层的状态：可以对图层进行打开和关闭、冻结和解冻、锁定和解锁的控制。

2.6.2　图层的创建

创建和设置图层，都可以在【图层特性管理器】对话框中完成，启动【图层特性管理器】对话框的方法如下。

（1）下拉菜单：【格式】—【图层】。

（2）图层工具栏按钮：。

（3）命令行：layer。

执行上述命令后，屏幕弹出如图 2-13 所示【图层特性管理器】对话框。在该对话框中有两个显示窗格：左边为树状图，用来显示图形中图层和过滤器的层次结构列表；右边为列表图，显示图层和图层过滤器及其特性和说明。

单击【图层特性管理器】对话框中的新建按钮，在列表图中 0 图层的下面会显示一个新图层。在【名称】栏填写新图层的名称，图层名可以使用包括字母、数字、空格以及 Microsoft Windows 和 AutoCAD 未做他用的特殊字符命名，应注意图层名应便于查找和记忆。填好名称后回车或在列表图区的空白处单击即可。如果对图层名不满意，还可以重新命名。

在【名称】栏的前面是【状态】栏，它用不同的图标来显示不同的图层状态类型，如图层过滤器、所用图层、空图层或当前图层，其中图标表示当前图层。

0图层是系统默认的图层，不能对其重新命名。同时，也不能对依赖外部参照的图层重新命名。

为了便于对图层进行管理，常在任意工具栏上单击右键，选中图层，则打开了图层工具栏，如图2-14所示。AutoCAD 2014【二维草图与注释】界面中，面板选项板的控制台也有图层部分，如图2-15所示。

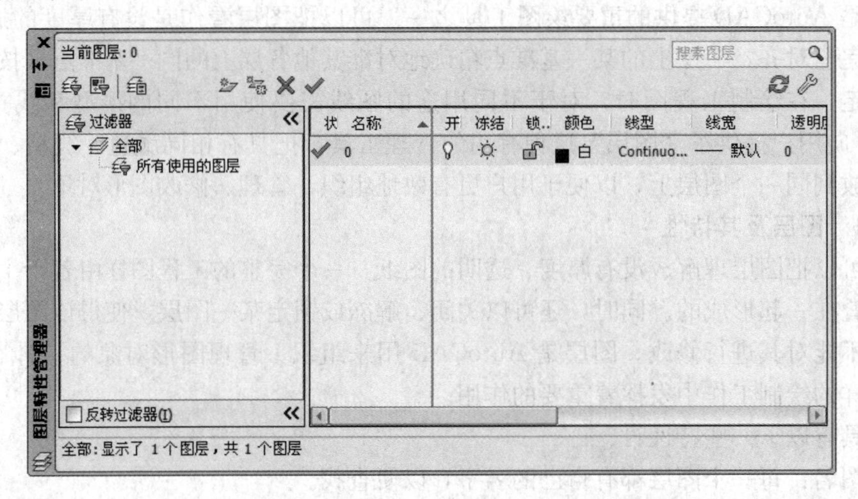

图2-13 【图层特性管理器】对话框

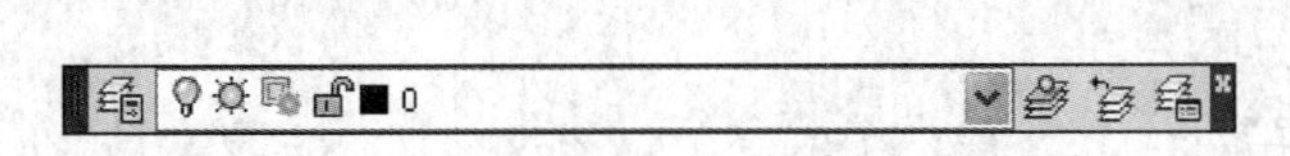

图2-14 图层工具栏

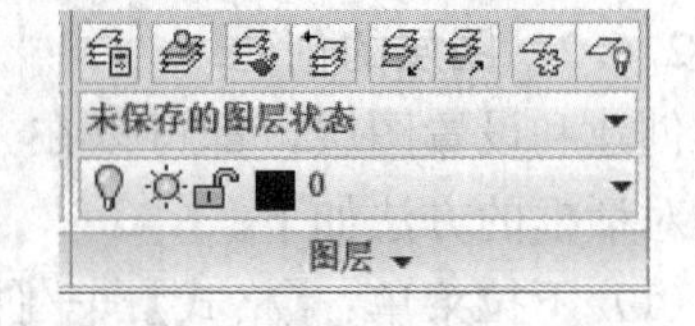

图2-15 面板选项板中的图层

2.6.3 设置图层的颜色、线型和线宽

用户在创建图层后，应对每个图层设置相应的颜色、线型和线宽。

1. 设置图层的颜色

单击某一图层列表的【颜色】栏，会弹出如图2-16所示的【选择颜色】对话框，选择一种颜色，然后单击 确定 按钮。

2. 设置图层的线型

要对某一图层进行线型设置，则单击该图层的【线型】栏，会弹出如图2-17所示的【选择线型】对话框。默认情况下，系统只给出连续实线（continuous）这一种线型。如果需要其他线型，可以单击 加载(L)... 按钮，弹出如图2-18所示的【加载或重载线型】对话框，从中选择需要的线型，然后单击 确定 按钮返回【选择线型】对话框，所选线型已经显示在【已加载的线型】列表中。然后选中该线型然后单击 确定 按钮即可。

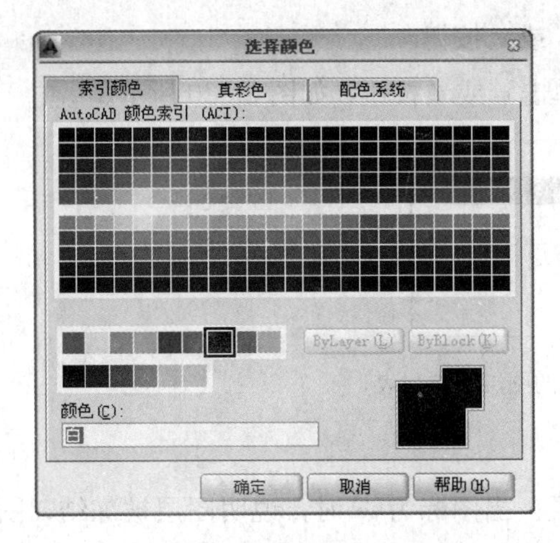

图 2-16　【选择颜色】对话框

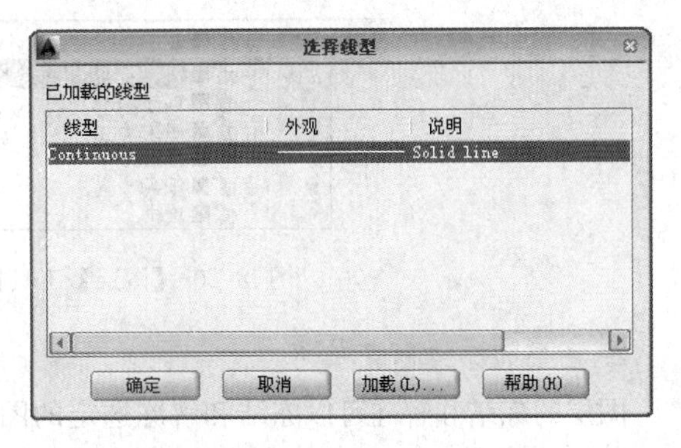

图 2-17　【选择线型】对话框图

3. 设置图层的线宽

单击某一图层列表的【线宽】栏，会弹出【线宽】对话框，如图 2-19 所示。通常，系统会将图层的线宽设定为默认值。用户可以根据需要在【线宽】对话框中选择合适的线宽，然后单击 确定 按钮完成图层线宽的设置。

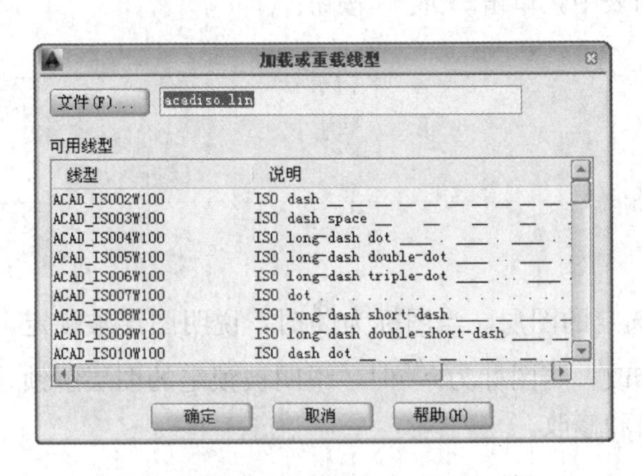

图 2-18　【加载或重载线型】对话框

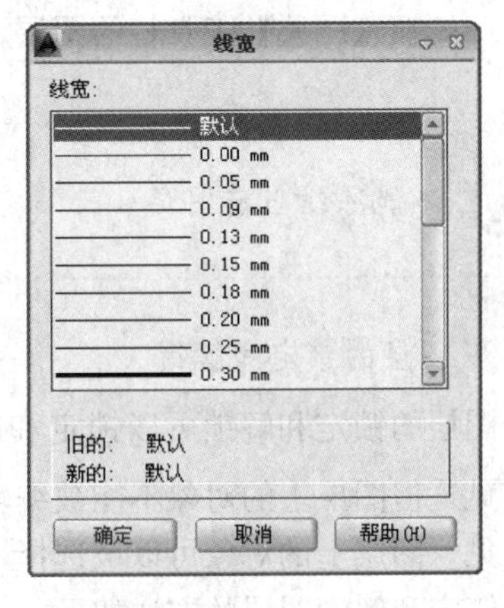

图 2-19　【线宽】对话框

利用【图层特性管理器】对话框设置好图层的线宽后，在屏幕上不一定能显示出该图层图线的线宽。可以通过是否按下状态栏中的 线宽 按钮，来控制是否显示图线的线宽。

2.6.4　图层的打开和关闭、冻结和解冻、锁定和解锁

在【图层特性管理器】对话框的列表图区，有“开”“冻结”“锁定”3 栏项目，它们可以控制图层在屏幕上能否显示、编辑、修改与打印。

1. 图层的打开和关闭

该项可以打开和关闭选定的图层。当图标为 时，说明图层被打开，它是可见的，并且可以打印；当图标为 时，说明图层被关闭，它是不可见的，并且不能打印。

打开和关闭图层的方法如下。

（1）在【图层特性管理器】列表图区，单击 或 按钮。

（2）在【图层】工具栏的图层下拉列表中，单击 或 按钮，如图 2-20 所示。

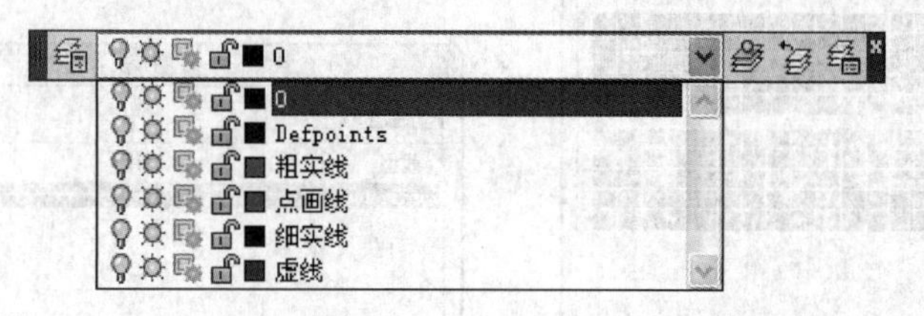

图 2-20 【图层】工具栏的图层下拉列表

2. 图层的冻结和解冻

图层的冻结和解冻可以冻结和解冻选定的图层。当图标为 时，说明图层被冻结，图层不可见，不能重生成，并且不能进行打印；当图标为 时，说明图层未被冻结，图层可见，可以重生成，也可以进行打印。

由于冻结的图层不参与图形的重生成，可以节约图形的生成时间，提高计算机的运行速度。因此对于绘制较大的图形，暂时冻结不需要的图层是十分必要的。

冻结和解冻图层的方法如下。

（1）在【图层特性管理器】列表图区，单击 或 按钮。

（2）在【图层】工具栏的图层下拉列表中，单击 或 按钮。

不能冻结当前图层。

3. 图层的锁定和解锁

图层的锁定和解锁可以锁定和解锁选定的图层。当图标为 时，说明图层被锁定，图层可见，但图层上的对象不能被编辑和修改；当图标为 时，说明被锁定的图层解锁，图层可见，图层上的对象可以被选择、编辑和修改。

锁定和解锁图层的方法如下。

（1）在【图层特性管理器】列表图区，单击 或 按钮。

（2）在【图层】工具栏的图层下拉列表中，单击 或 按钮。

2.6.5 设置当前图层

所有的 AutoCAD 绘图工作只能在当前层进行。当需要画墙体时，必须先将“墙体”所在的图层设为当前层。设置当前图层的方法如下。

（1）在【图层特性管理器】对话框的列表图区单击某一图层，再单击右键选择快捷菜单中的【置为当前】选项，【图层特性管理器】对话框中【当前图层:】的显示框中显示该图层名。

（2）在【图层特性管理器】对话框的列表图区双击某一图层。

（3）在绘图区域选择某一图形对象，然后单击【图层】工具栏或面板选项板的 按钮，系统则会将该图形对象所在的图层设为当前图层。

(4) 单击【图层】工具栏中图层列表框的按钮，选择列表中一图层单击将其置为当前图层。

(5) 单击【图层】工具栏中的按钮，可以将上一个当前层恢复到当前图层。

已经冻结的图层不能置为当前层。

2.6.6 删除图层

为了节省系统资源，可以删除多余不用的图层。方法为：单击不用的一个或多个图层，再单击【图层特性管理器】对话框上方的按钮，最后单击确定按钮即可。注意，不能删除0层、当前层和含有图形实体的层。

2.7 单独设置线型、线宽与颜色

除可以通过图层来设置绘图所用的线型、线宽和颜色外，还可以单独设置绘图线型、线宽和颜色。

2.7.1 线型设置

在AutoCAD 2014中，选择【格式】—【线型】命令，或直接执行linetype命令，均可启动线型设置的操作。线型设置的操作如下：

执行linetype命令，AutoCAD 2014打开【线型管理器】对话框，如图2-21所示。

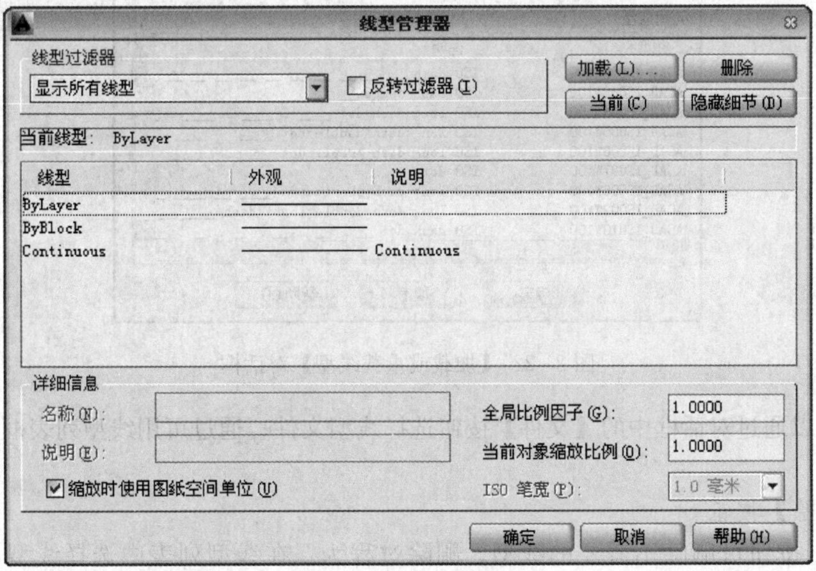

图2-21 【线型管理器】对话框

该对话框中，位于中间位置的线型列表框中列出了用户当前可以使用的线型。下面介绍对话框中主要选项的功能。

1.【线型过滤器】选项组

【线型过滤器】选项组设置线型过滤条件，用户可以在其下拉列表框中的【显示所有线型】【显示所有使用的线型】等选项中进行选择。设置了过滤条件后，AutoCAD在对话框中的线型列表框内只显示满足条件的线型。【线型过滤器】选项组中的【反向过滤器】复选框用于确定是否在线型列表框中显示与过滤条件相反的线型。

如果用户打开的对话框与图2-21所示的不同，可以单击对话框中的【显示细节】按钮。此按钮和【隐藏细节】按钮是同一按钮的两种不同显示状态。

2.【当前线型】标签框

【当前线型】标签框显示当前绘图使用的线型。

3.【线型】列表框

【线型】列表框中显示出满足过滤条件的线型，供用户选择。其中【线型】列一般显示线型的名称，【外观】列显示各线型的外观形式，【说明】列显示对各线型的说明。

4.【加载】按钮

【加载】按钮可从线型库加载线型。如果在【线型】列表框中没有列出所需要的线型，可以从线型库加载。单击【加载】按钮，AutoCAD打开如图2-22所示的【加载或重载线型】对话框。

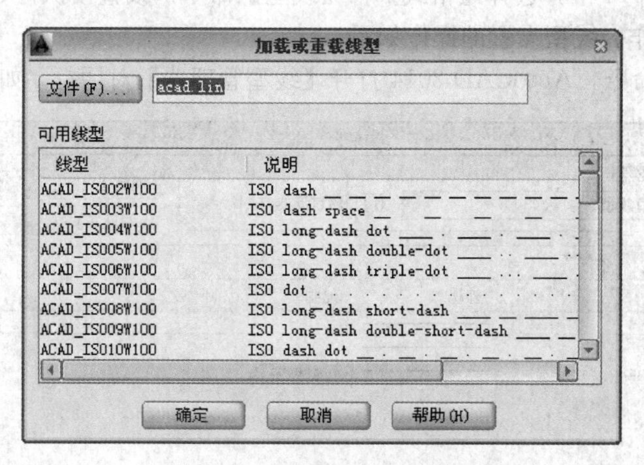

图2-22 【加载或重载线型】对话框

用户可以通过对话框中的【文件】按钮选择线型文件；通过可用线型列表框选择需要加载的线型。

5.【删除】按钮

【删除】按钮可删除不需要的线型。删除过程为：在线型列表中选择线型，然后单击【删除】按钮。

用户删除的线型必须是没有被使用的线型，否则 AutoCAD 拒绝删除此线型，并给出提示信息。

6.【当前】按钮

在【线型】列表框中选择某一线型，单击【当前】按钮。当设置当前线型时，用户可以通过【线型】列表框在 Bylayer（随层）、ByBlock（随块）或某一具体线型中选择。其中，随层表示绘图线型始终与图形对象所在图层设置的绘图线型一致，这是最常用也是建议用户采用的设置方式。

7.【隐藏细节】按钮

单击【隐藏细节】按钮，AutoCAD 在【线型管理器】对话框中不再显示【详细信息】选项组，同时该按钮变为【显示细节】。

8.【详细信息】选项组

【详细信息】选项组可说明或设置线型的细节。

9.【名称】【说明】文本框

【名称】【说明】文本框可显示或修改指定线型的名称与说明。在线型列表中选择某一线型，它的名称与说明将分别显示在【名称】【说明】两个文本框中，用户可以通过这两个文本框对它们进行修改。

10.【全局比例因子】文本框

【全局比例因子】文本框可设置线型的全局比例因子，即所有线型的比例因子。用各种线型绘图时，除连续线外，每种线型一般是由实线段、空白段和点等组成的序列。线型定义中定义了各小段的长度。当在屏幕上显示或在图纸上输出的线型比例不合适时，可以通过改变线型比例的方法放大或缩小所有线型的每一小段的长度。全局比例因子对已有线型和新绘图形的线型均有效。

11.【当前对象缩放比例】文本框

【当前对象缩放比例】文本框可用于设置新绘图形对象所用线型的比例因子。通过该文本框设置了线型比例后，在此之后所绘图形的线型比例均采用此线型比例。利用系统变量 celtscale 也可以进行此设置。

2.7.2　线宽设置

在 AutoCAD 2014 中，选择【格式】—【线宽】命令，或直接执行 lweight 命令，均可启动线宽设置的操作。线宽设置的操作如下：

执行【格式】—【线宽】命令，AutoCAD 打开【线宽设置】对话框，如图 2-23 所示。

下面介绍该对话框中各主要选项的功能。

1.【线宽】列表框

【线宽】列表框用于设置绘图线宽。列

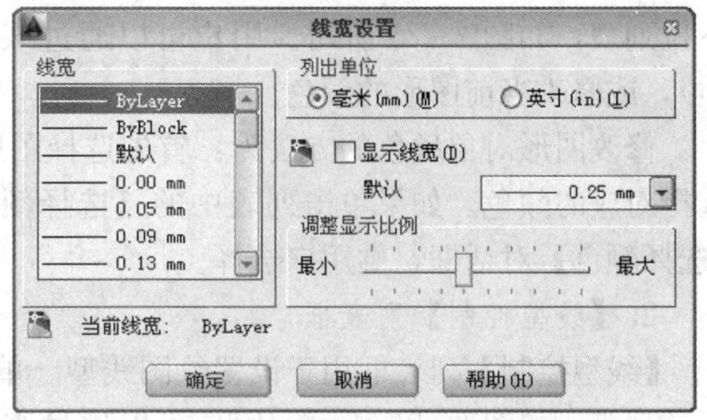

图 2-23　【线宽设置】对话框

表框中列出了 AutoCAD 2014 提供的 20 余种线宽，用户可以从中在 ByLayer（随层）、ByBlock（随块）或某一具体线宽中选择。随层表示绘图线宽始终与图形对象所在图层设置的线宽一致，这是最常用也是建议用户采用的设置方式。

2.【列出单位】选项组

【列出单位】选项组确定线宽的单位。AutoCAD 提供了毫米和英寸两种单位，供用户选择。

3.【显示线宽】复选框

【显示线宽】复选框确定是否按此对话框设置的线宽显示所绘图形。

4.【默认】下拉列表框

【默认】下拉列表框可设置 AutoCAD 的默认绘图线宽，一般采用 AutoCAD 提供的默认设置即可。

5.【调整显示比例】滑块

【调整显示比例】滑块可设置在计算机屏幕上所显示线宽的显示比例，利用滑块进行调整即可。

2.7.3 颜色设置

在 AutoCAD 2014 中，选择【格式】—【颜色】命令，或直接执行 color 命令，均可启动颜色设置的操作。颜色设置的操作如下：

执行 color 命令，AutoCAD 打开【选择颜色】对话框（见图 2-16）。该对话框中有，【索引颜色】【真彩色】和【配色系统】3 个选项卡，分别用于以不同方式确定绘图颜色。在【索引颜色】选项卡中，用户可以将绘图颜色设为 ByLayer（随层）、ByBlock（随块）或某一具体颜色。其中，随层指所绘对象的颜色总是与对象所在图层设置的绘图颜色相一致，为最常用的设置。

2.7.4 【特性】工具栏

AutoCAD 提供了如图 2-24 所示的【特性】工具栏，利用它可以快速、方便地设置绘图颜色、线型以及线宽。

图 2-24 【特性】工具栏

下面介绍【特性】工具栏的主要功能。

1.【颜色控制】列表框

【颜色控制】列表框用于设置绘图颜色。单击此列表框右侧的下拉按钮，AutoCAD 弹出下拉列表，如图 2-25 所示。用户可以通过该列表设置绘图颜色（一般应选择“随层”选项），或修改当前图形的颜色。

修改图形对象颜色的方法为：首先选择图形，然后在如图 2-25 所示的颜色控制列表中选择对应的颜色。如果单击列表中的【选择颜色】项，AutoCAD 将打开如图 2-16 所示的【选择颜色】对话框，供用户选择。

2.【线型控制】列表框

【线型控制】列表框用于设置绘图线型。单击该列表框右侧的下拉按钮，AutoCAD 弹出下拉列表，如图 2-26 所示。用户可以通过该列表设置绘图线型（一般应选择【ByLayer】选项），或修改当前图形的线型。

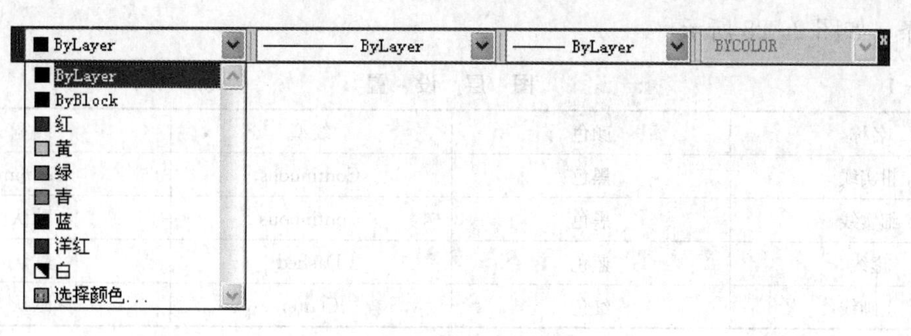

图 2 - 25　【颜色控制】列表框

修改图形对象线型的方法为：选择对应的图形，然后在如图 2 - 26 所示的线型控制列表中选择对应的线型。如果单击列表中的【其他】选项，AutoCAD 将打开如图 2 - 21 所示的【线型管理器】对话框，供用户选择。

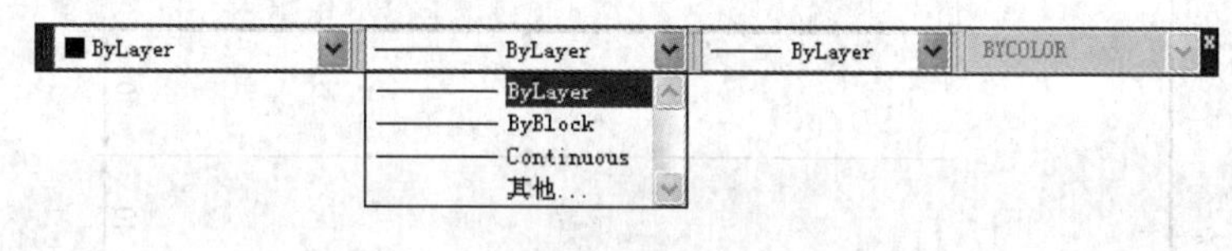

图 2 - 26　【线型控制】列表框

3.【线宽控制】列表框

【线宽控制】列表框用于设置绘图线宽。单击此列表框右侧的下拉按钮，AutoCAD 弹出下拉列表，如图 2 - 27 所示（图中只显示了部分下拉列表）。用户可以通过该列表设置绘图线宽（一般选择【ByLayer】选项），或修改当前图形的线宽。

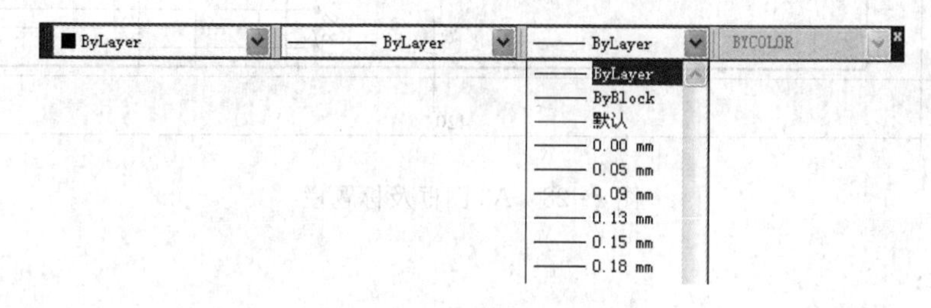

图 2 - 27　【线宽控制】列表框

修改图形对象线宽的方法为：选择对应的图形，然后在如图 2 - 27 所示的线宽控制列表中选择对应的线宽。

如果用【特性】工具栏单独设置具体的绘图线型、线宽或颜色，而不是采用随层方式，AutoCAD 在此之后就会用对应的设置绘图，不再受图层设置的限制。

2.8　实 例 练 习

【例 2 - 4】　设置表 2 - 1 所示的图层，并绘制一张 A3 图纸的图框和标题栏，在图中绘制各种线条，如图 2 - 28 所示。

表 2 - 1 **图　层　设　置**

名称	颜色	线型	线宽
粗实线	黑色	Continuous	0.5mm
细实线	黑色	Continuous	默认
虚线	蓝色	Dashed	默认
点画线	红色	Center	默认

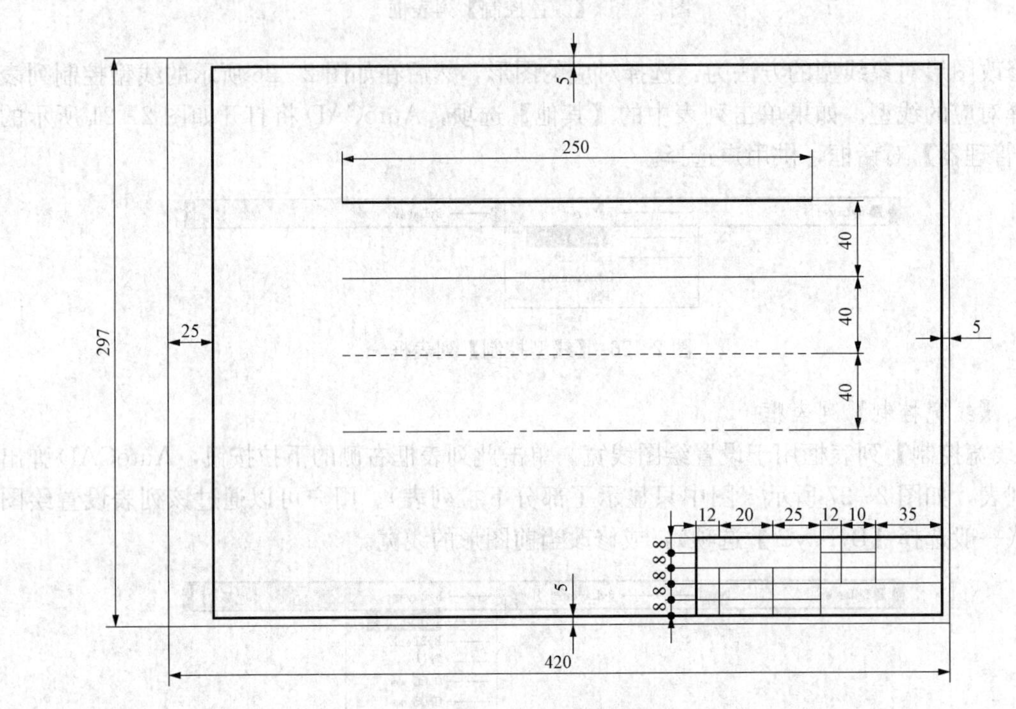

图 2 - 28　A3 图框及标题栏

绘制步骤：

(1) 首先创建满足表格 2 - 1 要求的粗实线、细实线、虚线、点画线四个图层，如图 2 - 29所示。

(2) 绘制图框和标题栏。

1) 将细实线层置为当前，单击【绘图】工具栏的【矩形】按钮画一矩形，两个角点分别为 (0，0) 和 (420，297)。再次启动矩形命令，指定两个角点分别为 (25，5) 和 (390，287)，此时图形如图 2 - 30 所示。

2) 单击【绘图】工具栏的【直线】按钮命令，启动【直线】命令，输入起点 (285，5)，第二点 (285，45)，第三点 (415，45)，回车结束画线命令，此时图形如图 2 - 31 所示。

3) 单击【修改】工具栏的【偏移】按钮，启动【偏移】命令，给定偏移距离 8，选中标题栏上方长 130 的横线，多重偏移出图 2 - 32 的 4 条横线。然后按照图 2 - 32 所示距离，偏移竖向长 40 的直线。

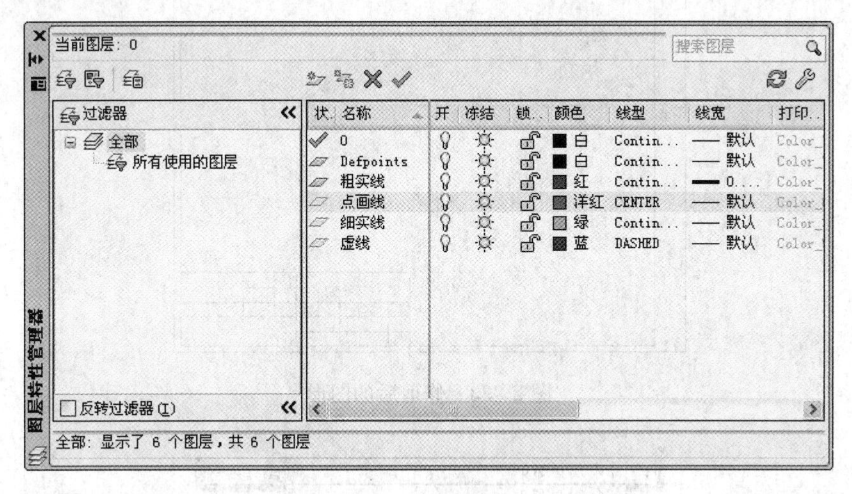

图 2 - 29　设置图层

图 2 - 30　画出的两个矩形

图 2 - 31　画标题栏的外框

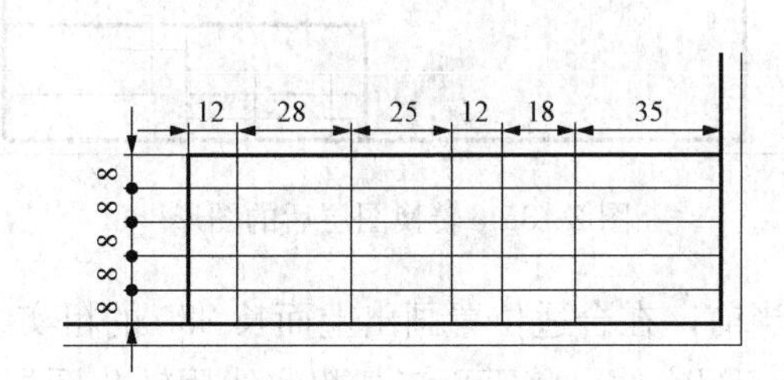

图 2 - 32　标题栏尺寸

4）单击【修改】工具栏的【修剪】按钮，启动【修剪】命令，剪切要去掉的部分线条，得到如图 2 - 33 所示的图形。

5）将图线转到合适的图层。选中图框线（里面矩形）和标题栏的外框线，在【图层】工具栏中单击图层列表框的下拉箭头，单击下拉列表中的粗实线图层，如图 2 - 34 所示。图层转化完后，按 ESC 键。这时，就将图框线与标题栏的外框线变为粗实线图层的图形对象，同时具有该图层的特性。修改后的图形如图 2 - 35 所示。

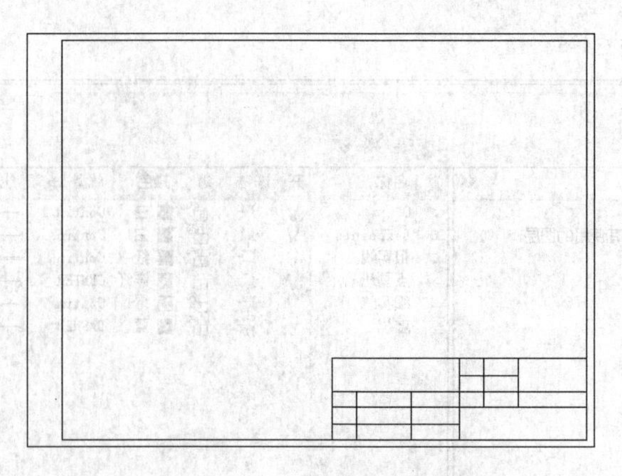

图 2-33　修剪后的图形

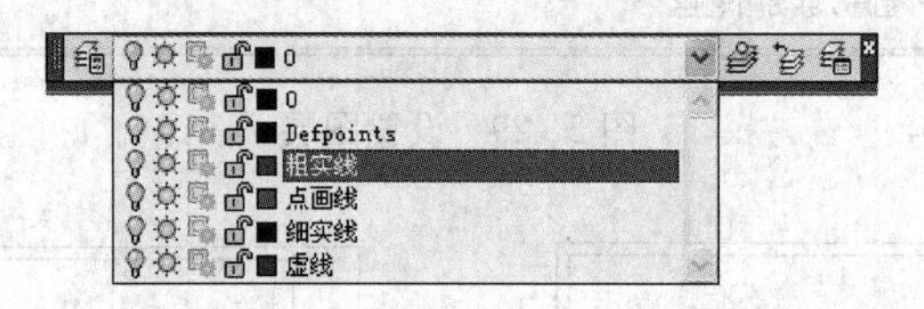

图 2-34　将图框和标题栏外框转化为粗实线

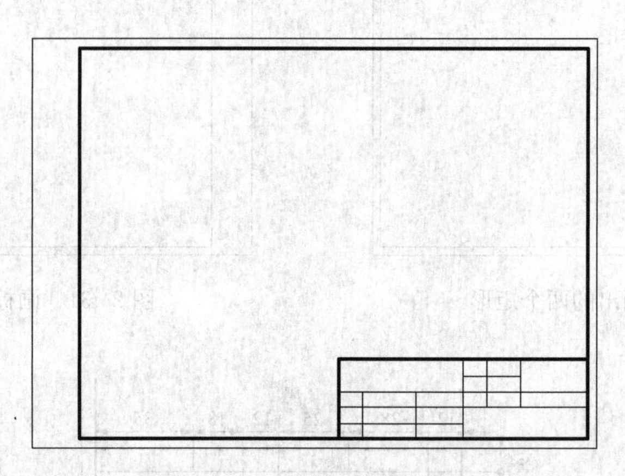

图 2-35　转换图层后的图形

（3）将粗实线层置为当前，在合适位置画出上面长 250 的粗实线，用偏移命令，给定偏移距离 40，偏移出另外三条粗实线。将下面三条粗实线用转化图层的方法，转变为细实线、虚线和点画线。就得到图 2-28 所示的绘图结果。

2-1　利用菜单【格式】—【图形界限】命令将绘图界限设置为一张标准的 A2 图纸(420mm×594mm)。

2-2　利用【直线】【矩形】和【圆】命令绘制如图 2-36 所示的平面图形，将各线型进行图层匹配。并保存为“.dwg”格式文件。

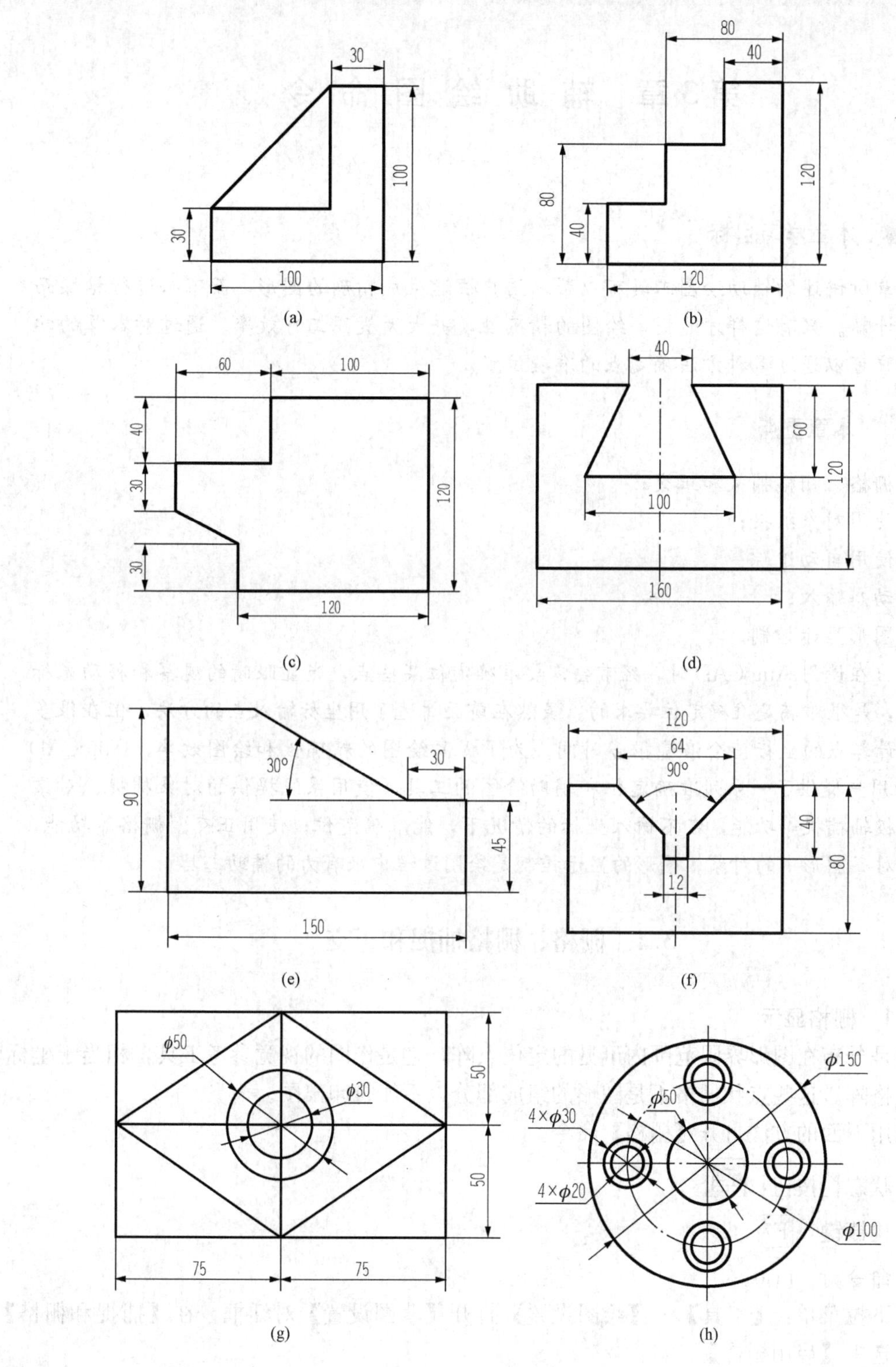
30
100
30
100
(a)
80
40
120
80
40
120
(b)
60
100
40
30
30
120
120
(c)
40
60
120
100
160
(d)
30°
30
90
45
150
(e)
120
64
90°
40
80
12
(f)
φ50
φ30
50
50
75
75
(g)
φ150
φ50
4×φ30
4×φ20
φ100
(h)

图 2-36　习题 2-2 图

第3章 辅助绘图命令

本章学习目标

本章所讲述的辅助绘图工具可以帮助用户快速生成精确的图形，而不必进行枯燥而繁琐的计算。只有这样才能提高绘图的精确性，并大大提高工作效率。通过对本章的学习，用户可以通过多种方法确定点的准确位置。

本章重点

- 栅格、栅格捕捉和正交；
- 使用对象捕捉；
- 使用自动追踪；
- 动态输入；
- 图形显示控制。

用户在使用 AutoCAD 时，经常会需要准确定位某些点，光靠眼睛的观察和移动光标来定位，是很难满足准确定位要求的。虽然在前面讲述了用坐标输入点的方法，但在很多情况下计算点的坐标值会浪费很多时间。为了提高绘图的精确性和绘图效率，AutoCAD 2014 为用户提供了一系列准确定位和辅助绘图的工具，使用系统提供的对象捕捉、对象追踪、极轴捕捉等功能，在不输入坐标的情况下，能准确定位；使用正交、栅格等功能，有助于对齐图形中的对象。图形的显示控制是绘图过程中很有力的辅助工具。

3.1 栅格、栅格捕捉和正交

3.1.1 栅格显示

栅格是分布在图形界限范围内可见的定位点阵，它是作图的视觉参考工具，相当于坐标纸中的方格阵。这些点状栅格不是图形的组成部分，不能打印出图。

可以用下面的方法打开【栅格】命令。

(1) 状态栏按钮：。

(2) 快捷键：F7。

(3) 命令行：grid。

(4) 下拉菜单：【工具】—【绘图设置】打开【草图设置】对话框，在【捕捉和栅格】选项内，选中【启用栅格】。

启动上述命令后，AutoCAD 2014 会在绘图窗口内显示点状栅格，如图 3-1 所示。当使用 limits 命令改变图形界限的大小时，栅格的分布也随之改变。

在绘制某些机械图时，若采用 1∶1 的比例，绘图范围就会较大，而栅格默认的间距为

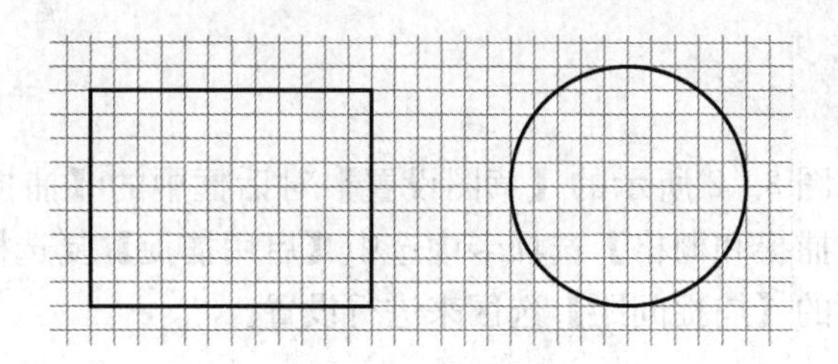

图 3-1　栅格显示

10，这时会出现因栅格点阵又太密而无法显示栅格的情况。可以通过【草图设置】对话框改变栅格点之间的间距。打开【草图设置】对话框的方法有：

（1）下拉菜单：【工具】—【绘图设置】。

（2）快捷键菜单：右击状态栏按钮，选择快捷菜单中的【设置】选项。

（3）命令行：osnap。

执行上述命令后，弹出如图 3-2 所示的【草图设置】对话框。选择【捕捉和栅格】选项卡，选中【启用栅格】复选框，则【栅格】被打开。在【栅格】选区可以设置【栅格】显示的间距，X 轴与 Y 轴间距可以相同，也可以不同。在对话框的左侧有【启用捕捉】复选框，通常【栅格】和【捕捉】是配合使用的。

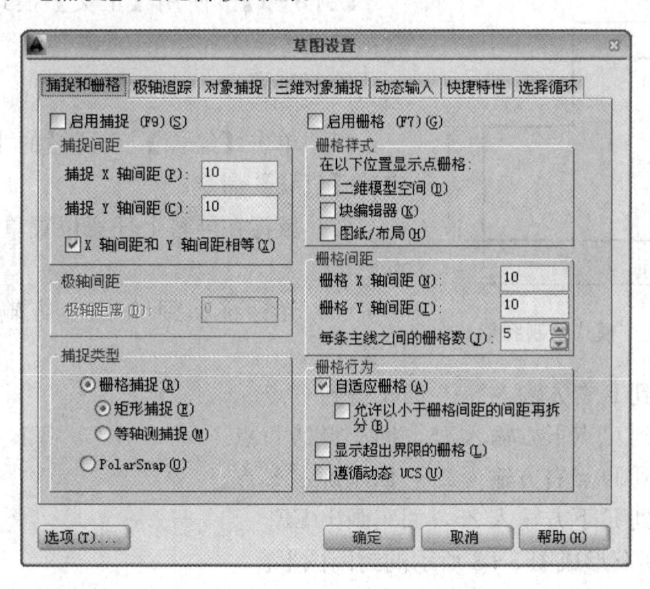

图 3-2　【草图设置】对话框

3.1.2　捕捉模式

【捕捉】用于设定光标移动的距离，使光标只能停留在图形中指定的栅格点阵上。当启动【捕捉】模式时，光标只能以设置好的捕捉间距为最小移动距离，通常将捕捉间距与栅格间距设置成倍数关系，这样光标就可以准确地捕捉到栅格点。

可以用下面的方法打开【捕捉】模式。

（1）状态栏按钮：。

（2）快捷键：F9。

（3）命令行：snap。

同样也可以利用如图3-2所示的【草图设置】对话框中的【捕捉和栅格】选项卡来打开【捕捉】模式。在【捕捉和栅格】选项卡中选中【启用捕捉】复选框，则【捕捉】模式被打开。捕捉间距在下面的【捕捉间距】选区来进行设置。

3.1.3 正交模式

在绘图中需要绘制大量的水平线和垂直线，【正交】模式是快速、准确绘制水平线和垂直线的有力工具。当打开【正交】模式时，无论光标怎样移动，在屏幕上只能绘制水平或垂直线。这里的水平和垂直是指平行于当前的坐标轴X轴和Y轴。

可以用以下几种方法打开【正交】模式。

（1）状态栏按钮：。

（2）快捷键：F8。

（3）命令行：ortho。

如果知道水平线或垂直线的长度，在正交模式下将光标放到合适的位置和方向，直接输入线条长度是非常快捷的。

【例3-1】 使用【正交】模式，绘制如图3-3所示的图形。

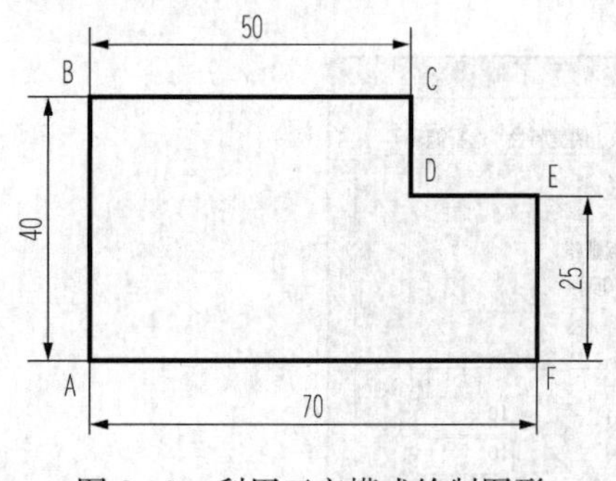

图3-3 利用正交模式绘制图形

绘制步骤：

（1）单击【绘图】工具栏的【直线】按钮，启动【直线】命令。

（2）鼠标在屏幕上任意位置单击作为图形左下角点A点。

（3）光标移动到A点上方输入40，回车确定B点。

（4）光标移动到B右方输入50，回车得到C点。

（5）光标移动到C点下方输入15，回车得到D点。

（6）光标移动到D点右方输入20，回车确定E点。

（7）光标移动到E下方输入25，回车画出EF。

（8）输入c，回车形成图3-3所示的封闭图形。

3.2 对象捕捉

在画图过程中，经常会遇到要捕捉一些特殊点的情况。例如捕捉已有对象的端点、中点、圆心等，如果想拾取这些点，单凭眼睛观察是不可能做到非常准确的。为此，AutoCAD提供了对象捕捉功能，可以帮助用户迅速、准确地捕捉到某些特殊点，从而能够精确地绘制图形。

对象捕捉是在已有对象上精确定位点的一种辅助工具，它不是AutoCAD的主命令，不能在命令行的“命令：”提示符下单独执行，只能在执行绘图命令或图形编辑命令的过程中，当AutoCAD要求指定点时才可以使用。

3.2.1　临时对象捕捉模式

在 AutoCAD 2014 提示指定一个点时，按住 Shift 键不放，在屏幕绘图区按下鼠标右键，则弹出一个如图 3-4 所示的快捷菜单，在菜单中选择了捕捉点的类型后，菜单消失，再回到绘图区去捕捉相应的点。将鼠标移到要捕捉的点附近，会出现相应的捕捉点标记，光标下方还有对这个捕捉点类型的文字说明，这时单击鼠标左键，就会精确捕捉到这个点。

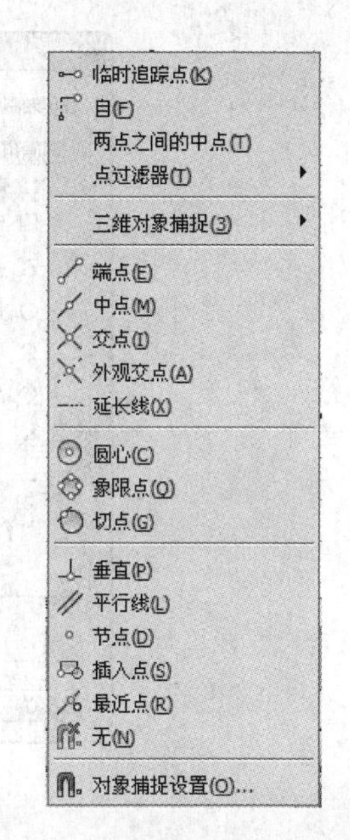

图 3-4　临时对象捕捉快捷菜单

也可以在如图 3-5 所示的【对象捕捉】工具栏中单击所需的对象捕捉图标。

打开【对象捕捉】工具栏的方法是：在任意工具栏上单击鼠标右键，选中对象捕捉，即可在绘图区出现【对象捕捉】工具栏。当不需要在屏幕显示此工具栏时，点工具栏右上角的关闭即可。

图 3-5　临时【对象捕捉】工具栏

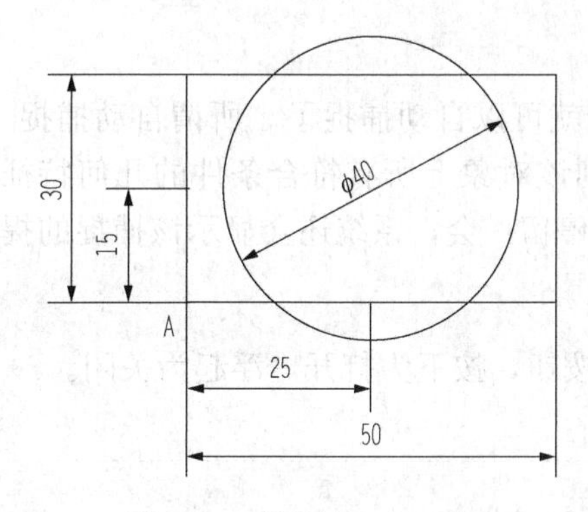

图 3-6　利用捕捉自画圆

这种捕捉方式捕捉一次点后，自动退出对象捕捉状态，又称为对象捕捉的单点优先方式。

【例 3-2】　已知一个长方形，画一个圆，要求圆与长方形的位置关系如图 3-6 所示。

绘制步骤：

(1) 单击【绘图】工具栏的【圆】按钮，启动【圆】命令。

(2) 在指定圆心的提示下单击捕捉自按钮，捕捉长方形左下角点 A，出现偏移提示时输入相对坐标@25，15，则定出圆心，输入圆的半径 20，画出圆。

提示：调用捕捉自命令来确定点时，只能输入要确定点对基点的相对坐标值。

3.2.2　自动对象捕捉模式

在 AutoCAD 绘图过程中，对象捕捉使用频率很高。如果每次都采用单点优先方式就显得十分烦琐。AutoCAD 2014 提供了一种自动捕捉模式，进入该模式后，只要对象捕捉功能打开，即只要按下状态栏的按钮，设置好的捕捉功能就起作用。

自动对象捕捉功能的设置是在【草图设置】对话框的【对象捕捉】选项卡中进行的，如图 3-7 所示。需要捕捉哪种点，就选中该点名称前面的复选框，单击 确定 按钮，即

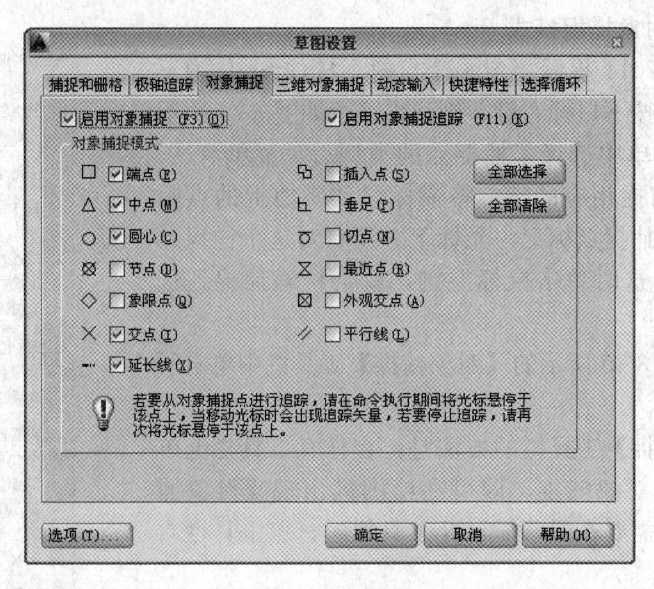

图3-7 【对象捕捉】设置

可完成设置。

【草图设置】对话框可以在下拉菜单【工具】—【绘图设置】中打开，也可以在状态栏捕捉按钮上单击右键选择【设置】打开。

根据需要设置好要用的捕捉对象，这时绘图过程中就可以自动捕捉了。所谓自动捕捉，就是当用户把光标放到一个对象上时，系统自动捕捉到该对象上所有符合条件的几何特征点，并显示出相应的标记。如果把光标放在捕捉点上多停留一会，系统还会显示该捕捉的提示。这样用户在选点之前，就可以预览和确认捕捉点。

如果需要关闭自动捕捉，可以在状态栏上单击按钮，按下为打开，浮起为关闭。

提示：如果设置了多个执行对象捕捉，可以按 Tab 键为某个特定对象遍历所有可用的对象捕捉点。例如，如果在光标位于圆上的同时按 Tab 键，自动捕捉将显示用于捕捉象限点、交点和中心的选项。自动捕捉设置过多，反而不利于捕捉目标点。

3.3 自动追踪功能

自动追踪是 AutoCAD 2014 的一个非常有用的辅助绘图工具，它可以帮助用户按指定角度绘制对象，或者绘制与其他对象有特定关系的对象。自动追踪功能分极轴追踪和对象捕捉追踪两种。

3.3.1 极轴追踪

极轴追踪功能可以在 AutoCAD 要求指定一个点时，按预先设置的角度增量显示一条辅助虚线，用户可以沿这条辅助线追踪得到点。

在【草图设置】对话框中，可以对极轴追踪和对象捕捉追踪进行设置，如图3-8所示。打开【极轴追踪】选项，在【增量角】下拉列表中预置了9种角度值，如果没有需要的角度，则单击【新建】，在文本框中输入所需要的角度值。

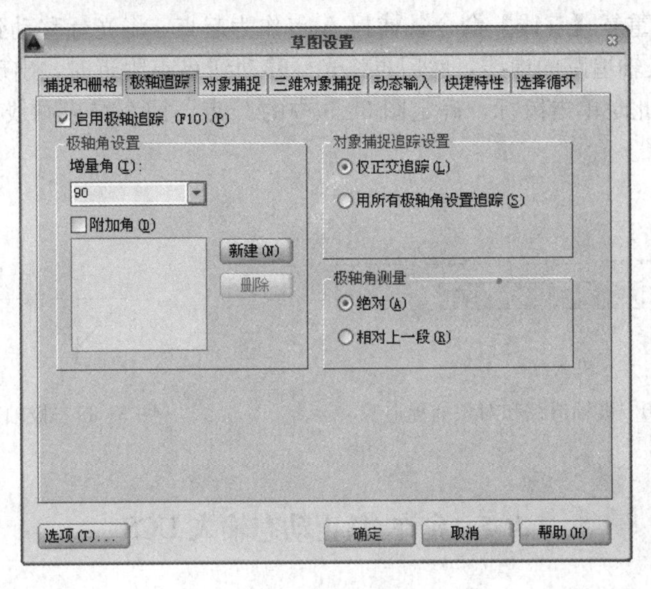

图3-8　【极轴追踪】设置

注意：因为正交模式将限制光标只能沿着水平方向和垂直方向移动，所以，不能同时打开正交模式和极轴追踪功能。当用户打开正交模式时，AutoCAD将自动关闭极轴追踪功能；如果打开了极轴追踪功能，则AutoCAD将自动关闭正交模式。

3.3.2　对象捕捉追踪

对象捕捉追踪是沿着对象捕捉点的方向进行追踪，并捕捉对象追踪点与追踪辅助线之间的特征点。使用对象捕捉追踪模式时，必须确认对象自动捕捉和对象捕捉追踪都打开了。方法是按下状态栏上的按钮和按钮。

【例3-3】 应用对象捕捉、极轴捕捉和对象追踪绘制图3-9所示的标高符号。

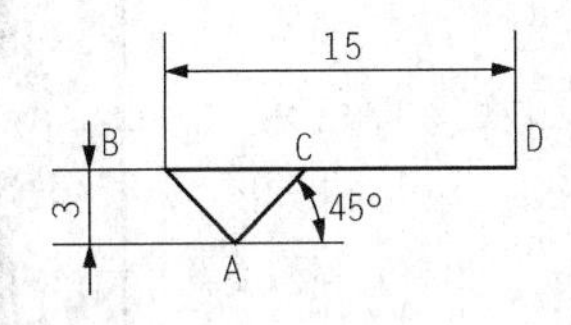

图3-9　标高符号

绘图前，先打开对象捕捉，并设置端点捕捉和交点捕捉；打开极轴追踪，并将追踪角增量设置为45°，打开对象捕捉追踪。

首先绘制一条高度辅助线EA，长度为3，然后再绘图。步骤如下：

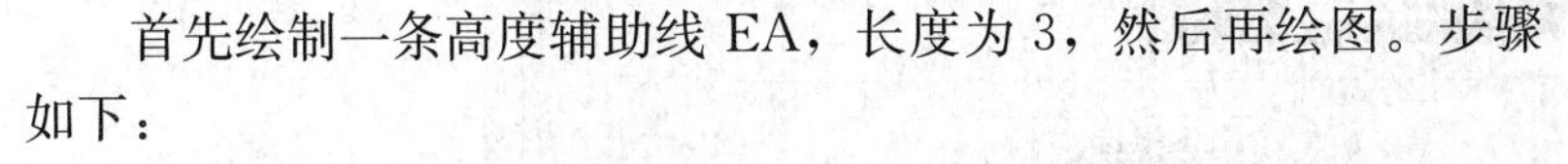

(1) 单击【绘图】工具栏的【直线】按钮，启动【直线】命令。

(2) 在绘图区任意指定一点作为图3-10中的E点。

(3) 将光标移动到E点正下方，输入长度3确定A点。

(4) 将光标移动到A点左上方，近45°时，出现一条极轴追踪的虚线；然后再将光标移动到E点处，出现捕捉框时左移，出现对象捕捉追踪虚线；当光标移动到合适位置时，两条虚线出现交点，如图3-10所示，此时单击鼠标，确定图3-9中的B点。

(5) 将光标移动到B点正右方，输入BD长度15，回车结束画线。

(6) 再次回车重复【直线】命令，捕捉A点作为起点，将光标移动到A点右上方，近45°时，出现一条极轴追踪的虚线，然后再将光标移动到C点附近时，出现交点捕捉的叉号，如图3-11所示，此时单击鼠标，确定图3-9中的C点，回车结束画线，最后删除辅助线EA，即得绘图结果。

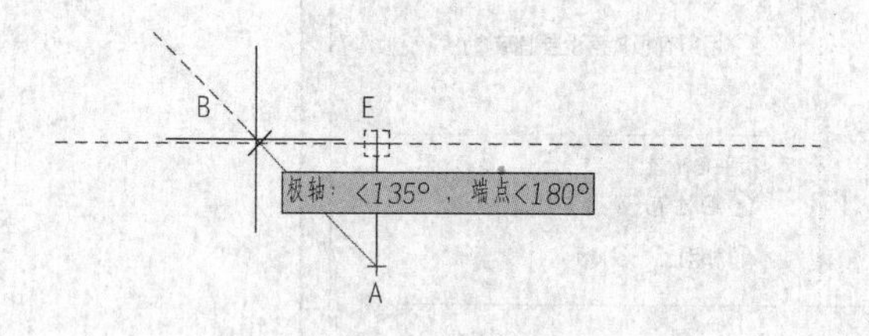

图3-10　极轴追踪和对象捕捉追踪

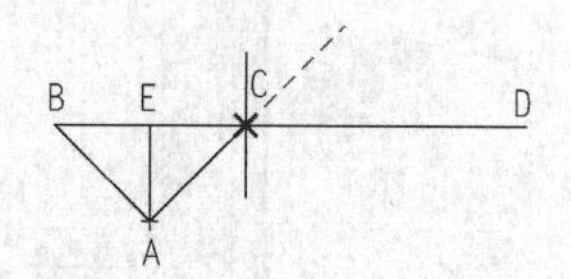

图3-11　极轴追踪确定C点

3.4　允许/禁止动态输入UCS

动态输入是AutoCAD 2006以后版本的新增功能，主要由指针输入、标注输入、动态提示3部分组成。

单击状态栏上的按钮或按F12键可以关闭或打开动态输入，按钮是按下状态时，动态输入激活，反之关闭。

在按钮上单击鼠标右键，出现快捷菜单，选择【设置】选项，打开【草图设置】对话框的【动态输入】选项卡，如图3-12所示，可以对动态输入进行设置。

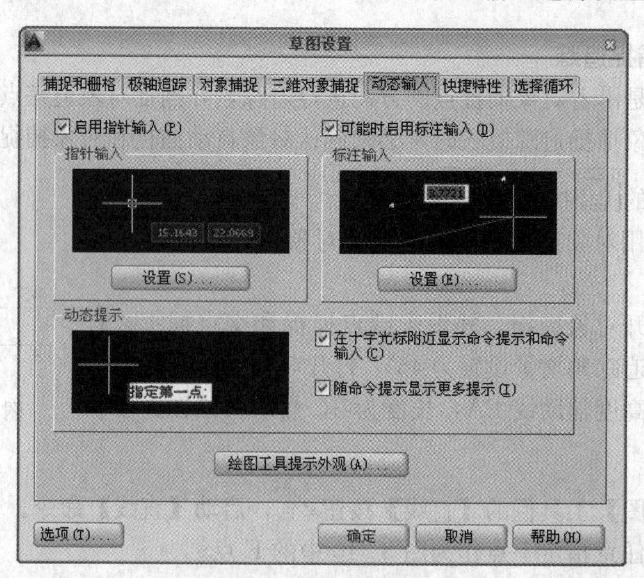

图3-12　【动态输入】选项卡

在【动态输入】选项卡中有【指针输入】【标注输入】和【动态提示】三个区域，分别控制动态输入的三项功能。

动态输入可以输入命令、查看系统反馈信息、响应系统，能够取代AutoCAD传统的命令行，使用快捷键Ctrl+9可以关闭或打开命令行的显示，在命令行不显示的状态下可以仅使用动态输入方式输入或响应命令，为用户提供一种全新的操作体验。

3.5 视图的平移与缩放

在绘制图样的过程中，有可能会因图样尺寸过大或过小，或者图样偏出视区，不利于绘制或修改，可以通过图形显示控制解决这个问题。需要对图形进行细微观察时，可适当放大视图比例以显示图形中的细节部分；而需要观察全部图形时，可缩小视图的显示比例。

3.5.1 视图平移

单击【面板】选项板中【二维导航】工具栏中的【实时平移】图标按钮，进入视图平移状态，此时鼠标指针变为一只手的形状，按住鼠标左键拖动鼠标，视图的显示区域就会随着实时平移。平移到合适位置后，按Esc键或者回车键，可以退出该命令。也可以单击鼠标右键，在弹出的快捷菜单中选择退出，快捷菜单界面如图3-13所示。

【实时平移】也可以通过下拉菜单【视图】—【平移】—【实时】来启动，如图3-14所示为视图平移菜单。

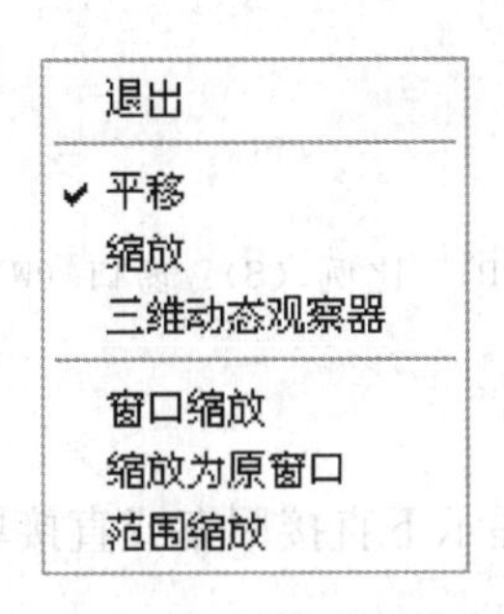

图3-13　快捷菜单

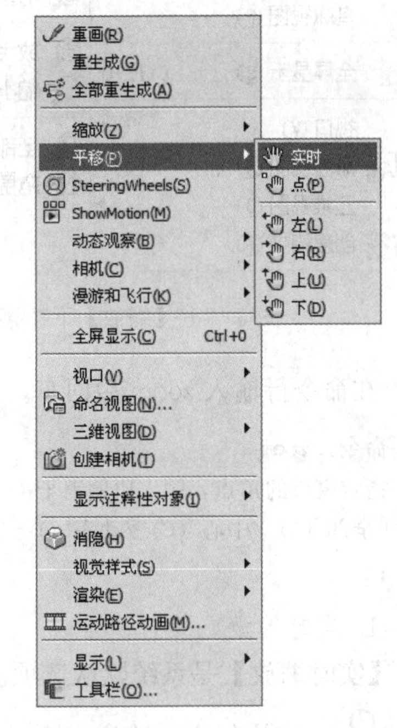

图3-14　视图平移菜单

注意：缩放命令和平移命令都是透明命令。所谓透明命令，就是当正在执行一个AutoCAD的命令，但尚未完成操作时，插入一个透明命令可以暂停原命令的执行，转向执行透明命令，待执行完后，再恢复原命令的执行。透明命令的使用不会中断原命令的操作。

AutoCAD为使用滚轮鼠标的用户提供一种更快捷的控制显示方法。滚动鼠标滚轮，则直接执行实时缩放功能。压下鼠标滚轮，则直接执行实时平移。

3.5.2 视图的缩放

视图的缩放命令可以放大或缩小所绘图样在屏幕上的显示范围和大小。AutoCAD向用户提供了多种视图缩放的方法，在不同的情况下，可以利用不同的方法获得需要的缩放效果。

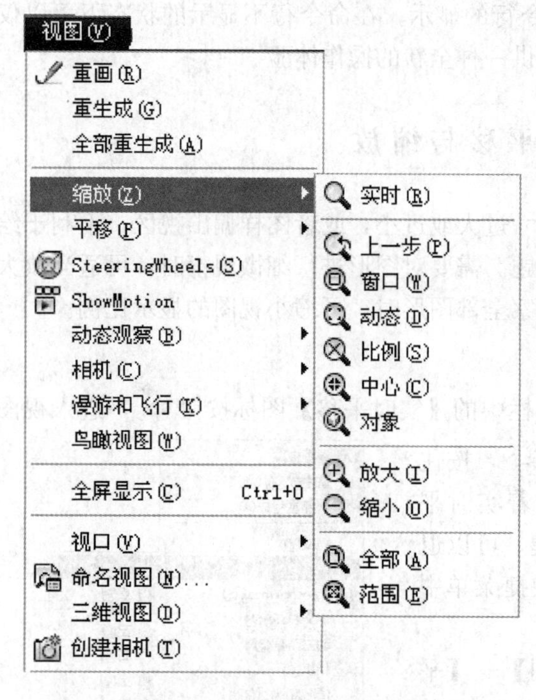

图3-15 【缩放】下拉菜单

执行视图缩放命令的方法如下。

（1）【缩放】下拉菜单（如图3-15所示）：【视图】—【缩放】。

（2）【面板】选项板中【二维导航】的各个按钮：。

（3）【缩放】工具栏按钮：【缩放】工具栏如图3-16所示。

（4）命令行：zoom。

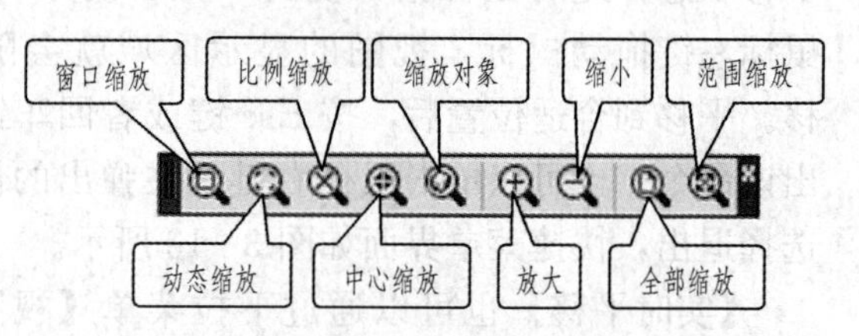

图3-16 【缩放】工具栏

在命令行输入zoom后回车，命令行提示如下：

命令：_zoom

指定窗口的角点，输入比例因子（nX或nXP），或者

［全部（A）/中心（C）/动态（D）/范围（E）/上一个（P）/比例（S）/窗口（W）/对象（O）］<实时>：

1. 实时缩放

【实时缩放】是系统默认选项。在上面命令行的提示下直接回车或直接单击【实时缩放】按钮，则执行实时缩放。执行【实时缩放】后，光标变为放大镜形状，按住左键向上方（正上、左上、右上均可）或下方（正下、左下、右下均可）拖动鼠标，可以放大或缩小图形的显示。

2. 上一步

"上一步"即返回上一个视图状态。例如，将某一部分放大进行编辑，编辑完成后，单击【缩放上一个】按钮，可以返回到编辑前的显示大小。

3. 窗口缩放

首先确定矩形窗口的两个对角点，将矩形窗口内的图形放大到充满当前视图窗口。

4. 动态缩放

利用动态矩形框选择需要缩放的图形，则矩形框中的图形将放大到充满当前视图窗口。

【动态缩放】与【窗口缩放】不同，动态矩形框可以移动，也可以调整它的大小，并且可以反复多次调整。单击【动态缩放】按钮后，视图窗口出现三种颜色的线框，如图3-17所示。绿色线框表示当前视图显示的区域；蓝色线框表示图形界限，即绘图区域；黑色线框就是动态矩形框。当动态矩形线框中心显示“×”标记时，线框随着鼠标可以来回移动，移至合适位置单击左键，这时线框中心显示“→”标记，移动鼠标可以改变线框的大小。再次单击左键又可以移动线框，可以反复调整，直到确定需要缩放的范围，按Esc键或Enter键或单击右键选择【确定】使所选图形充满当前视图窗口。

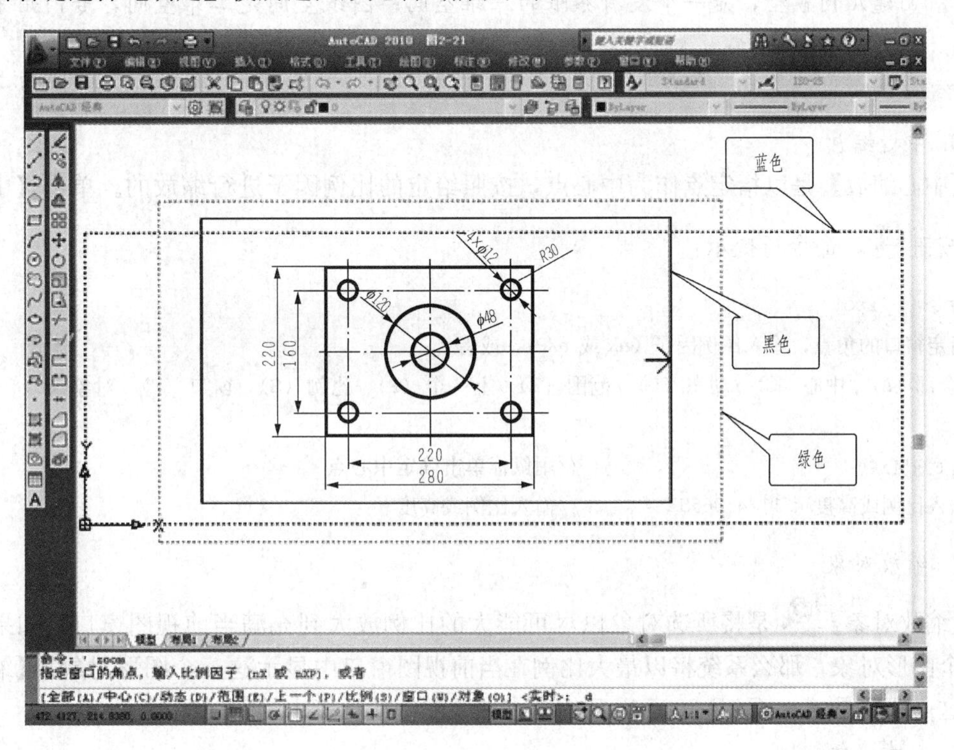

图3-17 【动态缩放】窗口

5. 比例缩放

【比例缩放】可以按照给定的比例缩放图形。单击【比例缩放】按钮，命令行提示：

命令：' _zoom

指定窗口的角点，输入比例因子（nX或nXP），或者

[全部（A）/中心（C）/动态（D）/范围（E）/上一个（P）/比例（S）/窗口（W）/对象（O）]<实时>：_s　　//输入s选择“比例”选项

输入比例因子（nX或nXP）：　　//输入比例因子

比例因子的输入方法有三种，分别为：

（1）直接输入数值方式。这是相对于图形界限进行图形缩放。例如，输入1时将图形对象全部缩放到图形界限的显示尺寸；输入2时将图形对象放大2倍；若输入值小于1，则将图形对象缩小。

（2）数值后加X即nX方式。这种方式是根据当前图形的显示尺寸来确定缩放后的显示

尺寸。若输入 2X，会得到当前显示图形 2 倍大的图形显示，同样，当数值小于 1 时为缩小。

（3）数值后加 XP 即 nXP 方式。这种方式是根据图纸空间单位来确定缩放后的显示尺寸。若输入 2XP，将以图纸空间单位的 2 倍来显示模型空间，同样，当数值小于 1 时为缩小。

AutoCAD 提供了不同用途的两种空间，即模型空间和图纸空间。模型空间主要用来创建几何模型，是一个没有界限的三维空间；图纸空间是二维空间，专门用来图纸布置和打印输出。

6. 中心缩放

【中心缩放】是以指定点作为中心点，按照给定的比例因子进行缩放的。单击【中心缩放】按钮，命令行提示：

命令：'_zoom

指定窗口的角点，输入比例因子（nX 或 nXP），或者

［全部（A）/中心（C）/动态（D）/范围（E）/上一个（P）/比例（S）/窗口（W）/对象（O）］＜实时＞：_c

指定中心点： //用鼠标单击确定中心点

输入比例或高度＜1124.8655＞： //输入比例或高度

7. 缩放对象

【缩放对象】是将所选对象以尽可能大的比例放大到充满当前视图窗口。如果只选择一个图形对象，那么系统将以最大比例在当前视图窗口中显示这一个图形对象。【缩放对象】这一选项是 AutoCAD 2005 以后的版本在视图缩放功能中的新增选项。

8. 放大、缩小

每单击一次【放大】按钮，当前视图就放大一倍。每单击一次【缩小】按钮，当前视图就缩小 1/10。

9. 全部缩放

单击【全部缩放】按钮，可以将所有图形对象显示在屏幕上。

10. 范围缩放

【范围缩放】是将所有图形对象以尽可能大的比例充满当前视图窗口。当图形中没有任何图形对象时，当前视图窗口显示的是图形界限。

【全部缩放】与【范围缩放】是有区别的。【全部缩放】将所有图形对象占据的矩形区域与图形界限进行比较，选择区域较大的作为显示区域，也就是说使用【全部缩放】，图形对象不一定充满视图窗口。

3.6 重画与重生成

在绘图和编辑过程中，经常会在屏幕上留下对象拾取的标记，这些临时标记并不是图形中的实际存在的对象，它们的存在影响到图形的清晰，可以使用重画与重生成命令来清除这些临时标记。

3.6.1 重画

启动重画命令的方法如下。

(1) 下拉菜单：【视图】—【重画】。

(2) 命令行：redrawall。

系统将在显示内存中更新屏幕，消除临时标记。

3.6.2 重生成

启动重生成命令的方法如下。

(1) 下拉菜单：【视图】—【重生成】。

(2) 命令行：regen。

重生成命令可重新生成屏幕，此时系统从磁盘中调用当前图形的数据，比重画速度要慢。在 AutoCAD 中，某些操作只有在使用重生成命令后才生效，如改变点的格式等。

当重生成命令启动时，可以更新当前视区；如果从下拉菜单【视图】—【全部重生成】启动，可以同时更新多重视口。

3.7 实 例 练 习

【例 3-4】 绘制图 3-18 所示扇轮。

绘制步骤：

(1) 设置图层。

(2) 绘制点画线。

(3) 绘制各个圆。

(4) 绘制顶部圆弧和底部两圆相切弧。

(5) 修剪出绘图结果。

绘制过程：

(1) 设置图层线型。先用 Layer 命令设置图层。

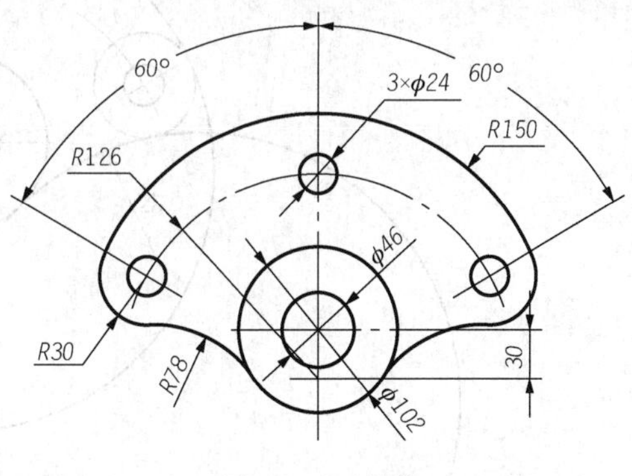

图 3-18　扇轮

1) 图线层，粗实线 ：线宽 0.5mm，线型 Continuous。

2) 轴线层，点画线：线宽 0.25mm，线型 Center。

(2) 绘制点画线。将轴线层置为当前层，用直线和偏移命令绘制图中的轴线。

1) 单击【绘图】工具栏的【直线】按钮，启动【直线】命令，在绘图区合适位置单击鼠标左键，光标放在正右方，输入长度 330，画出横向中心线，回车结束画线命令。

2) 回车重复画线命令，捕捉到横线中点时向上移动，出现如图 3-19 所示的虚线时，输入追踪距离160，将光标移到正下方，输入竖向中心线长度220，回车结束画线命令。

3）回车重复画线命令，将对象捕捉和极轴打开，捕捉到水平线与垂直线的交点O，绘制两条与垂直线成60°夹角的斜线。

4）单击【修改】工具栏的【偏移】按钮，启动【偏移】命令，选择水平线指定偏移距离30，回车。确定各圆定位中心线如图3-20所示。

(3) 绘制各个圆。

1）单击【绘图】工具栏的【圆】按钮，启动【圆】命令，分别绘制ϕ46、ϕ102、ϕ24和R30的圆，如图3-21所示。

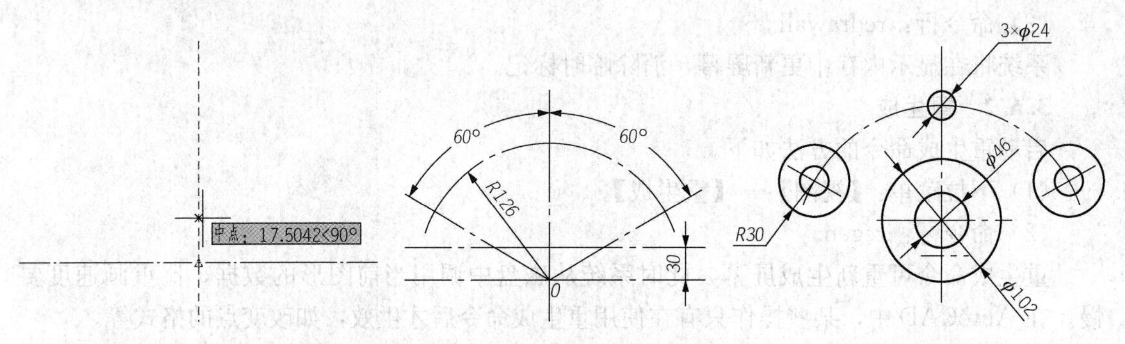

图3-19 中心线的绘制　　图3-20 确定各圆定位中心线　　图3-21 绘制各个圆

2）回车重复画圆命令，输入"T"，选择"切点、切点、半径"选项，绘制R150和两个R78圆弧，如图3-22所示。

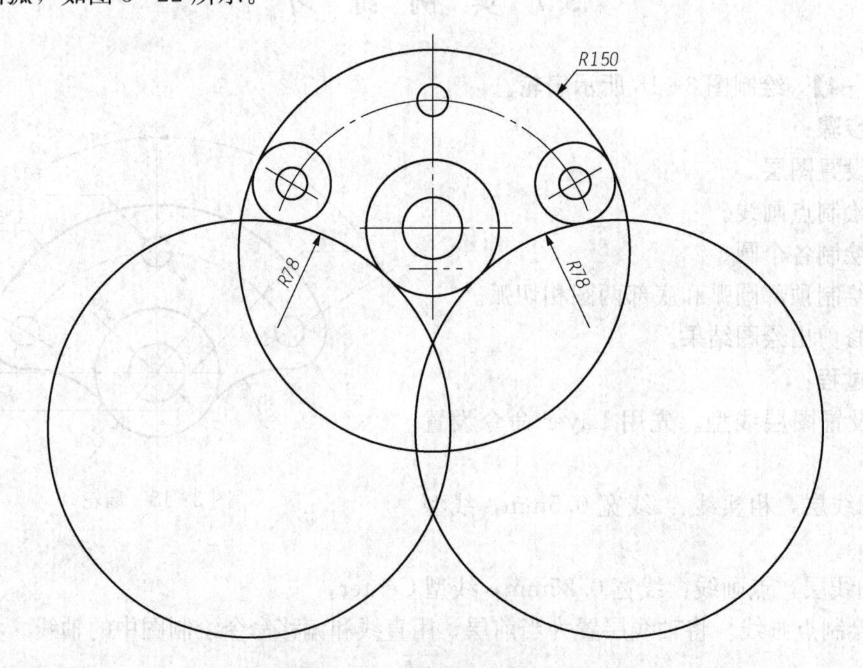

图3-22 绘制R150的圆弧

(4) 剪切得到绘图结果。单击【修改】工具栏中的【修剪】按钮，启动【修剪】命令，依次选择两个 $R30$ 和 $\phi102$ 圆作为剪切边，回车结束剪切边的选择；依次点取 $R150$ 和 $R30$ 要剪掉的部分，回车结束剪切命令，完成如图 3-23 所示的绘图结果。

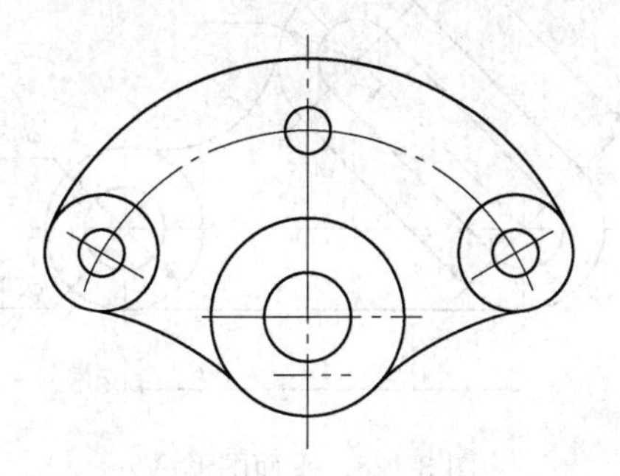

图 3-23　完成绘图

（5）转换图层。转换图层完成全图，如图 3-18 所示。

绘制图 3-24～图 3-30 所示的平面图形。

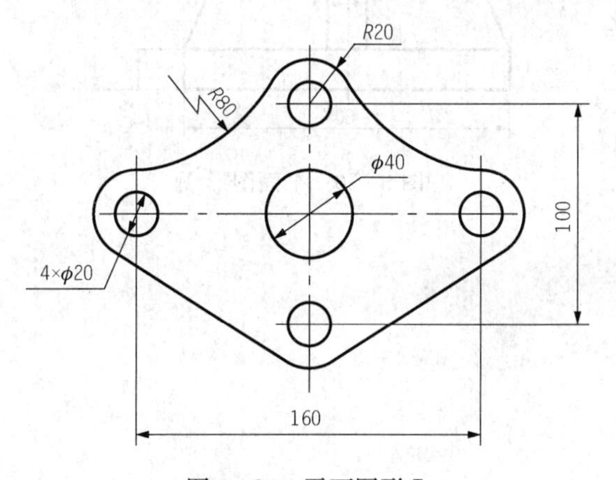

图 3-24　平面图形 Ⅰ

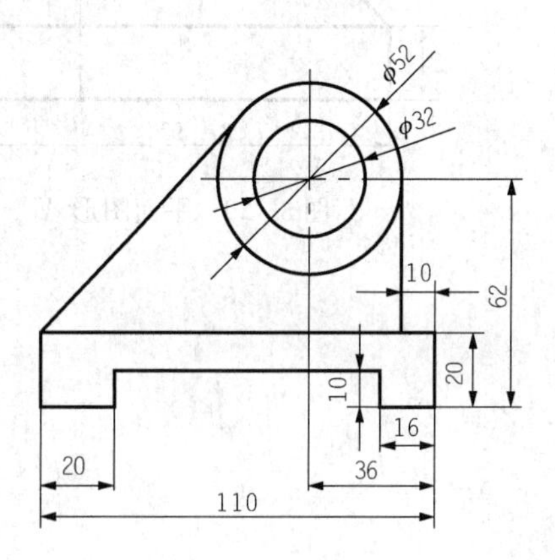

图 3-25　平面图形 Ⅱ

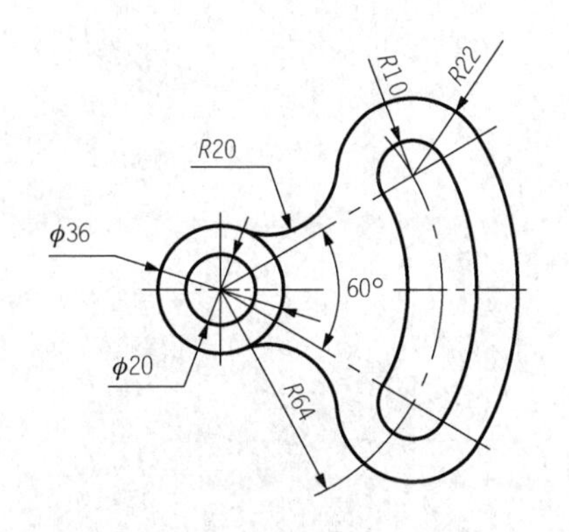

图 3-26　平面图形 Ⅲ

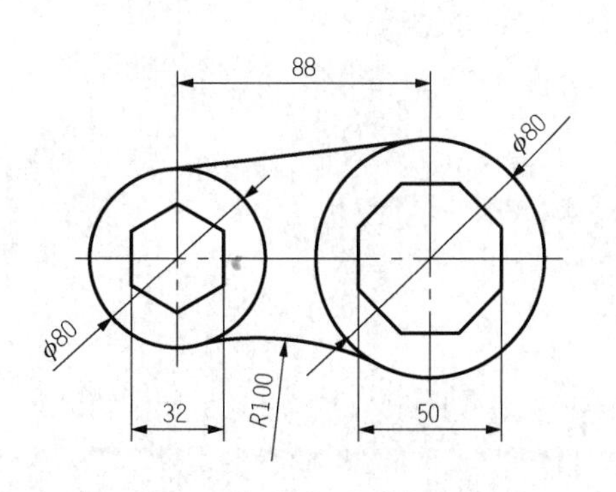

图 3-27　平面图形 Ⅳ

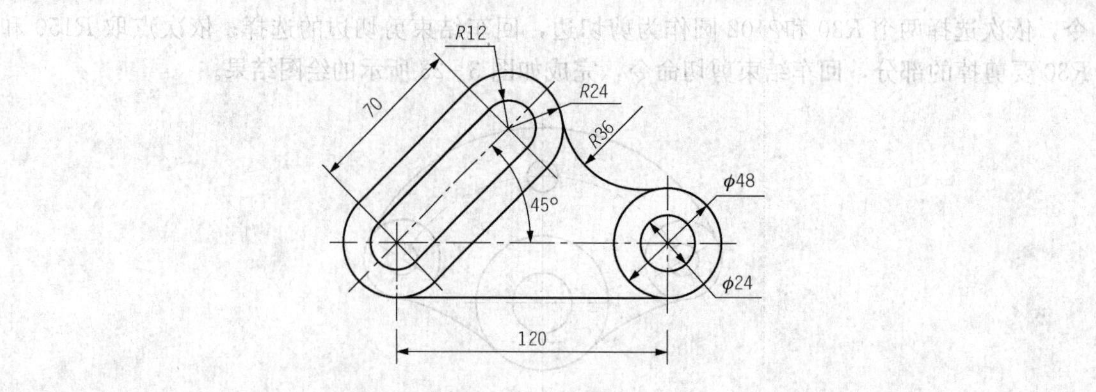

图 3-28 平面图形 Ⅴ

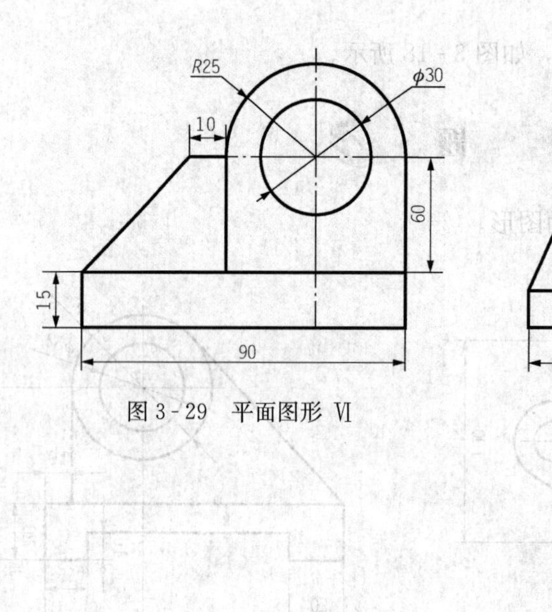

图 3-29 平面图形 Ⅵ

图 3-30 平面图形 Ⅶ

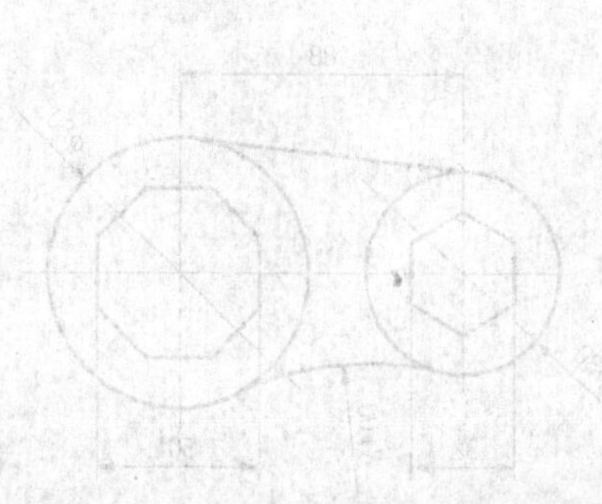

第4章 常用二维绘图命令

本章学习目标

通过对本章的学习，用户能够运用常用的二维绘图命令，绘制一些机械图形。只有熟练掌握这些基本的绘制命令，才能为以后绘制复杂的机械图形打下坚实的基础。

本章重点

- 二维基本绘图命令；
- 图案填充与面域。

不管多么复杂的机械图形，都是通过点、直线、曲线等各种基本图形组成的。因此，熟练掌握这些基本图形的绘制是进行实际工程制图的前提和基础。本章主要向用户介绍 AutoCAD 2014 绘制二维图形常用的基本绘图命令。基本图形包括各种直线、矩形、正多边形、圆、圆弧、多段线、点、椭圆、椭圆弧、多线、样条曲线等，一些复杂的图形都可以细分成这些基本图形及它们的组合。

4.1 绘制点、直线、构造线、射线

4.1.1 点

在 AutoCAD 2014 中，点可以作为捕捉和偏移对象的参考点，在【对象捕捉】模式打开的情况下，可以捕捉到端点、中点、切点等特殊点。除此之外，要想准确地捕捉到直线或曲线上任意一点，将十分困难。利用点的绘制可以解决这一问题。

点在屏幕上可以有多种显示形式，通常在绘制点之前要设置点的样式，使其在屏幕上有明显的显示。

1. 设置点的样式

选择【格式】—【点样式】菜单（也可使用 ddptype 命令），弹出如图 4 - 1 所示的【点样式】对话框。共有 20 种样式，选择其中一种作为点的显示样式。选择【相对于屏幕设置大小】或【按绝对单位设置大小】单选框，并在【点大小】编辑框中填写点的显示大小，单击 确定 按钮完成点样式的设置。

2. 点的绘制

启动【点】命令的方法如下：

（1）下拉菜单：【绘图】—【点】。

（2）工具栏按钮或面板选项板：。

（3）命令行：point 或 divide（定数等分）或 measure（定距等分）。

（4）快捷命令：po。

选择【绘图】—【点】菜单，会出现如图4-2所示的下拉菜单。【单点】和【多点】的绘制方法相似，执行一次【单点】命令，只绘制一个点，而【多点】命令可一次绘制多个点，直到按Esc键结束。【定数等分】命令可以将选择对象等分若干份（2～32 767），并在等分点处绘制点。【定距等分】可以将选择对象按给定间距绘制点。

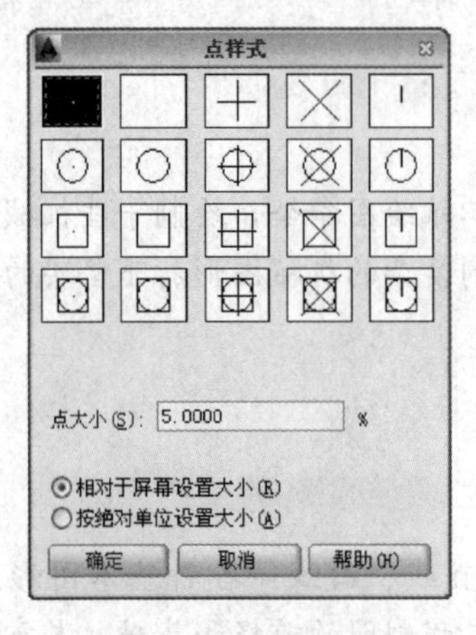

图4-1　【点样式】对话框

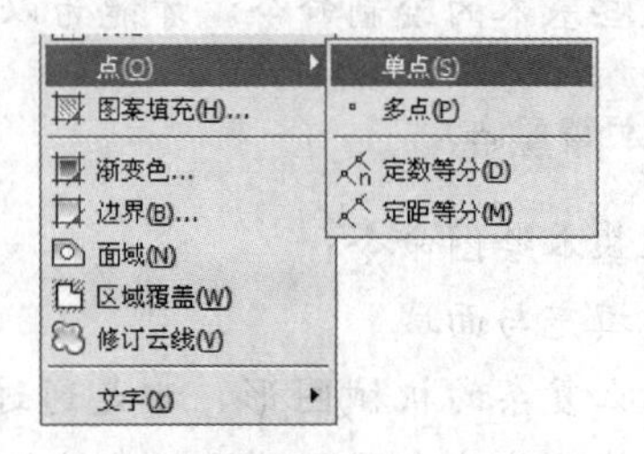

图4-2　【点】的下拉菜单

下面以【定数等分】为例介绍点的绘制。

【例4-1】　将圆进行七等分，如图4-3所示。

绘制步骤：

(1) 单击下拉菜单【绘图】—【点】—【定数等分】，启动【定数等分】命令。

(2) 选择要定数等分的对象为圆。

(3) 输入等分数7，回车，完成圆的7等分。

在使用【定距等分】命令绘制点时，等分的起点与鼠标选取对象时单击的位置有关。定距等分示意图如图4-4所示，对第一条直线定距等分，鼠标靠近左下端点单击选取直线，其结果以直线的左端点为等分起点；而对第二条直线，在其靠近右上端点处拾取对象，结果以直线的右端点为等分起点。所以定距等分对象时，放置点的起始位置从离对象选取点较近的端点开始。

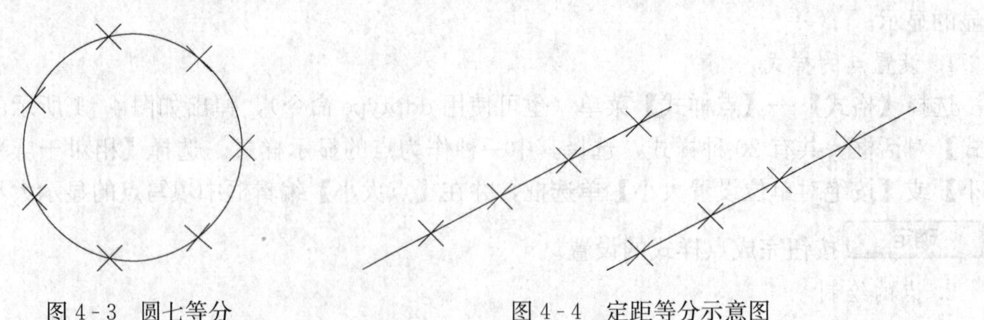

图4-3　圆七等分　　　　图4-4　定距等分示意图

4.1.2　绘制直线

直线是构成图形的基本元素。直线的绘制是通过确定直线的起点和终点完成的。对于首尾相接的折线，可以在一次【直线】命令中完成，上一段直线的终点是下一段直线的起点。

执行【直线】绘制命令的方法如下：

（1）下拉菜单：【绘图】—【直线】。

（2）工具栏按钮或面板选项板：。

（3）命令行：line。

（4）快捷命令：l。

在命令行提示输入点的坐标时，可以在命令行直接输入点的坐标值，也可以移动鼠标用光标在绘图区指定一点。其中命令行中的“放弃（U）”表示撤销上一步的操作，“闭合（C）”表示将绘制的一系列直线的最后一点与第一点连接，形成封闭的多边形。

如果要绘制水平线或垂直线，可配合使用 AutoCAD 提供的【正交】模式，非常方便。

在命令行输入 line 执行【直线】命令时，需按 Enter 键或空格键或直接单击鼠标右键来激活此命令。下文介绍的绘图命令也是如此。

4.1.3　构造线

构造线是指在两个方向上可以无限延伸的直线。“长对正、高平齐、宽相等”是形体投影的基本规律，通过平面上一点作多条构造线，可以快速准确地生成立体的三视图或机件的剖视图、断面图。因此，构造线是精确绘图的有力工具，通常用作绘图的辅助线。

可以用下面几种方法启动【构造线】的绘制命令：

（1）下拉菜单：【绘图】—【构造线】。

（2）工具栏按钮或面板选项板：。

（3）命令行：xline。

（4）快捷命令：xl。

启动【构造线】命令后，命令行有以下提示：

```
命令：_xline 指定点或[水平（H）/垂直（V）/角度（A）/二等分（B）/偏移（O）]：
```

现分别对提示中的各选项作简单介绍。

1. 指定点

“指定点”选项为系统默认选项，过指定的两点绘制一条构造线。在指定第一点后，命令行提示“指定通过点”，这时指定第二点，过第一点和第二点绘制一条构造线；命令行会继续提示“指定通过点”，再指定一点，则过该点和第一点绘制一条构造线。一次可以绘制多条构造线，直到回车结束命令。

2. 水平

在命令提示下，输入 h 并回车，则可绘制多条相互平行的水平构造线。在命令行提示“指定通过点”时，可输入通过点的坐标，也可以用鼠标在屏幕上指定，还可以直接输入与上条水平线之间的间距，通过移动鼠标的位置来确定平行线的上、下相对位置。

3. 垂直

在命令提示下，输入 v 并回车，则绘制多条相互平行的水平线。绘制方法同 2。

4. 角度

按照给定的角度绘制一系列平行的构造线。

5. 二等分

绘制已知角的角平分线，该线为两端无限延伸的构造线。

6. 偏移

绘制与已知直线有一定距离的平行构造线。

4.1.4 绘制射线

射线为一端固定，另一端无限延伸的直线，在 AutoCAD 中，射线主要用来绘制辅助线。可以用下面几种方法启动【射线】的绘制命令。

(1) 下拉菜单：【绘图】—【射线】。

(2) 命令行：ray。

启动该命令后，命令行有以下提示：

```
命令：ray 指定起点：          //在此提示下输入第一点作为射线的起点
指定通过点：                  //输入第二点作为射线经过点，确定方向，画出射线
指定通过点：                  //再输入第三点画一条以第一点为起点，经过该点的射线
```

回车则结束该命令。

4.2 绘制矩形和正多边形

用【直线】命令也可以绘制矩形、多边形等图形，但对于矩形和正多边形的绘制，AutoCAD 向用户提供了相应更为快捷的命令。

4.2.1 矩形

启动矩形命令，根据命令行中不同参数的设置，可以绘制带有不同属性的矩形。矩形的绘制是通过确定两个对角点来实现的。

绘制矩形的方法如下：

(1) 下拉菜单：【绘图】—【矩形】。

(2) 工具栏按钮或面板选项板：□。

(3) 命令行：rectangle。

(4) 快捷命令：rec。

【例 4-2】 绘制一个长 100，宽 60 的矩形，如图 4-5 所示。

(1) 单击【绘图】工具栏的【矩形】按钮□，启动【矩形】命令。

(2) 在绘图区域任意位置单击确定第一个角点。

(3) 输入另一个角点的相对坐标，完成矩形绘制。

指定两个对角点是系统默认的矩形绘制方法，上述是使用相对坐标输入法来确定矩形的另一个角点的方法。用户也可以选择“面积（A)”选项，通过指定矩形的面积和一个边长来绘制矩形；或者选择“尺寸（D)”选项，分别输入矩形的长、宽来画矩形；如果选用“旋转（R)”选项，则可绘制一个指定角度的矩形。如果随意绘制一个矩形而不考虑它的长和宽的尺寸，也可以在屏幕上单击鼠标左键来确定矩形的另一个角点。

【矩形】命令中还有多个备选项，分别为：

(1)“倒角（C)”选项。选择该选项，可绘制一个带倒角的矩形，此时需要指定矩形的

两个倒角距离。

(2)“标高(E)”选项。选择该选项，可指定矩形所在的平面高度。该选项一般用于三维绘图。

(3)“圆角(F)”选项。选择该选项，可绘制一个带圆角的矩形，此时需要指定矩形的圆角半径。

(4)“厚度(T)”选项。选择该选项，可以以设定的厚度绘制矩形，该选项一般用于三维绘图。

(5)“宽度(W)”选项。选择该选项，可以以设定的线宽绘制矩形，此时需要指定矩形的线宽。

【例4-3】 绘制一个长70，宽45的倾斜45°矩形，如图4-6所示。

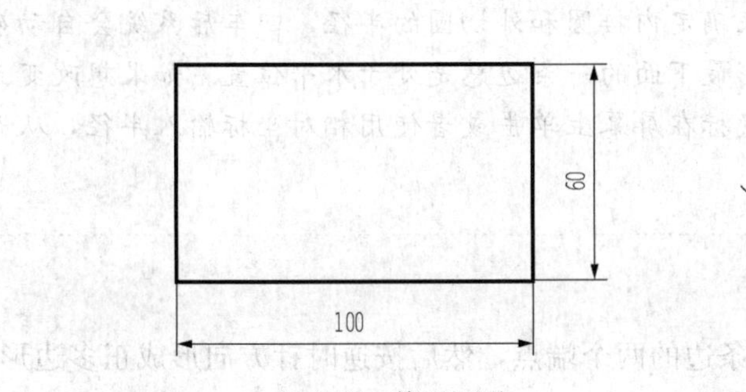

图4-5 普通矩形

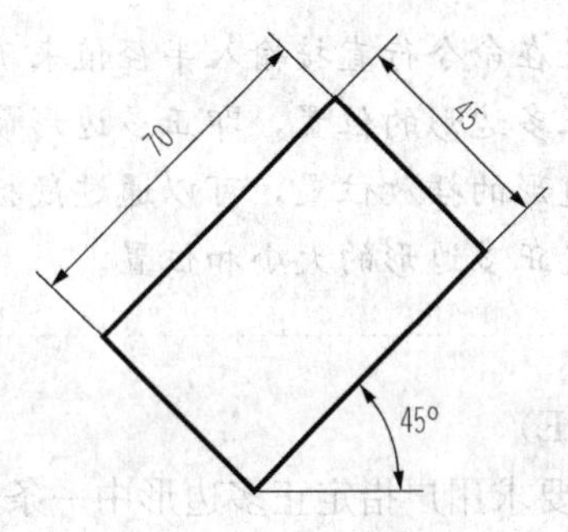

图4-6 倾斜的矩形

绘制步骤：

(1) 单击【绘图】工具栏的【矩形】按钮，启动【矩形】命令。

(2) 在屏幕绘图区域单击确定一点。

(3) 指定旋转角度：输入r，指定旋转角度为45°。

(4) 指定尺寸：输入d，回车，输入长度70，输入宽度45，单击确定，绘制出图4-6所示矩形。

4.2.2 正多边形

执行【正多边形】命令可以绘制一个闭合的等边多边形。在AutoCAD 2014中，通过控制正多边形的边数(边数取值在3～1024之间)，以及内接圆或外切圆的半径大小，来绘制符合要求的正多边形。

可以用下面几种方法启动【正多边形】的绘制命令：

(1) 下拉菜单：【绘图】—【正多边形】。

(2) 工具栏按钮或面板选项板：。

(3) 命令行：polygon。

(4) 快捷命令：pl。

执行上述命令后，命令行提示以下信息：

命令：_polygon 输入边的数目 <4>：5 //输入正多边形的边数

指定正多边形的中心点或[边(E)]：

可以通过选择“指定正多边形的中心点”或“边(E)”这两个选项，来执行不同的正边形绘制方法。

1. 指定正多边形的中心点

通过坐标输入或鼠标在屏幕上单击确定正多边形的中心点，命令行会继续提示以下信息：

```
输入选项［内接于圆（I）/外切于圆（C）］＜I＞：    //回车，括号内为系统默认选项内接于圆
指定圆的半径：100                                //输入圆的半径并回车结束命令
```

这样就绘制了一个内接于半径为100的圆的正五边形。同样可以选择“外切于圆（C）”的选项绘制圆的外切正多边形。

如果在命令行直接输入半径值来确定内接圆和外切圆的半径，回车后系统会自动确定正多边形的位置，即正多边形最下面的一条边总是处于水平位置。如果想改变正多边形的摆放位置，可以通过鼠标在屏幕上单击或者使用相对坐标输入半径，从而确定正多边形的大小和位置。

2. 边（E）

该选项要求用户指定正多边形中一条边的两个端点，然后按逆时针方向形成正多边形，这样绘制的正多边形是唯一的。

4.3 圆、圆弧、椭圆、椭圆弧

4.3.1 圆

绘制圆的方法有很多，选用哪种方法取决于用户的已知条件，AutoCAD 2014 提供了6种绘制圆的方法，下面分别说明这6种绘制圆的方法。

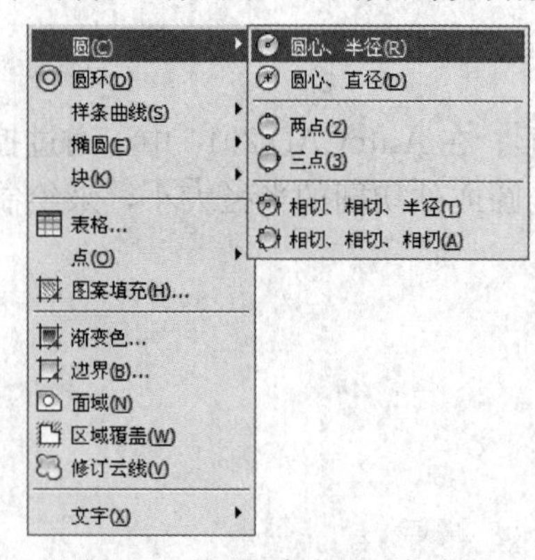

图4-7 【圆】命令的下拉菜单

可以用下面几种方法启动【圆】的绘制命令。

（1）下拉菜单：【绘图】—【圆】。

（2）工具栏按钮或面板选项板：。

（3）命令行：circle。

（4）快捷命令：c。

选择【绘图】—【圆】菜单，会出现如图4-7所示的下拉菜单选项，共有6种圆的绘制方法。可以分别选择这6个菜单选项，用不同的方法来绘制圆；也可以根据命令行的提示，选择不同的参数来绘制圆。下面以命令行的提示，选择不同参数的方法介绍圆的绘制。

1. 圆心、半径

单击按钮，系统提示如下：

```
命令：_circle 指定圆的圆心或［三点（3P）/两点（2P）/相切、相切、半径（T）］：  //单击鼠标左
键，指定圆的圆心
```

指定圆的半径或［直径（D）］：50　　　　//输入圆的半径

则画出符合要求的圆。

2. 圆心、直径

单击按钮，系统提示如下：

命令：_circle 指定圆的圆心或［三点（3P）/两点（2P）/相切、相切、半径（T）］：　//单击鼠标左键，指定圆的圆心

指定圆的半径或［直径（D）］＜50.0000＞：d　　　　//输入 d，选择“直径”选项

指定圆的直径＜100.0000＞：100　　　　//输入圆的直径

3. 两点

指定任意两个点，以这两个点的连线为直径画圆。

单击按钮，系统提示如下：

命令：_circle 指定圆的圆心或［三点（3P）/两点（2P）/相切、相切、半径（T）］：2p　//输入 2p，选择“两点”法画圆

指定圆直径的第一个端点：　　　　//单击鼠标左键，指定圆直径的第一个端点

指定圆直径的第二个端点：@100，0　//输入圆直径第二个端点的相对直角坐标

则画出如图 4-8 所示的圆。

4. 三点

不在一条直线上的三个点可以唯一确定一个圆。用三点法绘制圆，即通过不共线的圆上的三点来画圆。

单击按钮，系统提示如下：

命令：_circle 指定圆的圆心或［三点（3P）/两点（2P）/相切、相切、半径（T）］：3P　//输入 3p，选择“三点”法画圆

指定圆上的第一个点：50，50　　　　//输入第一个点的绝对直角坐标

指定圆上的第二个点：100，100　　　//输入第二个点的绝对直角坐标

指定圆上的第三个点：130，40　　　　//输入第三个点的绝对直角坐标

则画出如图 4-9 所示的圆。

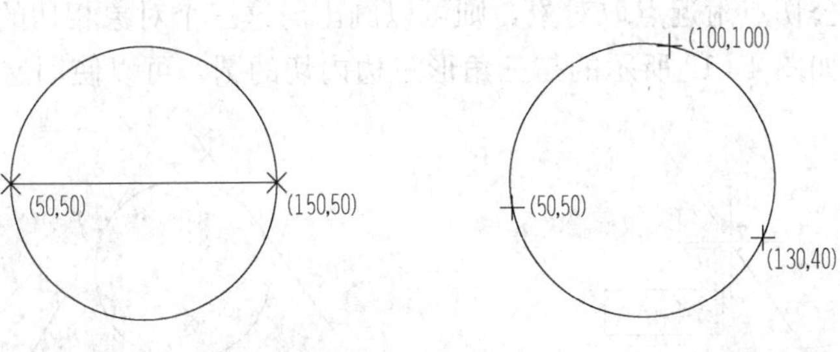

图 4-8　用“两点”画圆　　　　图 4-9　用“三点”画圆

5. 相切、相切、半径

当已经存在两个图形对象时，选择该项可以绘制与两个对象相切，并以指定值为半径的圆。在命令行提示“指定对象与圆的第一个切点”时，鼠标移动到已知圆的附近会出现“递

延切点”的字样，如图 4-10 所示，说明已捕捉到切点，单击左键确定即可。

单击按钮，系统提示为：

命令：_circle 指定圆的圆心或［三点（3P）/两点（2P）/相切、相切、半径（T）］：t //输入 t，选择“相切、相切、半径”法画圆

指定对象与圆的第一个切点： //鼠标靠近如图 4-11 所示已知圆的右上部，出现黄色的拾取切点符号时单击

指定对象与圆的第二个切点： //鼠标单击右边的已知直线

指定圆的半径 <40.3099>：30 //输入圆的半径

则绘制出与左边已知圆和右边已知直线都相切的半径为 30 的圆，如图 4-11 所示。

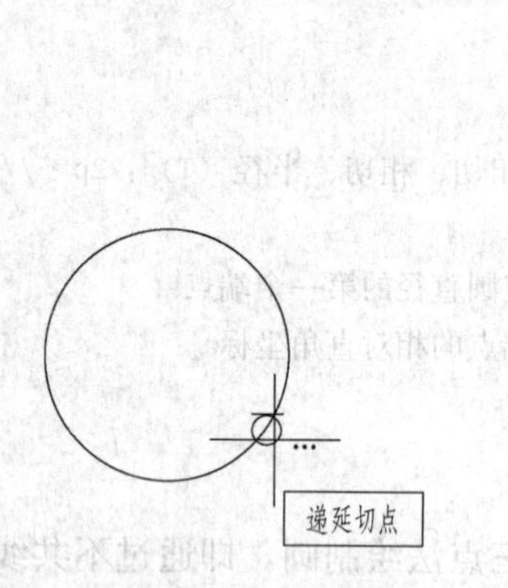

图 4-10 切点捕捉

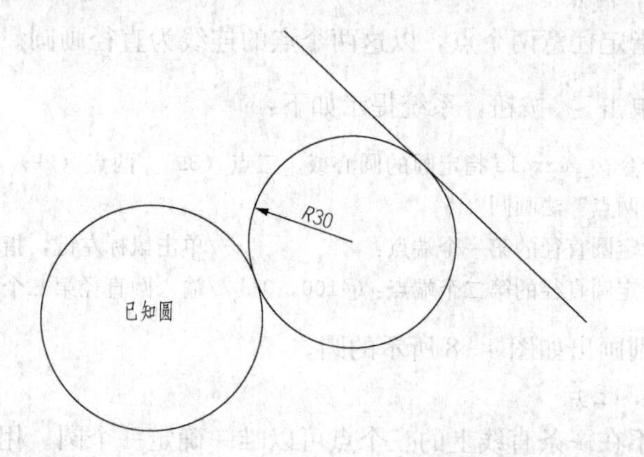

图 4-11 用“相切、相切、半径”画圆

如果输入圆的半径过小，【圆】命令不能执行，命令行会给出“圆不存在”的提示，并退出绘制命令。

6. 相切、相切、相切

这是三点画圆的另外一种绘制方式。当选择“三点（3P）”选项后，再打开对象切点捕捉，在三个对象的公切点附近点取对象，则可以画出与这三个对象相切的圆。

例如，要绘制如图 4-12 所示的与三角形三边内切的圆，可以使用这个方法。

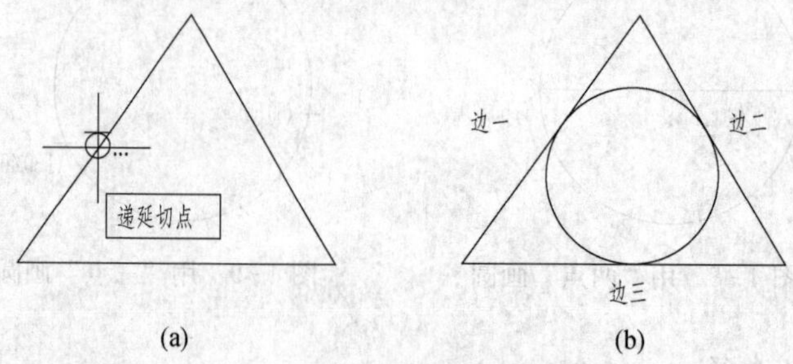

图 4-12 用“相切、相切、相切”画圆

(a) 递延切点；(b) 内切圆

单击下拉菜单【绘图】—【圆】—【相切、相切、相切（A)】，提示如下：

命令：_ circle 指定圆的圆心或[三点（3P）/两点（2P）/相切、相切、半径（T)]：3P _ tan 到 //选择“相切、相切、相切”法画圆，指定第一个切点，移动鼠标到“边一”，出现如图 4-12（a）所示的“递延切点”符号时，单击左键。

指定圆上的第二个点：_ tan 到 //移动鼠标到“边二”，出现“递延切点”符号时，单击左键。

指定圆上的第三个点：_ tan 到 //移动鼠标到“边三”，出现“递延切点”符号时，单击左键。

则画出图 4-12（b）所示的内切圆。

4.3.2 圆弧

在 AutoCAD 2014 中，绘制圆弧的方法有 11 种之多。可以用下面几种方法启动【圆弧】的绘制命令。

（1）下拉菜单：【绘图】—【圆弧】。

（2）工具栏按钮或面板选项板：。

（3）命令行：arc。

（4）快捷命令：a。

启动圆弧命令后，可以按照命令行的提示和已知条件来画圆弧。应用下拉菜单绘制圆弧时，可以直接看到绘制圆弧的 11 个选项，如图 4-13 所示。它们是通过控制圆弧的起点、中间点、圆弧方向、圆弧所对应的圆心角、终点、弦长等参数，来控制圆弧的形状和位置的。下面重点介绍其中几种。

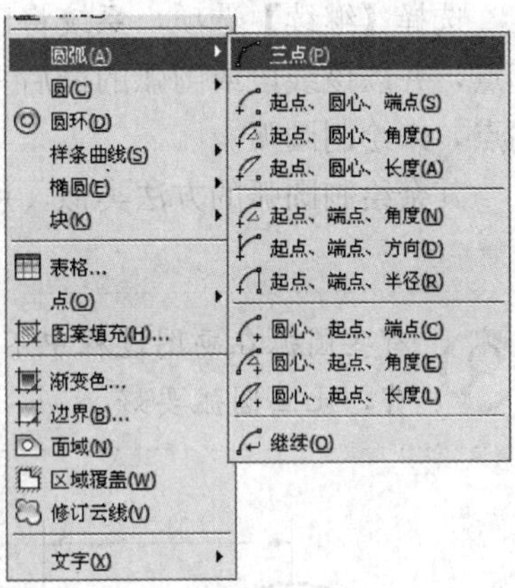

图 4-13 【圆弧】命令下拉菜单

1. 三点

通过不在一条直线上的任意三点画圆弧。单击按钮，命令行提示以下信息：

命令：_ arc 指定圆弧的起点或[圆心（C)]： //单击鼠标和输入坐标来指定圆弧上的起点

指定圆弧的第二个点或[圆心（C）/端点（E)]： //指定圆弧上的第二点

指定圆弧的端点： //指定圆弧上的端点

2. 起点、圆心、端点

如果直接从下拉菜单启动“起点、圆心、端点”方法绘制圆弧，命令行提示以下信息：

_ arc 指定圆弧的起点或[圆心（C)]： //输入起点

指定圆弧的第二个点或[圆心（C）/端点（E)]：_ c 指定圆弧的圆心：//输入圆心坐标

指定圆弧的端点或[角度（A）/弦长（L)]： //输入圆弧端点坐标

3. 起点、圆心、角度

从下拉菜单【绘图】—【圆弧】—【起点圆心、角度】启动，则命令行提示以下信息：

命令：_ arc 指定圆弧的起点或[圆心（C)]： //指定起点

指定圆弧的第二个点或[圆心（C）/端点（E)]：_ c 指定圆弧的圆心：//指定圆心

指定圆弧的端点或[角度（A）/弦长（L)]：_ a 指定包含角：-45 //指定角度，顺时针为负如果从工具栏启动该命令，则提示如下：

```
_arc 指定圆弧的起点或[圆心(C)]:                    //指定起点
指定圆弧的第二个点或[圆心(C)/端点(E)]:c            //输入c，选择“圆心”选项
指定圆弧的圆心:                                    //输入圆心坐标
指定圆弧的端点或[角度(A)/弦长(L)]:a                //输入a，选择“角度”选项
指定包含角:90                                      //输入角度，逆时针为正
```

这两种方法绘制过程，是有区别的。

角度值可正可负，当输入正值时，由起点按逆时针方向绘制圆弧；反之，按顺时针方向绘制圆弧。

4. 继续

选择【继续】选项，系统将已前面最后一次绘制的线段或圆弧的最后一点作为新圆弧的起点，并以该线段或圆弧的最后一点处的切线方向作为新圆弧的起始切线方向，再指定一个端点，来绘制圆弧。

其余绘制圆弧的方法类似，用户可以自己实验。

有些圆弧在画图过程中不适合用 arc 命令来绘制，可以用 circle 先画成圆，再进行修剪，比画圆弧要好。

【例 4-4】 绘制图 4-14 所示图形。

绘制步骤：

(1) 用【直线】命令（line）绘制两圆的定位轴线，注意轴线间距。

(2) 用【圆】命令（circle）绘制$\phi 30$和$\phi 20$的圆。

(3) 重复画圆命令，选取“相切、相切、半径”方式，鼠标移动到右边大圆左上部分，单击拾取，鼠标再移动到左边小圆上部，拾取左边小圆，输入圆的半径 20，得到一个与$\phi 30$和$\phi 20$的圆都相切的$R20$的圆。

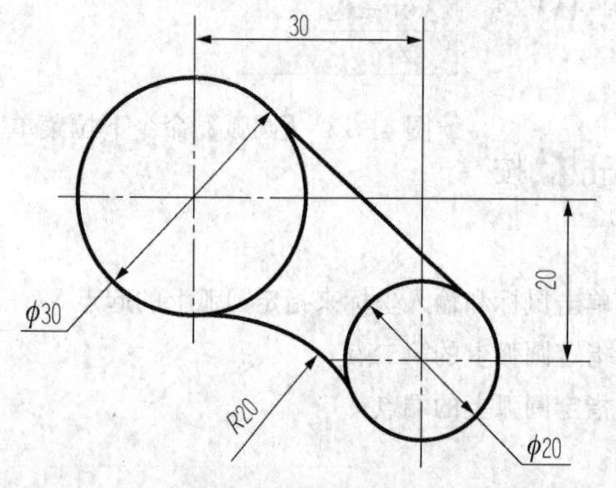

图 4-14 用【圆】命令与【修剪】命令绘制圆弧

(4) 利用【修改】—【修剪】命令，选取$\phi 30$和$\phi 20$的圆作为修剪边界，剪掉$R20$圆的多余圆弧。(修剪命令详见第 5 章)

(5) 用【直线】命令，结合对象捕捉选择切点绘制下方与$\phi 30$和$\phi 20$的圆相切的直线，完成作图。

4.3.3 椭圆、椭圆弧

该命令用来创建一个椭圆或椭圆弧。确定椭圆的参数是长轴、短轴和椭圆中心。

可以用下面几种方法启动【椭圆】或【椭圆弧】的绘制命令。

(1) 下拉菜单：【绘图】—【椭圆】。

（2）工具栏按钮和面板选项板：或。

（3）命令行：ellipse。

（4）快捷命令：el。

执行上述命令后，命令行提示以下信息：

```
命令：_ellipse
指定椭圆的轴端点或[圆弧（A）/中心点（C）]：
```

其中“圆弧（A）”选项用来绘制椭圆弧，另外两个选项用来绘制椭圆。下面分别介绍椭圆与椭圆弧的绘制。

1. 椭圆

有两种方法绘制椭圆。“指定椭圆的轴端点”选项是通过指定第一条轴的位置和长度以及第二条轴的半长来绘制椭圆的；“中心点（C）”选项是先确定椭圆的中心，然后指定一条轴的端点，再给出另一条轴的半长，由此画出椭圆图形。

2. 椭圆弧

椭圆弧是椭圆的一部分，所以绘制椭圆弧首先执行【椭圆】绘制命令，然后在其上面截取一段。截取的方法有角度法和参数法。下面的例题介绍角度法的使用，用户可以根据命令行的提示自己练习参数法的使用。

【例4-5】 绘制如图4-15所示的椭圆弧。

绘制步骤：

（1）单击【绘图】工具栏的【椭圆】按钮，启动【椭圆】命令。

（2）选择绘制椭圆弧：输入a。

（3）指定椭圆弧的轴端点：输入A点坐标100，100。

（4）指定轴的另一个端点：输入B点坐标300，100。

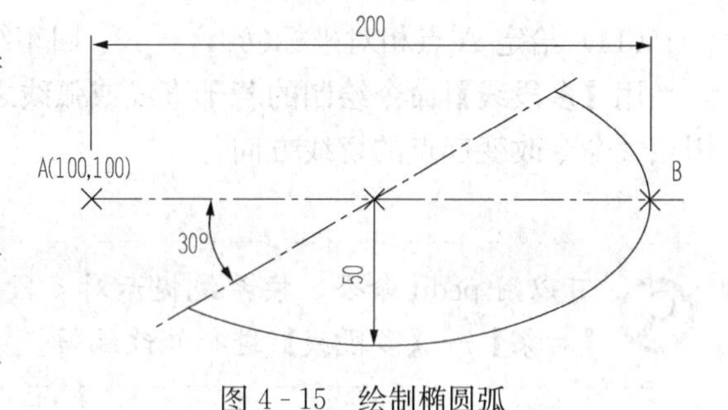

图4-15 绘制椭圆弧

（5）指定另一条半轴长度：指定另一条轴半长50。

（6）指定起始角度：输入起始角度30，从A点逆时针旋转为正。

（7）指定终止角度：输入终止角度210，完成椭圆弧的绘制。

4.4 多 段 线

多段线是由若干直线段和弧线段组成的对象。组成多段线的直线段和弧线段的起止线宽可以任意设定。在AutoCAD中，图线的线宽一般是通过图层来控制的，但对于线宽变化或特殊线宽的图线，如箭头或复杂的图形，就可以方便地利用【多段线】命令来实现。

启动【多段线】命令的方法有以下几种。

（1）下拉菜单：【绘图】—【多段线】。

（2）工具栏按钮或面板选项板：。

（3）命令行：pline。

（4）快捷命令：pl。

【例4-6】 利用【多段线】命令，绘制如图4-16所示的图形。

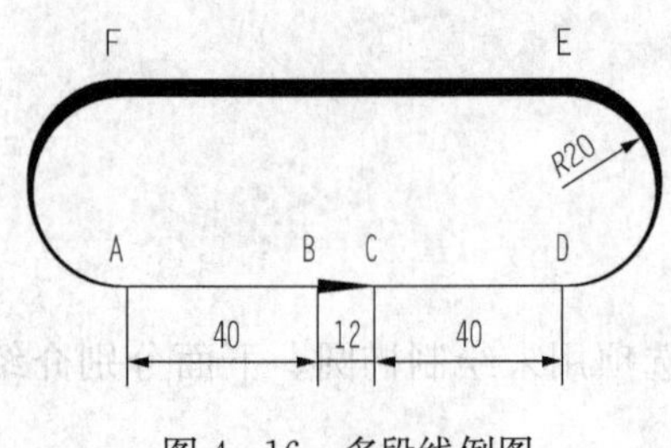

图4-16 多段线例图

（1）单击【绘图】工具栏的【多段线】按钮，启动【多段线】命令。

（2）指定起点：在屏幕上单击A点，指定多段线的起点。

（3）指定终点：给定B点坐标@40，0。

（4）输入w，选择“宽度”选项，指定起点宽度3，指定端点宽度0。

（5）给定C点坐标@12，0，确定箭头长度。

（6）输入下一个点D的相对直角坐标@40，0。

（7）输入w，选择“宽度”选项，指定起点宽度0，指定端点宽度3。

（8）选择a选项，绘制圆弧。

（9）指定圆弧的端点：给定圆弧端点E点相对坐标@0，40。

（10）输入l选项，改画直线。

（11）给定f点相对坐标－92，0。

（12）输入w，选择“宽度”选项，指定起点宽度3，指定终点线宽设为0。

（13）输入a，选择画圆弧选项。

（14）给定A点相对坐标@0，－40，回车结束命令，完成图形绘制。

用【多段线】命令绘制的若干直线或弧线之间一般为光滑连接，即为相切关系，除非利用相关命令改变起点的切线方向。

可以用pedit命令，按系统提示对多段线进行编辑。也可以从下拉菜单【修改】—【对象】—【多段线】进行修改编辑。

4.5 多 线

AutoCAD中的【多线】命令主要用在建筑制图中，绘制房屋的墙线及窗线。【多线】命令可以绘制多条相互平行的直线或折线（1～16条），其中每一条平行线都称为一个元素，这些平行线之间的间距和数目是可以调整的。

多线的绘制分三个步骤。①在绘制多线之前要设置多线的样式；②启动【多线】命令绘制多线；③利用多线编辑命令（mledit）或下拉菜单【修改】—【对象】—【多线】对多线进行编辑。

4.5.1 多线样式对话框

单击下拉菜单选择【格式】—【多线样式】，则打开多线样式对话框，如图4-17所示。在该对话框中，有以下几个选项。

（1）【样式】列表框。显示已经加载的多线样式。

(2)【置为当前】按钮。在样式列表框中选择要使用的多线样式后，单击该按钮，则将其设置为当前样式。

(3)【新建】按钮。单击该按钮，可以打开【创建新的多线样式】对话框，如图 4-18所示，来创建新的多线样式。

(4)【修改】按钮。可以打开修改多线样式对话框，修改已经创建的多线样式。

(5)【重命名】按钮。对已创建的多线样式重新命名，但不能重命名标准（STANDARD）样式。

(6)【删除】按钮。删除样式列表中选中的多线样式。

(7)【加载】按钮。单击该按钮，打开【加载多线样式】对话框，如图 4-19 所示。可以从中选取多线样式加载，也可以单击 文件... ，选择多线样式加载，默认情况下 AutoCAD 2014 提供的多线样式文件为 acad. mln。

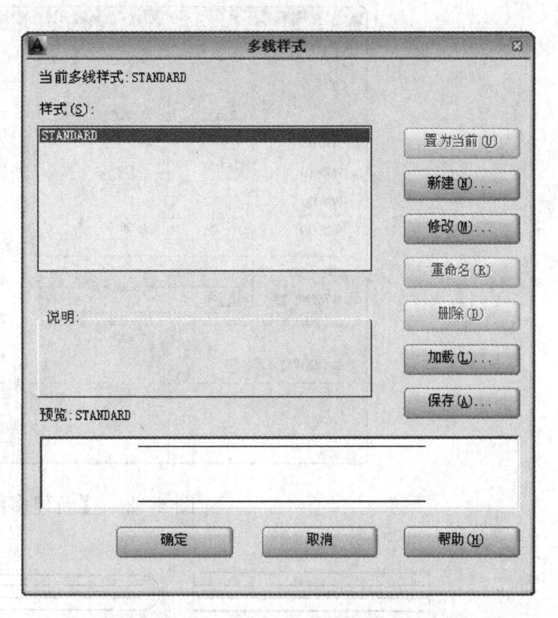

图 4-17 【多线样式】对话框

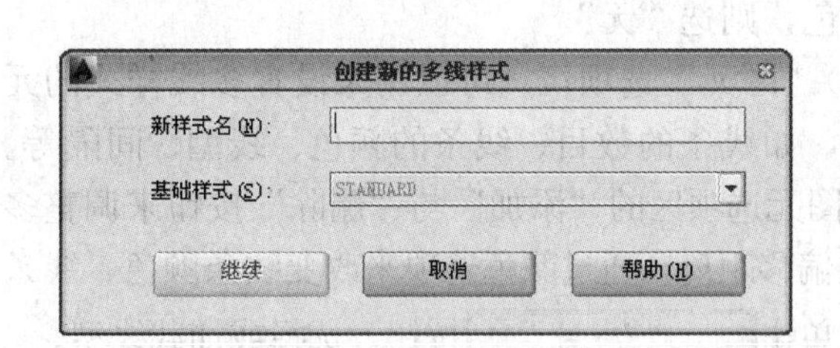

图 4-18 【创建新的多线样式】对话框

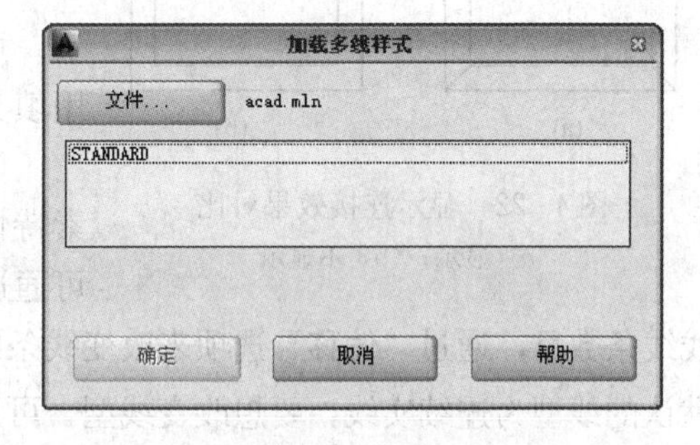

图 4-19 【加载多线样式】对话框

(8)【保存】按钮。打开保存多线样式对话框，将当前的多线样式保存为一个多线文件，即 *. mln。

4.5.2 新建多线样式对话框

在如图 4-17 所示的多线样式对话框中，单击 新建(N)... 按钮，则出现创建新的多线样式对话框，如图 4-18 所示，在新样式名处输入新样式的名称，单击继续按钮，出现【新建多线样式】对话框，如图 4-20 所示。

下面对图 4-20 所示对话框中的各项进行说明。

(1)“说明”文本框。可以输入多线样式的文字说明。

(2)“封口”选项区域。用于控制多线起点和端点处的样式，如图 4-21 所示，其中角度选项均为 90°。

(3)“显示连接”复选框。用于设置在多线的拐角处是否显示连接线，如图 4-22 所示。

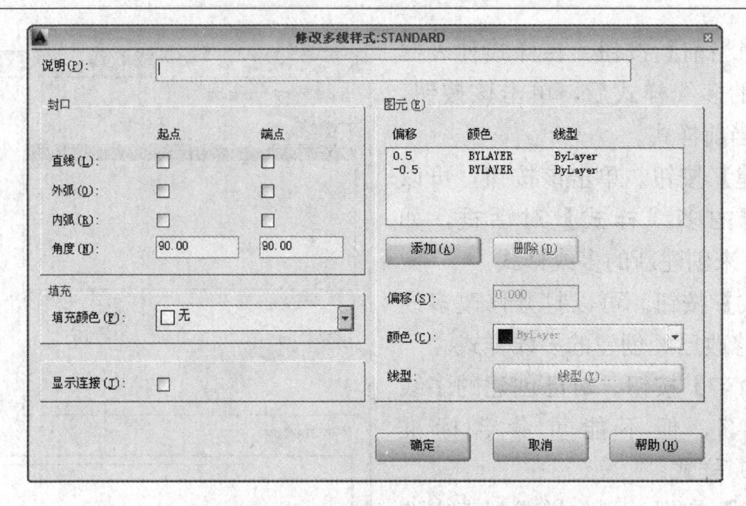

图 4 - 20 【新建多线样式】对话框

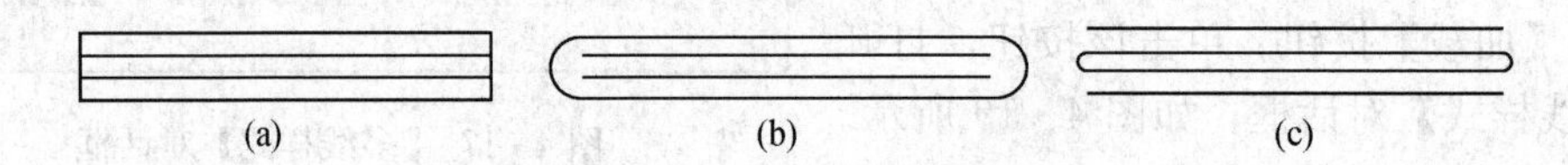

图 4 - 21 不同封口效果对比

（a）两端直线封口；（b）两端外弧封口；（c）两端内弧封口

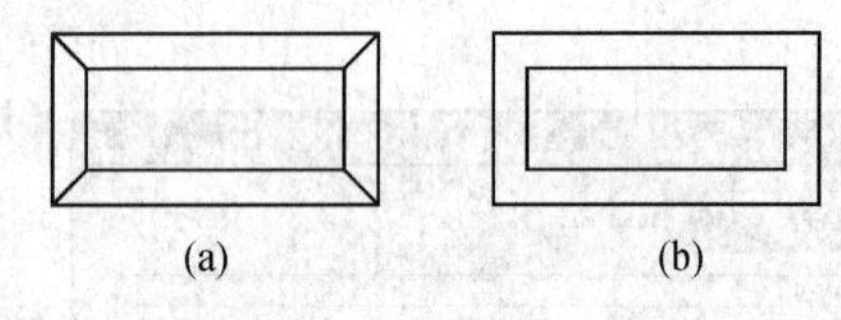

图 4 - 22 显示连接效果对比

（a）显示；（b）不显示

（4）“填充”选项区。用于设置是否填充多线的背景。可以选择一种添充色作为多线的背景。如果不使用填充色，则选“无”。

（5）“图元”选项区。可以用来设置多线样式的元素特性，如线条的数目、线条的颜色、线型、间隔等。可通过图元选项区的“添加”与“删除”按钮来调整多线线条数目，通过“偏移”选项来改变线条的偏移距离，通过颜色选项来改变线条颜色，线条默认的线型为连续实线，要想改变线型，可以单击 线型(Y)... 按钮，选择或加载线型。

通过对该对话框的设置，可以建立自己需要的多线样式。

4.5.3 绘制多线

启动【多线】命令的方法如下：

（1）下拉菜单：【绘图】—【多线】。

（2）命令行：mline。

（3）快捷命令：ml。

当启动【多线】命令后，命令行提示以下信息：

```
命令：_mline  //启动【多线】命令
当前设置：对正 = 上，比例 = 20.00，样式 = STANDARD  //显示系统当前多线设置信息
指定起点或［对正（J）/比例（S）/样式（ST）］：
```

此时输入 j 并回车，可以根据命令行的提示设置多线对正方式；输入 s 并回车，可以根据命令行的提示设置多线的绘制比例；输入 st 并回车，可以根据命令行的提示输入要使用的多线的样式。

【例4-7】 使用【多线】命令绘制如图4-23所示的一个房间的墙体，房间的开间尺寸为3600，进深尺寸为4500，墙体厚度为240。

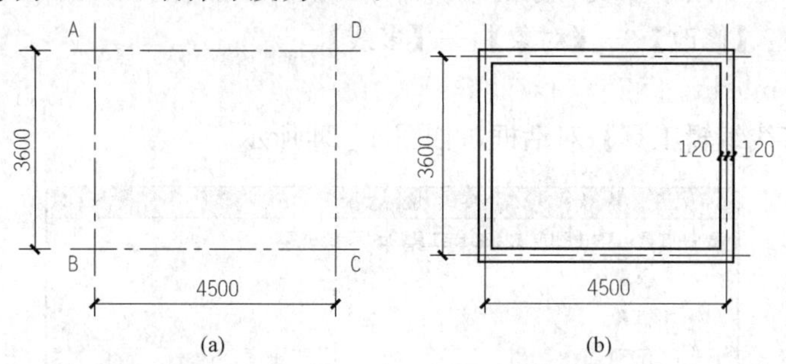

(a)　　(b)

图4-23　房间轴线墙体绘制

(a) 定位轴线；(b) 成形图

绘制步骤：

(1) 设置240的墙体多线样式。

从下拉菜单【格式】—【多线样式】启动如图4-17所示【多线样式】对话框，单击 新建(N)... 按钮，则出现【创建新的多线样式】对话框，如图4-18所示，在“新样式名”处输入Wall，单击 继续 按钮，出现如图4-20所示的【新建多线样式】对话框。在图元区域选中第一条线，将下方的偏移距离改为120，再选中第二条线，将偏移距离改为－120，然后单击 确定 按钮，完成多线设置，并置为当前样式。

(2) 设置图层、线型如表4-1所示：

表4-1　　设置图层、线型

名称	颜色	线型	线宽
墙体	黑色	continuous	0.3mm
轴线	红色	center	默认

(3) 将轴线图层置为当前，绘制如图4-23(a)所示的定位轴线。可采用修改菜单偏移命令帮助确定3600和4500这两个距离。

(4) 绘制墙体多线。将墙体图层置为当前，【绘图】—【多线】启动【多线】命令。

(5) 输入j回车，修改对正方式，输入z回车，使光标位于多线的正中（在绘制建筑墙体时，通常选择该项）。

(6) 输入s回车，修改比例，即输入新的比例1，回车。

(7) 打开【对象捕捉】功能，捕捉A点、捕捉B点、捕捉C点、捕捉D点，输入c回车，完成墙体的绘制。

为绘制240厚的墙体，在本例中采用的方法是：将多线的偏移距离设为120和－120，同时在命令执行过程中将“比例”设置为1。

执行一次【多线】命令绘制的多线被视为一个对象，对其进行编辑时应注意，部分编辑命令不能使用（如offset、trim、extend等）时可以使用explode分解命令，然后再对其进行编辑。

4.5.4　编辑多线

多线编辑命令是专用于多线对象的编辑命令，执行方法有以下几种。

(1) 下拉菜单:【修改】—【对象】—【多线】。

(2) 命令行：mledit。

可以打开【多线编辑工具】对话框，如图 4-24 所示。

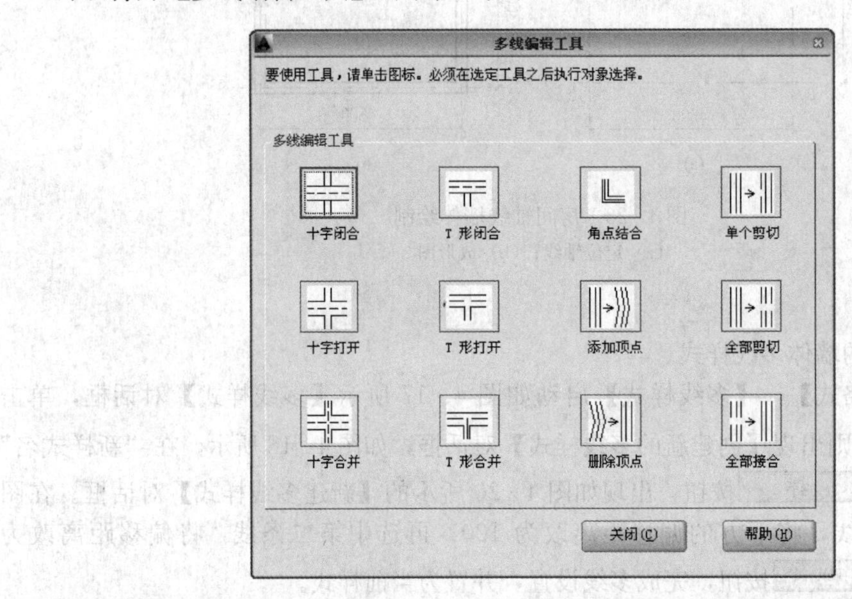

图 4-24　【多线编辑工具】对话框

设置一种四条平行线的多线样式，画两条互相垂直的多线，得到如图 4-25 (a) 所示的多线对象，用多线编辑工具对其进行各种编辑。

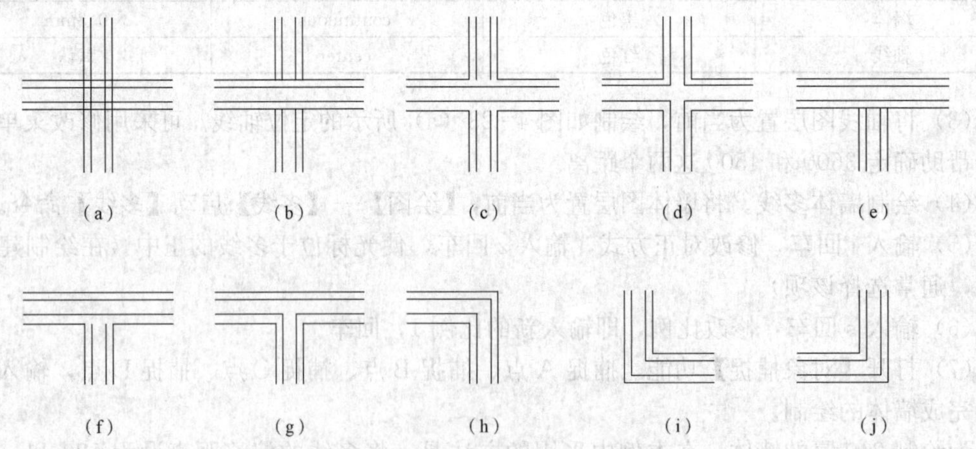

图 4-25　多线编辑不同选项的效果

(a) 多线对象；(b) 十字闭合；(c) 十字打开；(d) 十字合并；(e) T 型闭合；
(f) T 型打开；(g) T 型合并；(h) 角点结合；(i) 角点结合；(j) 角点结合

当对多线进行编辑时，单击图 4-24 中的某个工具选项，命令行会提示："选择第一条多线:"，选择后，再提示"选择第二条多线:"，多线选择的顺序不同时，编辑的效果是不尽相同的。图 4-25（b）～图 4-25（g）是先选择竖向多线，又选择横向多线的效果；图 4-25（h)是角点结合选择多线时，单击横向多线的左半部和竖向多线的下半部的结果；图 4-25（i）是单击横向多线的右半部和竖向多线的上半部得到的；图 4-25（j）是单击横向多线左半部和竖向多线的上半部的效果；所以，角点结合总是保留用户单击到的那一部分。其余的选择方式和效果用户可自行试验。

利用多线编辑工具对话框还可以对多线进行添加顶点、删除顶点、单个剪切、全部剪切、全部接合等编辑。

4.6 样 条 曲 线

样条曲线是通过若干指定点生成的光滑曲线。在机械图样中，可以用【样条曲线】命令来绘制波浪线。

启动【样条曲线】命令的方法有以下几种。

（1）下拉菜单：【绘图】—【样条曲线】。

（2）工具栏按钮或面板选项板：。

（3）命令行：spline。

（4）快捷命令：spl。

执行上述命令后，命令行提示如下：

```
命令：_spline
指定第一个点或[对象（O)]：   //指定第一点
指定下一点：                  //指定第二点
指定下一点或[闭合（C）/拟合公差（F)]<起点切向>：  //指定第三点或选择“闭合”等选项
指定下一点或[闭合（C）/拟合公差（F)]<起点切向>：  //回车结束点的输入
指定起点切向：  //指定起点的切线方向
指定端点切向：  //指定终点的切线方向
```

样条曲线至少需要输入三个点，当输入最后一点时，用 Enter 键结束点的输入。这时命令行会提示确定起点和终点的切线方向，切线方向不同会改变样条曲线的形状，可以用鼠标或捕捉的方式来确定切线方向，也可以直接回车，按系统默认的切线方向确定。

4.7 图 案 填 充

在绘制机件的剖视图和断面图时，经常需要在剖视和断面区域绘制剖面符号。【图案填充】可以帮助用户将选择的图案填充到指定的区域内。

执行【图案填充】命令的方法如下：

（1）下拉菜单：【绘图】—【图案填充】。

（2）工具栏按钮或面板选项板：。

（3）命令行：hatch 或 bhatch。

（4）快捷命令：h。

执行上述命令后，会弹出如图 4-26 所示的【图案填充和渐变色】对话框。

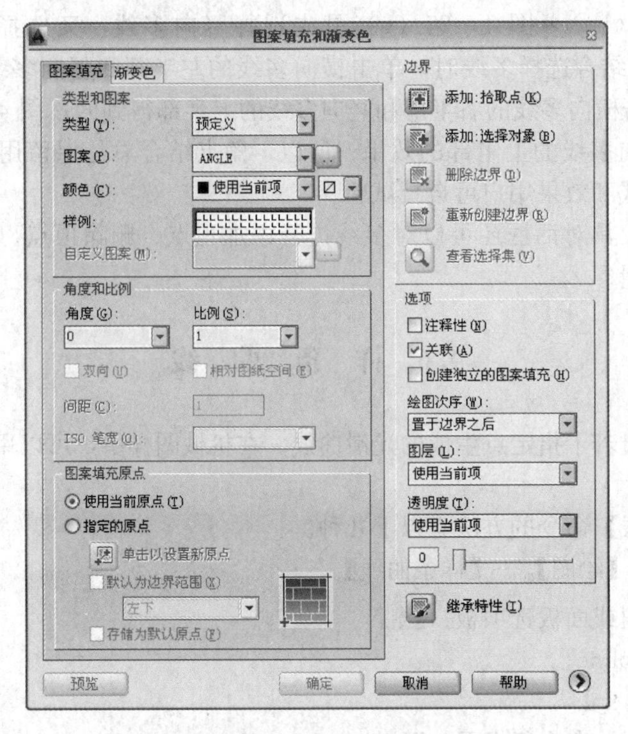

图4-26 【图案填充和渐变色】对话框

该对话框有【图案填充】【渐变色】两个选项卡。如果要填充渐变色，【渐变色】选项卡可以用来对渐变色样式及配色进行设置。

4.7.1 图案填充

【图案填充】选项卡是用来设置填充图案的类型、图案、角度、比例等特性。下面分别介绍对话框中各功能选项的含义。

1.【类型】和【图案】

(1)【类型】。单击【类型】下拉列表，有“预定义”“用户定义”“自定义”三种图案填充类型。

1）预定义。AutoCAD已经定义的填充图案。

2）用户定义。基于图形的当前线型创建直线图案。

3）自定义。按照填充图案的定义格式定义自己需要的图案，文件的扩展名为.PAT。

(2)【图案】。单击【图案】下拉列表，罗列了AutoCAD已经定义的填充图案的名称。对于初学者来说，这些英文名称不易记忆与区别。这时，可以单击后面的按钮，会弹出如图4-27所示的【填充图案选项板】对话框。对话框将填充图案分成4类，分别列于4个选项卡当中。其中，【ANSI】是美国国家标准学会建议使用的填充图案；【ISO】是国际标准化组织建议使用的填充图案；【其他预定义】是世界许多国家通用的或传统的符合多种行业标准的填充图案；【自定义】是由用户自己绘制定义的填充图案。【ANSI】【ISO】和【其他预定义】三类填充图案，在选择“预定义”类型时才能使用。

(3)【样例】。【样例】显示框用来显示选定图案的图样，它是一个图样预览效果。在显示框中单击一下，也可以调用如图 4 - 27 所示的【填充图案选项板】对话框。

(4)【自定义图案】。只有选择“自定义”类型时才能使用，在显示框中显示自定义图案的图样。

2.【角度】和【比例】

(1)【角度】。该项是用来设置图案的填充角度。在【角度】下拉列表中选择需要的角度或填写任意角度。

(2)【比例】。该项是用来设置图案的填充比例。在【比例】下拉列表中选择需要的比例或填写任意数值。比例值大于 1，填充的图案将放大，反之则缩小。

(3)【相对图纸空间】。相对图纸空间单位缩放填充图案。

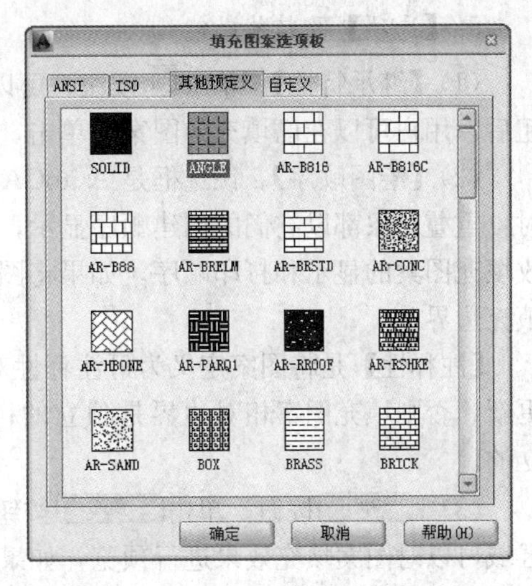

图 4 - 27　【填充图案选项板】对话框

(4)【双向】。该项可以使“用户定义”类型图案由一组平行线变为相互正交的网格。只有选择“用户定义”类型时才能使用该项。

(5)【间距】。在【间距】编辑框中填写用户定义的填充图案中直线之间的距离。只有选择“用户定义”类型时才能使用该项。

(6)【ISO 笔宽】。该项是基于用户选定的笔宽来缩放 ISO 预定义图案。只有选择“预定义”类型，并且选择 ISO 中的图案时才能使用该项。

3.【图案填充原点】

可以设置图案填充原点的位置，因为许多图案填充需要对齐边界上的某一个点。

(1)【使用当前原点】。可以使当前的原点 (0，0) 作为图案填充原点。

(2)【指定的原点】。可以通过指定点作为图案填充原点。

4.【边界】

在边界区域，有【拾取点】【选择对象】等按钮。

(1)【拾取点】。通过光标在填充区域内任意位置单击来使 AutoCAD 系统自动搜索并确定填充边界。方法为单击【拾取点】左侧的按钮，根据命令行提示在图案填充区域内任意位置单击来确定填充边界。

(2)【选择对象】。通过拾取框选择对象并将其作为图案填充的边界。方法为单击【选择对象】左侧的按钮，根据命令行提示选择对象来确定填充边界。

(3)【删除边界】。该项可以对封闭边界内检验到的孤岛执行忽略样式。方法为在使用【拾取点】确定填充边界后，单击删除边界按钮，【图案填充和渐变色】对话框暂时消失，在绘图区域选择孤岛边界，回车后又会出现【图案填充和渐变色】对话框，然后单击 确定 按钮，则孤岛予以忽略。

(4)【查看选择集】。单击【查看选择集】按钮，【图案填充和渐变色】对话框暂时消失，在绘图区域显示已选择的图案填充边界，如果检查所选边界无误，回车后又会出现【图案填充和渐变色】对话框，然后单击 确定 按钮进行图案填充。

5.【选项】及其他功能

(1)【继承特性】。单击按钮，可以将已填充图案的特性赋予指定的边界。单击按钮后，用户可以在已填充的图案中单击，再单击需要填充的边界即可实现特性继承。

(2)【绘图顺序】。该选框是AutoCAD 2005以后版本的新增内容。绘图顺序是指在绘图时，重叠对象都以它们的创建顺序显示，即新创建的对象在已创建对象之前。该选框可以更改填充图案的显示和打印顺序。如果将图案填充“置于边界之后”，可以更容易地选择图案填充边界。

【注释性】是将图案定义为可注释性对象；【关联】就是修改其边界时，填充的图案随之更新，否则填充图案相对边界是独立的；【创建独立的图案填充】所创建的图案填充是独立的。

(3) 预览 按钮。单击 预览 按钮【图案填充和渐变色】对话框暂时消失，在绘图区域可以对图案填充效果进行预览，如果不满意可以使用光标单击填充图案或按Esc键返回到【图案填充和渐变色】对话框进行修改。

在进行图案填充的【拾取点】确定填充区域时要注意两个问题：①边界图形必须封闭，若不封闭AutoCAD系统弹出提示；②边界不能够重复选择。当填充区域确定不封闭的时候，可以先做辅助线把区域封闭，待填充完毕后，删除辅助线即可。

单击【图案填充和渐变色】对话框右下角更多选项按钮，可以展开对话框，如图4-30所示，在【允许的间隙】文本框中，用户可以在此输入一个数值，如果未封闭区域的间隙小于该数值，系统可以认为它是封闭的，仍然可以进行图案填充。

用户可以通过选择对象的方法选择填充区域（使用选择对象按钮）。如图4-28显示了两者的区别。

图4-28 拾取点和选择对象的区别

4.7.2 复杂填充

进行图案填充时，如果遇到较大的填充区域内还有一个或者几个较小的封闭区域，这些区域被形象地称为“孤岛”，AutoCAD提供了孤岛解决方案，使用户可以自己决定哪些孤岛要填充，哪些孤岛不要填充。

1. 删除边界

例如要完成如图4-29所示的填充，就要忽略方形内部的小圆形“孤岛”（即边界），在选择填充区域时要按下面的步骤进行。

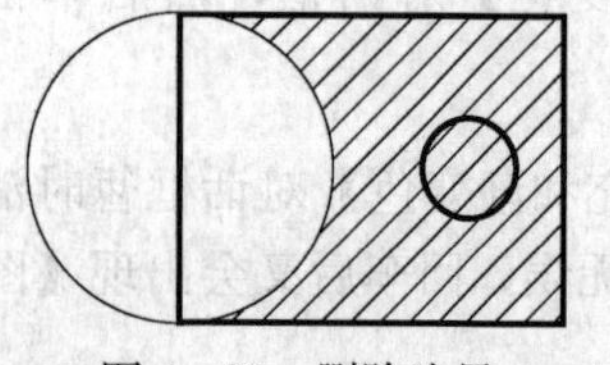

图4-29 删除边界

(1) 单击拾取点按钮，在方形和小圆形之间区域单击鼠标，然后回车，返回【图案填充和渐变色】对话框。

(2) 单击删除边界按钮，对话框隐去，移动鼠标到小圆上单击，小圆由虚变实。这样在填充过程中会忽略小圆区域，回车返回【图案填充和渐变色】对话框。

2. 孤岛检测

单击【图案填充和渐变色】对话框右下角更多选项按钮，可以展开对话框，如图 4-30 所示。其中有【孤岛检测】选项，这是 AutoCAD 提供的处理多重区域剖面线常用到的 3 种选项。系统缺省的设置为【普通】。用孤岛检测中的“普通”“外部”“忽略” 3 种样式分别给图 4-31（a）所示图形的不同区域填充剖面线，来形象地观察这 3 种设置的区别。在大圆与六边形之间拾取点，看看用这 3 种方法填充的剖面线是否如图 4-31 所示。

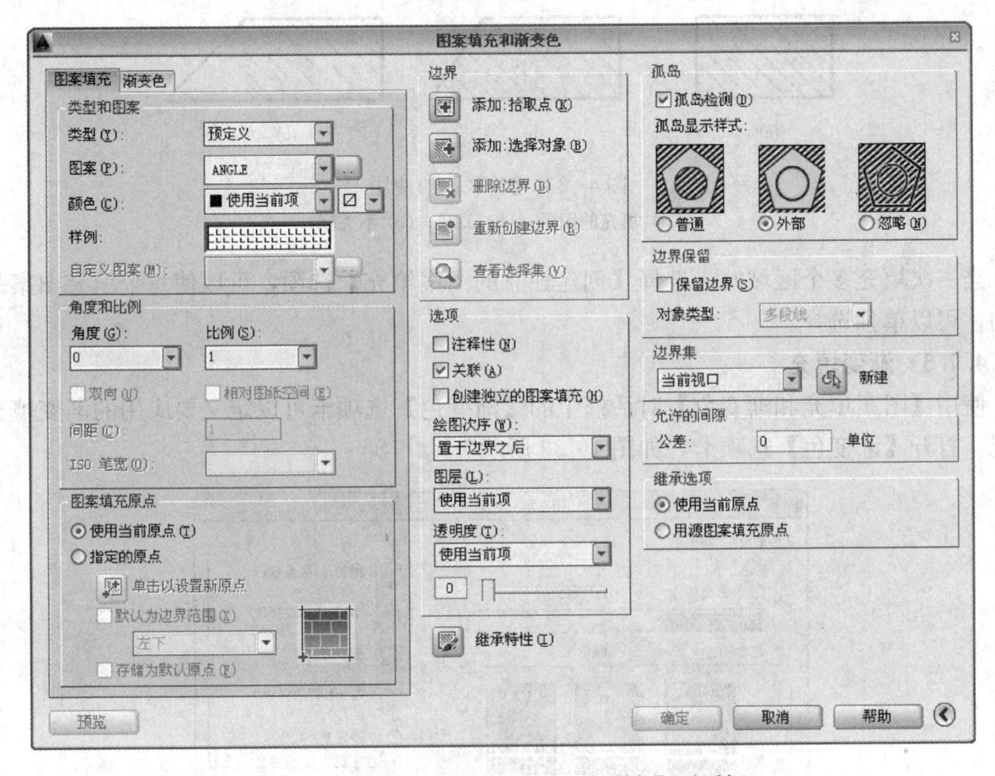

图 4-30　展开的【图案填充和渐变色】对话框

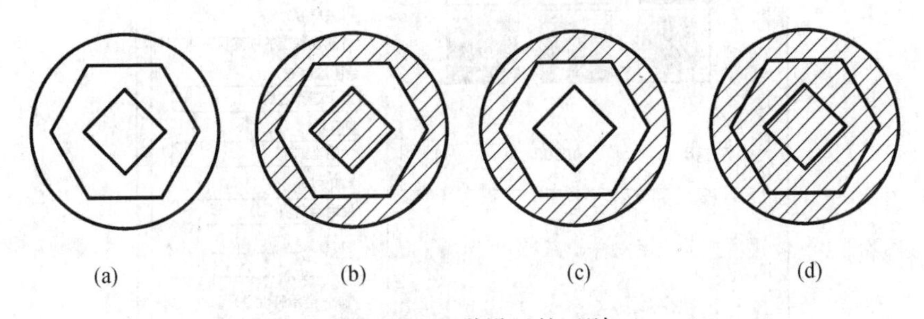

图 4-31　3 种设置的区别

（a）未填充的图形；（b）普通样式；（c）外部样式；（d）忽略样式

（1）【普通样式】：由外部边界向内填充，如果碰到岛边界，填充断开直到碰到内部的另一个岛边界为止，又开始填充。对于嵌套的岛，采用填充与不填充的方式交替进行。

（2）【外部样式】：仅填充最外层的区域，内部的所有岛都不填充。

（3）【忽略样式】：忽略内部所有的岛。

只有了解了它们之间的区别，才能在图案填充过程中，根据具体情况进行有效的设置。

3. 使用【选项】

在【图案填充和渐变色】对话框有一个【选项】区（见图4-30），用于控制填充图案和填充边界的关系以及多区域填充是否独立。

如果选择【关联】，当填充区域被修改时，填充图案也会随着更新，如果不选择【关联】，当填充区域被修改时，填充图案不会发生变化，如图4-32所示。

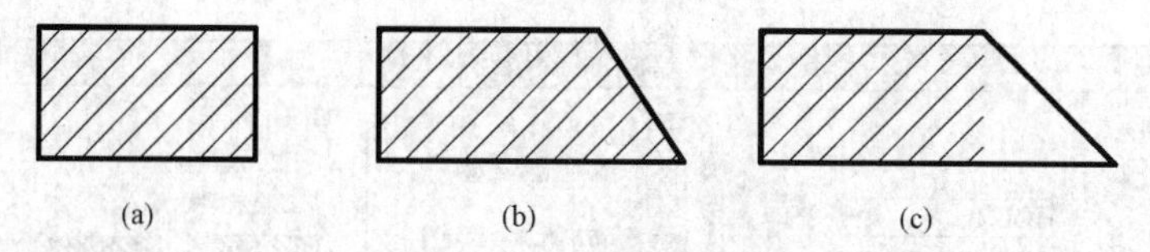

图4-32 【关联】的使用
（a）填充的图形；（b）关联；（c）不关联

当一次填充多个区域时，选择【创建独立的图案填充】选项，可以使每个填充图案是独立的，可以单独选择。

4.7.3 渐变填充

使用【图案填充和渐变色】对话框中的【渐变色】选项卡可以定义要应用的渐变填充的外观。打开【渐变色】选项卡，如图4-33所示。

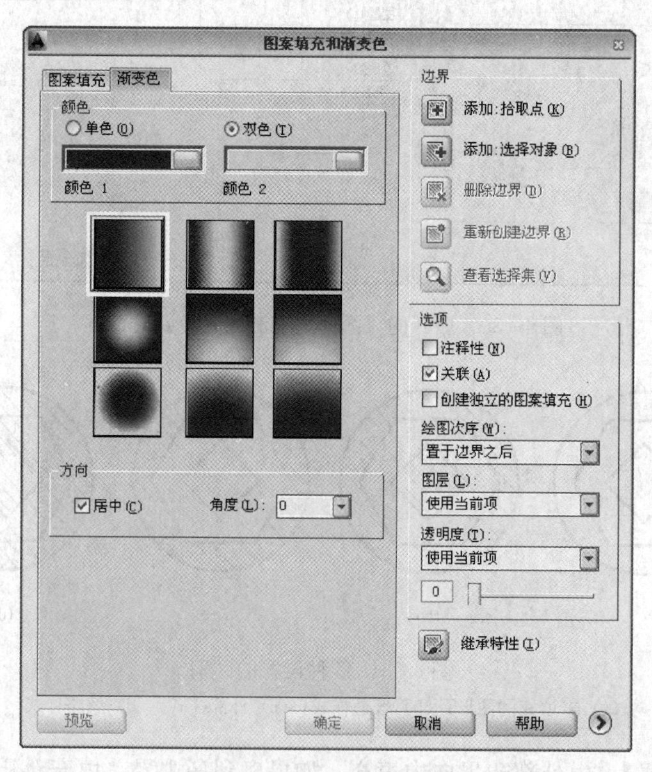

图4-33 【渐变色】选项卡

下面是【渐变色】选项卡中各选项的使用方法：

（1）【单色】指定使用从较深着色到较浅色调平滑过渡的单色填充。选择【单色】时，AutoCAD 显示浏览颜色按钮和【色调】滑动条。

（2）【双色】指定在两种颜色之间平滑过渡的双色渐变填充。选择【双色】时，AutoCAD 分别为【颜色 1】和【颜色 2】显示带浏览按钮的颜色样本，如图 4-34 所示。

（3）【居中】指定对称的渐变配置。如果没有选定此选项，渐变填充将朝左上方变化，创建光源在对象左边的图案。

（4）【角度】指定渐变填充的角度，相对当前 UCS 指定角度。此选项与指定给图案填充的角度互不影响。

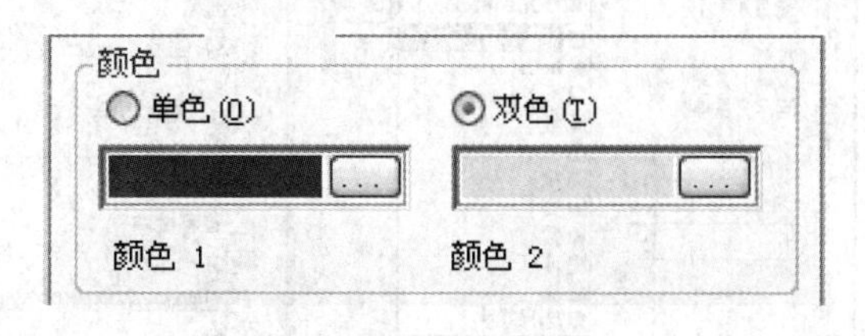

图 4-34　选择【双色】

（5）【渐变图案】显示用于渐变填充的 9 种固定图案（见图 4-33 中的 9 个正方形图案）。这些图案包括线性扫掠状、球状和抛物面状等图案。

渐变色填充的打印与打印样式无关。

【例 4-8】 将图 4-35（a）图形用渐变色进行填充，使其具有立体感如图 4-35（b）所示。

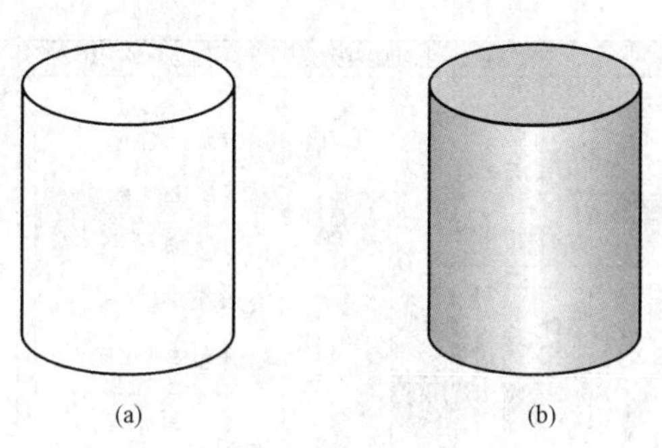

图 4-35　渐变填充
（a）未填充图形；（b）填充效果

操作步骤：

（1）填充圆柱上方的椭圆。单击按钮，打开【图案填充和渐变色】对话框，如图 4-26所示，在图案右方单击按钮，出现图 4-27 所示的【填充图案选项板】对话框，选择“其他预定义”选项的“SOLID”选项，单击确定按钮回到【图案填充和渐变色】对话框。单击“样例”右侧的下拉箭头，出现一些选项，如图 4-36 所示。单击下方的“选择颜色”选项，出现【选择颜色】对话框，如图 4-37 所示。选择浅灰色后单击确定按钮回到【图案填充和渐变色】对话框。单击按钮，选取椭圆内部任意一点，进行填充，填充后效果如图 4-38 所示。

（2）填充圆柱面。单击按钮，打开【图案填充和渐变色】对话框，【渐变色】选项卡中选“单色”，并单击颜色右侧的按钮，打开颜色选择对话框，选择灰色。在填充类型上，选择对话框中第一行中间那个，如图 4-39 所示。然后单击按钮，选取圆柱面里面任意一点，确定即得到图 4-35（b）所示的填充效果，使圆柱看上去具有了立体感。

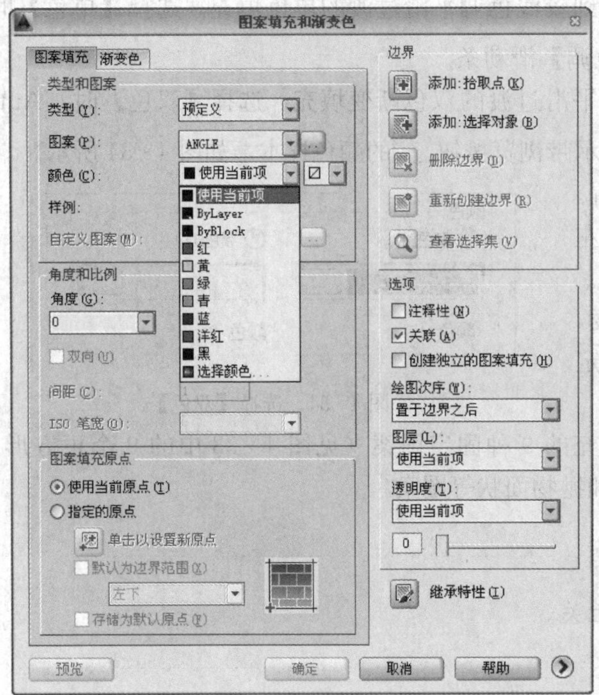

图 4-36 “样例”下拉选项

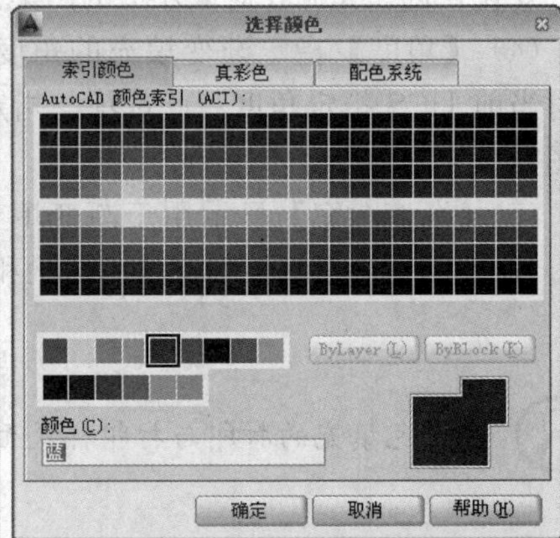

图 4-37 选择颜色

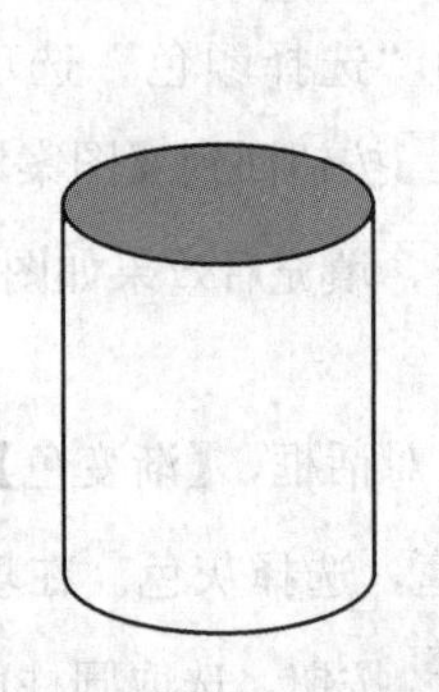

图 4-38 填充椭圆后的圆柱

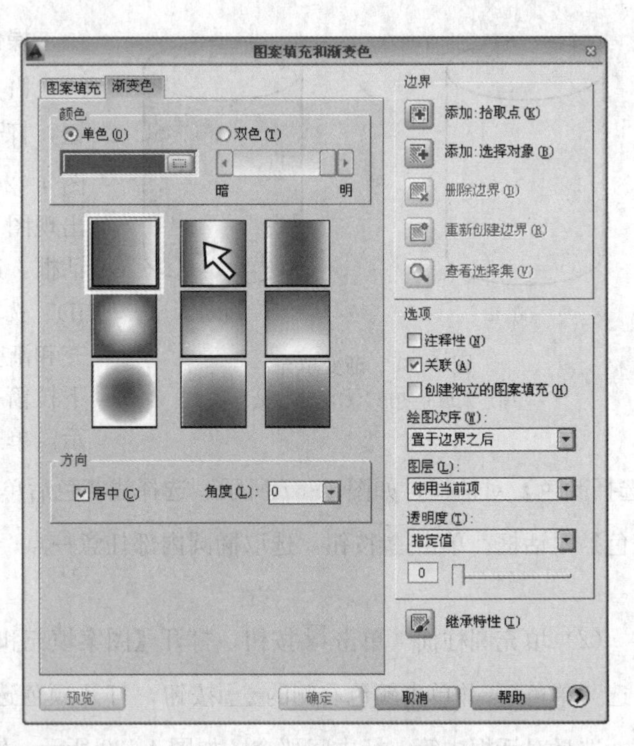

图 4-39 渐变色填充的选择

4.8 面　　域

在 AutoCAD 中，可以将某些对象围成的封闭的区域转化为面域。可以用以下方式启动面域命令。

（1）下拉菜单：【绘图】—【面域】。

（2）工具栏按钮或面板选项板：。

（3）命令行：region。

系统提示选择对象，然后将所选对象转换成面域。如果所选对象不是封闭的区域，系统会在命令行提示“已创建 0 个面域”，即没有创建面域。

另外用户还可以对面域进行“并集”“差集”“交集”等布尔运算，也可以对面域进行进一步拉伸、旋转等操作得到三维立体。

【例 4-9】 使用面域及布尔运算绘制图 4-40 所示图形。

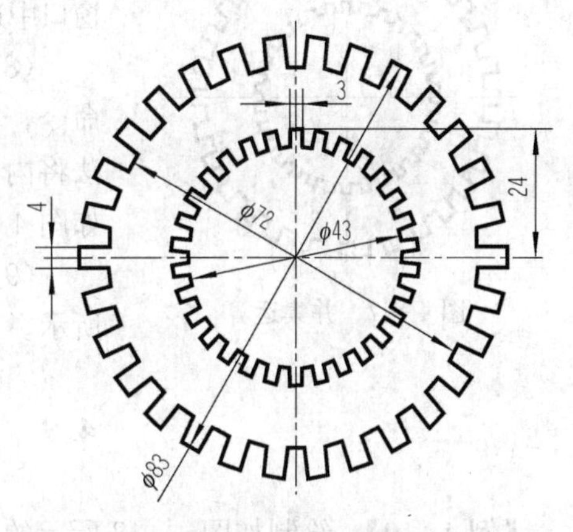

图 4-40　使用面域及布尔运算绘制图形

绘制步骤：

（1）设置中心线、粗实线两个图层。画中心线，并捕捉交点为圆心，画ϕ43 和ϕ72 的圆，如图 4-41 所示。

（2）单击【修改】工具栏的【偏移】按钮，将水平轴线向上偏移 19 和 24，将垂直轴线分别向左向右偏移 1.5，结果如图 4-42 所示。

（3）单击【绘图】工具栏的【矩形】按钮，以辅助线的交点 A 和 B 为角点，绘制矩形，并删除辅助线，如图 4-43 所示。

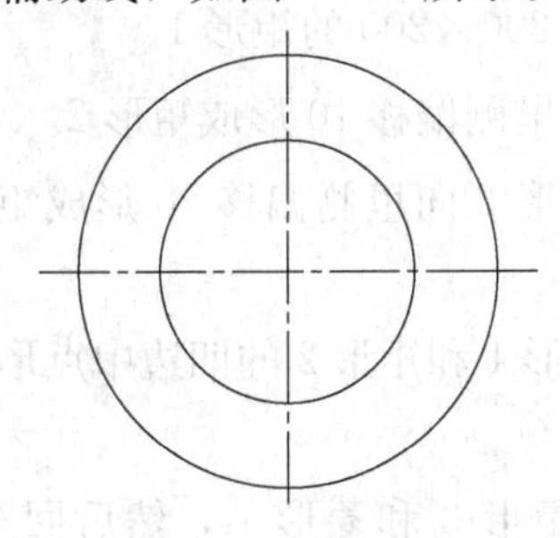
图 4-41　画中心线和圆

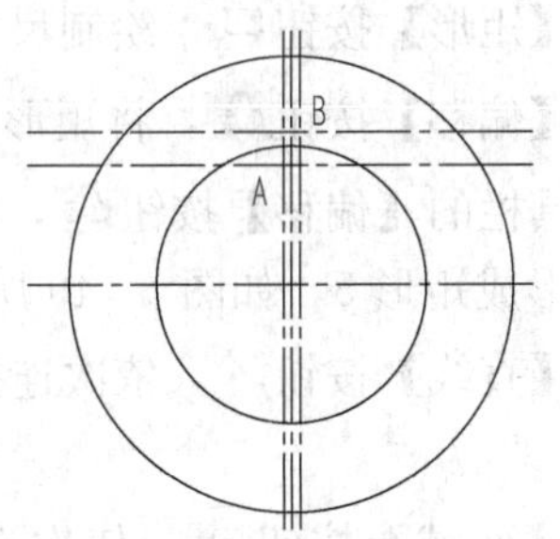

图 4-42　绘制辅助线 1

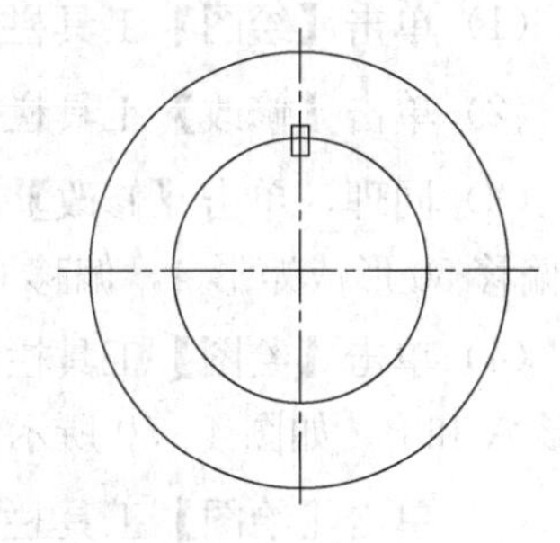
图 4-43　绘制矩形

（4）单击【修改】工具栏的【偏移】按钮，将水平轴线向上、向下偏移 2，将垂直轴线分别向右偏移 34 和 41.5，如图 4-44 所示。

（5）单击【绘图】工具栏的【矩形】按钮，以辅助线的交点 C 和 D 为角点，绘制矩形，并删除辅助线，如图 4-45 所示。

（6）单击【修改】工具栏的【阵列】按钮，创建两个矩形的环形阵列，结果如

图 4 - 46所示（阵列命令具体见第 5 章）。

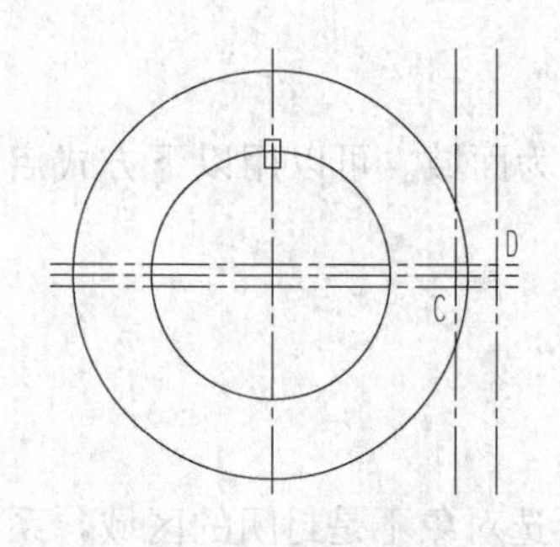

图 4 - 44 绘制辅助线 2

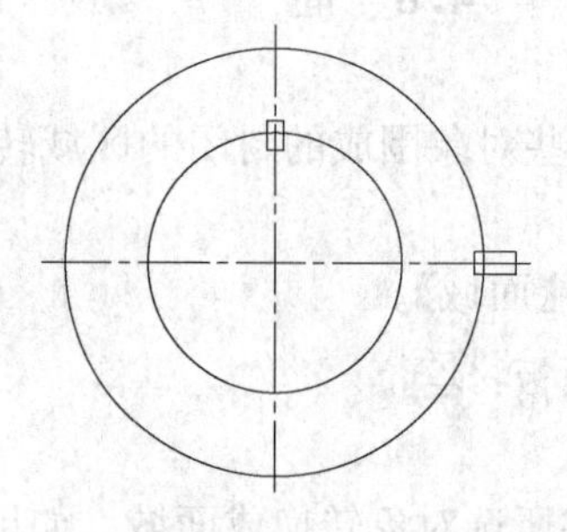

图 4 - 45 绘制另一个矩形

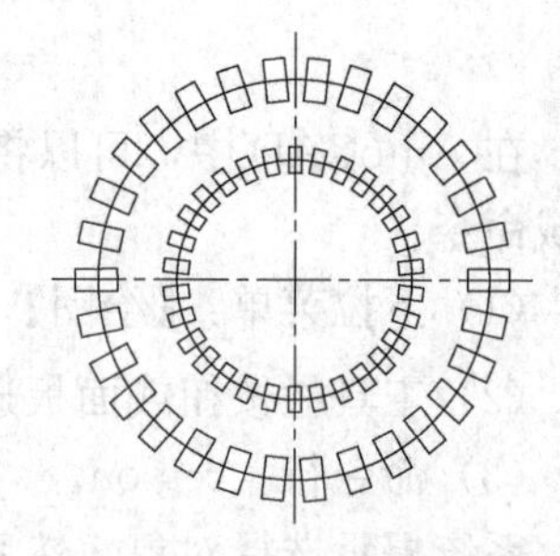

图 4 - 46 创建环形阵列

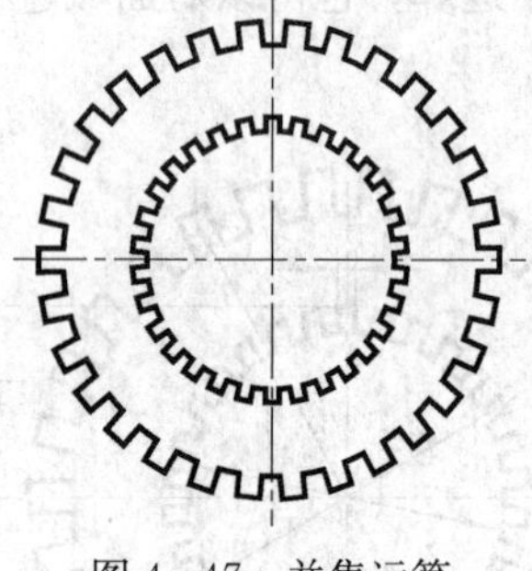

图 4 - 47 并集运算

（7）单击【绘图】工具栏的【面域】按钮，并在绘图窗口中选中所有的圆和矩形，然后回车，将其转换为面域。

（8）在菜单中选择【修改】—【实体编辑】—【并集】命令，将外侧的圆和矩形进行并集处理，再使用同样的方法将内侧的圆和矩形进行并集处理，并转换粗实线图层。如图 4 - 47 所示。

（9）参考第 7 章的内容进行尺寸标注，结果如图 4 - 40 所示。

4.9 实 例 练 习

【例 4 - 10】 绘制如图 4 - 48 所示的地面砖。

绘制步骤：

（1）单击【绘图】工具栏的【矩形】按钮，绘制尺寸为 200×200 的矩形 1。

（2）单击【修改】工具栏的【偏移】按钮，将矩形 1 向里侧偏移 10 形成矩形 2。

（3）同理，单击【修改】工具栏的【偏移】按钮，将矩形 2 向里侧偏移 20 形成矩形 3，偏移 50 形成矩形 4，偏移 60 形成矩形 5，如图 4 - 49 所示。

（4）单击【绘图】工具栏的【直线】按钮，依次连接矩形 1 和矩形 2 的四边中点形成菱形 A 和 B，如图 4 - 50 所示。

（5）单击【绘图】工具栏的【面域】按钮，依次选择矩形 3 和菱形 A，然后回车，创建两个面域。

（6）单击【修改】工具栏的【实体编辑】—【差集】按钮，选择矩形 3，然后回车，再选择菱形 A，然后回车。即从矩形 3 中将菱形 A 减去，形成如图 4 - 51 所示的图形。

（7）单击【修改】工具栏的【偏移】按钮，将菱形 B 向里侧偏移 10 形成菱形 C，如图 4 - 52 所示。

（8）单击【绘图】工具栏的【直线】按钮，依次连接菱形 C 边的中点和矩形 4 的角

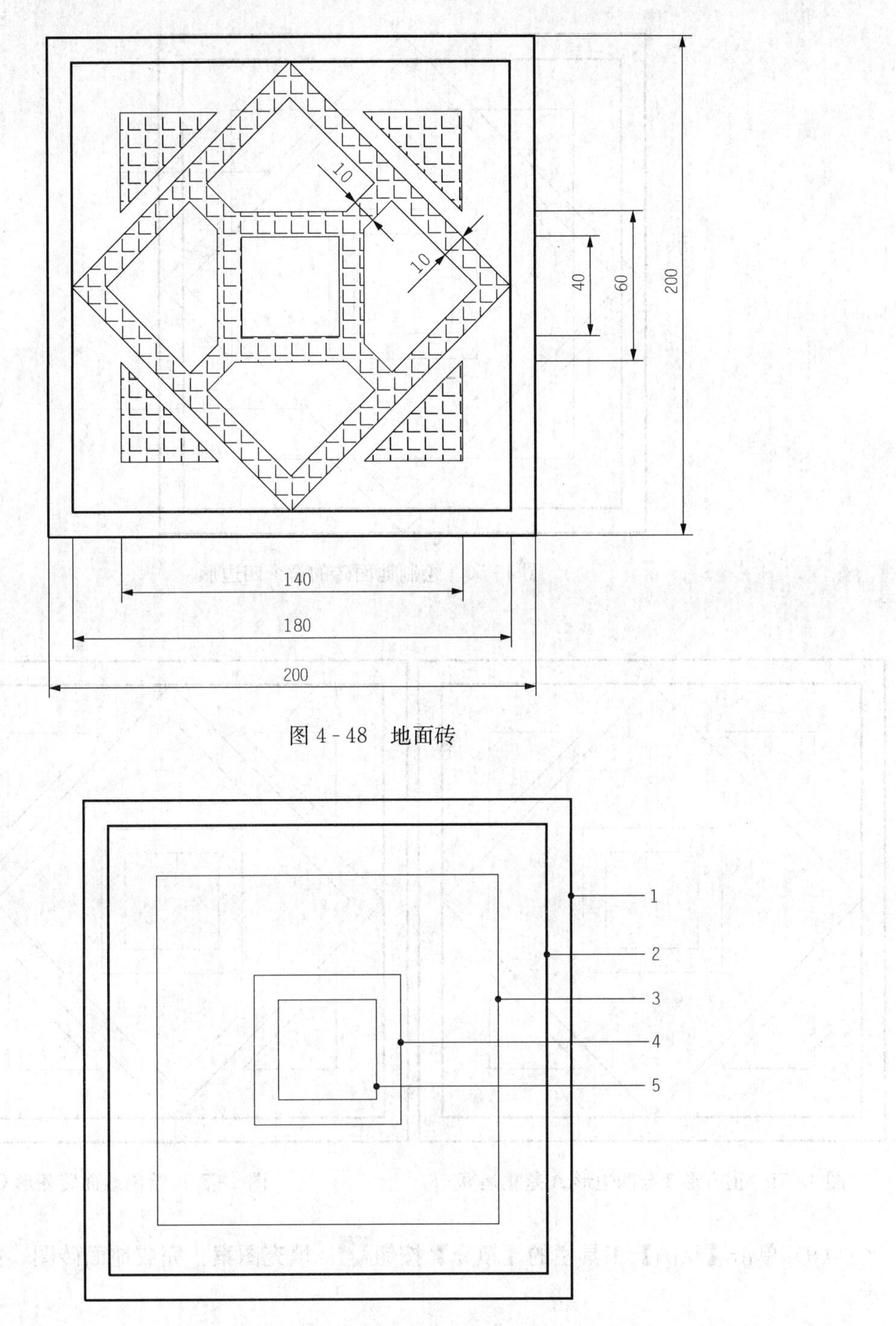

图 4 - 48　地面砖

图 4 - 49　绘制地面砖的 5 个矩形

点，然后再单击【修改】工具栏的【偏移】按钮，将该直线向两侧各偏移 5，并将偏移后的直线延伸至与菱形 C 和矩形 4 相接，再单击【修改】工具栏的【修剪】按钮，修剪多余图线，如图 4 - 53 所示。

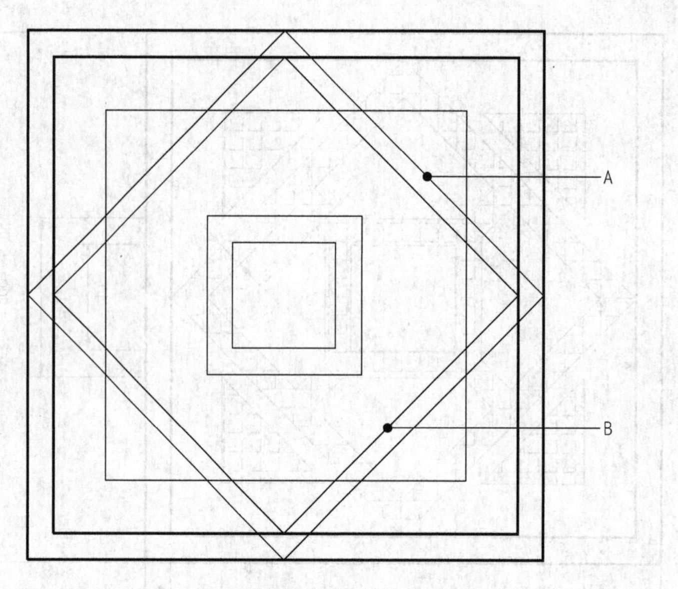

图 4-50　绘制地面砖的 2 个四边形

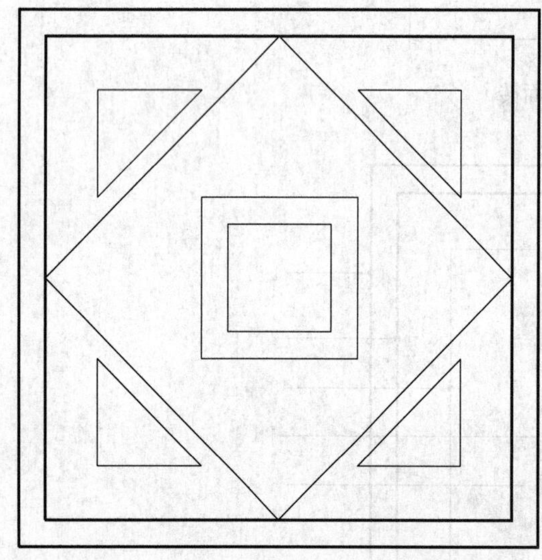

图 4-51　正方形 3 与四边形 A 差集运算

图 4-52　绘制地面砖菱形 C

（9）单击【绘图】工具栏的【填充】按钮，填充图案。完成地面砖图，如图 4-54 所示。

图 4-53 修剪后的地面砖图

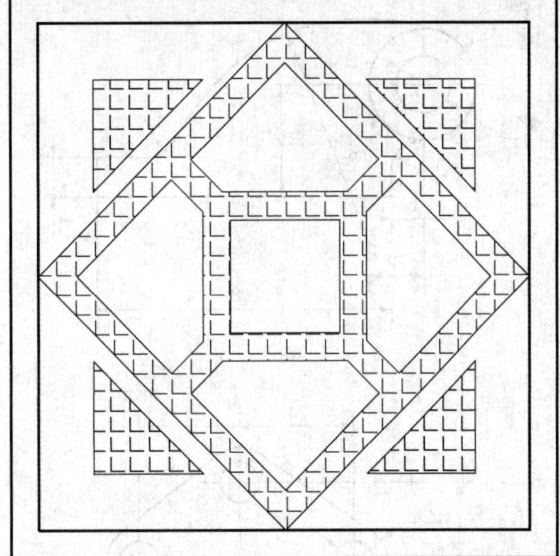

图 4-54 完成地面砖图

4-1 绘制图 4-55 所示的地面砖和图 4-56 所示的圆的内接六角花。

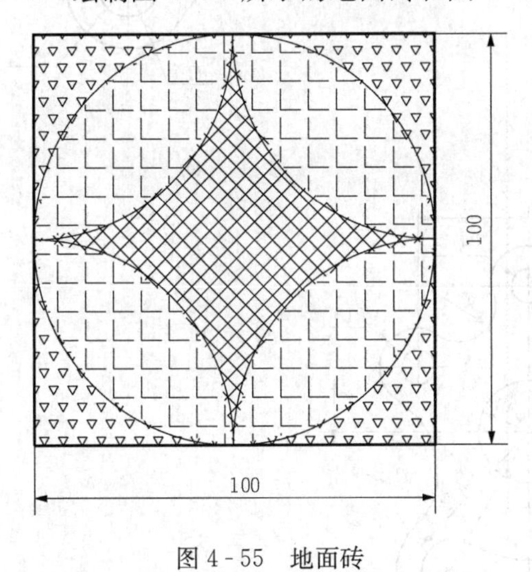

图 4-55 地面砖

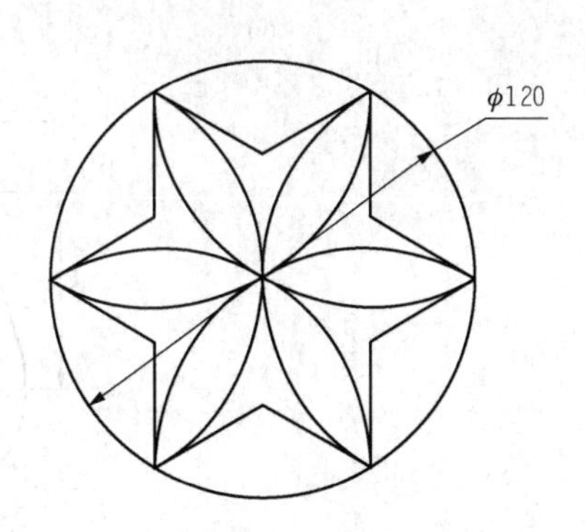

图 4-56 圆的内接正六边形

4-2 绘制如图 4-57 所示平面图形。

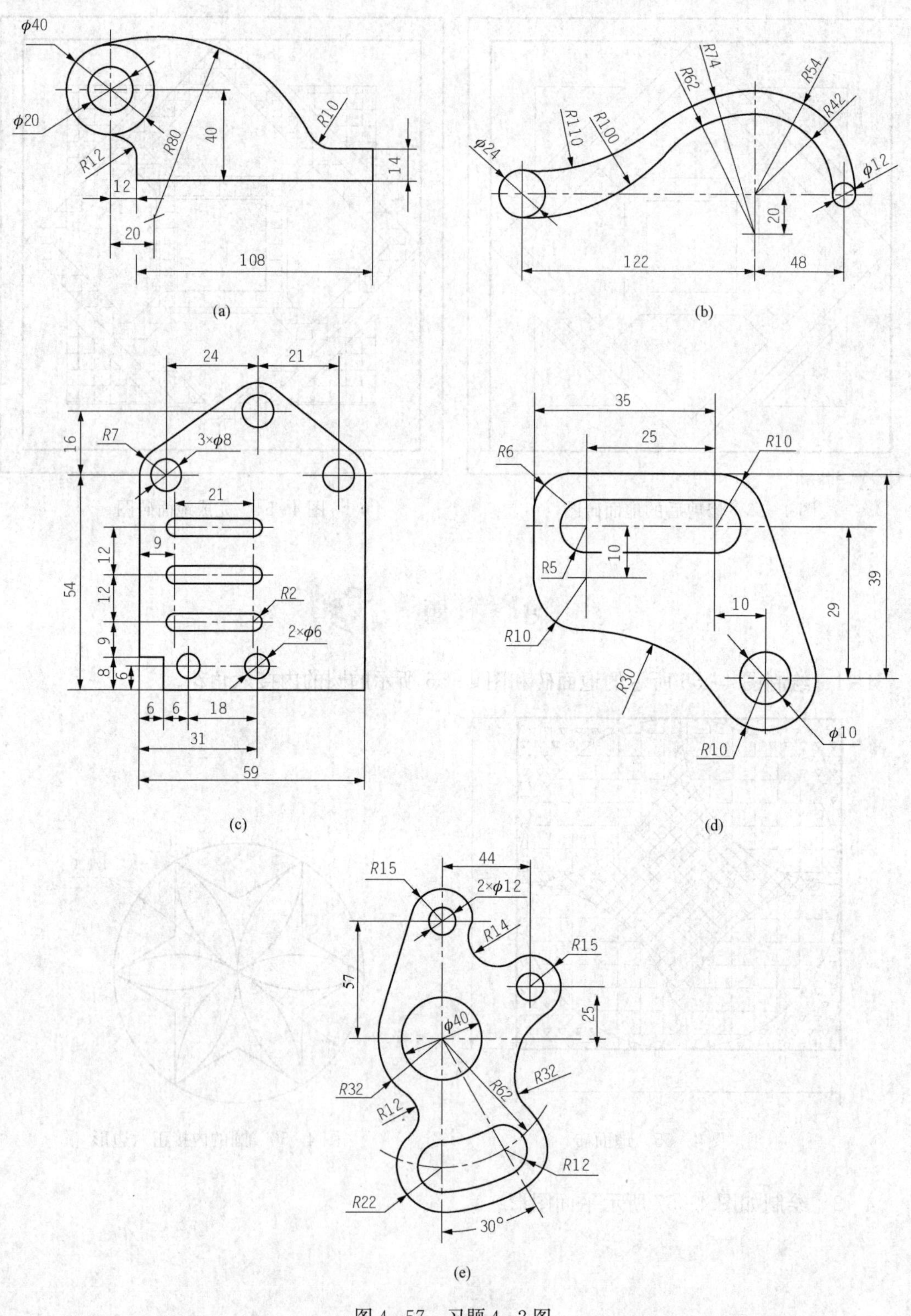

φ40
φ20
R12
R80
R10
40
14
12
20
108
(a)
R74
R62
R54
R42
R110
R100
φ24
φ12
20
122
48
(b)
24
21
16
R7
3×φ8
21
12
9
12
54
R2
9
2×φ6
8
6
6
6
18
31
59
(c)
35
25
R10
R6
10
R5
39
10
29
R10
R30
φ10
R10
(d)
44
R15
2×φ12
R14
R15
57
25
φ40
R32
R32
R62
R12
R12
R22
30°
(e)

图 4-57 习题 4-2 图

第5章 二维图形编辑命令

通过对本章的学习，用户能够掌握基本的修改与编辑命令，会使用夹点编辑和特性选项板，并熟练运用这些命令在较短时间内完成一些复杂的绘图工作，绘制出符合要求的工程图样。

本章重点

- 基本修改与编辑命令及其应用；
- 夹点编辑；
- 特性选项板；
- 利用前面所学知识绘制较为复杂的图形。

单纯使用前面介绍的基本绘图命令，只能绘制一些基本图形对象和简单图样，要绘制复杂的图形，如一张零件图，在许多情况下，用户还需要借助于图形修改与编辑命令。AutoCAD 同样向用户提供了高效的编辑命令，可以在瞬间完成一些复杂的工作。因此，掌握基本的修改与编辑命令，对于绘制各种工程图样都是非常有用和必要的。

5.1 删除与复制

大部分常用编辑命令，在【修改】工具栏上都有相应按钮，如图 5 - 1 所示。

图 5 - 1 【修改】工具栏

5.1.1 删除

利用【删除】命令可以【删除】图形中的一个或多个对象。启动【删除】命令的方法如下：

(1) 下拉菜单：【修改】—【删除】。

(2)【修改】工具栏按钮：。

(3) 命令行：erase。

执行上述命令后，命令行提示以下信息：

```
命令：_ erase      //执行【删除】命令
选择对象：         //选择要删除的对象
选择对象：         //继续选择要删除的对象，如果不再增加要删除的对象，则单击鼠标右键或直接回
                     车，选中的对象被删除
```

5.1.2　复制

【复制】命令可以复制一个或多个相同的图形对象，并放置到指定的位置。当需要绘制若干个相同或相近的图形对象时，用户可以使用【复制】命令在短时间内轻松、方便地完成绘制工作，免去了以往手工绘图中的大量重复劳动。启动【复制】命令的方法如下：

（1）下拉菜单：【修改】—【复制】。

（2）工具栏按钮：

（3）命令行：copy。

（4）快捷命令：co，cp。

执行上述命令后，依据命令行提示选取对象：

```
命令：_copy
选择对象：找到 1 个                                  //选取要复制的对象
选择对象：                                          //回车结束选择
当前设置：　复制模式 = 多个                          //显示多重复制
指定基点或［位移（D）/模式（O）］<位移>：            //指定一点作为复制基点
指定第二个点或 <使用第一个点作为位移>：              //指定复制到的一点或相对第一点的坐标
指定第二个点或［退出（E）/放弃（U）］<退出>：        //继续复制或回车结束复制
```

【例 5-1】 绘制图 5-2 所示端盖图形。

绘制步骤：

（1）首先设置粗实线和中心线两个图层，绘制出如图 5-3 所示图形。

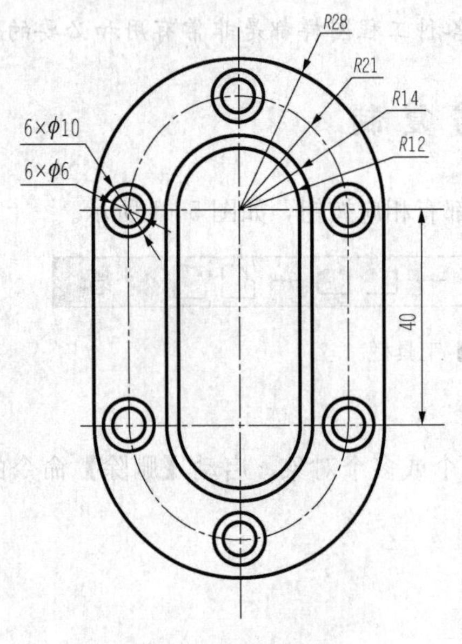

图 5-2　端盖图形

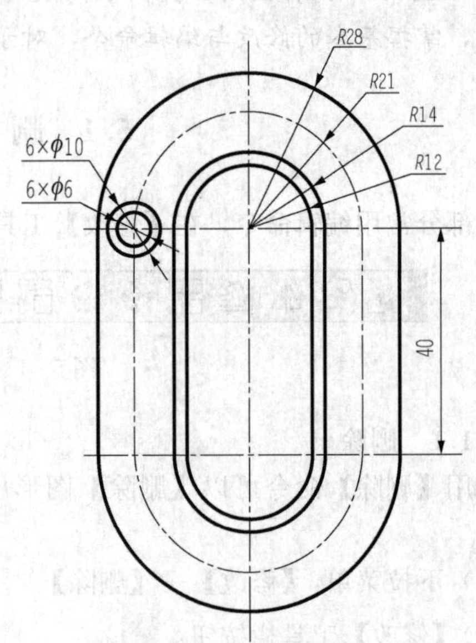

图 5-3　一阶端盖图形

（2）单击【修改】工具栏的【复制】按钮，启动【复制】命令。

（3）选取$\phi 6$ 和$\phi 10$ 小圆为复制对象，回车结束选择。

（4）指定圆心作为基点。

（5）复制出 5 个$\phi 6$ 和$\phi 10$，即可得到如图 5-2 所示图形。

5.2 移动与旋转

5.2.1 移动

【移动】命令可以改变所选对象的位置。可以用以下几种方法启动【移动】命令。

（1）下拉菜单：【修改】—【移动】。

（2）工具栏按钮：。

（3）命令行：move。

（4）快捷命令：m。

执行上述命令后，命令行提示以下信息：

```
命令：_move
选择对象：  // 选择需要移动的对象
选择对象：  // 继续选择对象，如不再选择单击右键（或回车）结束对象选择
指定基点或［位移（D）］<位移>：  // 指定移动的基点或位移
指定位移的第二点或 <用第一点作位移>：
```

可以用下面两种方法确定对象被移动的位移。

1. 两点法

用鼠标单击或坐标输入的方法指定基点和第二点，系统会自动计算两点之间的位移，并将其作为所选对象移动的位移。

2. 位移法

先指定第一点（即基点），在出现“指定位移的第二点或 <用第一点作位移>：”的提示时回车，选择括号内的默认项，系统将第一点的坐标值作为对象移动的位移。

【移动】命令通常与【对象捕捉】和【对象追踪】共同使用，可以快速、准确地将对象移动到所需位置。

5.2.2 旋转

利用【旋转】命令可以将对象绕指定的旋转中心旋转一定角度。可以用以下几种方法启动【旋转】命令。

（1）下拉菜单：【修改】—【旋转】。

（2）工具栏按钮或面板选项板。

（3）命令行：rotate。

（4）快捷命令：ro。

执行上述命令后，依据命令行提示选取对象，结束对象选择后命令行提示以下信息：

```
指定基点：  //指定旋转中心
指定旋转角度或［复制（C）/参照（R）］<0>：
```

旋转角度的确定有两种方法：直接输入角度和使用参照角度。直接输入角度就是在出现

“指定旋转角度或［参照（R）］：”提示时输入角度值即可，正值角度为逆时针旋转，负值角度为顺时针旋转。使用参照角度就是在上面的提示下输入 r 选择“参照”选项，它可以将一个对象的一条边与其他参照对象的边对齐。

【例 5-2】 使用【旋转】命令将图 5-4 中的矩形旋转 30°，使 AB 边与直线 AC 对齐。

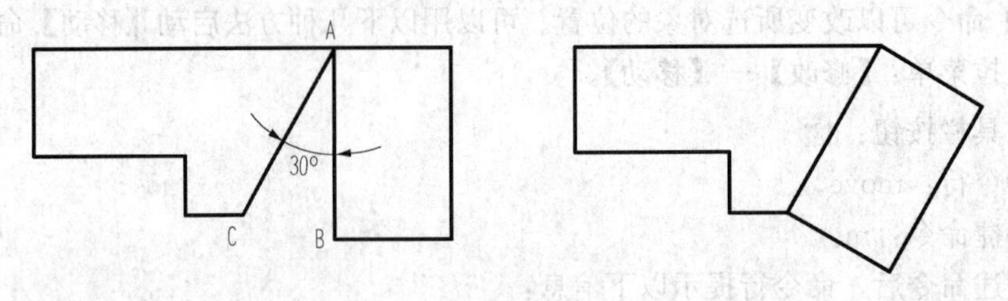

图 5-4 【旋转】命令的使用

操作步骤：

（1）单击【修改】工具栏中的【旋转】按钮，启动【旋转】命令。

（2）选择矩形的 4 条边为旋转对象，回车，结束对象选择。

（3）指定基点 A 点为旋转中心。

（4）使用参照角度，输入 r。

（5）捕捉第一点 A，再捕捉第二点 B，最后捕捉 C 点，完成矩形旋转。

5.3 镜像与偏移

5.3.1 镜像

【镜像】命令可以绕指定轴翻转对象创建对称的镜像图像。【镜像】对创建对称的对象非常有用，因为可以快速地绘制半个对象，然后将其镜像，而不必绘制整个对象。启动【镜像】命令的方法如下：

（1）下拉菜单：【修改】—【镜像】。

（2）工具栏按钮：。

（3）命令行：mirror。

（4）快捷命令：mi。

执行上述命令后，命令行提示以下信息：

命令：_ mirror

选择对象：　//选择对象

选择对象：　//继续选择对象或结束对象选择

指定镜像线的第一点：指定镜像线的第二点：　//指定两点确定镜像线

是否删除源对象？［是（Y）/否（N）］<N>：　//输入相应字母选择是否删除源对象

在 AutoCAD 中，可以通过系统变量 mirrtext 的值，来控制文本镜像的效果。当该变量的值取 0 时，文本对象镜像后效果为正，可识读；当该变量的值取 1 时，文本对象参与镜像，即镜像效果为反，效果如图 5-5 所示，其中的点画线为镜像线。

5.3.2 偏移

利用【偏移】命令对直线、圆或矩形等图形对象进行偏移，可以绘制一组平行直线、一

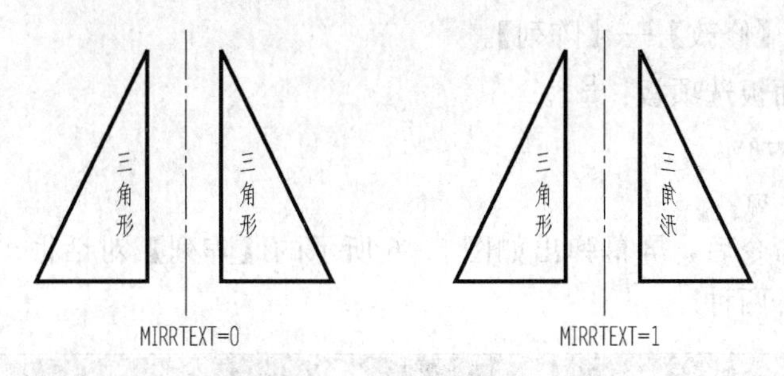

图5-5　文本对象的镜像效果

组同心圆或同心矩形等图形。启动【偏移】命令的方法如下：

(1) 下拉菜单：【修改】—【偏移】。

(2) 工具栏按钮：。

(3) 命令行：offset。

(4) 快捷命令：o。

执行上述命令后，命令行提示以下信息：

命令：_ offset　//执行【偏移】命令

当前设置：删除源 = 否　图层 = 源　OFFSETGAPTYPE = 0

指定偏移距离或[通过(T)/删除(E)/图层(L)]＜通过＞：　10　//输入偏移距离或输入“t”选择“通过”选项

选择要偏移的对象，或[退出(E)/放弃(U)]＜退出＞：　//选择要偏移的对象

指定要偏移的那一侧上的点，或[退出(E)/多个(M)/放弃(U)]＜退出＞：　//鼠标移至偏移一侧单击

选择要偏移的对象，或[退出(E)/放弃(U)]＜退出＞：　//继续选择偏移对象或回车结束命令

使用【偏移】命令选择对象时，只能用点选的方式进行选择，且每次只能选择一个对象进行偏移。因此在对多边形或多条折线组成的图形进行偏移时，必须使用多边形、矩形或多段线绘图命令生成，因为它们生成的图形被视为单个对象。

从 AutoCAD 2008 增加了多重偏移功能，在偏移命令提示“指定要偏移的那一侧上的点，或[退出(E)/多个(M)/放弃(U)]＜退出＞”时，输入 m，可以以同样的距离一次偏移出多个对象。

注意：如果矩形、折线使用【矩形】命令和【多段线】命令绘制，偏移的效果与用【直线】命令绘制偏移效果会不一样，用户可以自行练习。

5.4　阵　　列

在绘制工程图样时，经常遇到布局规则的各种图形，例如机件零件图中法兰盘上孔的分布、装配图中多个标准件的配合。当它们成矩形或环形阵列布局时，AutoCAD 向用户提供了快速进行矩形或环形阵列复制的命令，即【阵列】命令。启动【阵列】命令的方法如下：

（1）下拉菜单：【修改】—【阵列】。

（2）工具栏或面板选项板：。

（3）命令行：array。

（4）快捷命令：ar。

启动【阵列】命令后，屏幕弹出如图5-6所示的【阵列】对话框。阵列分为【矩形阵列】和【环形阵列】两种。

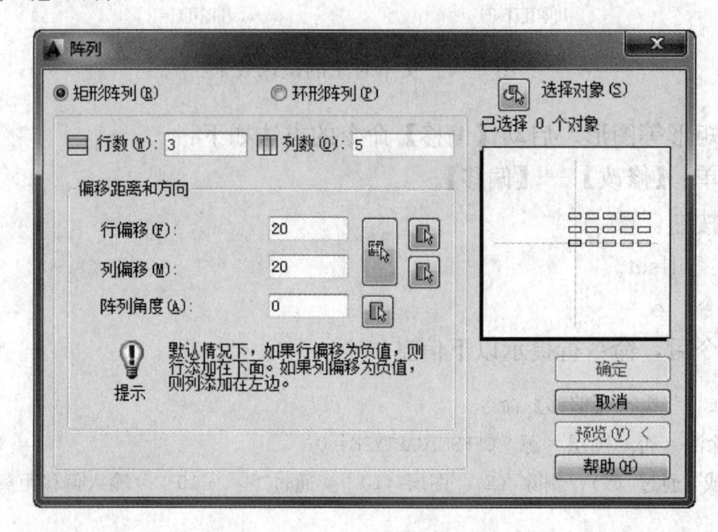

图5-6 【阵列】对话框

5.4.1 矩形阵列

在【阵列】对话框中选择【矩形阵列】选框，如图5-6所示。对话框中的【行】和【列】的编辑框中需要填写矩形阵列的行数和列数。在【偏移距离和方向】选区分别填写行偏移距离、列偏移距离和阵列偏移角度，它们的数值也可以利用按钮通过鼠标在屏幕上单击来确定。

单击【选择对象】左侧的按钮，【阵列】对话框暂时消失，十字光标变为拾取框，开始选择要阵列的对象，对象选择结束时单击右键，【阵列】对话框重新出现，单击 确定 按钮完成【矩形阵列】。

注意：在阵列对话框选区的下方有对偏移距离正负的规定，即当行偏移为正值时，往上偏移；当列偏移的值为正值时，往右偏移。而行偏移为负值，则将行添加在下面；列偏移为负值，则将列添加在左边。

【例5-3】 利用【矩形阵列】命令完成图5-7所示图形。

操作步骤：

（1）单击【修改】工具栏中的【阵列】按钮，弹出【阵列】对话框，如图5-6所示。

（2）选取【矩形阵列】单选按钮 矩形阵列(R)。

（3）选取【选择对象】按钮，选择阵列对象（见图5-7）阵列中的右上角一个矩形图形。

（4）在【行数】文本框中输入行数4。

（5）在【列数】文本框中输入列数4。

（6）在【行偏移】文本框中输入行数30。

（7）在【列偏移】文本框中输入列数30。

（8）单击【确定】按钮，即可形成矩形阵列。

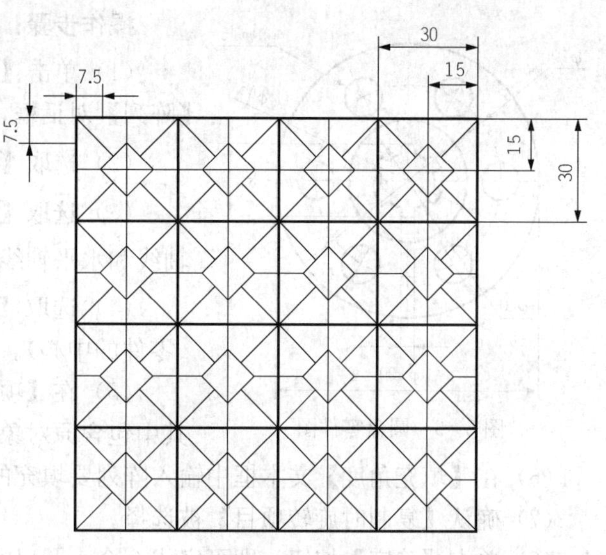

图5-7　矩形阵列

5.4.2　环形阵列

如果在【阵列】对话框中选择【环形阵列】选框，则对话框中的内容会有所改变，如图5-8所示。在【中心点】的【X】【Y】编辑框中填写环形阵列中心点的X、Y坐标（也可以利用按钮通过鼠标在屏幕上单击确定）。在【方法和值】选区单击【方法】下拉列表，有“项目总数和填充角度”“项目总数和项目间的角度”“填充角度和项目间的角度”3个选项。选择其中一个选项后，该选区下方的相应编辑框亮显，填写相应的编辑框以确定环形阵列的复制个数和阵列范围。同样在选区的下方有对填充角度正负的规定，即正值为逆时针旋转，负值为顺时针旋转。选择要环形阵列的对象时，单击【选择对象】左侧的按钮，【阵列】对话框暂时消失，十字光标变为拾取框，选择对象并在对象选择结束时单击右键，【阵列】对话框重新出现。单击确定按钮完成【环形阵列】。

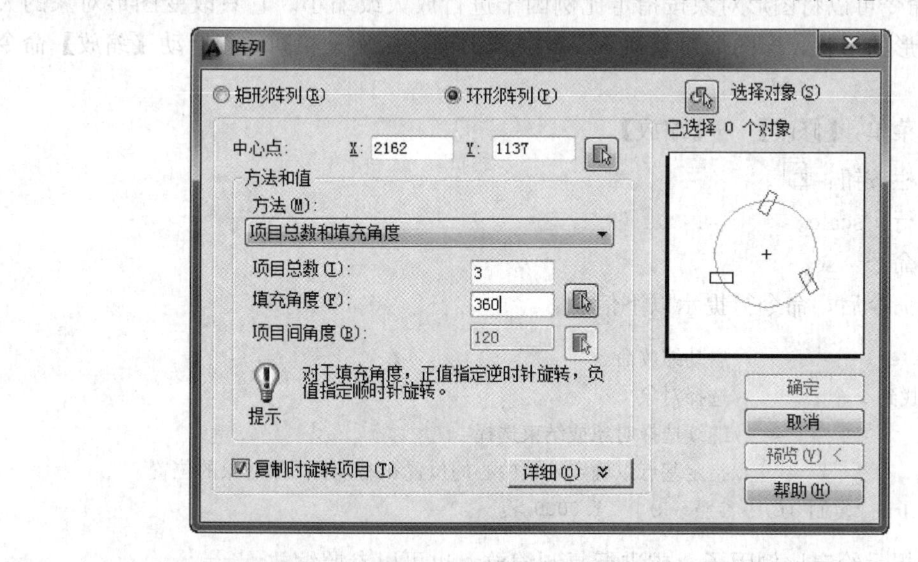

图5-8　【环形阵列】对话框

【例5-4】　利用【环形阵列】命令完成如图5-9所示圆盘零件图。

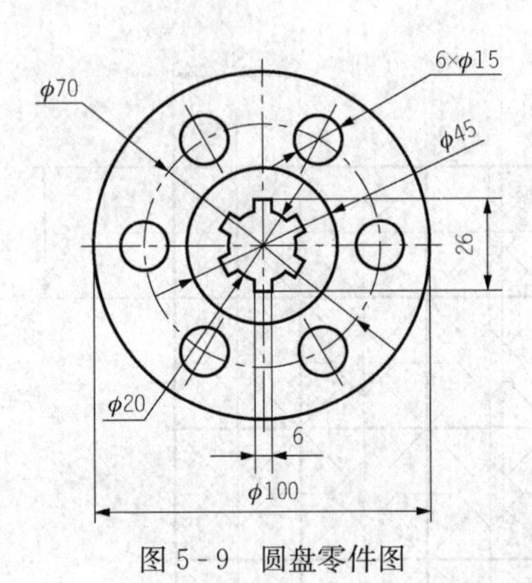

图 5-9 圆盘零件图

操作步骤：

（1）单击【修改】工具栏的【阵列】按钮，弹出【阵列】对话框，如图 5-8 所示。

（2）选取【环形阵列】单选按钮 环形阵列(P)。

（3）选取【选择对象】按钮，选择图 5-9 中水平轴线和水平轴线上的 1 个ϕ15 小圆。

（4）选取【中心点】按钮，指定阵列的中心点（零件的中心）。

（5）在【项目总数】文本框中输入阵列项目总数 6，其中包含原对象。

（6）在【填充角度】文本框中输入阵列要填充的角度，使用缺省值 360°。

（7）确认【复制时旋转项目】被选择。

（8）单击【确定】按钮，即可完成 6 个小圆以及小圆定位线的环形阵列。

（9）同理，再次操作【环形阵列】，选取竖直方向的一个键槽，完成 6 个键槽的环形阵列。

环形阵列对话框左下角的【复制时旋转项目】复选框对阵列效果也有影响，是否勾选该复选框阵列效果是不同的，用户可以自行试验。

5.5 缩　　放

【缩放】命令可以将图形对象按指定比例因子进行放大或缩小。它只改变图形对象的大小而不改变图形的形状，即图形对象在 X、Y 方向的缩放比例是相同的。启动【缩放】命令的方法如下：

（1）下拉菜单：【修改】—【缩放】。

（2）工具栏按钮：。

（3）命令行：scale。

（4）快捷命令：sc。

执行上述命令后，命令行提示以下信息：

```
命令：_scale            //启动缩放命令
选择对象：找到 1 个      //选择对象
选择对象：              //继续选择对象或结束选择
指定基点：              //指定基点以确定缩放中心的位置和缩放后图形对象的位置
指定比例因子或[复制（C）/参照（R）]<1.0000>：
```

然后根据提示给定比例因子，或进行复制缩放，也可以参照缩放。

5.5.1 比例缩放

比例缩放就是在命令行提示“指定比例因子或[复制（C）/参照（R）]<1.0000>：”

时，直接输入已知的比例因子。比例因子大于1时，图形放大；小于1时，图形缩小。这种方法适用于比例因子已知的情况。

【例5-5】 使用【缩放】命令将如图5-10所示的图形放大2倍。

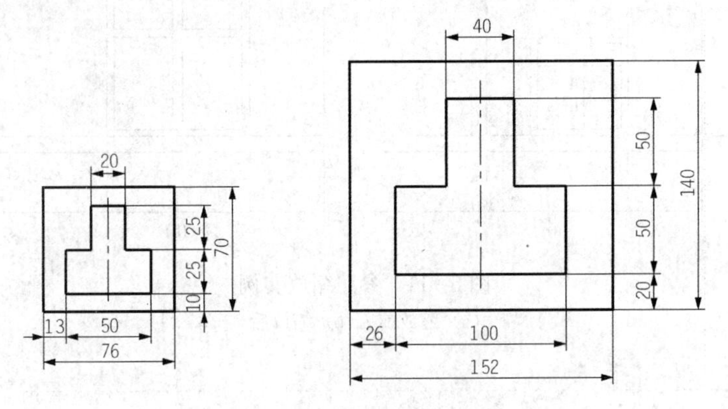

图5-10　比例缩放实例

操作步骤：

(1) 单击【修改】工具栏的【缩放】按钮，启动【缩放】命令。

(2) 选取整个图形为对象，回车结束对象选择。

(3) 指定左下角点为基点。

(4) 输入比例因子2，回车。即可图形放大2倍。

复制缩放就是在命令行提示“指定比例因子或［复制（C）/参照（R）］＜1.0000＞：”时，输入c，然后再输入比例因子或参照缩放，就会再原有对象仍然存在不变的情况下，再产生一个新的缩放后的对象。

5.5.2　参照缩放

如果用户不能事先确定缩放比例，只知道缩放后的尺寸或缩放前后的尺寸都不知道，可以使用参照缩放使图形对象缩放后与图中某一边对齐。

【例5-6】 使用【缩放】命令将如图5-11（a）所示窗户的AB边放大到与窗洞口的AC边重合。

操作步骤：

(1) 单击【修改】工具栏中的【缩放】按钮，启动【缩放】命令。

(2) 选择整个窗图形为缩放对象，回车结束对象选择。

(3) 指定基点A点，回车。

(4) 选择“参照”选项：输入r。

(5) 先捕捉A点，再捕捉B点。

(6) 输入缩放后的长度1500，回车。结果如图5-11（b）所示（如果不知道长度可以捕捉C点）。

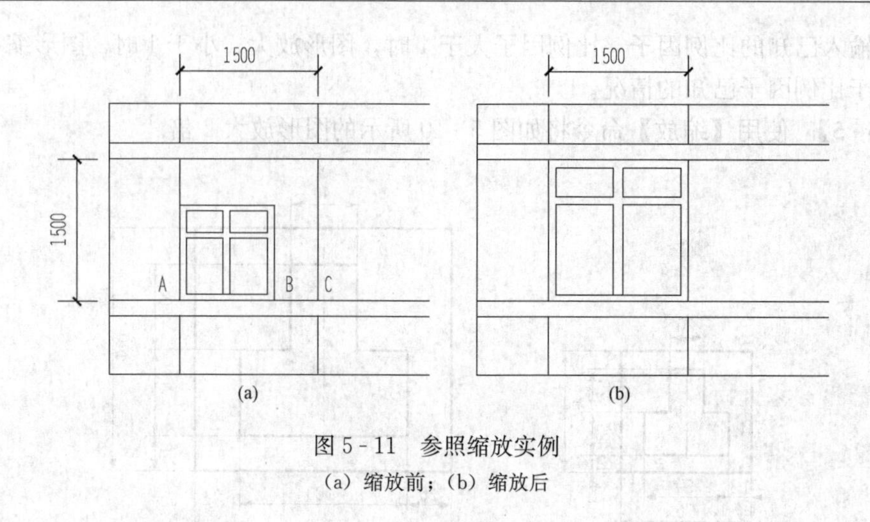

图 5-11 参照缩放实例

(a) 缩放前；(b) 缩放后

缩放与视图缩放不同。视图缩放只是改变图形对象在屏幕上的显示大小，并不改变图形本身的尺寸；缩放将改变图形本身的尺寸。

5.6 修剪与延伸

5.6.1 修剪

【修剪】命令可以准确地剪切掉选定对象的超出指定边界的部分，这个边界称为剪切边。启动【修剪】命令的方法如下：

(1) 下拉菜单：【修改】—【修剪】。

(2) 工具栏按钮：。

(3) 命令行：trim。

(4) 快捷命令：tr。

执行【修剪】命令后，命令行提示以下信息：

命令：_trim

当前设置：投影 = UCS，边 = 无

选择剪切边...

选择对象或 <全部选择>： 找到 1 个 //选择剪切边

选择对象： //继续选择剪切边或回车结束选择

选择要修剪的对象，或按住 Shift 键选择要延伸的对象，或 [栏选 (F) /窗交 (C) /投影 (P) /边 (E) /删除 (R) /放弃 (U)]：

//选择需要修剪的对象，选择对象的同时执行【修剪】命令

选择要修剪的对象，或按住 Shift 键选择要延伸的对象，或 [栏选 (F) /窗交 (C) /投影 (P) /边 (E) /删除 (R) /放弃 (U)]：

//继续选择要修剪的对象，或回车结束命令

执行【修剪】命令的过程中，需要用户选择两种对象。首先选择作为剪切边的对象，可

以使用任何对象选择方式来选择；继而选择需要修剪的对象，这时要选择被剪切对象需要剪掉的一侧。

命令行出现的“选择要修剪的对象，或按住 Shift 键选择要延伸的对象，或［栏选（F）/窗交（C）/投影（P）/边（E）/删除（R）/放弃（U）］:”提示中其余选项的含义如下。

（1）“按住 Shift 键选择要延伸的对象”的含义是在上述命令行的提示下，按住 Shift 键单击选择的对象，可以将该对象延伸到指定的边界，即由【修剪】命令切换到【延伸】命令。

（2）“栏选（F）”的含义是可以采用栏选的方式选择被剪切对象。

（3）“窗交（C）”的含义是可以采用窗交的选择方式选择被剪切对象，选择完成立即执行修剪命令。

（4）“投影（P）”的含义是可以设置 AutoCAD 系统在选择修剪对象时使用哪种投影模式。在上述命令行的提示下，输入 p 回车，命令行提示以下信息：

输入投影选项［无（N）/UCS（U）/视图（V）］<UCS>：

其中，“无（N）”表示 AutoCAD 系统是在三维空间进行无投影修剪，即只修剪在三维空间中与剪切边相交的对象；“UCS（U）”表示在当前的用户坐标系 XY 平面进行二维修剪，即 XY 平面上的二维对象以及空间三维对象在 XY 平面上的投影，都可以进行修剪，不管空间是否相交，该项为系统默认选项；“视图（V）”表示在当前视图平面进行二维修剪。

（5）“边（E）”表示当修剪对象与剪切边没有相交形成交点时，使用上述【修剪】命令不能对其进行修剪。这时可以使用该选项对没有交点（但延长线相交）的对象进行隐含修剪设置。在上述命令行的提示下，输入 e 回车，命令行提示以下信息：

输入隐含边延伸模式［延伸（E）/不延伸（N）］<不延伸>：

其中“不延伸（N）”表示不能进行隐含修剪，该项为系统默认选项；“延伸（E）”表示可以进行隐含修剪。

（6）“删除（R）”表示切换到删除命令，继续选择的对象将被整体删除。

（7）“放弃（U）”表示取消最后一次修剪操作。

【例 5-7】 使用【修剪】命令将图 5-12 所示图形修改成图 5-13 所示的标题栏。

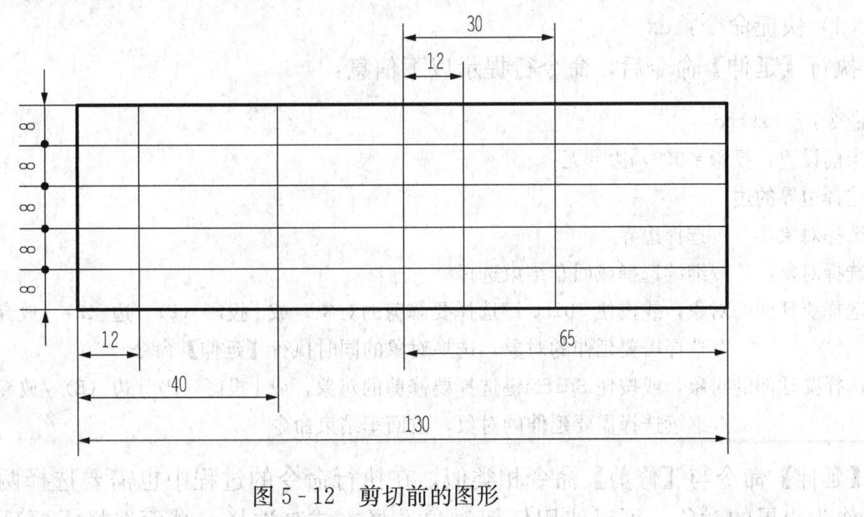

图 5-12　剪切前的图形

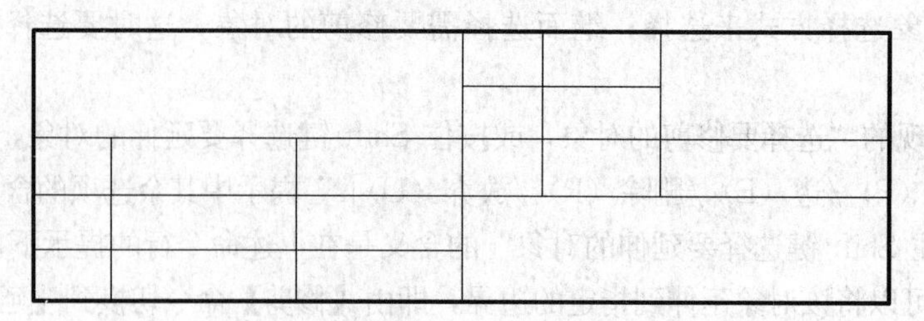

图5-13 修剪后的标题栏

操作步骤：

（1）单击【修改】工具栏中的【修剪】按钮，启动【修剪】命令。

（2）选择剪切边，点取图5-14被选中的4条直线作为剪切边界，回车结束边界选择。

（3）选择要修剪的对象，点取图5-14中带×号的部分，即要剪切掉的直线部分，回车结束剪切命令。

（4）绘图结果如图5-13所示。

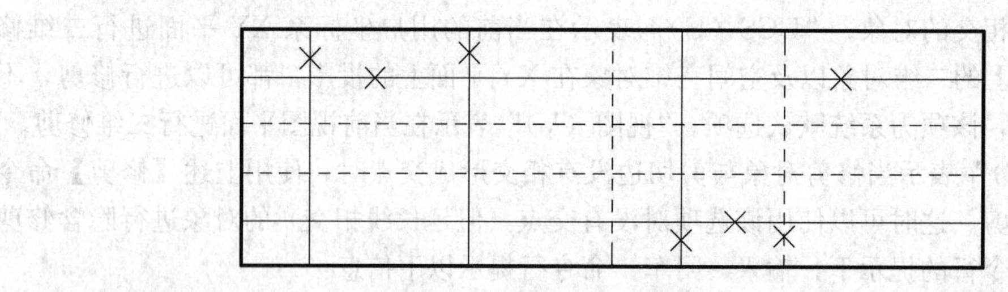

图5-14 修剪边界与被修剪对象的选择

5.6.2 延伸

【延伸】命令可以将图形对象延长到指定的边界。启动【延伸】命令的方法如下：

（1）下拉菜单：【修改】—【延伸】。

（2）工具栏按钮：。

（3）命令行：extend。

（4）快捷命令：ex。

执行【延伸】命令后，命令行提示以下信息：

```
命令：_ extend
当前设置：投影 = UCS，边 = 无
选择边界的边...
选择对象：  //选择边界
选择对象：  //继续选择或回车结束选择
选择要延伸的对象，或按住 Shift 键选择要修剪的对象，或[投影（P）/边（E）/放弃（U）]：
            //选择需要延伸的对象，选择对象的同时执行【延伸】命令
选择要延伸的对象，或按住 Shift 键选择要修剪的对象，或[投影（P）/边（E）/放弃（U）]：
            //继续选择需要延伸的对象，或回车结束命令
```

【延伸】命令与【修剪】命令相类似，在执行命令的过程中也需要选择两种对象。首先选择作为边界的对象，可以使用任何对象选择方式来选择；继而选择需要延伸的对象，同

样，这时也只能使用点选和栏选两种方式选择对象。

命令行出现的“选择要延伸的对象，或按住 Shift 键选择要修剪的对象，或［投影(P)/边(E)/放弃(U)］:”提示中的各选项含义与【修剪】命令相类似。

5.7 拉伸与拉长

5.7.1 拉伸

【拉伸】命令可以拉伸对象中选定的部分，没有选定的部分保持不变。启动【拉伸】命令的方法如下：

(1) 下拉菜单：【修改】—【拉伸】。

(2) 工具栏按钮板：

(3) 命令行：stretch。

(4) 快捷命令：s。

在选择拉伸对象时，只能使用交叉窗口或交叉多边形的方式选择对象。包含在选择窗口内的所有点都可以移动，在选择窗口外的点保持不动。

【例5-8】 使用【拉伸】命令将图5-15(a)中散热板的散热槽由P点拉伸到R点。

操作步骤：

(1) 单击【修改】工具栏的【拉伸】按钮，启动【拉伸】命令。

(2) 用交叉窗口选择(1、2)确定拉伸对象，如图5-15(b)所示。

(3) 指定拉伸的基点(点P)和位移量(线段PR)，如图5-15(c)所示。拉伸结果如图5-15(d)所示。

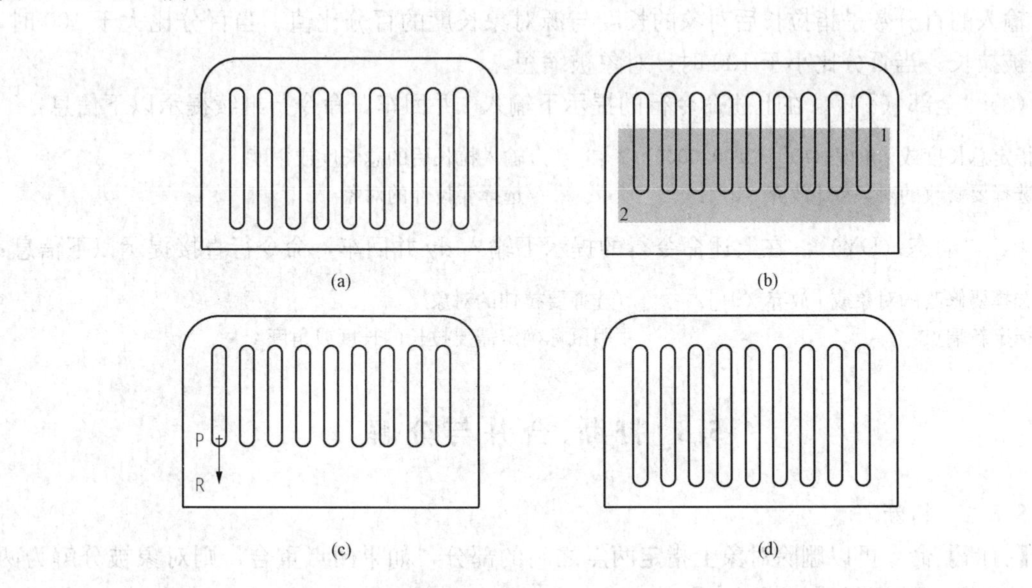

图5-15　散热板的散热槽拉伸

(a) 原图；(b) 以“C”方式选目标；(c) 定基点P和第二点R；(d) 结果

选择对象时，只能选择图形对象的一部分，当对象全部位于选择窗口内时（即全部选中），此时【拉伸】命令等同于【移动】命令。应注意圆、文本、图块等对象不能被拉伸。

5.7.2 拉长

【拉长】命令用来改变直线的长度及弧线的长度和角度。启动【拉长】命令的方法如下：

（1）下拉菜单：【修改】—【拉长】。

（2）命令行：lengthen。

（3）快捷命令：len。

执行上述命令后，命令行提示以下信息：

命令：_ lengthen
选择对象或［增量（DE）/百分数（P）/全部（T）/动态（DY）］：

确定拉伸长度的方法有4种，下面简单介绍各选项的含义。

（1）“增量（ED）”。在上述命令行的提示下输入de并回车，命令行继续提示以下信息：

输入长度增量或［角度（A）］<50.0000>： //输入长度增量或角度增量
选择要修改的对象或［放弃（U）］： //选择要拉伸的对象

（2）“百分数（P）”。在上述命令行的提示下输入p并回车，命令行继续提示以下信息：

输入长度百分数 <100.0000>： //输入一个百分数
选择要修改的对象或［放弃（U）］： //选择要拉伸的对象

输入的百分数是指拉长后对象的长度与源对象长度的百分比值。当百分比大于100时，对象被拉长；当百分比小于100时，对象被缩短。

（3）“全部（T）”。在上述命令行的提示下输入t并回车，命令行继续提示以下信息：

指定总长度或［角度（A）］<100.0000）>： //输入拉长后的总长度或角度
选择要修改的对象或［放弃（U）］： //选择要拉伸的对象

（4）“动态（DY）”。在上述命令行的提示下输入dy并回车，命令行直接提示以下信息：

选择要修改的对象或［放弃（U）］： //选择要拉伸的对象
指定新端点： //用鼠标确定需要拉长的长度或角度

5.8 打断、合并与分解

5.8.1 打断

【打断】命令可以删除对象上指定两点之间的部分，如果两点重合，则对象被分解为两个实体对象，相当于【打断于点】的命令。

启动【打断】命令的方法如下：

（1）下拉菜单：【修改】—【打断】。

（2）工具栏按钮：（打断）、（打断于点）。

(3) 命令行：break。

(4) 快捷命令：br。

执行上述命令后，命令行提示以下信息：

命令：_ break 选择对象： //选择对象
指定第二个打断点 或 [第一点 (F)]：

指定打断点有两种方法：

(1) 在命令行提示"指定第二个打断点 或 [第一点 (F)]："时，直接指定一点。此时系统会把该点作为第二个打断点，选择对象时的拾取点作为第一个打断点。

(2) 在命令行提示"指定第二个打断点 或 [第一点 (F)]："时，输入 f 回车。命令行继续给出如下的提示，根据提示重新指定第一个和第二个打断点。

指定第一个打断点： //指定第一个打断点
指定第二个打断点： //指定第一个打断点

【例 5-9】 使用【打断】命令将图 5-16 (a) 修改为 (b)。

操作步骤：

(1) 单击【修改】工具栏的【打断】按钮，启动【打断】命令。

(2) 选择圆作为打断对象。

(3) 输入 f 选项，捕捉第一个点 A 和捕捉第二个 B 点。

这里要注意的是，A 点和 B 点选择顺序不一样，对圆来讲，打断效果就不一样。如果先选 B 点作为第一点，A 点作为第二点，效果如图 5-17 所示，即圆的打断总是按逆时针方向进行的。

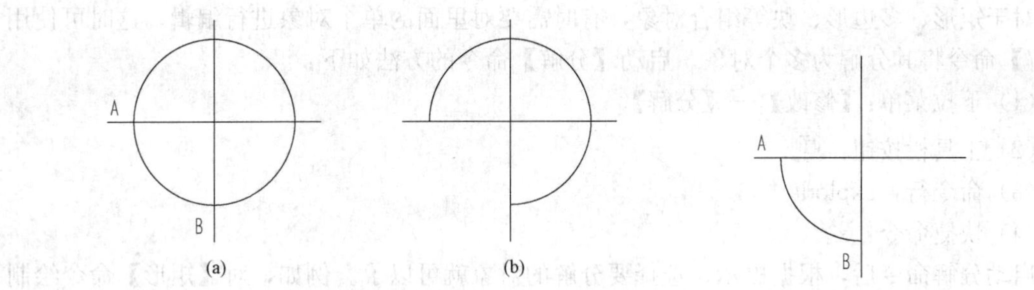

图 5-16 【打断】命令的使用

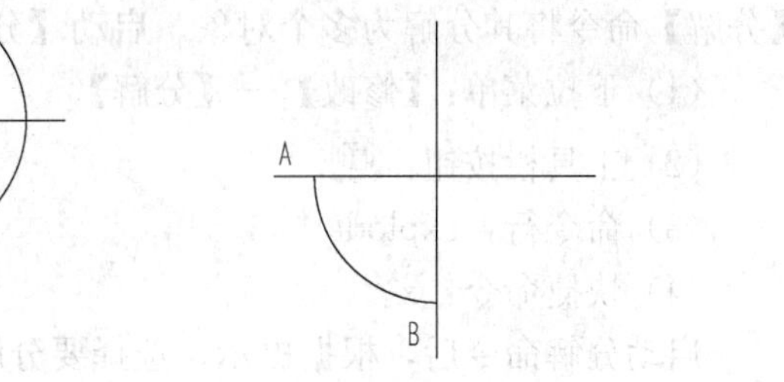

图 5-17 打断的不同效果

当两个打断点重合时，对象被分解为两个对象，与【打断于点】命令等效。

5.8.2 合并

【合并】命令可以将某一图形上的两个部分进行连接，或某段圆弧闭合为整圆。如将位于同一直线上的两条直线段进行接合。

启动【合并】命令的方法如下：

(1) 下拉菜单：【修改】—【合并】。

(2) 工具栏按钮：。

(3) 命令行：join。

命令行提示以下信息：

命令：_join 选择源对象：

这时选择要合并的某一对象，按照提示进行进一步操作。

【例5-10】 将图5-18（a）所示两段圆弧分别合并成图5-18（b）～图5-18（d）所示图形。

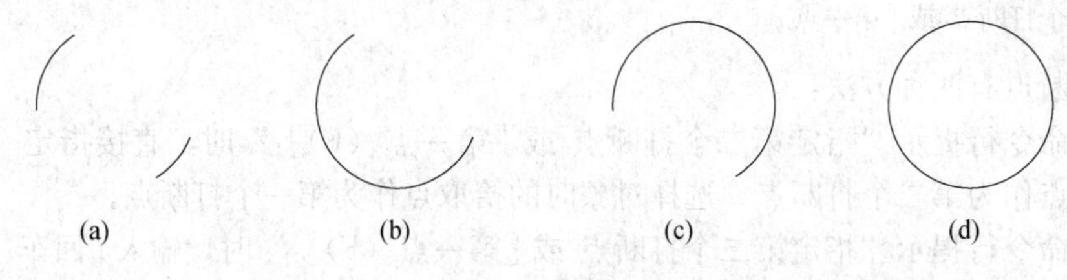

图5-18　圆弧的合并

操作步骤：

（1）单击【修改】工具栏的【合并】按钮，启动【合并】命令。

（2）选择源对象，即选择左上角圆弧。

（3）选择要合并到源的圆弧，即选择右下角圆弧，回车结束选择，已将一个圆弧合并到源。

以上操作，得到的图形效果如图5-18（b）所示。如果在选择对象过程中，先选择右下角圆弧作为源，再选择左上角圆弧，合并效果如图5-18（c）所示。如果在命令行提示“选择圆弧，以合并到源或进行[闭合（L）]：”时，直接输入l回车，则圆弧将闭合为圆，如图5-18（d）所示。

5.8.3　分解

对于矩形、多边形、块等组合对象，有时需要对里面的单个对象进行编辑，这时可使用【分解】命令将其分解为多个对象。启动【分解】命令的方法如下：

（1）下拉菜单：【修改】—【分解】。

（2）工具栏按钮：。

（3）命令行：explode。

（4）快捷命令：x。

启动分解命令后，根据提示，选择要分解的对象就可以了。例如，对【矩形】命令绘制的一个矩形执行【分解】命令后，矩形由原来的一个整体对象分解为组成它的4个直线对象。

5.9　倒角与圆角

5.9.1　倒角

【倒角】命令是为两个不平行的对象的边加倒角，可以用于【倒角】命令的对象有：直线、多段线、构造线、射线。启动【倒角】命令的方法如下：

（1）下拉菜单：【修改】—【倒角】。

（2）工具栏按钮：。

（3）命令行：chamfer。

(4) 快捷命令：cha。

启动该命令后，命令行提示以下信息：

命令：_ chamfer
(“修剪”模式) 当前倒角距离 1 = 0.0000，距离 2 = 0.0000　//当前倒角模式
选择第一条直线或[放弃 (U) /多段线 (P) /距离 (D) /角度 (A) /修剪 (T) /方式 (E) /多个 (M)]:
　　//选择要进行倒角的直线或其他选项。

命令行出现的“选择第一条直线或[放弃（U）/多段线（P）/距离（D）/角度（A）/修剪（T）/方式（E）/多个（M)]:”提示中各选项含义如下。

(1)“放弃（U)”表示放弃倒角操作。

(2)“多段线（P)”表示该选项可以对整个多段线全部执行【倒角】命令。在上述命令行的提示下，输入 p 回车，命令行提示以下信息：

选择二维多段线：　//选择对象

在选择对象时，除了可以选择利用【多段线】命令绘制的图形对象，还可以选择【矩形】命令、【正多边形】命令绘制的图形对象。

(3)“距离（D)”表示可以改变或指定倒角的两个距离。

(4)“角度（A)”表示在上述命令行的提示下，输入 a 回车，命令行提示以下信息：

指定第一条直线的倒角长度＜0.0000＞：　//给定倒角的一个距离
指定第一条直线的倒角角度＜0＞：　//给定倒角倾斜角度
选择第一条直线或[放弃 (U) /多段线 (P) /距离 (D) /角度 (A) /修剪 (T) /方式 (E) /多个 (M)]:
选择第二条直线：

“角度”选项要求用户通过输入第一个倒角长度和倒角的角度来确定倒角的大小。

(5)“修剪（T)”表示该选项用来设置执行【倒角】命令时是否使用修剪模式。在上述命令行的提示下，输入 t 回车，命令行提示以下信息：

输入修剪模式选项[修剪 (T) /不修剪 (N)]＜修剪＞：

在执行【倒角】命令的开始，命令行会显示系统当前采用的修剪模式。图 5-19 为是否使用修剪模式的效果对比。

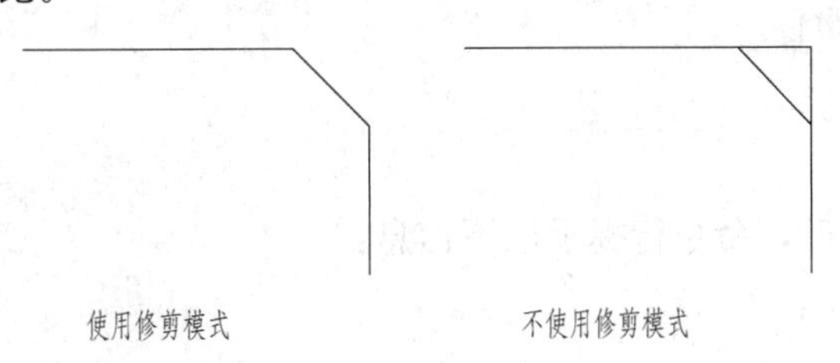

图 5-19　是否使用修剪模式效果对比

(6)“方式（E)”表示在上述命令行的提示下，输入 e 回车，命令行会有以下的提示，根据提示选择相应选项来确定倒角的方式：

输入修剪方法[距离 (D) /角度 (A)]＜距离＞：

(7)“多个（M)”表示选择改选项可以连续进行多次倒角处理，当然这些倒角的大小是

一致的。

【例 5-11】 使用【倒角】命令将 100×100 矩形右上角形成 40×30 的倒角，如图 5-20 所示。

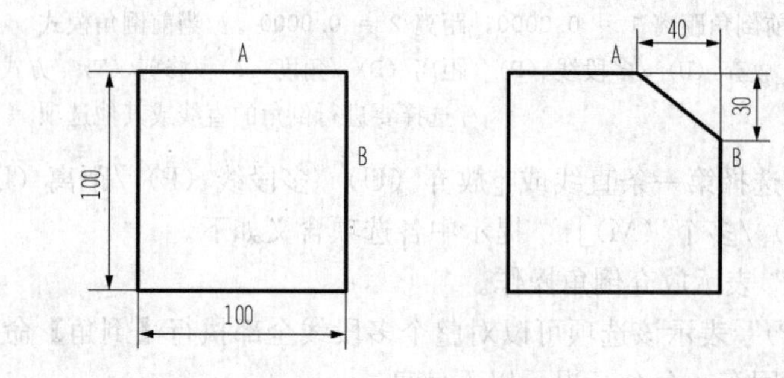

图 5-20 给矩形倒角

操作步骤：

(1) 单击【修改】工具栏的【倒角】按钮，启动【倒角】命令。

(2) 输入 d 选择“距离”选项，回车。

(3) 输入第一个倒角距离 40，输入第二个倒角距离 30。

(4) 选择第一条直线，在 A 点拾取直线；选择第二条直线，在 B 点拾取直线。完成矩形右上角倒角。

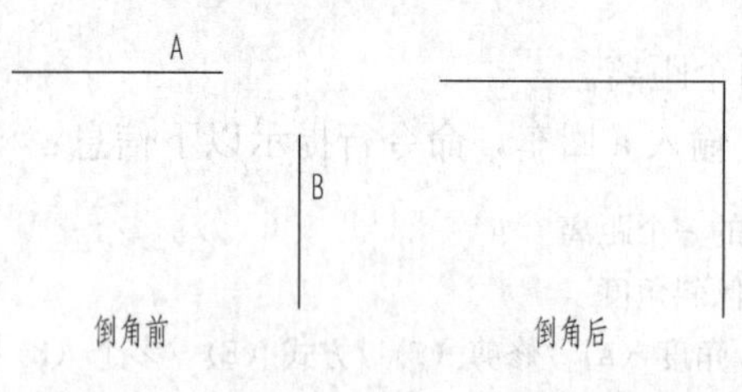

图 5-21 倒角距离为 0 的倒角效果

当两个倒角距离都为 0 时，对于两个相交的对象不会有倒角效果；对于不相交的两个对象，系统会将两个对象延伸至相交，如图 5-21 所示。

5.9.2 圆角

【圆角】命令可以用指定半径的圆弧将两个对象光滑地连接起来。可以用于【圆角】命令的对象有直线、多段线、构造线、射线。启动【圆角】命令的方法如下：

(1) 下拉菜单：【修改】—【圆角】。

(2) 工具栏按钮：。

(3) 命令行：fillet。

(4) 快捷命令：f。

执行【圆角】命令后，命令行提示以下信息：

```
命令：_ fillet
当前设置：模式 = 修剪，半径 = 0.0000 //显示系统当前的模式和圆角半径
选择第一个对象或[放弃 (U) /多段线 (P) /半径 (R) /修剪 (T) /多个 (M)]:
```

其中各选项的含义如下：

(1)“放弃 (U)”表示放弃圆角操作。

(2)“多段线 (P)”表示该选项可以对整个多段线全部执行【圆角】命令。在上述命令行的提示下，输入 p 回车，命令行提示以下信息：

选择二维多段线：　//选择二维多段线

(3)“半径(R)”表示在执行【圆角】命令的开始，命令行会显示系统当前的圆角半径，如果对半径值不满意，可以在上述命令行的提示下，输入r回车，重新输入需要的半径值。

(4)“修剪(T)”表示用来设置执行【圆角】命令时是否使用修剪模式。其使用效果与【倒角】命令相似。

(5)“多个(M)”表示可以连续进行多次圆角处理，且每次都采用相同的圆角半径。

【例5-12】 使用【圆角】命令完成两个圆弧的连接，如图5-22所示，连接圆弧的半径分别为30和25。

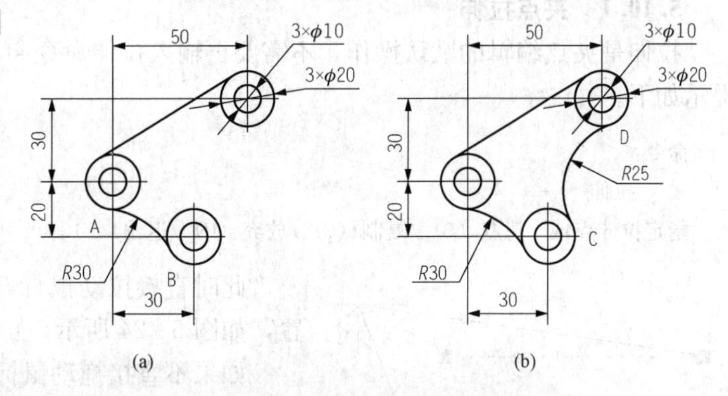

图5-22 【圆角】命令的使用

(a) 连接前；(b) 连接后

操作步骤：

(1) 单击【修改】工具栏中的【圆角】按钮，启动【圆角】命令。

(2) 输入r回车，重新指定圆角半径。

(3) 输入圆角半径30。

(4) 选择第一个对象，在A点拾取直线；选择第二个对象，在B点拾取直线，完成*R*30圆角绘制。

(5) 再次执行【圆角】命令。

(6) 输入r回车，重新指定圆角半径。

(7) 输入圆角半径25。

(8) 选择第一个对象，在C点拾取圆弧；选择第二个对象，在D点拾取直线，结果如图5-22(b)所示

5.10 夹点编辑

如果在未启动命令的情况下，单击选中某图形对象，那么被选中的图形对象就会以虚线显示，而且被选中图形的特征点（如端点、圆心、象限点等）将显示为蓝色的小方框，如图5-23所示。这样的小方框被称为夹点。

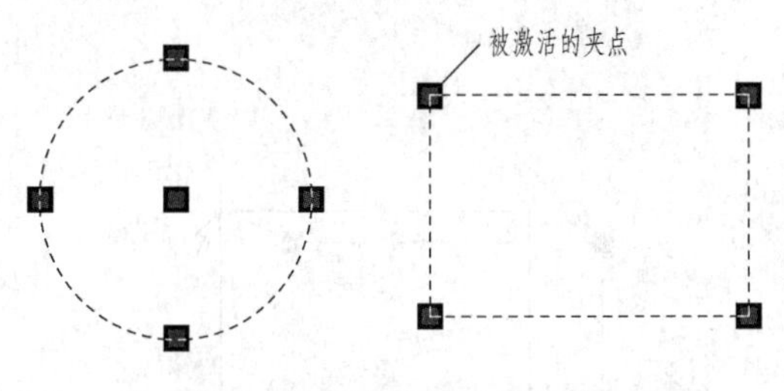

图5-23 夹点的显示状态

夹点有两种状态：未激活状态和被激活状态。如图5-23所示，选择某图形对象后出现的蓝色小方框，就是未激活状态的夹点。如果单击某个未激活夹点，该夹点就被激活，以红色小方框显示，这种处于被激活状态的夹点又称为热夹点，以被激活的夹点为基点，可以对图形对象执行拉伸、平移、拷贝、缩放和镜像等基本修改操作。

使用夹点编辑功能，可以对图形对象进行各种不同类型的修改操作。其基本的操作步骤是“先选择，后操作”，分为以下三步。

(1) 在不输入命令的情况下，单击选择对象，使其出现夹点。

(2) 单击某个夹点，使其被激活，成为热夹点。

(3) 根据需要在命令行输入拉伸（st）、移动（mo）、复制（co）、缩放（sc）、镜像（mi）等基本操作命令的缩写，执行相应的操作。

5.10.1 夹点拉伸

拉伸是夹点编辑的默认操作，不需要再输入拉伸命令 st。当激活某个夹点以后，命令行提示如下。

```
命令：
＊＊ 拉伸 ＊＊
指定拉伸点或［基点（B）/复制（C）/放弃（U）/退出（X）］：
```

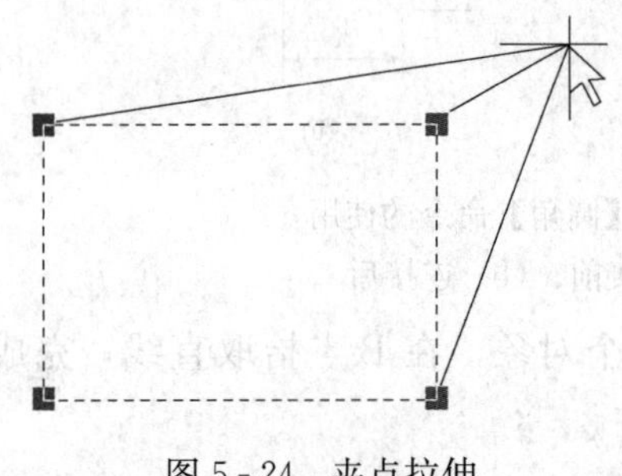

图 5-24 夹点拉伸

此时直接拉动鼠标，就可以将热夹点拉伸到需要位置，如图 5-24 所示。

如果不直接拖动鼠标，还可以选择中括号中的选项：

(1) “基点（B）”表示选择其他点为拉伸的基点，而不是以选中的夹点为基准点。

(2) “复制（C）”表示可以对某个夹点进行连续多次拉伸，而且每拉伸一次，就会在拉伸后的位置上复制留下该图形，如图 5-25 所示。该操作实际上是拉伸和复制两项功能的结合。

5.10.2 夹点平移

激活图形对象上的某个夹点，在命令行输入平移命令的简写 mo，就可以平移该对象。命令行提示如下。

```
命令：
＊＊ 拉伸 ＊＊
指定拉伸点或［基点（B）/复制（C）/放弃（U）/退出（X）］：mo  //输入命令“mo”，切换到移动方式
＊＊ 移动 ＊＊
指定移动点或［基点（B）/复制（C）/放弃（U）/退出（X）］：  //拖动鼠标移动图形，如图 5-26 所
                                                          示，单击鼠标把图形放在合适位置
```

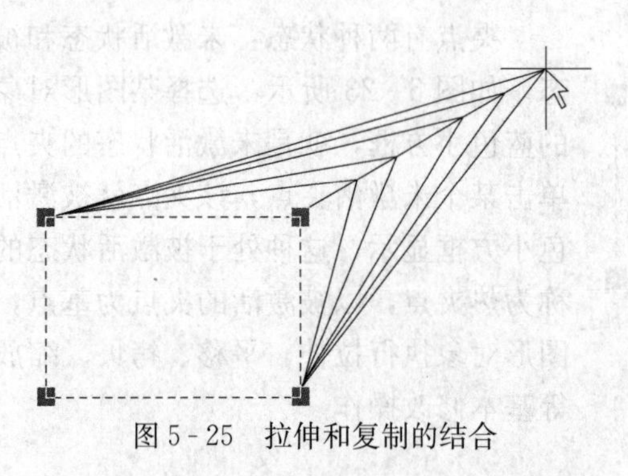

图 5-25 拉伸和复制的结合

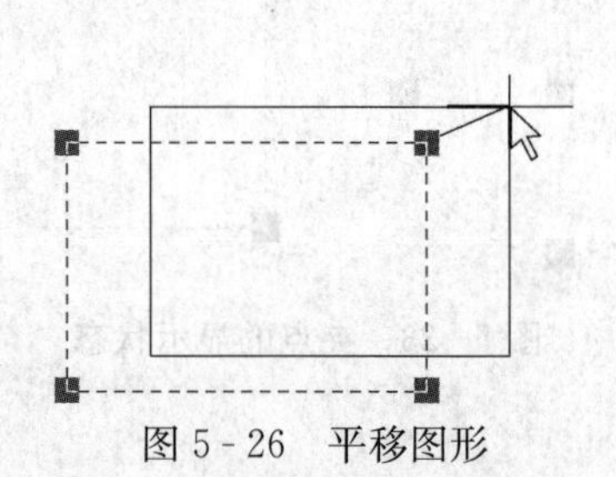

图 5-26 平移图形

如果不直接拖动鼠标，还可以选择中括号中的选项：

(1)“基点 (B)”表示选择其他点为平移的基点，而不是以选中的夹点为基准点。

(2)“复制 (C)”表示可以对某个夹点进行连续多次平移，而且每平移一次，就会在平移后的位置上复制留下该图形。该操作实际上是平移和复制两项功能的结合。

5.10.3　夹点旋转

激活图形对象上的某个夹点，在命令行输入旋转命令的简写 ro，就可以绕着热夹点旋转该对象。命令行提示如下：

命令：
* * 拉伸 * *
指定拉伸点或[基点 (B) /复制 (C) /放弃 (U) /退出 (X)]：ro　//输入命令“ro”，切换到旋转方式
* * 旋转 * *
指定旋转角度或[基点 (B) /复制 (C) /放弃 (U) /参照 (R) /退出 (X)]：　//拖动鼠标旋转图形，如图 5-27 所示，通过单击鼠标或输入角度的办法把图形转到需要位置

如果不直接拖动鼠标，还可以选择中括号中的选项：

(1)“基点 (B)”表示选择其他点为旋转的基点，而不是以选中的夹点为基准点。

(2)“复制 (C)”表示可以绕某个夹点进行连续多次旋转，而且每旋转一次，就会在旋转后的位置上复制留下该图形，如图 5-28 所示。该操作实际上是旋转和复制两项功能的结合。

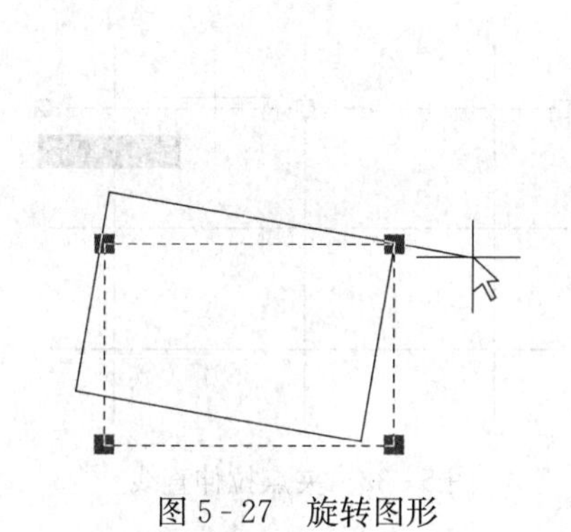

图 5-27　旋转图形

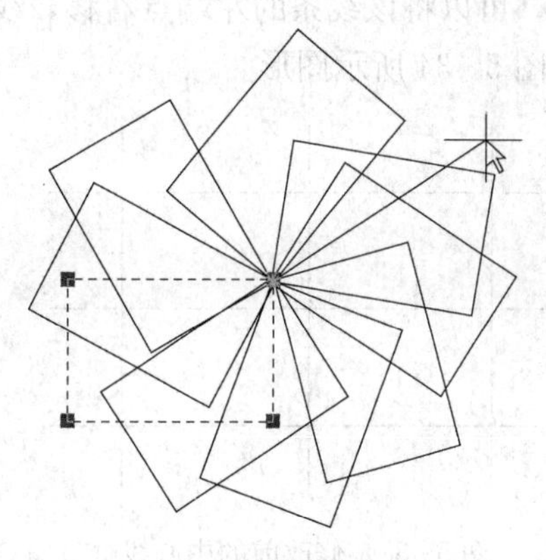

图 5-28　旋转与复制的结合

5.10.4　夹点镜像

激活图形对象的某个夹点，然后在命令行输入镜像命令的简写 mi，可以对图形进行镜像操作。其中热夹点已经被确定为对称轴上的一点，只需要确定另下一点，就可以确定对称轴位置。具体操作方法如下：

命令：
* * 拉伸 * *
指定拉伸点或[基点 (B) /复制 (C) /放弃 (U) /退出 (X)]：mi　//切换到镜像方式
* * 镜像 * *
指定第二点或[基点 (B) /复制 (C) /放弃 (U) /退出 (X)]：　//指定镜像轴的第二点，从而得到镜像图形，如图 5-29 所示

(1)“基点（B)”表示选择其他点为镜像的基点，而不是以选中的夹点为基准点。

(2)“复制（C)”表示可以绕某个夹点进行连续多次镜像，而且每镜像一次，就会在镜像后的位置上复制留下该图形，如图 5-30 所示。该操作实际上是镜像和复制两项功能的结合。

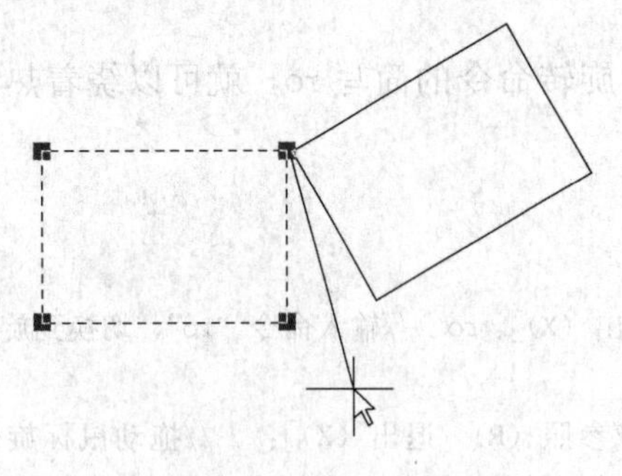

图 5-29　镜像图形

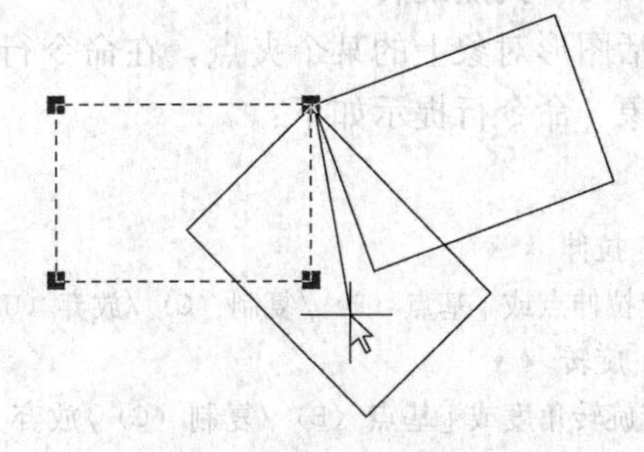

图 5-30　镜像与复制的结合

【例 5-13】 将图 5-31 所示图形用夹点拉伸修改为图 5-34 所示。

操作步骤：

选中上部横向直线，则该直线出现三个夹点，单击右边夹点使其变为热态，如图 5-32 所示；然后将鼠标向左移动，到合适位置单击，则确定出该线条新的右端点。如图 5-33 所示。类似地，可以将该线条的左端点右移，线条变短。其余线条也都可以通过夹点拉伸进行编辑，得到图 5-34 所示图形。

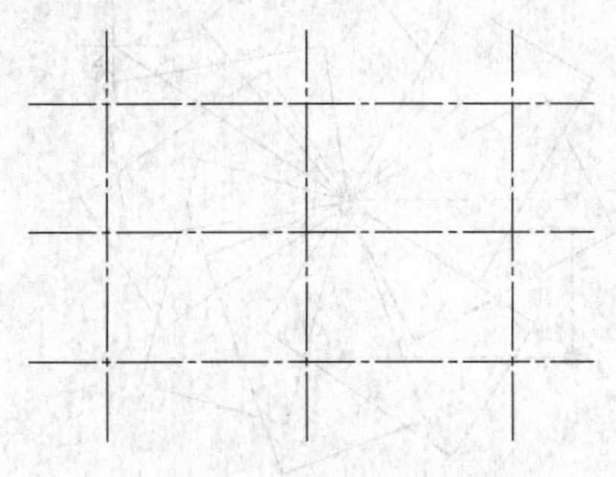

图 5-31　修改前的中心线

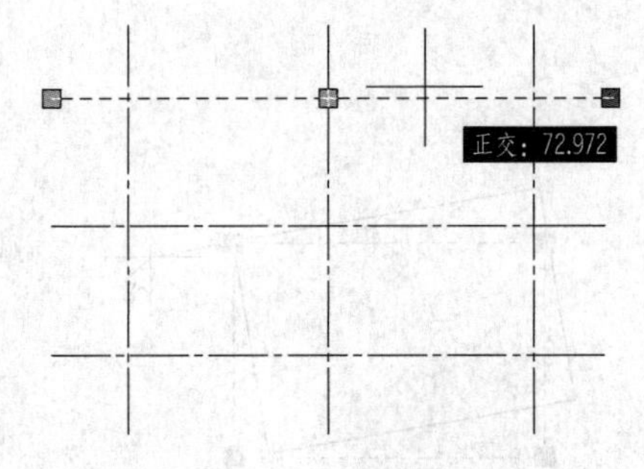

图 5-32　夹点拉伸直线

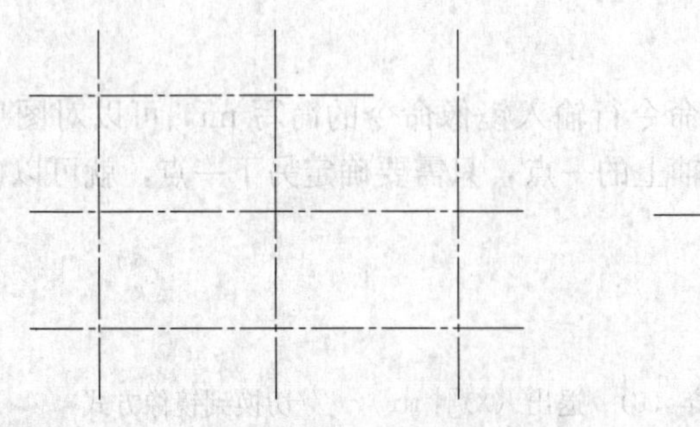

图 5-33　拉伸后的直线

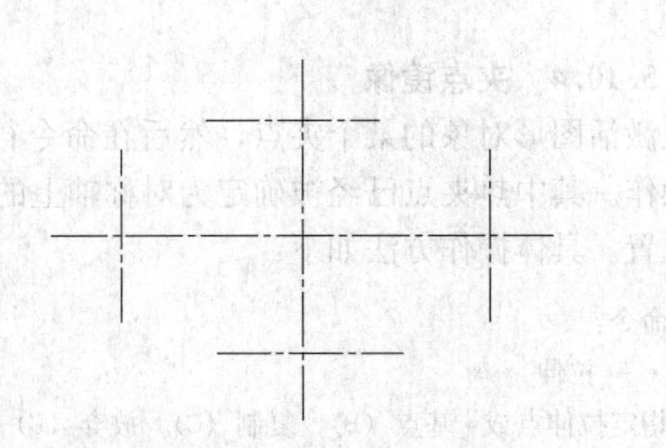

图 5-34　修改后的中心线

使用夹点编辑以后，按Esc键退出夹点状态。

5.11 对 象 特 性

5.11.1 【对象特性】工具栏

利用【对象特性】工具栏，可以快捷地对当前图层上的图形对象的颜色，线型、线宽、打印样式进行设置或修改。【对象特性】工具栏如图5-35所示。

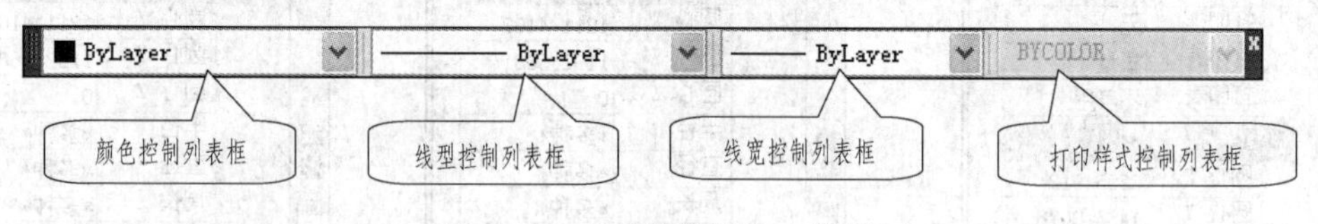

图5-35 【对象特性】工具栏

通常，在【对象特性】工具栏的4个列表框中，均采用随层（Bylayer）控制选项，也就是说，在某一图层绘制图形对象时，图形对象的特性采用该图层设置的特性。利用【对象特性】工具栏可以随时改变当前图形对象的特性，而不使用当前图层的特性。

不建议用户在【对象特性】工具栏中对图形对象进行修改，这样不利于图层对象的统一管理。

5.11.2 【特性】选项板

所有的图形、文字和尺寸，都称为对象。这些对象所具有的图层、颜色、线型、线宽、坐标值、大小等属性都称为对象的特性。用户可以通过如图5-36所示的【特性】选项板来显示选定对象或对象集的特性并修改任何可以更改的特性。

启动【特性】选项板的方法如下：

（1）下拉菜单：【修改】—【特性】。

（2）工具栏按钮：▣。

（3）命令行：properties。

（4）快捷菜单：选中对象后单击右键选择快捷菜单中的【特性】选项或双击图形对象。

5.11.3 显示对象特性

首先在绘图区域选择对象，然后使用上述方法启动【特性】选项板。如果选择的是单个对象，则【特性】选项板显示的内容为所选对象的特性信息，包括基本、几何图形或文字等内容；如果选择的是多个对象，在【特性】选项板上方的下拉列表中显示所选对象的个数和对象类型，如图5-37所示，选择需要显示的对象，这时【特性】选项板中显示的才是该对象的特性信息；如果同时选择多个相同类型的对象，如选择了3个圆，则【特性】选项板中的几何图形信息栏显示为“*多种*”，如图5-38所示。

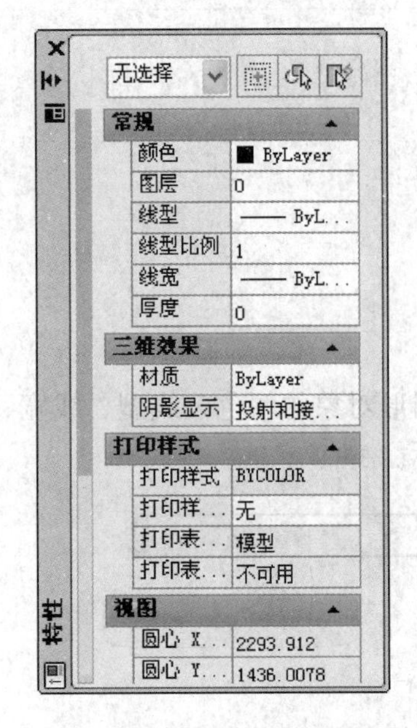

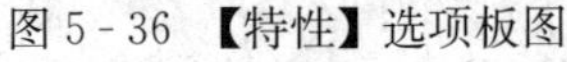
图 5-36 【特性】选项板图

图 5-37 选择多个对象下拉列表

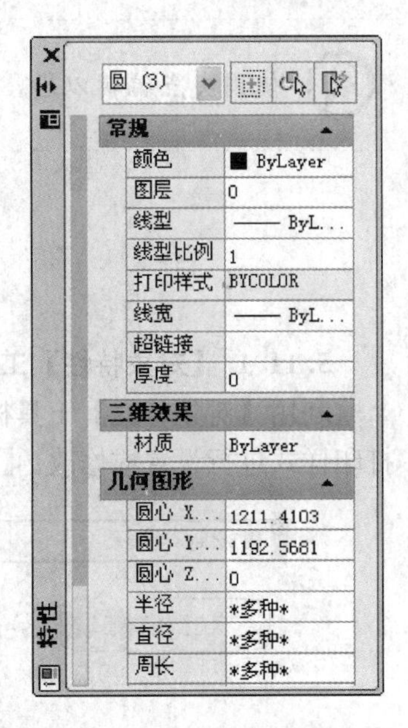

图 5-38 选择相同类型对象信息显示

在【特性】选项板的右上角还有三个功能按钮，它们分别具有下述功能。

（1）按钮：用来切换 pickadd 系统变量的值。当按钮图形为时，只能选择一个对象，如果使用窗选或交叉窗选同样可以一次选择多个对象，但只选中最后一次执行窗选或交叉窗选选择的对象；当按钮图形为时，可以选择多个对象。两个按钮图形可以通过鼠标单击进行切换。

（2）按钮：用来选择对象。单击该按钮，【特性】选项板暂时消失，选择需要的对象，单击右键、按 Enter 键或空格键结束选择，返回【特性】选项板，在选项板中显示所选对象的特性信息。

（3）按钮：用来快速选择对象。

另外，为了节省【特性】选项板所占空间，便于用户绘图，可以对其进行移动、关闭、允许固定、自动隐藏、说明等操作。方法为：在标题栏处单击右键，将显示快捷菜单，在快捷菜单中选择相应的操作。

5.11.4 修改对象特性值

利用【特性】选项板还可以修改选定对象或对象集的任何可以更改的特性值。当选项板显示所选对象的特性时，可以使用标题栏旁边的滚动条在特性列表中滚动查看，然后单击某一类别信息，在其右侧可能会出现不同的显示，如下拉箭头、可编辑的编辑框、按钮或按钮。可以使用下列方法之一修改其特性值。

（1）单击右侧的下拉箭头，从列表中选择一个值。

（2）直接输入新值并回车。

（3）单击按钮，并在对话框中修改特性值。

（4）单击按钮，使用定点设备修改坐标值。

在完成上述任何操作的同时，修改将立即生效，用户会发现绘图区域的对象随之发生变化。如果要放弃刚刚进行的修改，在【特性】选项板的空白区域单击鼠标右键，选择【放弃】选项即可。

5.11.5 对象特性的匹配

将一个对象的某些或所有特性复制到其他对象上，在AutoCAD中被称为对象特性的匹配。可以进行复制的特性类型包括（但不仅限于）颜色、图层、线型、线型比例、线宽、打印样式等。这样，用户在修改对象特性时，就不必逐一修改，可以借用已有对象的特性，使用【特性匹配】命令将其全部或部分特性复制到指定对象上。

启动【特性匹配】命令的方法如下：

(1) 下拉菜单：【修改】—【特性匹配】。

(2) 工具栏按钮：。

(3) 命令行：matchprop或painter。

执行上述命令后，命令行提示以下信息：

命令：'_matchprop　　//执行【特性匹配】命令
选择源对象：　　// 选择源对象
当前活动设置：　颜色 图层 线型 线型比例 线宽 厚度 打印样式 标注 文字 填充图案 多段线 视口 表格 材质 阴影显示 多重引线　　//显示当前选定的特性匹配设置
选择目标对象或[设置(S)]：//选择目标对象
选择目标对象或[设置(S)]：//继续选择目标对象或输入s调用【特性设置】对话框，或回车结束选择

其中，源对象是指需要复制其特性的对象；目标对象是指要将源对象的特性复制到其上的对象；【特性设置】对话框是用来控制要将哪些对象特性复制到目标对象，哪些特性不复制。在系统默认情况下，AutoCAD将选择【特性设置】对话框中的所有对象特性进行复制。如果用户不想全部复制，可以在命令行提示“选择目标对象或[设置(S)]:”时，输入s回车或单击右键选择快捷菜单的【设置】选项，调用如图5-39所示的【特性设置】对话框来选择需要复制的对象特性。

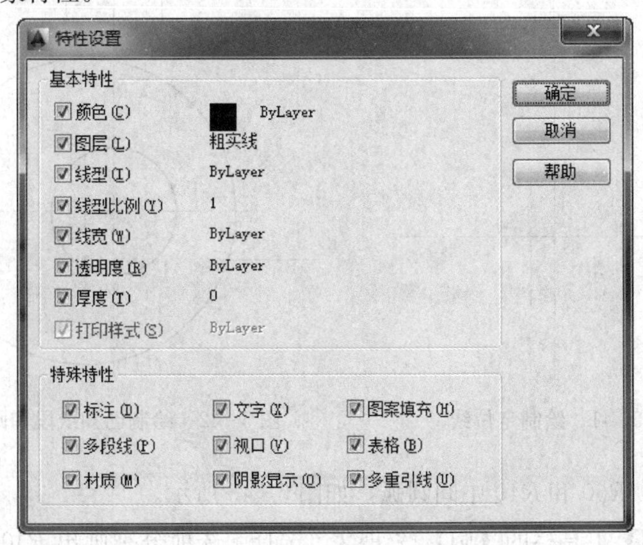

图5-39 【特性设置】对话框

在【特性设置】对话框的【基本特性】选区和【特殊特性】选区中勾选需要复制的特性选项，然后单击 确定 按钮即可。

特性匹配是一种非常高效有用的编辑工具，它的作用如同 Word 中的格式刷。

5.12 实 例 练 习

【例 5-14】 绘制如图 5-40 所示起重钩。

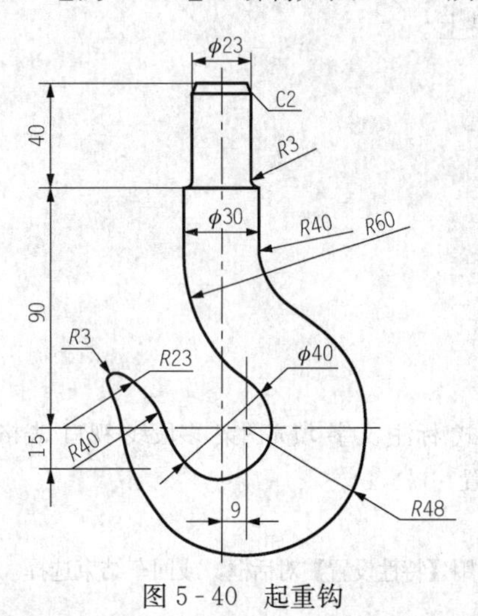

图 5-40 起重钩

绘制步骤：

（1）设置两个图层。

1）粗实线层：线宽 0.3mm、线型 Continuous。

2）中心线层：线宽 0.18mm、线型 center。

（2）设置中心线层为当前层。单击【绘图】工具栏的【直线】按钮，先绘制定位线，确定各个主要尺寸的位置，如图 5-41 所示。

（3）单击【绘图】工具栏的【直线】按钮【圆】按钮和【偏移】按钮，绘制已知的线段和圆弧，如图 5-42 所示。

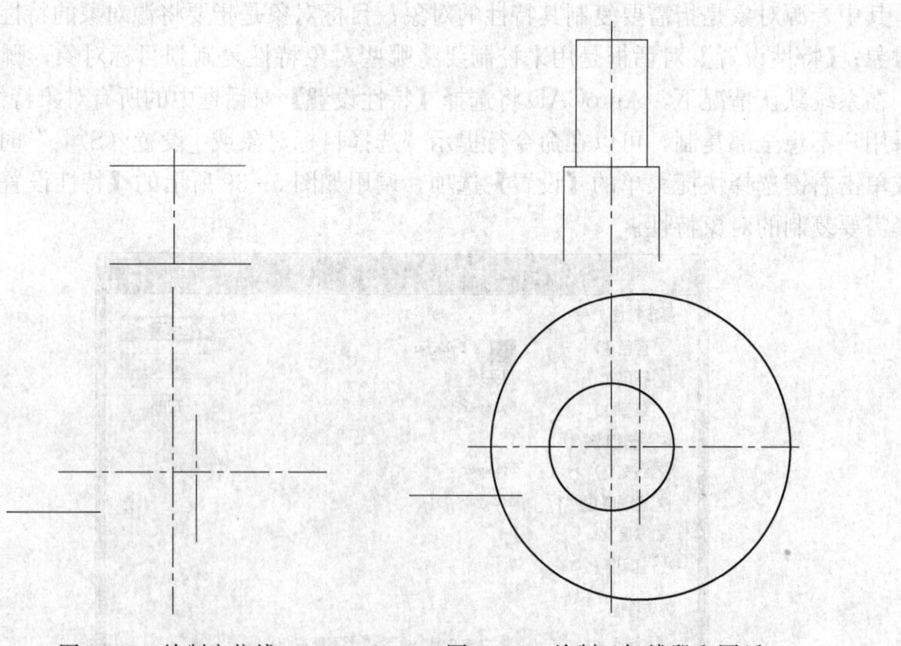

图 5-41 绘制定位线　　图 5-42 绘制已知线段和圆弧

（4）绘制 $R40$、$R60$ 和 $R40$ 中间圆弧，如图 5-43 所示。

1）单击【绘图】工具栏的【圆】按钮，选择 t 选项分别画出 $R40$、$R60$ 的圆弧，如

图 5-43（a）所示。

2）单击【绘图】工具栏的【圆】按钮，以 O 点为圆心，以 60（20+40）为半径画圆交于 O_1，画出 $R40$ 的圆，再单击【修改】工具栏的【修剪】按钮进行修剪，如图 5-43（b）、图 5-43（c）所示。

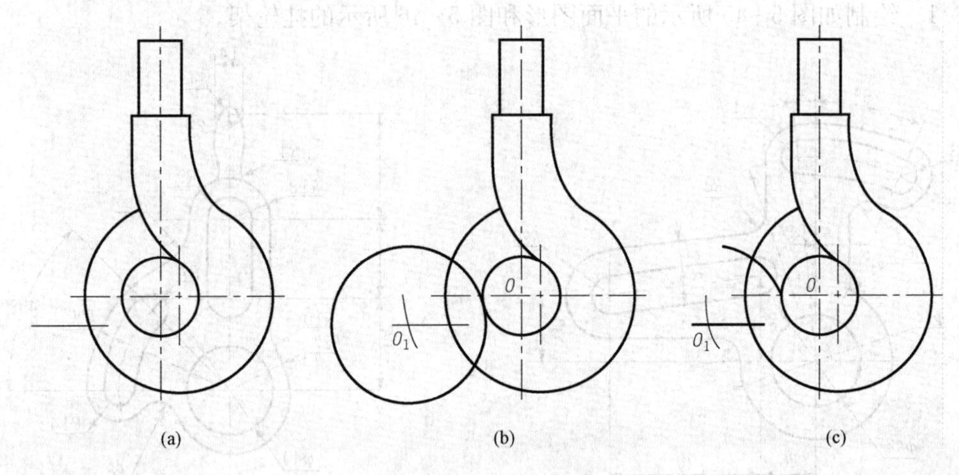

图 5-43　绘制中间弧

（5）绘制其他连接圆弧，如图 5-44 所示。

1）单击【绘图】工具栏的【圆】按钮，以 O_2 点为圆心，以 71（48+23）为半径画圆交于 O_3，画出 $R23$ 的圆，再单击【修改】工具栏的【修剪】按钮进行修剪，如图 5-44（a)所示。

2）单击【修改】工具栏的【圆角】按钮，选择 r 选项，设置圆角半径为 3，画出 $R3$ 的连接弧。再单击【修改】工具栏的【修剪】按钮进行修剪。如图 5-44（b)、图 5-44（c)所示。

（6）单击【修改】工具栏的【倒角】按钮，选择 d 选项，设置倒角为 2，作出上端的倒角。

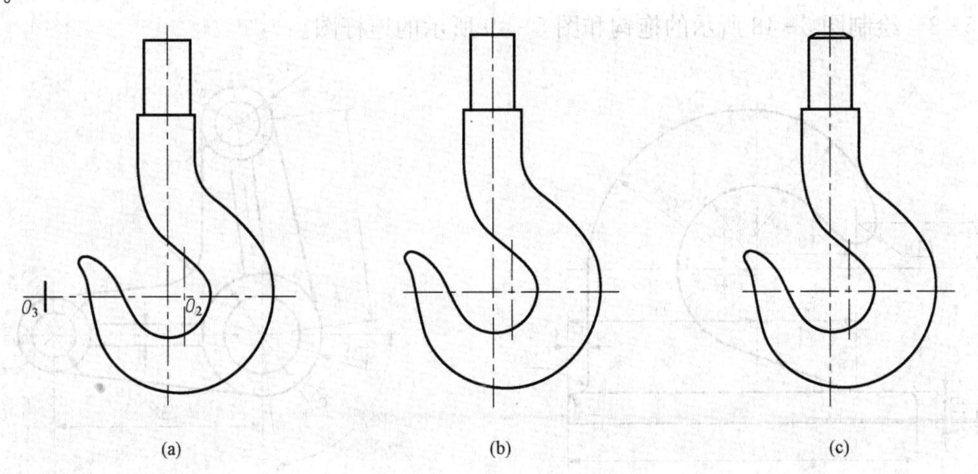

图 5-44　绘制连接圆弧

（7）转换图层完成全图，如图 5 - 40 所示。

5 - 1　绘制如图 5 - 45 所示的平面图形和图 5 - 46 所示的挂轮架。

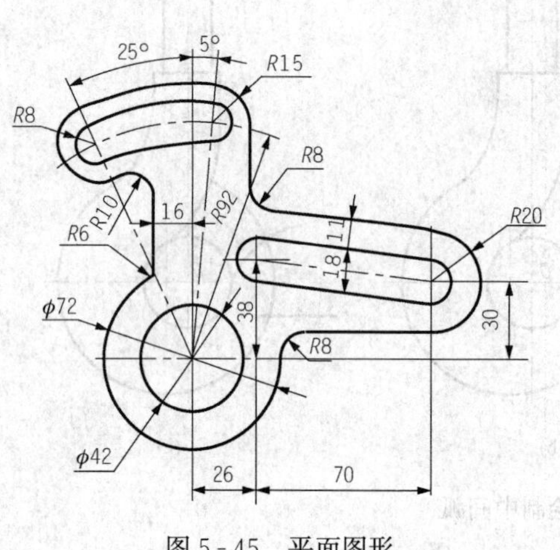

图 5 - 45　平面图形

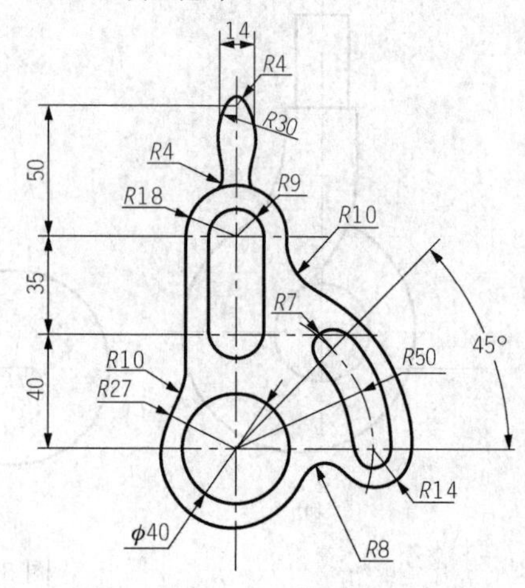

图 5 - 46　挂轮架

5 - 2　绘制如图 5 - 47 所示的主轴。

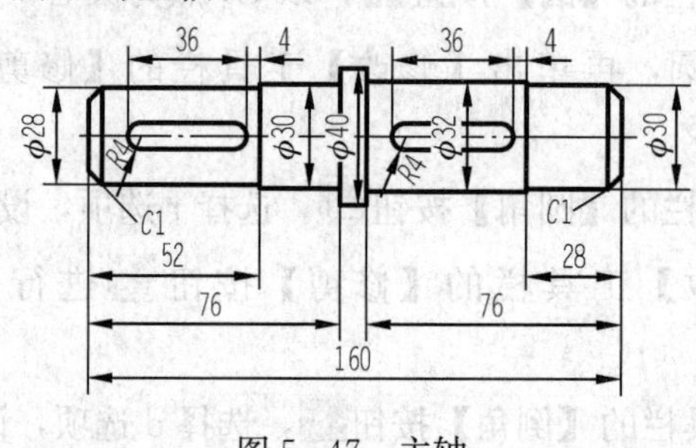

图 5 - 47　主轴

5 - 3　绘制图 5 - 48 所示的拖钩和图 5 - 49 所示的连杆图。

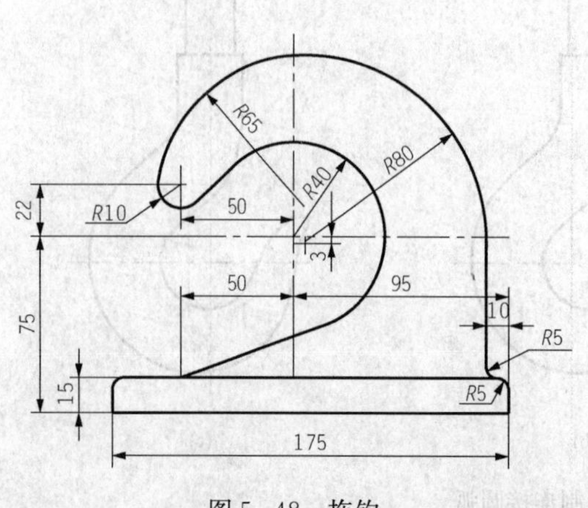

图 5 - 48　拖钩

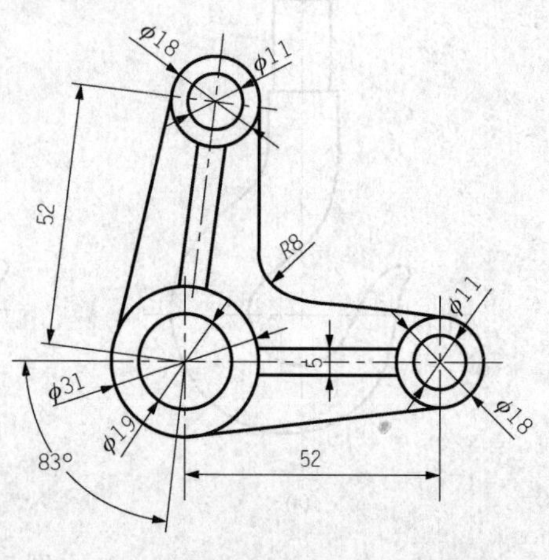

图 5 - 49　连杆

5-4 绘制图5-50所示的齿轮、图5-51所示的槽轮、图5-52（a）～图5-52（d）所示的棘轮和图5-53所示的支架。

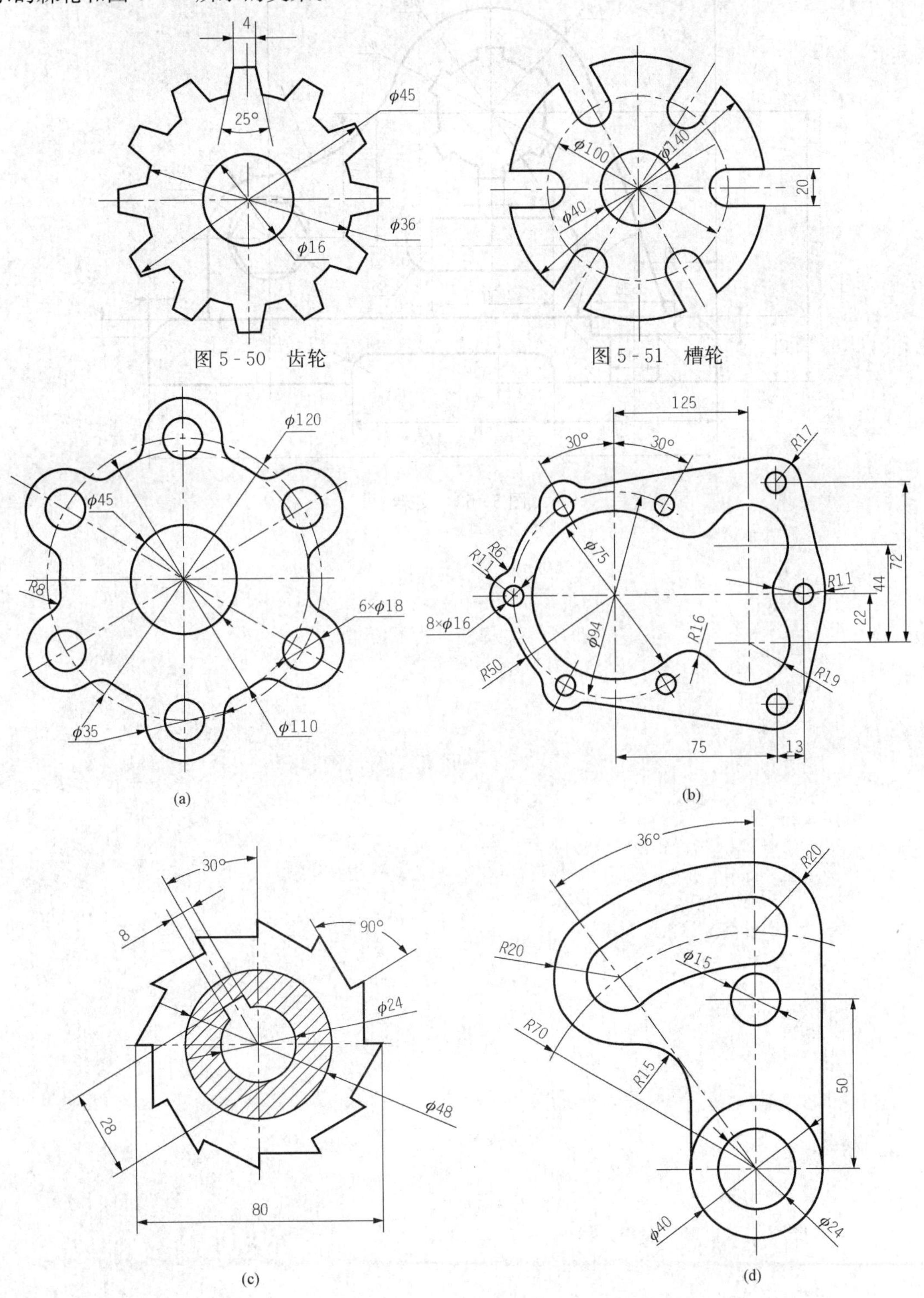

图5-50 齿轮

图5-51 槽轮

(a)

(b)

(c)

(d)

图5-52 棘轮

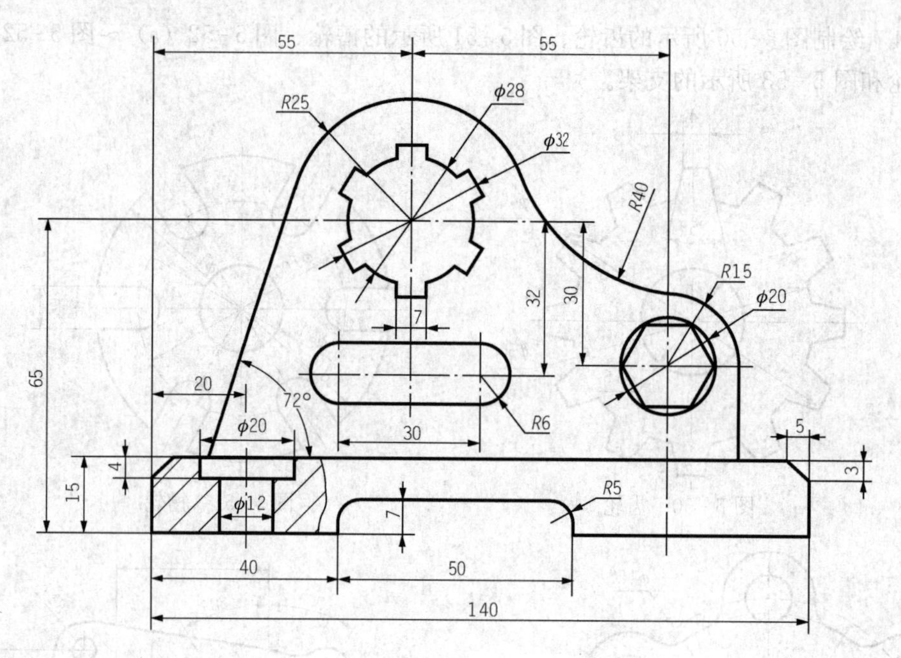
55
55
R25
φ28
φ32
R40
R15
φ20
65
32
30
7
20
72°
φ20
30
R6
5
3
4
15
φ12
7
R5
40
50
140

图 5-53　支架

第6章 文 字 与 表 格

本章学习目标

通过本章的学习，用户能够根据需要设置文字样式，输入单行或多行文字会进行文字编辑，会进行插入和更新字段的操作；能够设置表格样式，创建和插入表格。

本章重点

- 文字样式；
- 单行文字、多行文字的输入及修改；
- 字段；
- 设置表格样式、创建和插入表格。

在绘制图样时，往往还需要进行文字注写，如书写技术要求、填写标题栏和明细栏等，这些都需要使用文字工具。在AutoCAD 2004及以前的AutoCAD版本中，没有提供专门绘制及编辑表格的功能，需要设计人员用【直线】命令绘制表格，然后再对每个单元格进行文字输入，表格一旦画好，再想进行编辑和修改是非常麻烦的。为此，AutoCAD 2005以后的版本增加了创建表格的功能，用户可以使用【插入表格】对话框方便地创建表格、向表格中添加文字或块、添加单元以及调整表格的大小，还可以修改单元内容的特性。

6.1 文字样式的设定

在工程图样中输入的文字，必须符合国家标准GB/T 14691—1993《技术制图字体》中规定的文字样式：汉字为长仿宋体，字体宽度约等于字体高度的2/3，字体高度有20、14、10、7、5、3.5、2.5、1.8mm 8种，汉字高度不小于3.5mm。字母和数字可写为直体和斜体，若文字采用斜体字体，文字须向右倾斜，与水平基线约成75°。

因此在用AutoCAD进行文字输入之前，应该先定义一个文字样式（系统有一个默认样式—Standard)，然后再使用该样式输入文本。在输入文字时，用户是使用AutoCAD提供的当前文字样式进行输入的，该样式已经设置了文字的字体、字号、倾斜角度、方向及其他特征，输入的文字将按照这些设置在屏幕上显示。当然，像其他的功能工具一样，AutoCAD允许用户设置自己喜欢和需要的文字样式，并将其置为当前样式进行文字输入。

用户可以定义多个文字样式，不同的文字样式用于输入不同的字体。要修改文本格式时，不需要逐个文本修改，而只要对该文本的样式进行修改，就可以改变使用该样式书写的所有文本的格式。

6.1.1 文字样式的创建

文字样式的创建是通过【文字样式】对话框完成的。启动【文字样式】对话框的方法如下：

（1）下拉菜单：【格式】—【文字样式】。

（2）【样式】工具栏和【文字】工具栏按钮（如图 6-1 所示）：。

（3）命令行：style。

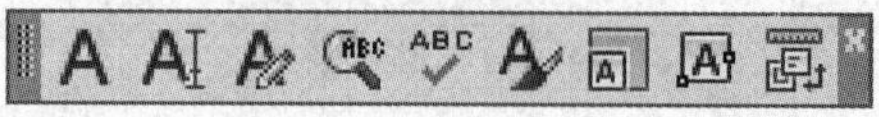

图 6-1 【文字】工具栏

执行上述命令后，弹出如图 6-2 所示的【文字样式】对话框。AutoCAD 中文字样式的缺省设置是标准样式（Standard）。这一种样式不能满足使用者的要求，用户可以根据需要创建一个新的文字样式。下面以工程图中使用的“长仿宋体”样式为例，讲述文字样式的设置。

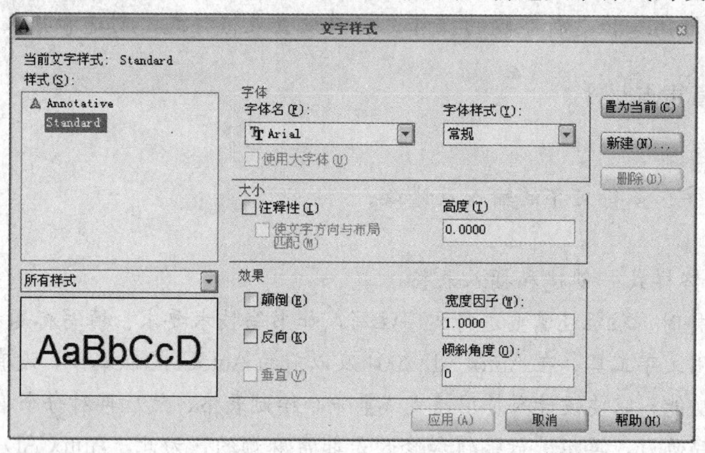

图 6-2 【文字样式】对话框

（1）执行下拉菜单【格式】—【文字样式】，弹出如图 6-2 所示的【文字样式】对话框。在【样式名】下拉列表中显示的是当前所应用的文字样式。AutoCAD 默认的文字样式是“Standard”，用户可以在此基础上，修改新建文字样式。

（2）单击 新建(N)... 按钮，弹出如图 6-3 所示的【新建文字样式】对话框。在该对话框的【样式名】编辑框中填写新建的文字样式名，文字样式名最长可以用 255 个字符，其中包括字母、数字、空格和一些特殊字符（如美元符号、下画线、连字符等），如填写“长仿宋体”。然后单击 确定 按钮，返回【文字样式】对话框。这时，在【文字样式】对话框的【样式名】下拉列表中已经增加了“长仿宋体”样式名。

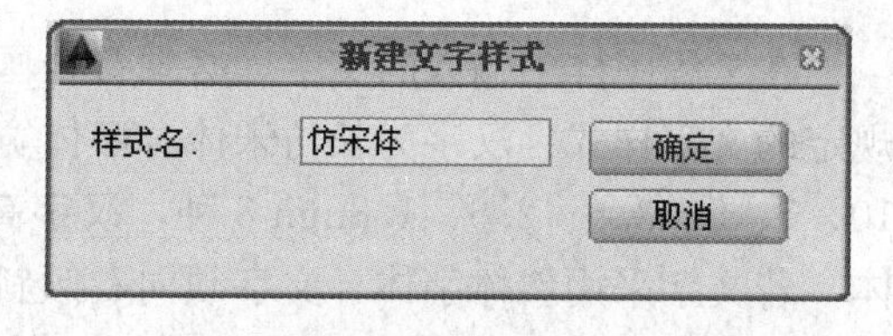

图 6-3 【新建文字样式】对话框

（3）在【文字样式】对话框中对新建的“长仿宋体”样式进行设置。【字体】选区，用来设置所用字体。

1）字体名：在【字体名】的下拉列表中显示了所有的 True Type 字体和 AutoCAD 的矢量字体。

a. TrueType 即 ttf，用该字体标注中文，一般不会出现中文显示不正常的问题。它具有字体清晰、美观、占有内存空间大、出图速度慢的特点。ttf 字体的左边带有 图标。

b. shx 字体是一种用线划来描述字符轮廓的字体。它具有占有内存空间小、打印速度快的特点。它分为小字体和大字体，小字体用于标注西文，大字体用于标准亚洲语言文字。shx 字体前面带有图标。

在定义“仿宋体”时字体选区我们选用仿宋-GB2312。

2）字体样式：用来选择字体的样式。

a. 使用 TrueType 字体定义文字样式时，在【字体名】下拉列表中选择一种 TrueType 字体，这时【使用大字体】的复选框不可用，在【字体样式】下拉列表中默认为常规。

b. 使用 shx 字体定义文字样式时，在【字体名】下拉列表中选择一种 shx 字体，再选中【使用大字体】复选框，这时，【字体名】下拉列表变为【shx 字体】列表，【字体样式】下拉列表变为【大字体】列表。选中其中的 gbcbig. shx 大字体，它是 Autodesk 公司专为中国用户开发的字体，“gb”代表“国家标准”，“c”代表“Chinese - 中文”，要是用 shx 字体显示中文，必须选择 gbcbig. shx 大字体。如果遇到中英文字体高度和宽度不一致的问题时，用户可以在【shx 字体】列表中选择 gbenor. shx（控制英文直体）或 gbeitc. shx（控制英文斜体，中文不斜体）来解决。

(4)【大小】选区。

1）注释性复选框是指设定文字是否为注释性对象。

2）高度用来设置字体的高度。通常将字体高度设为 0，这样，在单行文字输入时，系统会提示输入字体的高度。

(5)【效果】选区用来设置字体的显示效果。包括颠倒、反向、垂直、宽度比例和倾斜角度。通过勾选相应的选框来进行设置，同时在预览框中显示效果。

垂直对齐显示字符这个功能对 True Type 字体不可用。宽度比例：默认值是 1，如果输入值大于 1，则文本宽度加大，按照制图标准，宽度比例应该是 0.7。长仿宋体其余默认不选，宽度比例设置为 0.7。

设置好以后，在图 6 - 2 所示的【文字样式】对话框左下角处，会出现预览指定文字的效果。

完成了上述的文字样式设置后，单击 应用(A) 按钮，系统保存新创建的文字样式并应用。然后退出【文字样式】对话框完成一个新文字样式的创建。

在【文字样式】对话框中，还有一些按钮：

(1) 删除(D) 按钮：用来删除不用的文字样式。其中正在使用的样式和“Standard”样式不能被删除。

(2) 置为当前(C) 按钮：将某种样式置为当前使用。当某种字体样式设置完成后，就会显示在【样式】工具栏上的文字样式下拉列表中，如图 6 - 4 所示，以供用户方便文字样式的切换，在这里也可以方便地把某种字体样式设为当前样式。如果单击文字样式管理器按钮可以快速打开【文字样式】对话框，进行文字样式定义和修改。

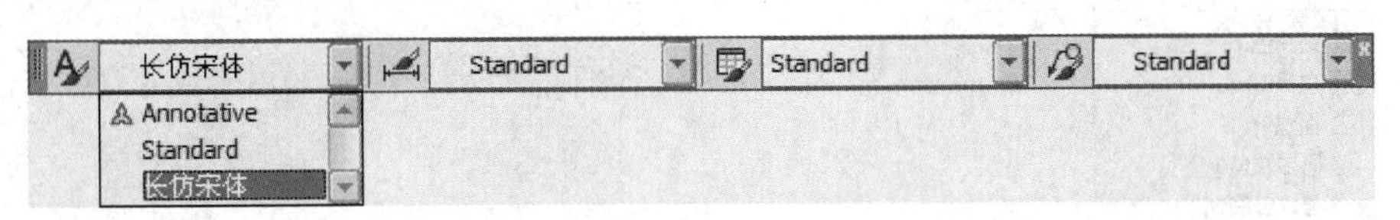

图 6 - 4 【样式】工具栏

也可以通过执行 text 或 mtext 命令，在命令行选择【样式（s)】选项，通过输入样式名来作为当前样式。

6.1.2　修改文字样式

在【文字样式】对话框中，显示了所有已创建的文字样式。用户可以随时修改某一种已建文字样式；并将所有使用这种样式输入的文字特性同时进行修改；也可以只修改文字样式的定义，使它只对以后使用这种样式输入的文字起作用，而不修改之前使用该样式输入的文字特性。

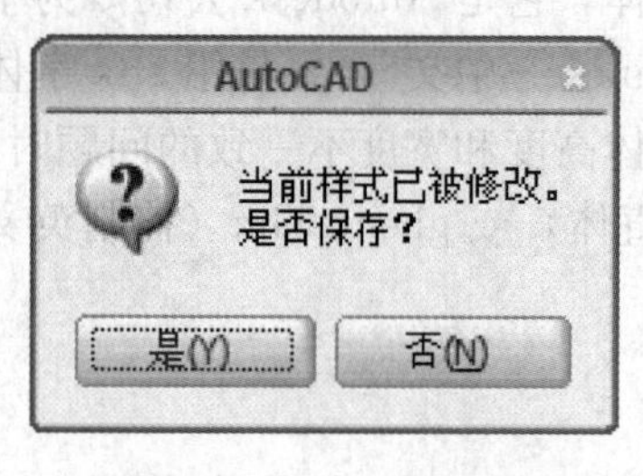

图 6-5　样式修改的提示

在【样式名】列表中选择需要修改的文字样式，并在【文字样式】对话框的【字体】选区和【效果】选区进行修改，如果修改了其中任何一项，对话框中的【应用(A)】按钮就会被激活。如果先单击【应用(A)】按钮，系统会将更新的样式定义保存，同时更新所有使用这种样式输入的文字的特性，然后退出【文字样式】对话框；如果在修改完某一文字样式后先单击【置为当前(C)】按钮，屏幕上会弹出如图 6-5 所示的系统提示，单击【是(Y)】按钮就可以保存当前样式的修改并退出对话框，但此时系统只是保存更新的样式定义，并不修改之前使用该样式输入的文字特性。

6.2　单　行　文　字

AutoCAD 提供了单行文字输入和多行文字输入两种文字输入的方式。单行输入并不是用该命令每次只能输入一行文字，而是输入的文字，每一行单独作为一个实体对象来处理。相反，多行输入就是不管输入几行文字，AutoCAD 都把它作为一个实体对象来处理。

6.2.1　单行文字的输入

单行文字的每一行就是一个单独的整体，不可分解，只能具有整体特性，不能对其中的字符设置另外的格式。单行文字除了具有当前使用文字样式的特性外，还具有的特性包括内容、位置、对齐方式、字高、旋转角度。

执行【单行文字】输入命令的方法如下：

(1) 下拉菜单：【绘图】—【文字】—【单行文字】，如图 6-6 所示。

(2) 文字工具栏按钮（见图 6-7）：AI。

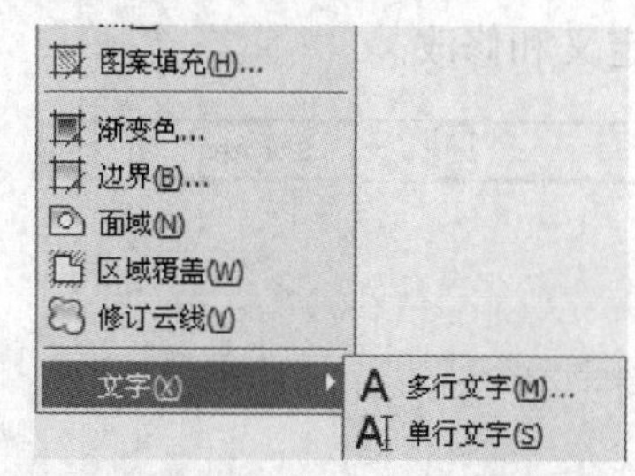

图 6-6　单行文字下拉菜单

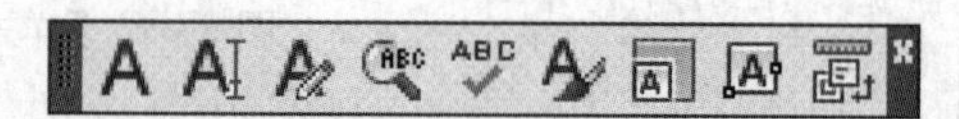

图 6-7　文字工具栏

（3）命令行：text 或 dtext。

执行上述命令后，命令行提示以下信息：

命令：_ dtext　　//执行【单行文字】输入命令
当前文字样式：　“长仿宋体”　文字高度：　0.2000　注释性：　否
　　//显示当前文字样式信息
指定文字的起点或［对正（J）/样式（S）］：　　//指定文字起点或选择其余选项
指定高度 <0.2000>：100　　//输入文字高度
指定文字的旋转角度 <0>：0　　//输入文字旋转角度
输入文字：　　//继续输入所需文字，或回车结束命令

在命令行提示“指定文字的起点或［对正（J）/样式（S）］：”时，如果输入 j 选择【对正】选项，可以用来指定文字的对齐方式；如果输入 s 选择【样式】选项，可以用来指定文字的当前输入样式。下面详细介绍各选项的使用。

（1）“对正（J）”表示在命令行提示“指定文字的起点或［对正（J）/样式（S）］：”时，如果输入 j 回车，命令行提示以下信息：

输入选项
［对齐（A）/调整（F）/中心（C）/中间（M）/右（R）/左上（TL）/中上（TC）/右上（TR）/左中（ML）/正中（MC）/右中（MR）/左下（BL）/中下（BC）/右下（BR）］：

其中各选项的含义分别为：

1）对齐（A）将文字限制在指定基线的两个端点之间。输入的文字正好嵌入在指定的两个端点之间，文字的倾斜角度由指定的两个端点决定，高度由系统计算得到，而不需用户来指定，注意文字的高宽比保持不变。

2）调整（F）也是将文字限制在指定基线的两个端点之间，与“对齐”不同的是，需要用户指定字高，字符的宽度因子由系统计算得到。

3）中心（C）以指定点为中心点对齐文字，文字向两边缩排。需要用户指定基线的中心点、文字高度和旋转角度。

4）中间（M）文字基线的水平中点与文字高度的垂直中点重合，需要用户指定文字的中间点、文字高度和旋转角度。

5）右（R）在基线上以指定点为基准右对齐文字，需要用户指定文字的右端点、文字高度和旋转角度。

6）正中（MC）以指定点作为文字高度上的中点，并且以该点为基准居中对齐文字，需要用户指定文字的中间点、文字高度和旋转角度。“中间”选项与“正中”选项不同，“中间”选项使用的中点是所有文字包括下行文字在内的中点，而“正中”选项使用大写字母高度的中点。

7）其余选项作用类似，用户可以自行试验。

文字的对正方式还可以在【特性】选项板中进行调整。

（2）“样式（S）”表示在命令行提示以下信息：

指定文字的起点或［对正（J）/样式（S）］：s　　//输入 s 回车
输入样式名或［?］＜样式 4＞：　　//输入样式名或回车默认括号中的文字样式

6.2.2　特殊符号的输入

在使用单行文字输入时，常常需要输入一些特殊符号，如直径符号“φ”，角度符号“°”等。根据当前文字样式所使用的字体不同，特殊符号的输入分用 ttf 字体输入特殊字符和用 shx 字体输入特殊字符两种情况。

1. 用 ttf 字体输入特殊字符

如果当前的文字样式使用的是 ttf 字体，就可以使用 Windows 提供的软键盘进行输入。任选一种输入法，例如智能 ABC 输入法，在输入法状态条的按钮上▦，单击鼠标右键，出现键盘快捷菜单，如图 6-8 所示。例如选择【希腊字母】，就会出现如图 6-9 所示的软键盘，软键盘的用法与硬键盘一样，在需要的字母键上单击鼠标，就可以输入对应的字母。

2. 用 shx 字体输入特殊字符

如果当前样式使用的字体是 shx 字体，并且勾选了如图 6-2 所示的【使用大字体】复选框，依然可以使用上述软键盘进行输入；如果没有勾选【使用大字体】复选框，就不能用上述方法输入特殊符号，因为输入的符号 AutoCAD 系统不认，显示为“?”。这时可以使用 AutoCAD 提供的控制码输入，控制码由两个百分号（%%）后紧跟一个字母构成。如表 6-1所示为 AutoCAD 中常用的控制码。

图 6-8　键盘快捷菜单

图 6-9　软键盘

表 6-1　　**AutoCAD 中常用的控制码**

控制码	功能	控制码	功能
%%o	加上划线	%%p	正、负符号
%%u	加下划线	%%c	直径符号
%%d	度符号	%%%	百分号

【例 6-1】 使用控制码输入如图 6-10 所示的特殊符号。

操作步骤：

（1）命令“dtext”，执行【单行文字】输入命令，当前文字样式为“数字”，即文字选择“geniso. shx”。

$\overline{\underline{\phi25}}$

±0.000

60%

<u>机械制图</u>

图6-10 特殊符号的输入

（2）在绘图区单击一点作为文字的起点。

（3）指定高度：文字高度为100，回车。

（4）指定文字的旋转角度：回车默认文字旋转角度为0。

（5）输入文字：%%u%%o%%c25%%o%%u，即输入直径符号和数字25，同时加上划线和下划线。

（6）输入文字：%%p0.000，即输入正负号和数字0.000。

（7）输入文字：60%%%，即输入百分号和数字60。

（8）输入文字：%%u机械绘图%%u，即加下划线和文字“机械制图”，回车结束命令。

6.2.3 单行文字的编辑与修改

用户既可以编辑已输入单行文字的内容，也可以修改单行文字对象的特性。

（1）编辑单行文字的内容。对单行文字的编辑有以下几种方法：

1）单击下拉菜单【修改】—【对象】—【文字】—【编辑】，这时命令行提示“选择注释对象或[放弃（U）]:”，用拾取框选择要进行编辑的单行文字，文字就处于可编辑状态，如图6-11所示。这时，直接输入修改后的文字即可。

图6-11 文字的可编辑状态

2）在命令行输入ddedit或ed命令，也可以启动文字的编辑命令。

3）在绘图区域选中单行文字对象，单击右键选择快捷菜单中的【编辑】选项，作用与方法同上。

4）双击单行文字对象，也可编辑文字。

（2）修改单行文字特性。除了编辑单行文字的内容，用户还可以通过【特性】工具栏来修改文字的样式、高度、对正方式等特性。选中文字对象，单击右键选择快捷菜单中的【特性】选项，屏幕上将弹出【特性】选项板，在选项板中修改对象的特性。同时单击选项板中【文字】的【内容】类别，还可以对内容进行编辑。

6.3 多行文字

多行文字可以包含任意多个文本行和文本段落，并可以对其中的部分文字设置不同的文字格式。整个多行文字作为一个对象处理，其中的每一行不再为单独的对象。但是多行文字可以使用explode命令进行分解，分解之后的每一行将重新作为单个的单行文字对象。

【多行文字】输入命令用于输入内部格式比较复杂的多行文字。

6.3.1 多行文字的输入

执行【多行文字】输入命令的方法如下：

（1）下拉菜单：【绘图】—【文字】—【多行文字】。

（2）【文字】工具栏或【绘图】工具栏按钮：A。

（3）命令行：mtext。

（4）快捷命令：mt。

执行上述命令后，命令行提示以下信息：

命令：_mtext 当前文字样式：　"长仿宋体"　文字高度：　0.2000　注释性：　否
　　　　　　　　　　　　　　//执行【多行文字】输入命令，并显示系统当前文字样式信息
指定第一角点：　　　　　　　//指定第一角点
指定对角点或[高度(H)/对正(J)/行距(L)/旋转(R)/样式(S)/宽度(W)/栏(C)]：
　　　　　　　　　　　　　　//指定第二角点或选择相应选项

如果在上述命令行提示下，直接指定第二个角点，屏幕会弹出如图6-12所示的多行文字编辑器。指定的两个角点是文字输入边框的对角点，用来定义多行文字对象的宽度。

图6-12　多行文字编辑器

多行文字编辑器由上面的【文字格式】工具栏和下面的内置多行文字编辑窗口组成。多行文字编辑窗口类似于Word等文字编辑工具，用户对它的使用应该比较熟悉。输入文字并设置好后，单击 确定 按钮，即可关闭多行文字编辑器，屏幕指定位置处就输入了相应格式的文字。

下面分别介绍【文字格式】工具栏中常用控件的功能。

(1) 样式下拉列表。列出所有定义的文字样式，当前样式保存在textstyle系统变量中。

(2) 字体下拉列表。为新输入的文字指定字体或改变选定文字的字体。

(3) 字体高度下拉列表。按图形单位设置新文字的字符高度或更改选定文字的高度。多行文字对象可以包含不同高度的字符。

(4) 粗体B。为新输入文字或选定文字打开或关闭粗体格式。此选项仅适用于使用TrueType字体的字符。

(5) 斜体I。为新输入文字或选定文字打开或关闭斜体格式。此选项仅适用于使用TrueType字体的字符。

(6) U下划线。为新输入文字或选定文字打开或关闭下划线格式。

(7) O。为新输入文字或选定文字打开或关闭上划线格式。

(8) 放弃。在多行文字编辑器中撤销操作，包括对文字内容或文字格式的更改，也可以使用Ctrl+Z组合键。

(9) 重做。在多行文字编辑器中重做操作，包括对文字内容或文字格式的更改。也可以使Ctrl+Y组合键。

(10) 文字堆叠按钮。控制文字是否堆叠。当文字中包含"/""^""#"符号时，如9/8，可以先选中这三个字符，然后单击按钮，就会变成分数形式；如果选中堆叠成分数形式的文字，单击按钮，可以取消堆叠。用户可以编辑堆叠文字、堆叠类型、对齐方式和大小。

(11) 文字颜色。为新输入文字指定颜色或修改选定文字的颜色。

（12）确定按钮。关闭多行文字编辑器并保存所做的任何修改，也可以在编辑器外的图形中单击或使用 Ctrl+Enter 组合键。要关闭多行文字编辑器而不保存修改，按 Esc 键。

6.3.2 多行文字的编辑与修改

用户可以使用下面介绍的多种方法对多行文字进行编辑与修改。当光标位于多行文字编辑器中时，也常会用到右键快捷菜单完成对多行文字的相关操作。

1. 对多行文字的编辑方法

（1）单击下拉菜单【修改】—【对象】—【文字】—【编辑】，这时命令行提示“选择注释对象或[放弃（U）]:”，用拾取框选择要进行编辑的多行文字，屏幕将弹出如图 6 - 12 所示的多行文字编辑器和【文字格式】工具栏。在多行文字编辑器中重新填写需要的文字，然后单击确定按钮。这时，命令行继续提示“选择注释对象或[放弃（U）]:”，可以连续执行多个文字对象的编辑操作。

（2）在命令行输入 ddedit 或 ed 命令，命令行的提示与操作同（1）。

（3）在绘图区域选中多行行文字对象，单击右键选择快捷菜单中的【编辑多行文字】选项，命令行的提示与操作依然同（1）。

（4）双击多行文字对象，也可以用同样的方法来编辑文字。但是这种方法只能执行一次编辑操作，如果要编辑其他多行文字对象需要重新双击对象。

2. 多行文字编辑器快捷菜单

在打开多行文字编辑器后，单击右键，会弹出一个多行文字编辑器快捷菜单。利用这个快捷菜单可以进行相关选项的操作，如“查找与替换”“插入符号”等操作。

多行文字编辑器仅显示 Microsoft Windows 能够识别的字体。由于 Windows 不能识别 AutoCAD 的 shx 字体，所以在选择 shx 或其他非 TrueType 字体进行编辑时，AutoCAD 在多行文字编辑器中提供等效的 TrueType 字体。

6.4 字　　段

字段是被设置为显示随图形变化而变化的图形特性的可更新文字。字段更新时，将显示最新的图形特性值。字段可以包含很多信息，例如面积、图层、日期、文件名和页面设置大小等。例如，“文件名”字段的值就是文件的名称，如果该文件名修改，字段更新时将显示新的文件名。

6.4.1 创建并插入字段

字段可以插入到任意种类的文字（公差除外）中，其中包括表单元、属性和属性定义中的文字。激活任意文字命令后，右键快捷菜单上将显示【插入字段】选项。

字段的创建是通过【字段】对话框来完成的。调用【字段】对话框的方法如下：

（1）下拉菜单：【插入】—【字段】。

（2）命令行：field。

执行上述命令后，弹出如图 6 - 13 所示的【字段】对话框。以在文字中插入字段为例，介绍创建字段并将其插入指定的位置的操作步骤。

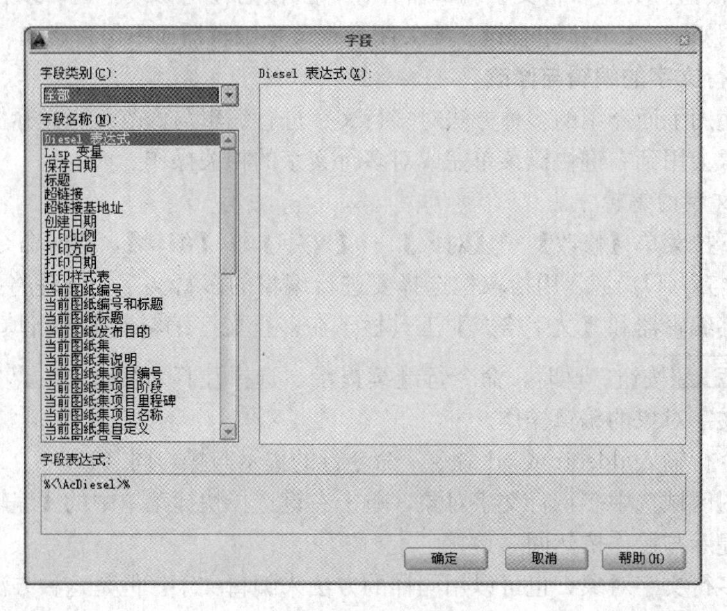

图 6-13 【字段】对话框

【例 6-2】 在表格中插入字段以显示圆的面积，如图 6-14 所示。

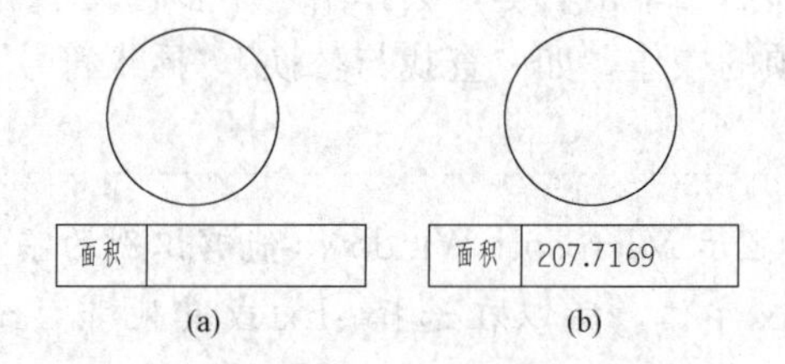

图 6-14 插入字段实例

(a) 插入前；(b) 插入后

操作步骤：

(1) 下拉菜单【插入】—【字段】，弹出图 6-13 所示的字段对话框。

(2) 在【字段】对话框的【字段类别】下拉列表中，选择“全部”；在【字段名称】列表中，选择“对象”。

(3) 然后单击按钮，【字段】对话框暂时消失，在绘图区域拾取圆后，重新返回【字段】对话框。

(4) 在【字段】对话框中的【特性】列表中选择“面积”，在【格式】列表中选择“当前单位”，如图 6-15 所示；单击确定按钮，退出【字段】对话框。这时出现面积数字，并跟随光标移动，将光标放到圆下方的表格中单击，就将圆的面积数字字段放到了表格中字段的底色为灰色。如图 6-14（b）所示。

(5) 当用夹点编辑改变了圆的大小后，然后执行【工具】—【更新字段】命令，表格中的字段会进行更新。

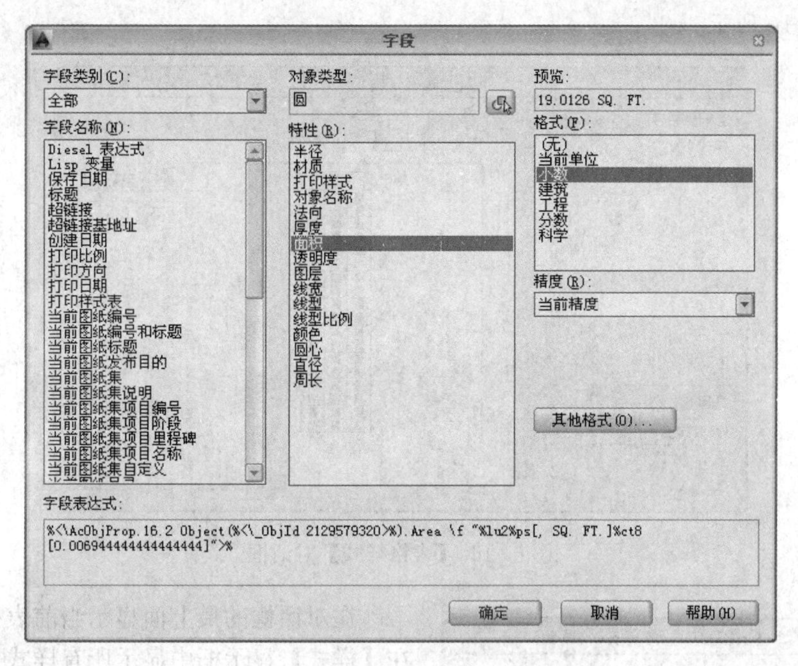

图 6-15　圆的面积【字段】对话框的设置

字段文字所使用的文字样式与其插入到的文字对象所使用的样式相同。默认情况下，字段用不会打印的浅灰色背景显示。

6.4.2　编辑字段

因为字段是文字对象的一部分，所以不能直接进行选择。必须选择该文字对象并激活编辑命令。编辑字段的方法为：双击插入字段的文字对象，显示相应的文字编辑对话框；单击右键，在快捷菜单上会出现【编辑字段】的选项；选择【编辑字段】将弹出【字段】对话框，在该对话框中重新设置字段，然后单击 确定 按钮，系统将会以新的设置显示字段。

如果不再希望更新字段，可以通过将字段转换为文字来保留当前显示的值（选择一个字段，在快捷菜单上选择【将字段转化为文字】）。

6.5　插　入　表　格

在 AutoCAD 2014 中，可以创建表格，也可以从 Microsoft Excel 中直接复制表格，并将其作为 AutoCAD 对象粘贴到图形中，也可以从外部直接导入表格对象，还可以输出表格数据，修改单元内容的特性，例如类型、样式和对齐。

6.5.1　创建新的表格样式

表格样式控制一个表格的外观，用于保证标准的字体、颜色、文本、高度和行距。可以使用默认的表格样式，也可以根据需要自定义表格样式。

从下拉菜单【格式】—【表格样式】或命令行 tablestyle 可以打开【表格样式】对话

框，如图 6 - 16 所示。

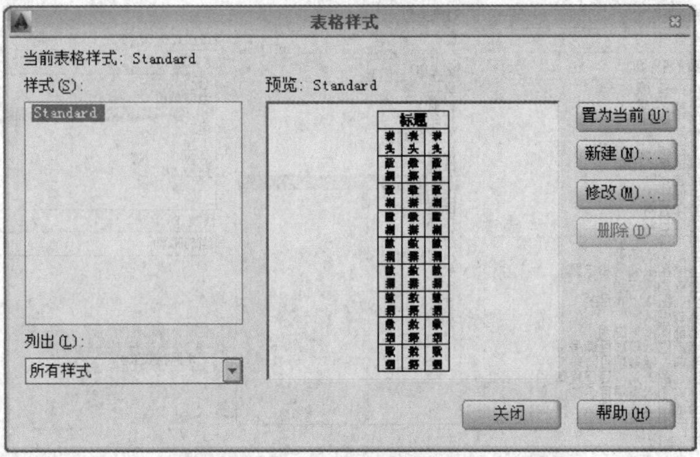

图 6 - 16 【表格样式】对话框

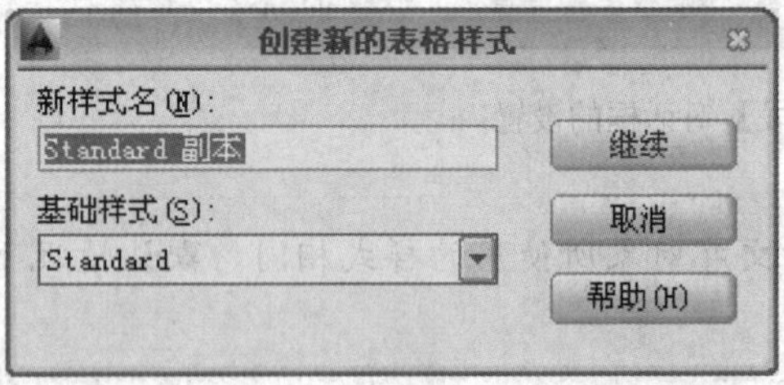

在对话框的最上面显示当前表格样式名称。在【样式】显示框中显示所有样式，在【预览】显示框中显示选中样式的预览效果。使用右侧的编辑按钮，可以将所选表格样式置为当前样式，或者新建表格样式或者对已有样式进行修改和删除。

图 6 - 17 【创建新的表格样式】对话框

单击 新建(N)... 按钮，弹出【创建新的表格样式】对话框，如图 6 - 17 所示，在“新样式名”处输入新的表格样式名称，选好“基础样式”，单击 继续 按钮，弹出“新建表格样式”对话框，如图 6 - 18 所示。

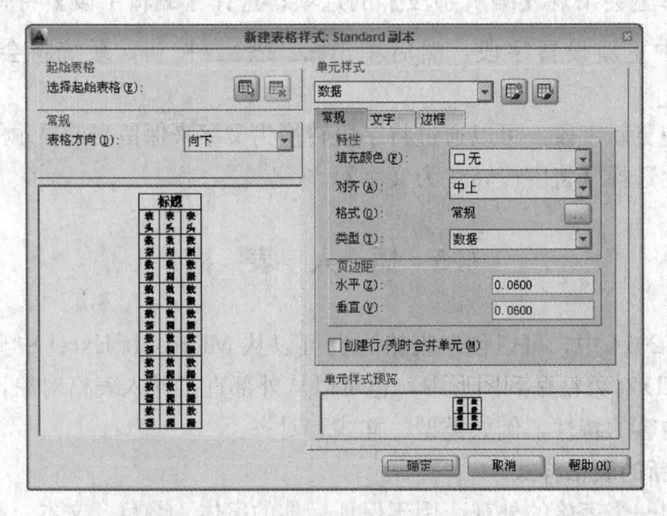

图 6 - 18 【新建表格样式】对话框

在【新建表格样式】对话框中，“单元样式”有“数据”“表头”“标题”三个选项，可以设置表格中数据表头标题的对应样式。另外三个选项卡内容相似。

（1）基本选项卡。基本选项卡可以对表格的填充颜色、对齐方向、格式、类型、页边距等特性进行设置。

（2）文字选项卡。文字选项卡设置表格中的文字样式、高度、颜色和角度。

（3）边框选项卡。边框选项卡设置表格是否有边框，以及有边框时地线宽、线型、颜色和间距等。

设置好表格样式后，单击 确定 按钮就创建好了表格样式。

6.5.2　编辑表格样式

当单击图6-16【表格样式】对话框的 修改(M)... 按钮时，会弹出如图6-19所示的【修改表格样式】对话框。单击【数据】选项卡，根据卡中的选项内容对数据单元格进行设置。

可以在修改表格样式对话框中，对表格样式进行修改设置。

如果单击图6-16中的“删除”按钮，也可以删除选定的表格样式。

6.5.3　插入表格

执行插入表格的方法如下：

（1）下拉菜单：【绘图】—【表格】。

（2）工具栏按钮或面板选项板：▦。

（3）命令行：table。

执行上述命令后，会弹出如图6-20所示的【插入表格】对话框。

在【表格样式】选区，单击下拉列表，下拉列表中列出了所有的表格样式，同时，在该选区的显示框中可以看到当前表格样式的图样。

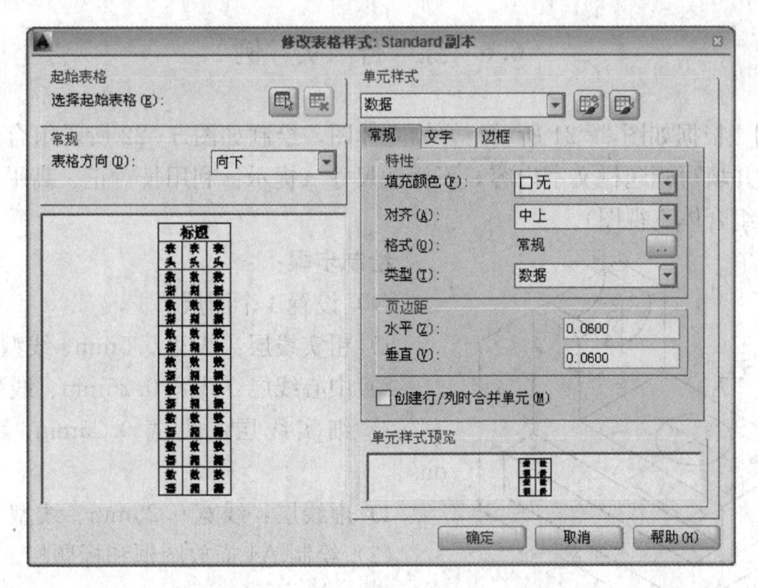

图6-19　【修改表格样式】对话框

在【插入选项】区中，选择“从空表格开始”可以创建一个空的表格。选择“自数据链接”可以从外部导入数据来创建表格；选择“自图形中的对象数据（数据提取）”选项，可以从可输出的表格或外部文件的图形中提取数据来创建表格。

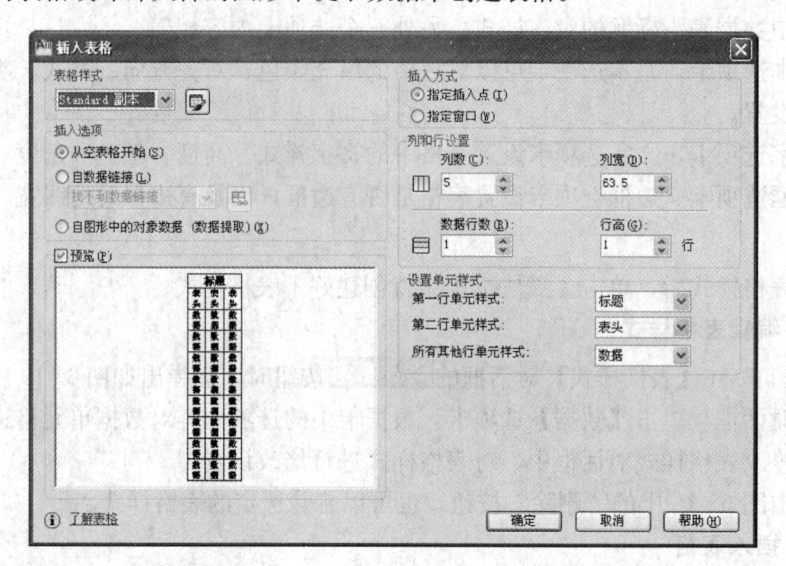

图 6-20 【插入表格】对话框

【插入方式】选区，可以选【指定插入点】按钮，可以在绘图窗口中的某点插入固定大小的表格；选【指定窗口】按钮，可以在绘图窗口中通过拖动表格边框来创建任意大小的表格。

在【列和行设置】选项中，可以改变列数、列宽、数据、行数、行高等。

设置好插入表格对话框后单击 确定 按钮，即可按照选定插入方式插入表格。

6.6 综 合 实 例

【例 6-3】 根据如图 6-21 所示组合体立体图，绘制如图 6-22 所示组合体三视图、图框和标题栏，并填写标题栏文字内容，不标注尺寸（提示：利用长对正、高平齐和宽相等的投影规律绘制组合体三视图）。

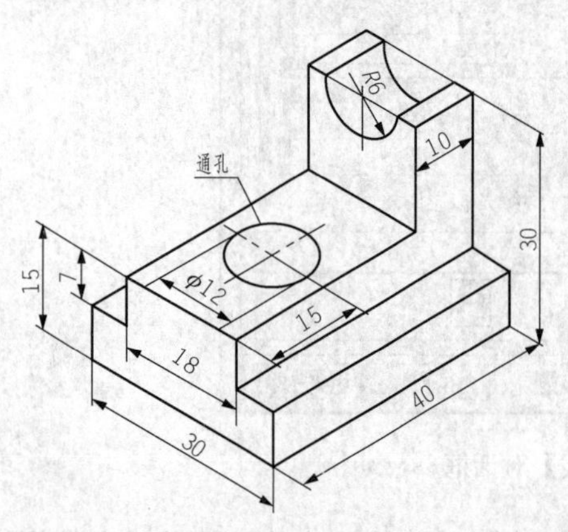

图 6-21 组合体立体图

绘制步骤：

（1）设置 4 个图层。

1）粗实线层：线宽 0.5mm、线型 continuous。

2）中心线层：线宽 0.25mm、线型 center。

3）细实线层：线宽 0.25mm、线型 continuous。

4）虚线层：线宽 0.25mm、线型 dashed。

（2）绘制 A4 横放图框和标题栏。

（3）单击【绘图】工具栏的【直线】按钮，绘制主视图和俯视图的位置线，如图 6-23 所示。

（4）设置粗实线层为当前层，单击【绘图】工

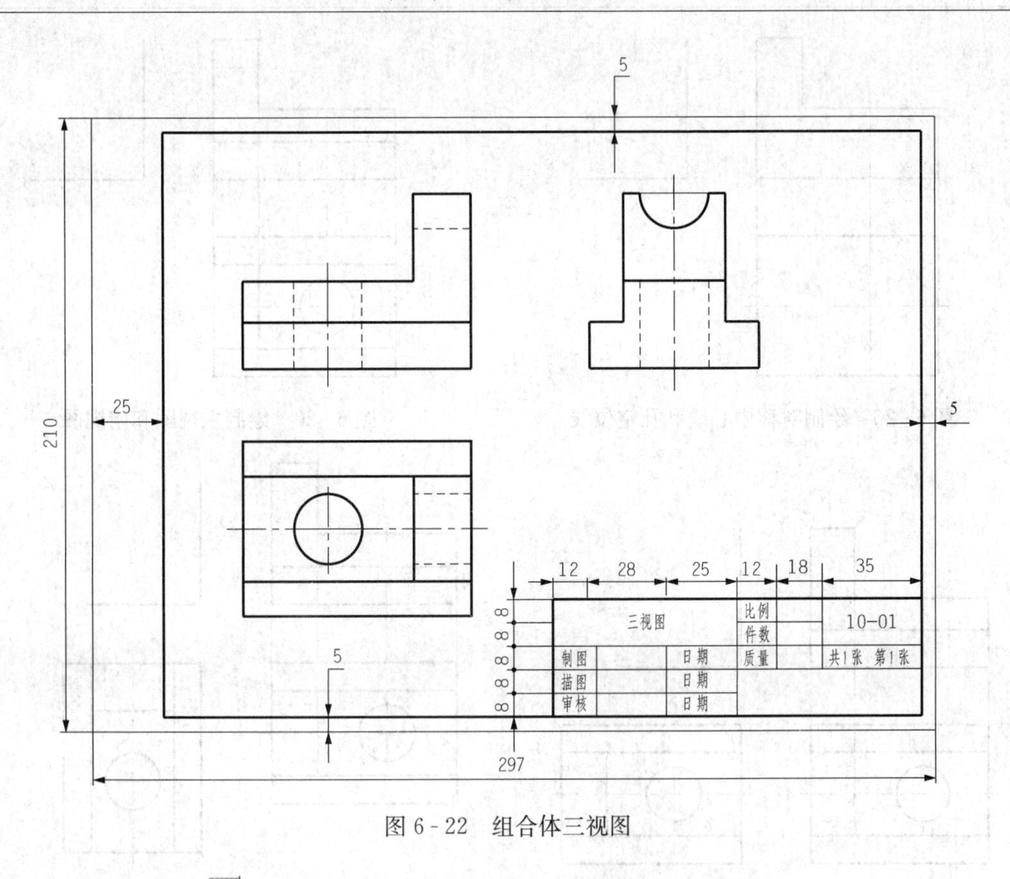

图 6-22 组合体三视图

具栏的【直线】按钮，绘制主视图和俯视图的外形轮廓线，如图 6-24 所示。

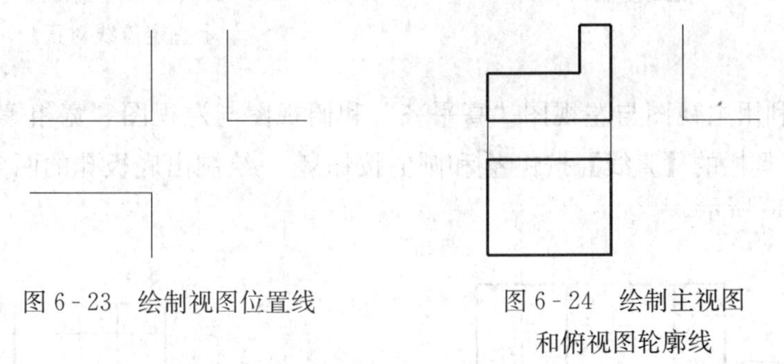

图 6-23 绘制视图位置线

图 6-24 绘制主视图和俯视图轮廓线

(5) 单击【绘图】工具栏的【直线】按钮，绘制出主视图和俯视图上圆孔定位中心线对称中心线，如图 6-25 所示。

(6) 单击【绘图】工具栏的【直线】按钮和圆的按钮，根据主视图与俯视图“长对正”的投影规律，绘制完成主视图和俯视图，注意线型正确，如图 6-26 所示。

(7) 单击【修改】工具栏的【复制】按钮，复制左视图，如图 6-27 所示。

(8) 单击【修改】工具栏的【旋转】按钮和【移动】按钮，将复制后的俯视图旋转 90°，并移动至与左视图垂直定位线对正，如图 6-28 所示。

(9) 根据主视图与左视图“高平齐”和俯视图与左视图“宽相等”的投影规律，绘制左视图的轮廓线和对称线，如图 6-29 所示。

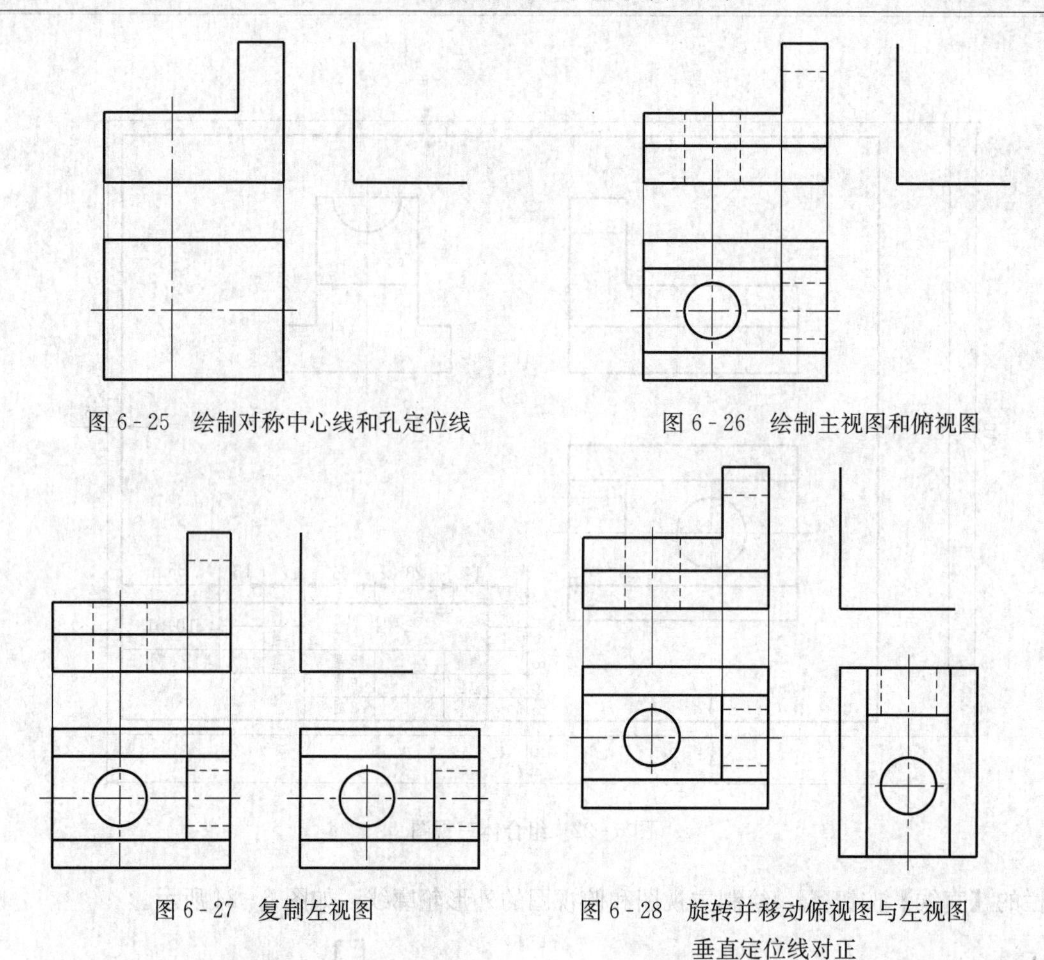

图6-25 绘制对称中心线和孔定位线

图6-26 绘制主视图和俯视图

图6-27 复制左视图

图6-28 旋转并移动俯视图与左视图垂直定位线对正

（10）再次利用主视图与左视图“高平齐”和俯视图与左视图“宽相等”的投影规律，单击【绘图】工具栏的【直线】按钮和圆的按钮，绘制出底板孔的两条虚线和竖板上的圆，如图6-30所示。

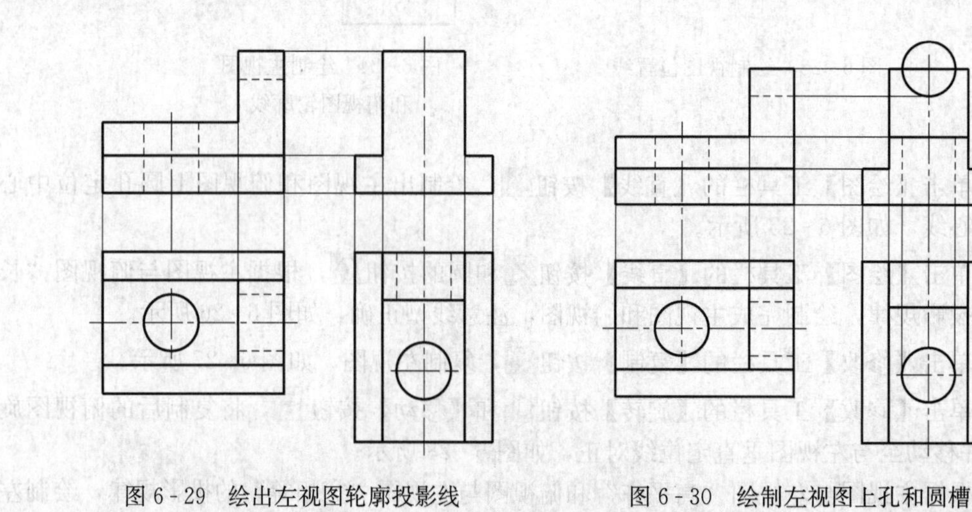

图6-29 绘出左视图轮廓投影线

图6-30 绘制左视图上孔和圆槽

（11）单击【修改】工具栏的【修剪】按钮，修剪出左视图半圆槽，如图6-31所示。

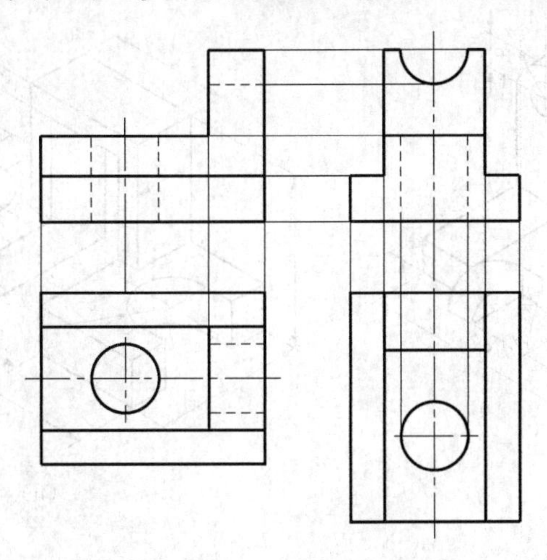

图6-31 修剪左视图外形轮廓

（12）单击【修改】工具栏【擦除】命令，擦去辅助作图线，完成三视图的绘制，如图6-32所示。

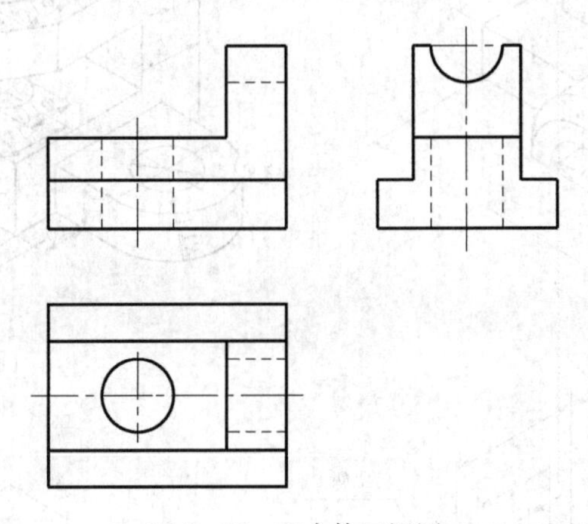

图6-32 组合体三视图

（13）单击【修改】工具栏【比例缩放】按钮，输入比例因子2，选择基点回车完成图形缩放。

（14）单击【修改】工具栏【移动】按钮，选择三视图作为移动对象，将三视图移动到图框内。

（15）使用菜单中【绘图】—【多行文字】命令，注写标题栏内容，完成全图，如图6-22所示。

6-1 根据组合体立体图，绘制如图6-33（a）～图6-33（f）所示组合体的三视图

（不标注尺寸）。

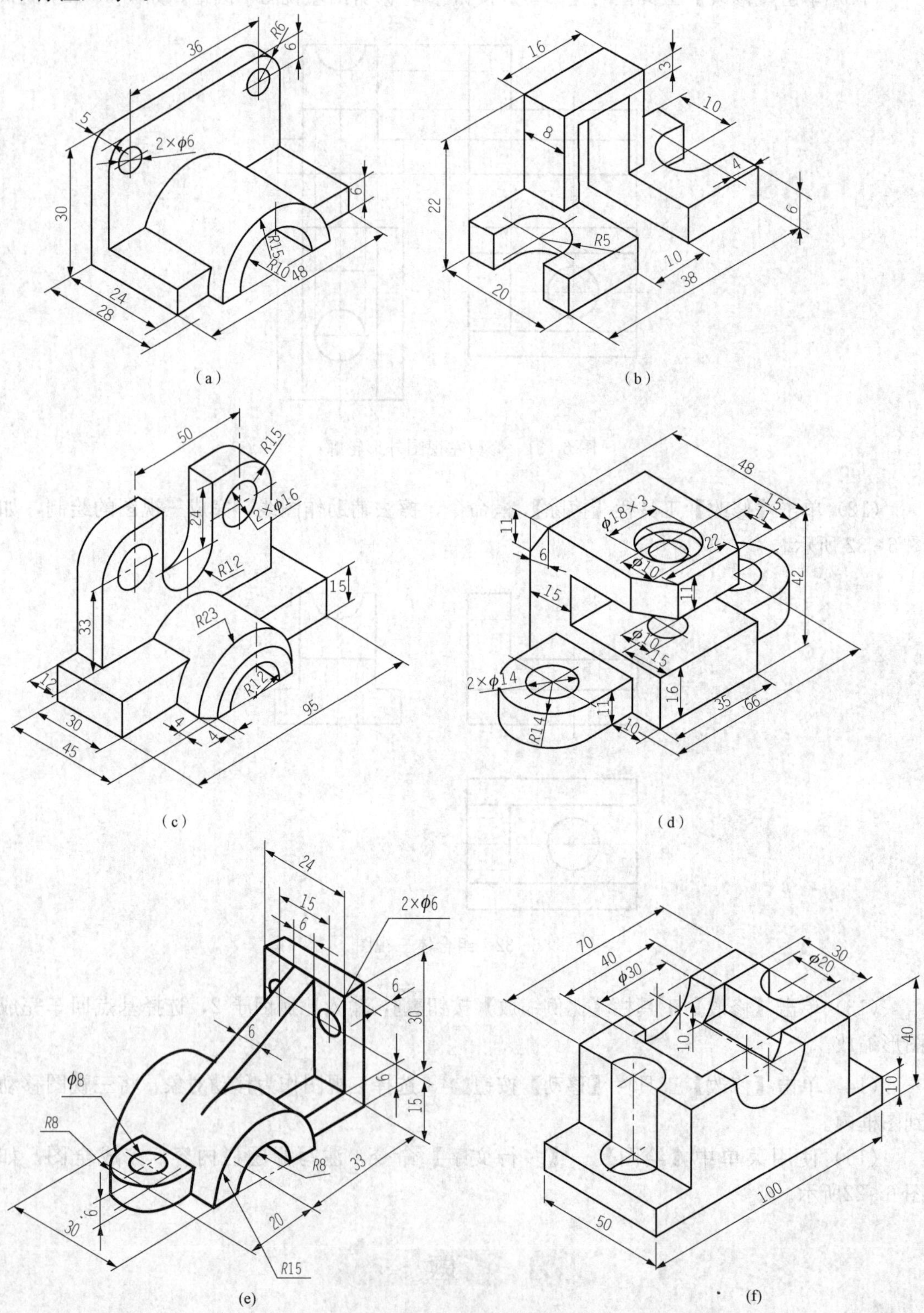

图6-33 习题6-1图

第7章　尺　寸　标　注

本章学习目标

通过对本章的学习，用户可以根据需要设置尺寸标注样式，并会对各种图形进行尺寸标注。

本章重点

• 标注样式；
• 尺寸标注及修改。

一张完整的工程图样，除了图形的绘制之外，还要进行尺寸标注，它是工人进行机械加工的重要依据。AutoCAD 具有强大的文字输入、尺寸标准及编辑功能，用户可以根据不同专业、不同图样的各种要求，简单、快捷地进行尺寸标注。

7.1　标　注　样　式

图样用来表示机械零件的形状，尺寸标注用来表示机件的大小和相对位置关系，是机械加工的重要依据。

在建立尺寸标注样式之前，先来认识一下尺寸标注的各组成部分。一个完整的尺寸标注一般是由尺寸线（标注角度时的标注弧线）、尺寸界线、尺寸终端（建筑制图为倾斜45°短粗线）、尺寸数字4部分组成的。标注以后这4部分作为一个对象来处理。如图7-1所示是这几部分的位置关系。

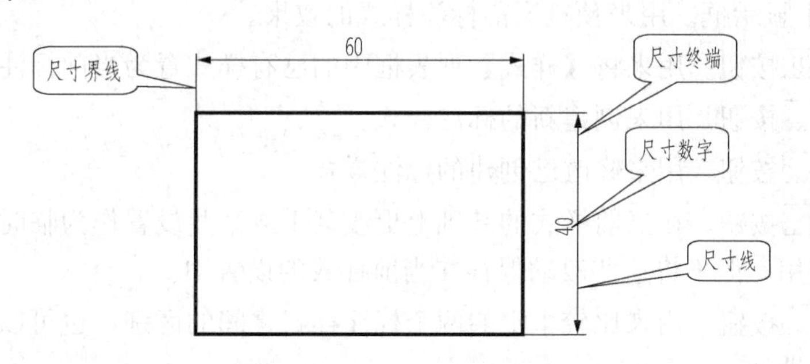

图7-1　尺寸标注的组成

在进行尺寸标注之前，先要设置各种需要的标注样式以满足不同专业、不同图样的要求。

7.1.1　标注样式管理器

AutoCAD 允许用户自行设置需要的标注样式，它是通过【标注样式管理器】对话框来完成的。

启动【标注样式管理器】对话框的方法如下：

（1）单击下拉菜单：【标注】—【标注样式】。

（2）【标注】工具按钮（如图7-2所示）：。

（3）命令行：dimstyle。

（4）快捷命令：ddim。

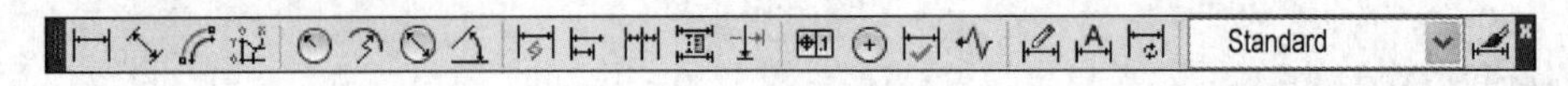

图7-2 【标注】工具栏

执行上述命令后，弹出如图7-3所示的【标注样式管理器】对话框。【标注样式管理器】对话框中各控件的功能如下：

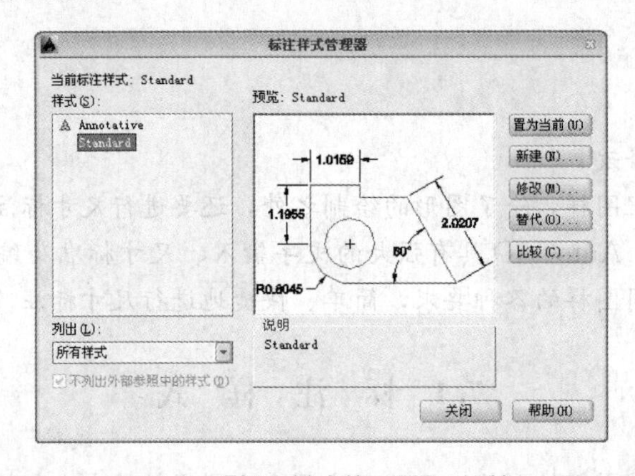

图7-3 【标注样式管理器】对话框

（1）【样式】列表框。在【样式】列表框中显示所有满足筛选要求的标注样式。当前标注样式会加亮显示。

（2）【列出】列表框。设置显示标注样式的筛选条件，即通过下拉列表的选项来控制【样式】列表框中的显示范围。

（3）【预览】显示框。用来预览当前标注样式的效果。

（4）置为当前(U)按钮。用来将【样式】列表框中的已有样式置为当前标注样式。

（5）新建(N)...按钮。用来创建新的标注样式。

（6）修改(M)...按钮。用来修改已创建的标注样式。

（7）替代(O)...按钮。在当前样式的基础上更改某个或某些设置作为临时标注样式，来代替当前样式的使用，但不将这些改动保存在当前样式的设置中。

（8）比较(C)...按钮。用来比较指定的两个标注样式之间的区别，也可以查看一个标注样式的所有标注特性。

7.1.2 新建标注样式对话框

当采用无样板方式打开一个新的文件时，系统通常会提供默认标注样式。采用公制测量单位时，默认的标注样式为ISO-25和Annotative（可注解），这是我国采用的单位；采用英制测量单位时，默认的标注样式为Standard。

通常默认的标注样式为ISO-25不完全适合我国的制图标准，用户在使用时，必须在它的基础上进行修改来创建需要的尺寸标注样式。新的标注样式是在【标注样式管理器】对话框中创建完成的。

在【标注样式管理器】对话框，单击新建(N)...按钮，弹出如图7-4所示的【创建新标注样式】对话框。在该对话框的【新样式名】编辑框中填写新的标注样式名，如图中所示填写“尺寸标注”；在【基础样式】下拉列表中选择以哪一个标注样式为基础创建新标注样式；在【用于】下拉列表中选择新的标注样式的适用范围，如选择“直径标注”选项，新的标注样式只能用于直径的标注。如果勾选“注释性”复选框，则用这种样式标注的尺寸成为注释性对象。单击继续按钮，弹出如图7-5所示的【新建标注样式：尺寸标注】对话框，对话框的标题栏中加入了新建样式的名称。

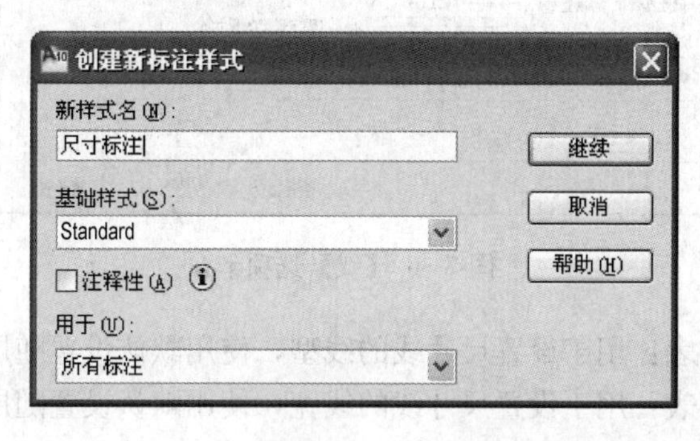

图7-4　【创建新标注样式】对话框

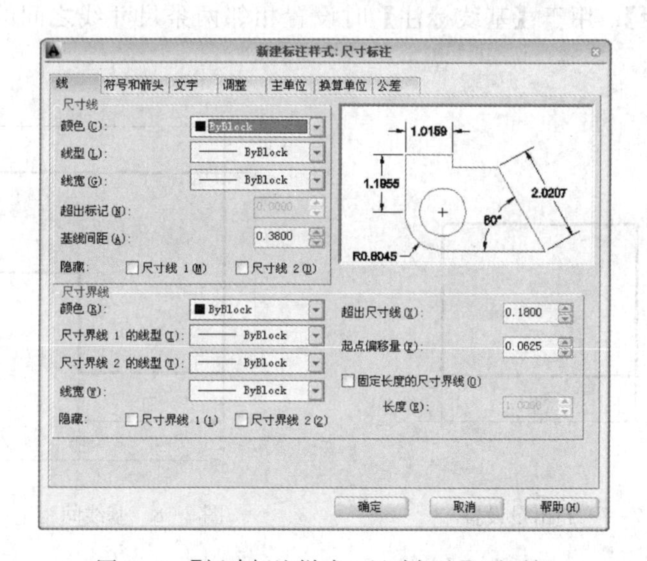

图7-5　【新建标注样式：尺寸标注】对话框

【新建标注样式：尺寸标注】对话框中共有7个选项卡，分别对标注样式的相关内容进行设置。

1.【线】选项卡

选择【线】选项卡（如图7-6所示），选项卡中包括2个选区和1个预览框。下面分别介绍各选区常用选项的功能。

(1)【尺寸线】选区。

1)【颜色】下拉列表：用于设置尺寸线的颜色，使用默认设置随层即可。

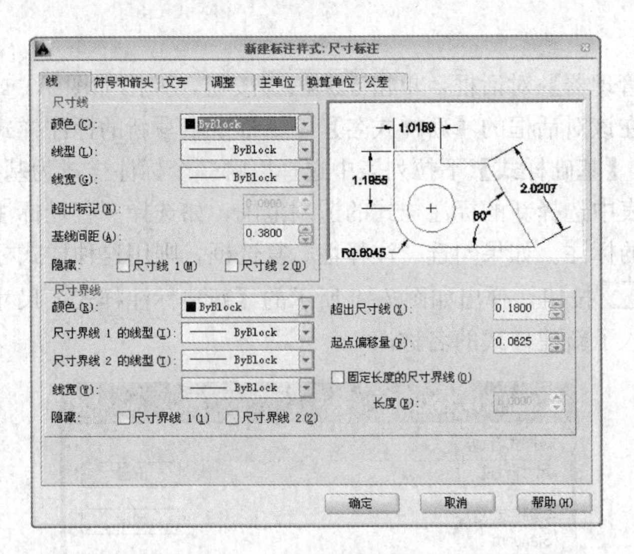

图 7-6 【线】选项卡

2)【线型】下拉列表：用于设置尺寸线的线型，使用默认设置随层即可。

3)【线宽】下拉列表：用于设置尺寸线的线宽，使用默认设置随层即可。

4)【超出标记】：指尺寸线超过尺寸界线的距离。如图 7-7 所示。

5)【基线间距】：用于【基线标注】时设置相邻两条尺寸线之间的距离，如图 7-8 所示。

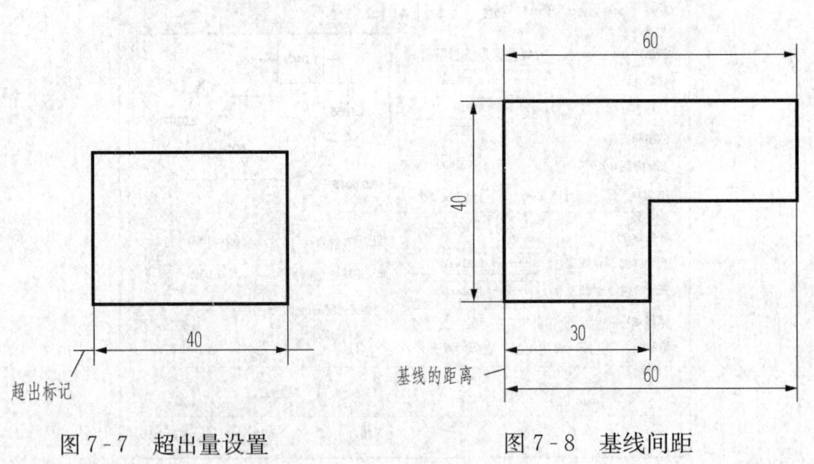

图 7-7 超出量设置　　图 7-8 基线间距

(2)【尺寸界线】选区。

1)【颜色】下拉列表：用于设置尺寸界线的颜色，使用默认随层设置即可。

2)【尺寸界线 1 的线型】和【尺寸界线 2 的线型】：用于设置尺寸界线的线型，使用默认随层设置即可。

3)【线宽】下拉列表：用于设置延伸线的线宽，使用默认随层设置即可。

4)【超出尺寸线】：设置延伸线超出尺寸线的量，如图 7-9 所示。

5)【起点偏移量】：设置从图形中定义标注的点到延伸线起点的偏移距离，如图 7-9 所示。

6)【隐藏】：选中【尺寸界线 1】隐藏第一条尺寸界线，选中【尺寸界线 2】隐藏第二条尺寸界线（可以与【隐藏】尺寸线合用）。

7)【固定长度的尺寸界线】复选框用于设置尺寸界线从起点一直到终点的长度，不管标注尺寸线所在位置距离被标注点有多远，只要比这里的固定长度加上起点偏移量更大，那么所有的延伸线都是按固定长度绘制的。

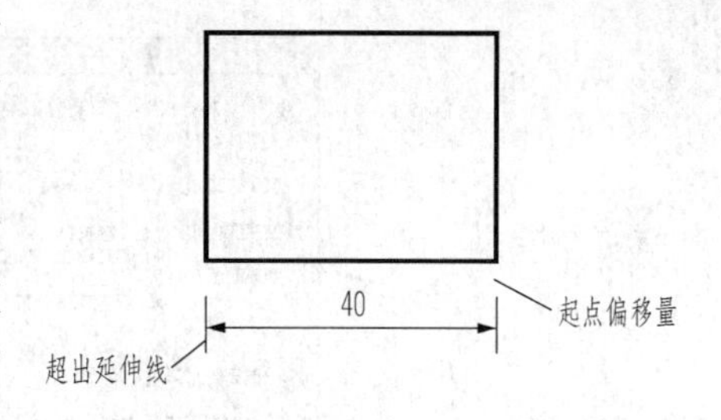

图 7-9 超出尺寸线量和起点偏移量

2.【符号和箭头】选项卡

(1)【箭头】选区。

1)【第一个】下拉列表：设置尺寸线的箭头类型。当改变第一个箭头的类型时，第二个箭头将自动改变以同第一个箭头相匹配，如图 7-10 所示。

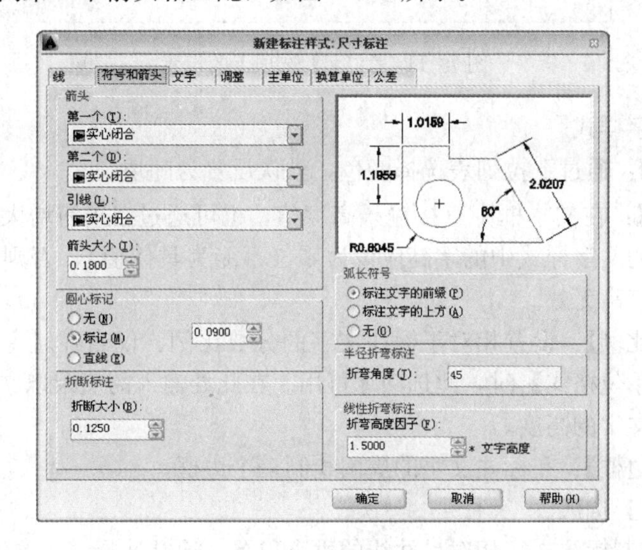

图 7-10 【符号和箭头】选项卡

2)【第二个】下拉列表：当两端箭头类型不同时，也可设置尺寸线的第二个箭头。

3)【引线】：设置引线箭头。

4)【箭头大小】：设置箭头的大小。

(2)【圆心标记】选区。在 AutoCAD 中可以单击【标注】工具栏上的【圆心标记】按钮，迅速对圆或弧的中心进行标记。用此命令之前，可以在【圆心标记】选项区设置圆心标记的样式。

(3)【弧长符号】。【弧长符号】选项区用于设置弧长符号的形式。

(4)【半径标注折弯】。【半径标注折弯】选项区设置折弯标注的折弯角度。

3.【文字】选项卡

单击【文字】选项卡，如图 7-11 所示，该选项卡中包括 3 个选区和 1 个预览框。下面分别介绍各选区常用选项的功能。

(1)【文字外观】选区。

1)【文字样式】：通过下拉列表选择文字样式，也可通过单击按钮打开【文字样式】

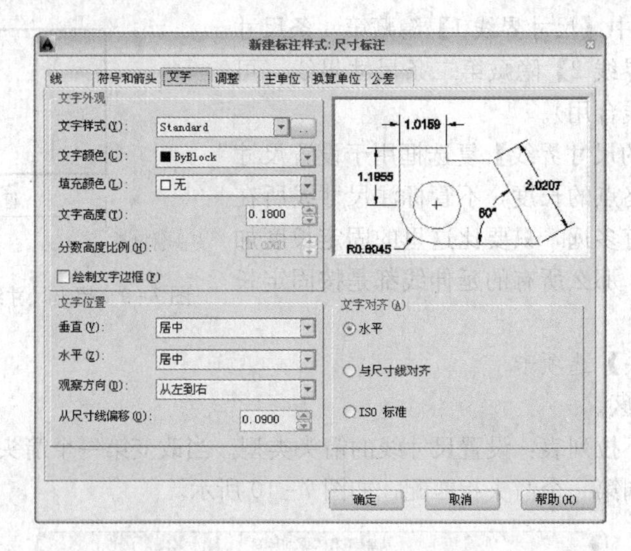

图 7-11　【文字】选项卡的设置

对话框设置新的文字样式。

2）【文字颜色】：通过下拉列表选择颜色，默认设置为随块。

3）【文字高度】：在文本框中直接输入高度值，也可通过按钮增大或减小高度值。需要注意的是，选择的文字样式中的字高应设为零（不能为具体值），否则在【文字高度】文本框中输入的值对字高无效。

4）【分数高度比例】：设置相对于标注文字的分数比例。仅当在【主单位】选项卡上选择“分数”作为【单位格式】时，此选项才可用。在此处输入的值乘以文字高度，可确定标注分数相对于标注文字的高度。

5）【绘制文字边框】：在标注文字的周围绘制一个边框。

（2）【文字位置】选区。

1）【垂直】：控制标注文字相对尺寸线的垂直位置。通常选择“上方”选项。

2）【水平】：控制标注文字相对于尺寸线和尺寸界线的水平位置。通常选择“上方”选项。

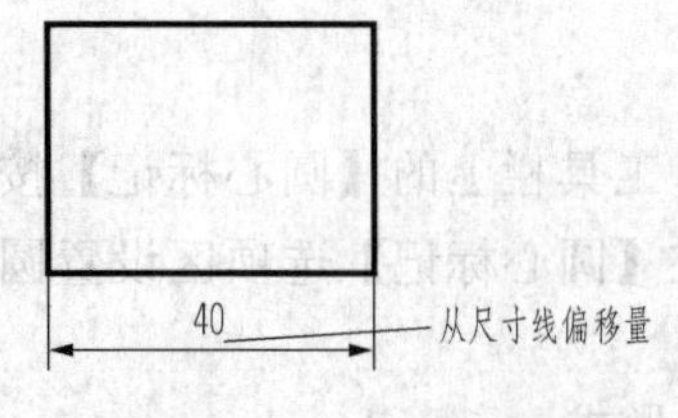

图 7-12　文字从尺寸线偏移量

3）【从尺寸线偏移】：用于确定尺寸文本和尺寸线之间的偏移量，如图 7-12 所示。

（3）【文字对齐】选区。

1）【水平】：无论尺寸线的方向如何，尺寸数字的方向总是水平的。

2）【与尺寸线对齐】：尺寸数字保持与尺寸线平行。

3）【ISO 标准】：当文字在延伸线内时，文字与尺寸线对齐。当文字在延伸线外时，文字水平排列。

4.【调整】选项卡

单击【调整】选项卡，如图 7-13 所示，选项卡中包括 4 个选区和 1 个预览框。下面分别介绍各选区常用选项的功能。

（1）【调整选项】选区。当尺寸界线的距离很小不能同时放置文字和箭头时，进行下述

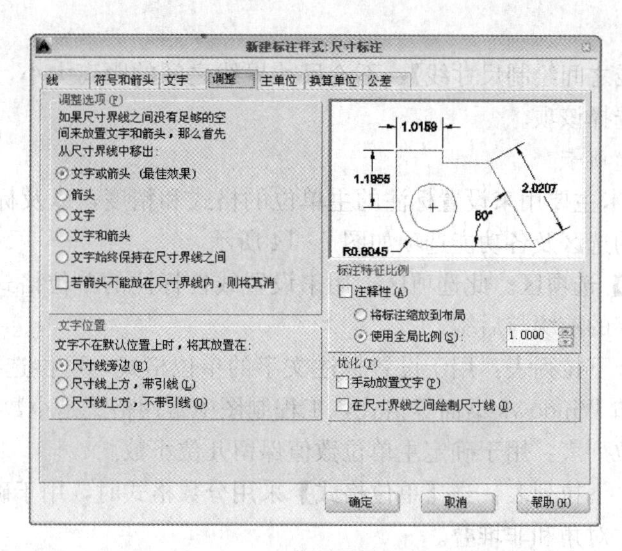

图 7-13 【调整】选项卡

调整：

1)【文字或箭头，取最佳效果】：AutoCAD 根据最好的效果将文字或箭头放在尺寸界线之外。通常选择该选项。

2)【箭头】：首先移出箭头。

3)【文字】：首先移出文字。

4)【文字和箭头】：文字和箭头都移出。

5)【文字始终保持在尺寸界线之间】：不论尺寸界线之间能否放下文字，文字始终在尺寸界线之间。

6)【若不能放在尺寸界线内，则消除箭头】：若尺寸界线内只能放下文字，则消除箭头。

(2)【文字位置】选区。设置标注文字从默认位置（由标注样式定义的位置）移动时标注文字的位置。此项在编辑标注文字时起作用。

1)【尺寸线旁边】：编辑标注文字时，文字只可移到尺寸线旁边。

2)【尺寸线上方，加引线】：编辑标注文字时，文字移动到尺寸线上方时加引线。通常选择该项。

3)【尺寸线上方，不加引线】：编辑标注文字时，文字移动到尺寸线上方时不加引线。

(3)【标注特征比例】选区。

1)【注释性】复选框：选中后，将标注的尺寸设置为注释性对象，可以方便地根据出图比例来调整注释比例，使打印出的图样中各项参数满足要求。当选中【注释性】复选框时，后面的【使用全局比例】和【将标注缩放到布局】选项不可用。

2)【使用全局比例】：以文本框中的数值为比例因子缩放标注的文字和箭头的大小，但不改变标注的尺寸值。(模型空间标注选用此项)

3)【将标注缩放到布局】：以当前模型空间视口和图纸空间之间的比例为比例因子缩放标注（如在图纸空间标注选用此项）。

(4)【优化】选区。

1)【手动放置文字】：进行尺寸标注时标注文字的位置不确定，需要通过拖动鼠标单击来确定。

2）【在尺寸界线之间绘制尺寸线】：不论尺寸界线之间的距离大小，尺寸界线之间必须绘制尺寸线。通常选择该项。

5.【主单位】选项卡

【主单位】选项卡主要用来设置标注的主单位的格式和精度，以及标注文字的前缀和后缀。选项卡中包括的选区及各功能选项如图 7-14 所示。

（1）【线性标注】选项区。此选项区，用来设置线性标注的单位格式、精度、小数分隔符号，以及尺寸文字的前缀与后缀。

1）【单位格式】下拉列表：用于设置标注文字的单位格式，可供选择的有小数、科学、建筑、工程、分数和 Windows 桌面等格式，工程制图中常用格式是小数。

2）【精度】下拉列表：用于确定主单位数值保留几位小数。

3）【分数格式】下拉列表：当【单位格式】采用分数格式时，用于确定分数的格式，有三个选择，即水平、对角和非堆叠。

4）【小数点分隔符】下拉列表：当【单位格式】采用小数格式时，用于设置小数点的格式，根据国家标准设置。

5）【前缀】：输入指定内容，在标注尺寸时，会在尺寸数字前面加上指定内容，如输入%%c，则在尺寸数字前面加上ϕ这个直径符号，这在标注非圆视图上圆的直径非常有效。

6）【后缀】：输入指定内容，在标注尺寸时，会在尺寸数字后面加上指定内容，注意前缀和后缀可以同时加。

（2）【测量单位比例】选项区。设置线性标注测量值的比例因子。AutoCAD 按照此处输入的数值放大标注测量值。例如，如果画了一条 200 个绘图单位长的线，直接默认标注，会标注 200。如果此线表示 100mm 长，则在此处设置测量单位比例为 0.5，AutoCAD 会在标注时自动标注为 100。

（3）【消零】选项区。该选项用于控制前导零和后续零是否显示。选择【前导】，用小数格式标注尺寸时，不显示小数点前的零，如小数 0.500 选择【前导】后显示为 .500。选择【后续】，用小数格式标注尺寸时，不显示小数后面的零，如小数 0.500 选择【后续】后显示为 0.5。

（4）【角度标注】选项区。此选项区用来设置角度标注的单位格式与精度以及消零的情况，设置方法与【线性标注】的设置方法相同，一般【单位格式】设置为“十进制度数”，【精度】为“0.00”。

【新建标注样式】对话框中还有【换算单位】和【公差】两个选项卡。由于这两个选项卡在绘图中很少使用，用户可以根据选项卡中的内容，在实践练习中学习，这里不再做介绍。

7.1.3 创建新的标注样式实例

（1）线性尺寸标注样式。单击下拉菜单：【标注】—【标注样式】打开【标注样式管理器】对话框，单击[新建(N)...]按钮，弹出【创建新标注样式】对话框。在该对话框的【新样式名】编辑框中填写新的标注样式名“线性尺寸”；然后单击[继续]按钮，弹出【修改标注样式：线性尺寸】对话框，在对话框中进行设置。

1）【线】选项卡：基线间距 8；超出尺寸线 3，起点偏移量 0。如图 7-15 所示。

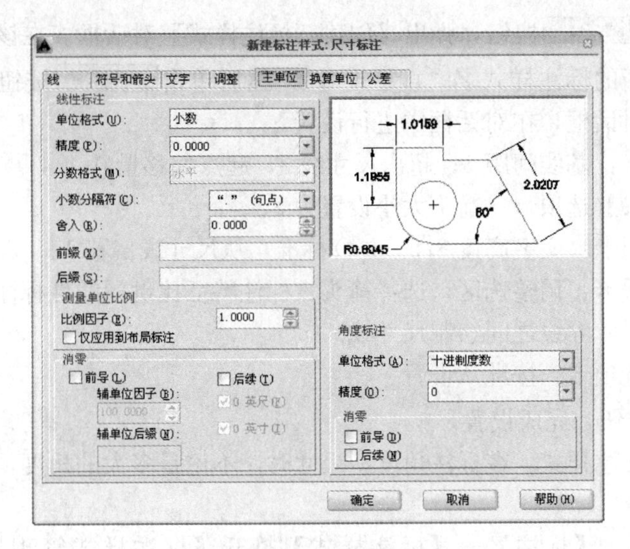

图7-14　【主单位】选项卡

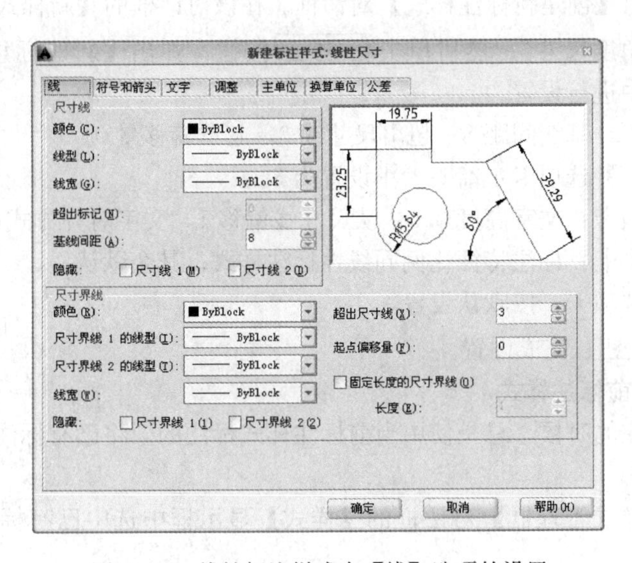

图7-15　线性标注样式中【线】选项的设置

2)【符号与箭头】选项卡：箭头大小设置为3。

3)【文字】选项卡：文字高度3.5，从尺寸线偏移1，创建文字样式为“数字”，文字选择geniso.shx字体。

4)【调整】选项卡：如果设置为注释性对象，应注意文件中注释比例的选取，以使尺寸标注能够以正确的大小显示与打印。如果不设置为注释性对象，则应将全局比例设置得与出图比例相反，其余选项默认。如果采用1∶1的绘图比例，而图样的最终比例是1∶100的话，可在此选择注释性复选框，并将文件右下角的注释比例改为1∶100。

5)【主单位】选项卡：按默认设置。

单击 确定 按钮，完成设置。

(2)直径尺寸标注样式。单击下拉菜单：【标注】—【标注样式】打开【标注样式管理器】对话框，单击新建(N)...按钮，弹出【创建新标注样式】对话框。在该对话框的【新样式名】编辑框中填写新的标注样式名“直径尺寸”；然后单击继续按钮，弹出【新建标注样式：直径尺寸】对话框，在对话框中进行设置。

1）【线】选项卡：基线间距 8；超出尺寸线 3，起点偏移量 0。

2）【符号与箭头】选项卡：箭头大小设置为 3。

3）【文字】选项卡：文字高度 3.5，ISO 标准，从尺寸线偏移 1。

4）【调整】选项卡：调整选区，选择箭头；标注特征比例同线性标注样式；优化选区选手动放置文字，在尺寸界线之间绘制尺寸线。

5）【主单位】选项卡：按默认设置。

单击确定按钮，完成设置。

（3）角度尺寸标注样式。在标注角度型尺寸时，不论是多大的角度，位置如何，都要求将尺寸数字水平放置。

单击下拉菜单：【标注】—【标注样式】打开【标注样式管理器】对话框，单击新建(N)...按钮，弹出【创建新标注样式】对话框。在该对话框的【新样式名】编辑框中填写新的标注样式名“角度尺寸”；然后单击继续按钮，弹出【新建标注样式：角度尺寸】对话框，在对话框中进行设置。

1）【线】选项卡：基线间距 8；超出尺寸线 3，起点偏移量 0。

2）【符号与箭头】选项卡：箭头大小设置为 3。

3）【文字】选项卡：文字高度 3.5，从尺寸线偏移 1，文字对齐方式设为水平。

4）【调整】选项卡：标注特征比例同线性标注样式；其余默认。

5）【主单位】选项卡：按默认设置。

单击确定按钮，完成设置。

7.1.4 设置当前标注样式

在进行尺寸标注的时候，总是使用当前标注样式标注的。将已有标注样式置为当前样式的方法如下：

（1）在【标注样式管理器】对话框的【样式】显示框中选中已有标注样式，然后单击置为当前(U)按钮。

（2）在【标注样式管理器】对话框的【样式】显示框中选中已有标注样式，单击右键选择快捷菜单中的【置为当前】选项，如图 7 - 16 所示。

（3）在【标注】工具栏或【样式】工具栏的【标注样式控制】下拉列表中，选择其中一种标注样式单击将其置为当前，如图 7 - 17 所示。

图 7 - 16 【样式】快捷菜单

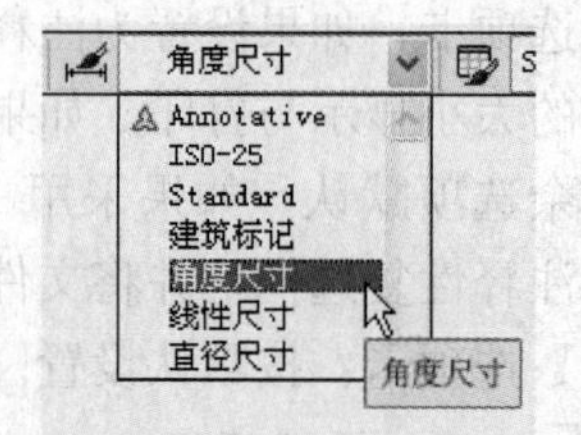

图 7 - 17 【标注】工具栏的【标注样式控制】下拉列表

7.1.5 修改、替代标注样式

在【标注样式管理器】对话框中可以修改、替代、删除已创建的标注样式。

（1）修改标注样式。在【标注样式管理器】对话框的【样式】显示框中选中一个标注样式，如选择“线性尺寸”样式，然后单击修改(M)...按钮，弹出【修改标注样式：线性尺寸】对话框，如图7-18所示。该对话框与【新建标注样式：线性尺寸】对话框的内容完全一样，在对话框的各选项卡中进行修改，然后单击确定按钮返回【标注样式管理器】对话框，再单击关闭按钮退出对话框完成标注样式的修改操作。

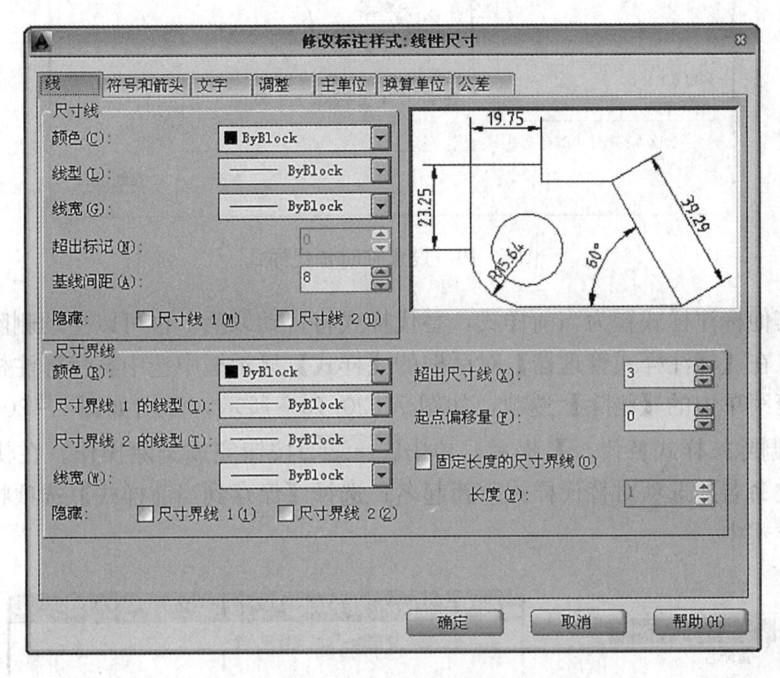

图7-18 【修改标注样式：线性尺寸】对话框

（2）替代标注样式。替代标注样式只是临时在当前标注样式的基础上做部分调整，并替代当前样式进行尺寸标注。它并不是一个单独的新样式，同时所做的部分调整也不保存在当前样式中。当替代标注样式被取消后，当前标注样式的设置不会发生改变，并且不影响使用替代标注样式已经标注的尺寸样式。

只有当前标注样式，才能执行替代操作。因此，如果标注样式不为当前样式，首先在【标注样式管理器】对话框的【样式】显示框中选中一个标注样式，如“线性尺寸”样式。然后单击置为当前(U)按钮将其置为当前，这时替代(O)...按钮可用。单击替代(O)...按钮，弹出【替代当前样式：线性尺寸】对话框，该对话框与【新建标注样式：线性尺寸】对话框的内容完全一样，在对话框的各选项卡中做部分改动，然后单击确定按钮返回【标注样式管理器】对话框。这时，在【标注样式管理器】对话框的【样式】显示框中添加了“样式替代”的字样（如图7-19所示）。再单击关闭按钮退出对话框完成标注样式的替代操作。

从设置替代样式为当前标注样式开始，以后的尺寸标注都采用该替代样式进行标注，直到将其他标注样式置为当前样式或将替代样式删除。

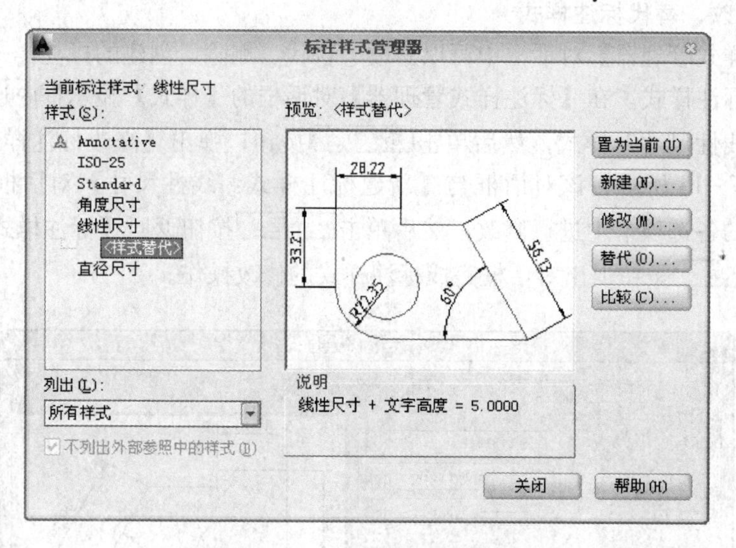

图 7-19　设置临时替代样式

一旦将其他标注样式置为当前样式，替代样式将自动取消。也可以主动删除替代标注样式，方法是：在【标注样式管理器】对话框的【样式】显示框中选中替代标注样式，单击右键，选择快捷菜单中的【删除】选项，如图 7-20（a）所示，弹出如图 7-20（b）所示的【是否确实要删除＜样式替代＞】提示，单击 是(Y) 按钮完成删除操作。在快捷菜单中还可以选择【重命名】选项对替代样式重新起名；选择【保存到当前样式】选项将所做的更改保存到当前样式中。

(a)　　(b)

图 7-20　【样式替代】快捷菜单和删除样式替代的提示

(a) 快捷菜单；(b) 提示

(3) 删除标注样式。可以使用如图 7-16 所示的快捷菜单删除已有的标注样式。还可以在【标注样式管理器】对话框的【样式】显示框中选中标注样式，单击右键，选择快捷菜单中的【删除】选项，屏幕上会弹出系统提示，单击 是(Y) 按钮完成删除操作。

应注意的是，当前标注样式和正在使用的标注样式不能删除，其右键快捷菜单的【删除】选项不可用。

7.2 尺 寸 标 注

尺寸标注样式设置好之后就可以进行尺寸标注了。AutoCAD 提供了多种尺寸标注的方式，每一种标注方式都有其对应的标注命令。下面分别介绍常用的几种尺寸标注方式。

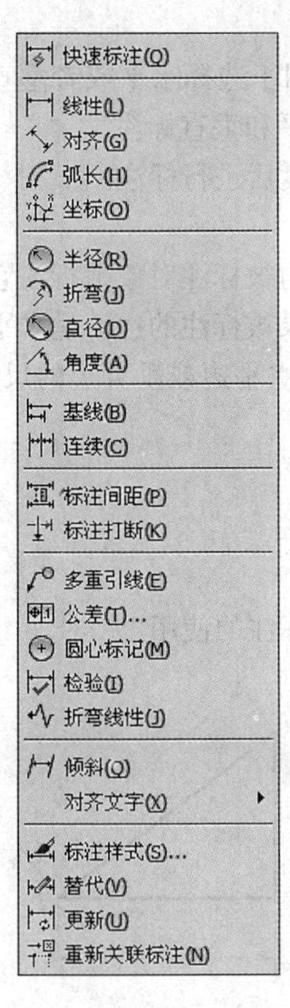

图 7-21 【标注】下拉菜单

7.2.1 线性标注

线性尺寸标注，是指标注对象在水平或垂直方向的尺寸。启动【线性】标注命令的方法如下：

(1) 下拉菜单：【标注】—【线性】(如图 7-21 所示)。

(2)【标注】工具栏按钮：(如图 7-22 所示)。

(3) 命令行：dimlinear。

【例 7-1】 下面以矩形为例介绍【线性】标注的使用，如图 7-23 所示。

使用上述创建的“线性尺寸”样式进行标注，即将该样式置为当前样式后，再执行以下程序操作。

(1) 单击菜单栏【标注】—【线性】，启动【线性】标注命令。

(2) 捕捉矩形左上角点，再捕捉矩形的右上角点，上移光标到合适位置单击标注水平尺寸。

(3) 再次启动【线性】标注命令。

(4) 捕捉矩形右下角点，在捕捉矩形的右上角点，右移光标到合适位置单击标注垂直尺寸。

在命令行提示“指定尺寸线位置或 [多行文字 (M) /文字 (T) /角度 (A) /水平 (H) /垂直 (V) /旋转 (R)]:”时，也可以通过输入 h 或 v 选择尺寸标注的方向。其余选项的含义分别如下。

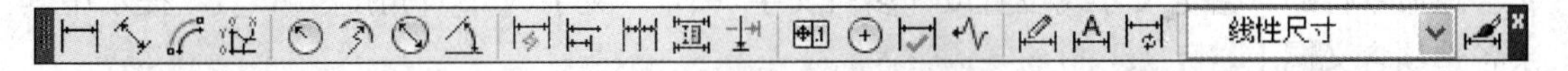

图 7-22 【标注】工具栏

【多行文字 (M)】：在提示后输入“m”，就可以打开【文字格式】对话框，如图 7-24 所示，在文字框中显示可编辑状态的数字，代表的是 AutoCAD 自动测量的尺寸数字，用户可以在里面加上需要的字符。编辑完毕，单击 确定 按钮即可。

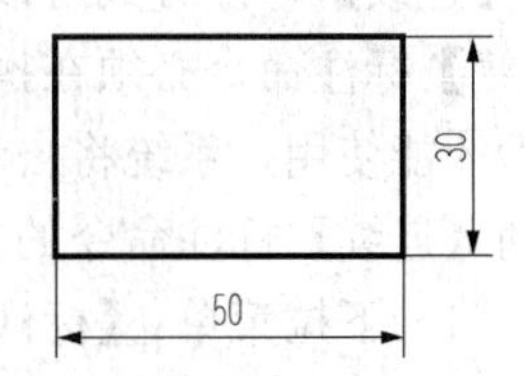

图 7-23 【线性】标注实例

【文字 (T)】：以单行文本形式输入尺寸文字内容。

【角度 (A)】：设置尺寸文字的倾斜角度。当输入 45°角度

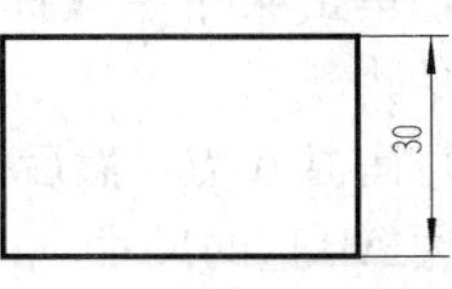

图 7-24 【文字格式】对话框

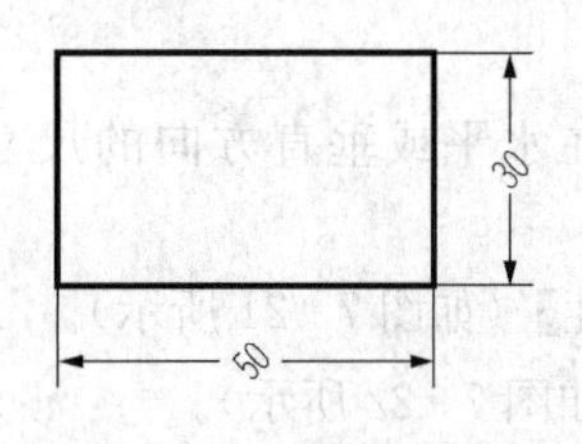

图 7-25 对尺寸文字设置角度效果

时，效果如图 7-25 所示。

【水平（H）】和【垂直（V）】：用于选择水平或者垂直标注，或者通过拖动鼠标也可以切换水平和垂直标注。

【旋转 R】：将尺寸线旋转一定角度后进行标注。

7.2.2 对齐标注

对齐尺寸标注可以让尺寸线始终与被标注对象平行，它也可以标注水平或垂直方向的尺寸，如果被标注的边不是水平或垂直边，可以使用【对齐】标注，当然【对齐】标注同样可以标注水平边或垂直边的尺寸。启动【对齐】标注命令的方法如下：

（1）下拉菜单：【标注】—【对齐】。

（2）【标注】工具栏按钮：。

（3）命令行：dimaligned。

【例 7-2】 标注如图 7-26 所示三角形的尺寸，练习【对齐】标注的使用。

操作步骤：

（1）单击菜单栏【标注】—【对齐】，启动【对齐】标注命令。

（2）捕捉 A 点，然后捕捉 B 点，移动光标，尺寸线始终保持与斜边 AB 平行来回移动，在合适位置单击标注 AB 边尺寸。

（3）再次启动【对齐】标注命令。

（4）捕捉 C 点，然后捕捉 B 点，光标下移到合适位置单击标注 CB 边尺寸。

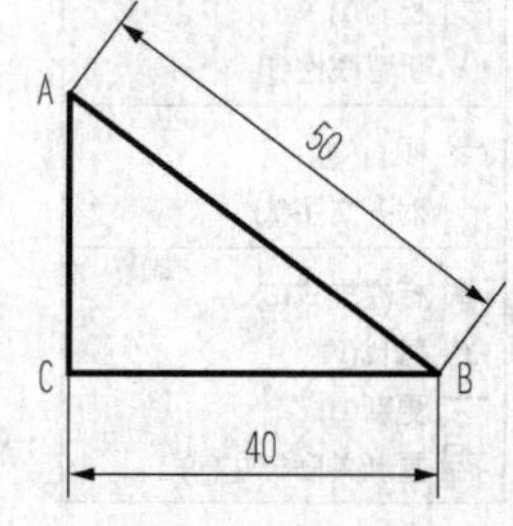

图 7-26 【对齐】标注实例

在命令行的“指定尺寸线位置或［多行文字（M）/文字（T）/角度（A）］：”提示中其余各选项含义同上。

7.2.3 连续标注

【连续】标注方式可以在执行一次标注命令后，在图形的同一方向连续标注多个尺寸。【连续】标注命令必须在执行了【线性】标注、【对齐】标注、【角度】标注或【坐标】标注之后才能使用，系统将自动捕捉到上一个标注的第二条尺寸界线作为【连续标注】的起点。启动【连续】标注命令的方法如下：

（1）下拉菜单：【标注】—【连续】。

（2）【标注】工具栏按钮：。

（3）命令行：dimcontinue。

【例 7-3】 使用【连续】标注对图 7-27 所示的图形进行尺寸标注。

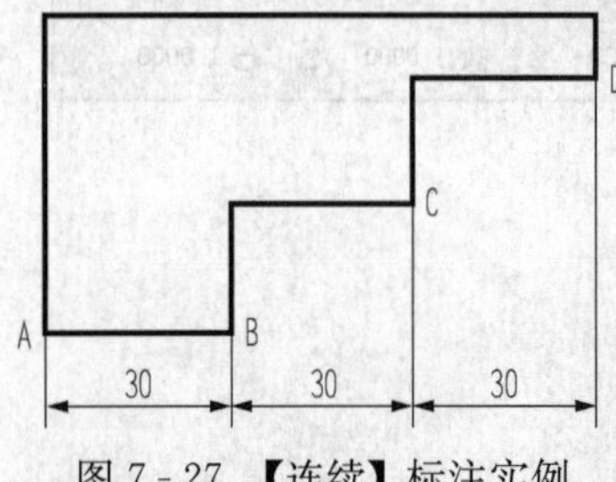

图 7-27 【连续】标注实例

首先使用【线性】标注方式对 AB 边进行标注。

（1）单击菜单栏【标注】—【线性】，启动【线性】标注命令。

（2）捕捉 A 点，然后捕捉 B 点，光标下移到合适位置单击标注 AB 边的尺寸。

（3）单击菜单栏【标注】—【连续】，启动【连续】标注命令。

（4）捕捉 C 点，然后捕捉 D 点，回车结束选择，再回车结束命令。

在命令行的“指定第二条尺寸界线原点或［放弃（U）/选择（S）］＜选择＞：”提示中其余各选项含义如下：

【放弃（U）】：放弃上一步的操作。

【选择（S）】：输入 s 后，用户可以自主选择【线性】标注、【对齐】标注、【角度】标注或【坐标】标注中的尺寸界线作为【连续】标注的第一条尺寸界线。

7.2.4　基线标注

【基线】标注是将上一个标注的基线或指定的基线作为标注基线，执行连续的【基线】标注，所有的【基线】标注共用一条基线。它与【连续】标注相似，必须事先执行［线性］、［对齐］或【角度】标注。默认情况下，系统自动以上一个标注的第一条尺寸界线作为【基线】标注的基线；基线也可以由用户来指定。启动【基线】标注命令的方法如下：

（1）下拉菜单：【标注】—【基线】。

（2）【标注】工具栏按钮：。

（3）命令行：dimbaseline。

【例 7-4】　对图 7-28 所示的图形指定基线，进行【基线】标注。

首先使用【线性】标注方式对 AB 边进行标注。

（1）单击菜单栏【标注】—【线性】，启动【线性】标注命令。

（2）捕捉 A 点，然后捕捉 B 点，光标下移到合适位置单击标注 AB 边的尺寸。

（3）单击菜单栏【标注】—【基线】，启动【基线】标注命令。

（4）捕捉 C 点，然后捕捉 D 点，回车结束选择，再回车结束命令。

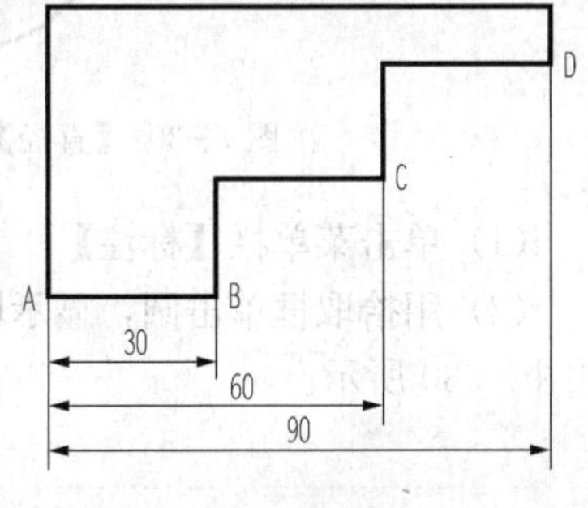

图 7-28　【基线】标注实例

当用户对并联标注方式中的基线间距不满意时，可利用标注工具栏的按钮，进行调整。

7.2.5　半径标注

半径标注用来标注圆或圆弧的半径。启动【半径】标注命令的方法如下：

（1）下拉菜单：【标注】—【半径】。

（2）【标注】工具栏按钮：。

（3）命令行：dimradius。

【例 7-5】　使用【半径】标注对图 7-29 所示的图形进行半径标注。

操作步骤：

（1）单击菜单栏【标注】—【半径】，启动【半径】标注命令。

（2）用拾取框单击圆，显示圆的半径长度，移动光标到合适位置单击确定尺寸线位置，如图 7-29 所示。

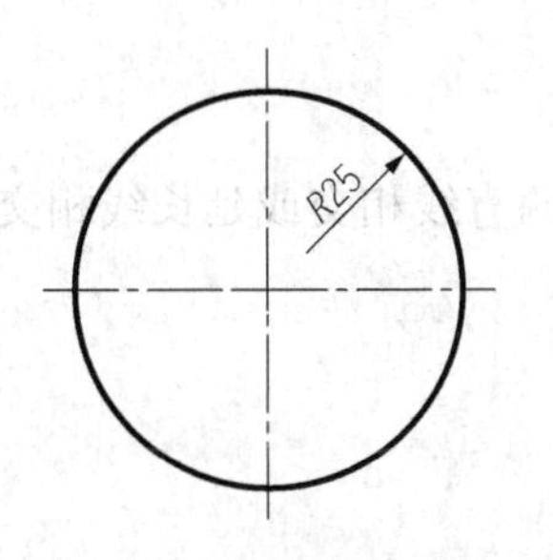

图 7-29　【半径】标注实例

系统会自动在半径标注的尺寸文字前加注字母R，同时根据光标的位置可以将尺寸文字放置在圆的内部或外部。

7.2.6　直径标注

直径标注用来标注圆或圆弧的直径。启动【直径】标注命令的方法如下：

（1）下拉菜单：【标注】—【直径】。

（2）【标注】工具栏按钮：。

（3）命令行：dimdiameter。

【例7-6】　对图7-30所示的图形进行【直径】标注。

依然使用前文中创建的“直径尺寸”样式。

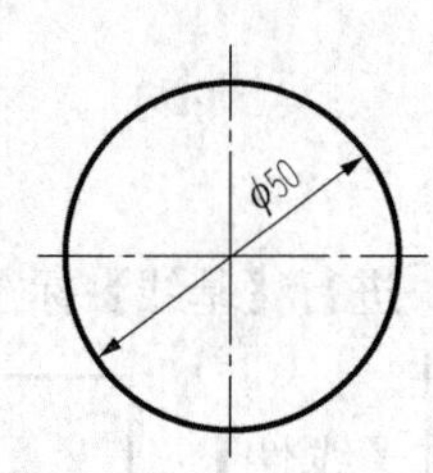

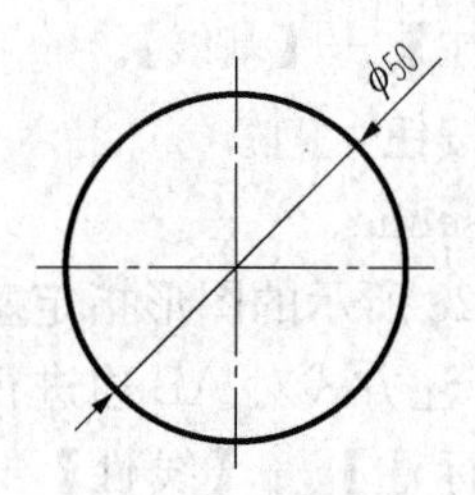

图7-30　【直径】标注实例（尺寸文字分别位于圆的内部和外部）

（1）单击菜单栏【标注】—【直径】，启动【直径】标注命令。

（2）用拾取框单击圆，显示圆的直径长度，移动光标到合适位置单击确定尺寸线位置，如图7-30所示。

系统会自动在直径标注的尺寸文字前加注字母ϕ，同时根据光标的位置可以将尺寸文字放置在圆的内部或外部。可以使用夹点来改变标注尺寸线的角度。

7.2.7　圆心标注

平时绘制圆或圆弧，它们的圆心位置并不显现。【圆心】标注命令可以对圆心进行标记，使得圆心位置非常明显。启动【圆心】标注命令的方法如下：

（1）下拉菜单：【标注】—【圆心】。

（2）【标注】工具栏按钮：。

（3）命令行：dimcenter。

7.2.8　角度标注

可以标注圆弧对应的圆心角、两条不平行直线之间的角度（两直线相交或延长线相交均可）。启动【角度】标注命令的方法如下：

（1）下拉菜单：【标注】—【角度】。

（2）【标注】工具栏按钮：。

（3）命令行：dimangular。

国家标准规定，在标注角度尺寸时角度数字一律水平书写。在进行角度尺寸标注之前，要将【角度】标注样式置为当前，否则就会出现图 7-31（a）所示的不合要求的标注效果。

命令：_ dimangular //执行【角度】标注命令
选择圆弧、圆、直线或 <指定顶点>：//用拾取框单击角度的斜边
选择第二条直线：//用拾取框单击角度的水平边
指定标注弧线位置或［多行文字（M）/文字（T）/角度（A）］：
//移动光标可以标注角度的内角（锐角角）或补角（钝角），在合适位置单击标注角度
标注文字 = 45 //显示角度值

7.2.9 快速标注

【快速】标注是通过选择图形对象本身来执行一系列的尺寸标注。当标注多个圆、圆弧的直径或半径时，【快速】标注显得十分有效。启动【快速】标注命令的方法如下：

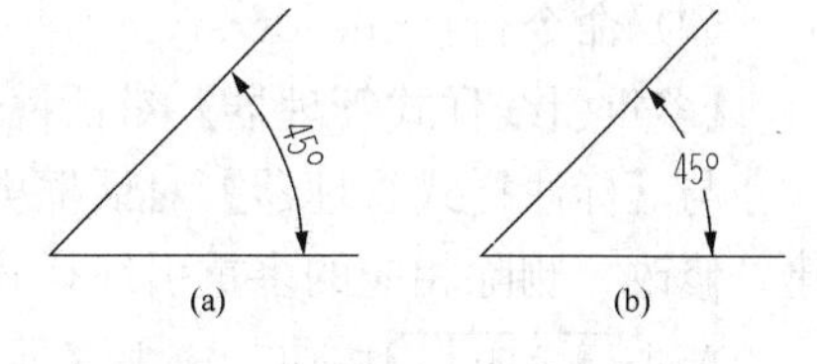

图 7-31 【角度】标注实例
（a）不正确；（b）正确

（1）下拉菜单：【标注】—【快速】。

（2）【标注】工具栏按钮：。

（3）命令行：qdim。

【例 7-7】 如图 7-32 所示，对图形进行【快速】标注。

操作步骤：

（1）单击菜单栏【标注】—【快速】，启动【快速】标注命令。

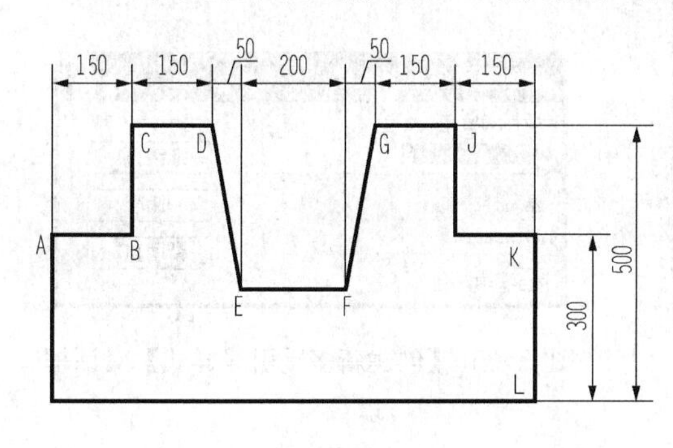

图 7-32 【快速】标注实例

（2）选择要标注的几何图形，用拾取框单击 AB 线段、CD 线段、EF 线段、GH 线段和 JK 线段，回车结束选择。

（3）指定尺寸线位置，光标上移在合适位置单击标注水平尺寸。

（4）再次启动【快速】标注命令。

（5）选择要标注的几何图形：用拾取框单击 LK 线段和 JH 线段，回车结束选择。

（6）输入 b 回车，选择【基线】标注方式，光标右移在合适位置单击标注垂直尺寸。

在命令行提示“指定尺寸线位置或［连续（C）/并列（S）/基线（B）/坐标（O）/半径（R）/直径（D）/基准点（P）/编辑（E）/设置（T）］<连续>：”时，输入相应的字母来选择需要的标注方式。

7.2.10 多重引线标注

引线标注功能，专门设置了【多重引线】工具栏。可以在任意工具栏上单击鼠标右键选中调出，也可在“二维草图与注释”界面中的面板选项板中直接找到，如图 7-33 所示。启动【多重引线】标注命令的方法有：

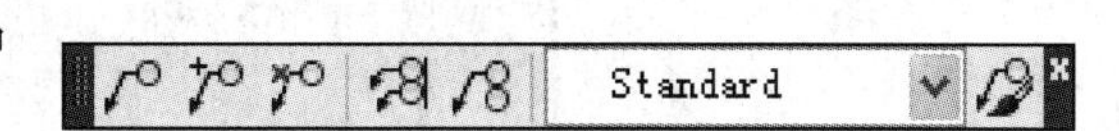

图 7-33 【多重引线】工具栏

（1）下拉菜单：【标注】—【多重引线】。

（2）【多重引线】工具栏按钮：。

（3）命令行：mleader。

启动该命令后，命令行提示以下信息：

指定引线箭头的位置或［引线基线优先（L）/内容优先（C）/选项（O）］＜选项＞：

这时，直接单击确定引线箭头的位置，然后在打开的文字输入窗口中输入注释内容即可。

当用户对目前默认的引线标注样式不满意时，可以进行修改，或者建立自己需要的引线标注样式。这些操作都可以通过【多重引线样式管理器】来实现。打开该管理器的方法如下：

（1）下拉菜单【格式】—【多重引线样式】。

（2）多重引线工具栏：。

（3）命令行：mleaderstyle。

【多重引线样式管理器】对话框如图 7-34 所示。

与【标注样式管理器】对话框类似，通过【多重引线样式管理器】对话框，用户可以新建、修改、删除相应的多重引线样式。

单击 新建(N)... 按钮，出现【创建新多重引线样式】对话框，如图 7-35 所示。在【新样式名】中输入要创建的新样式的名称，然后单击 继续(O) 按钮，弹出【修改多重引线样式】对话框，如图 7-36 所示。

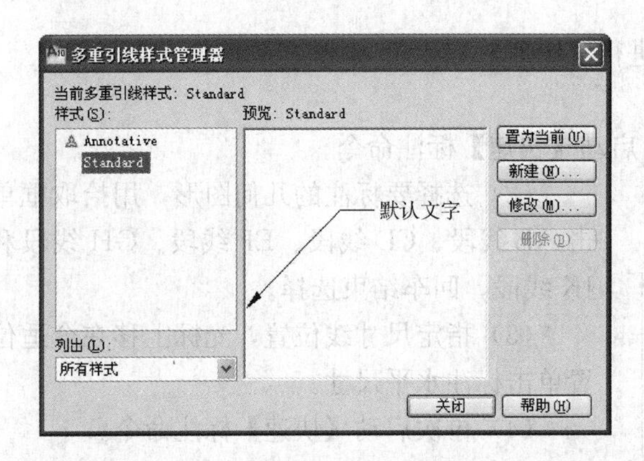

图 7-34 【多重引线样式管理器】对话框

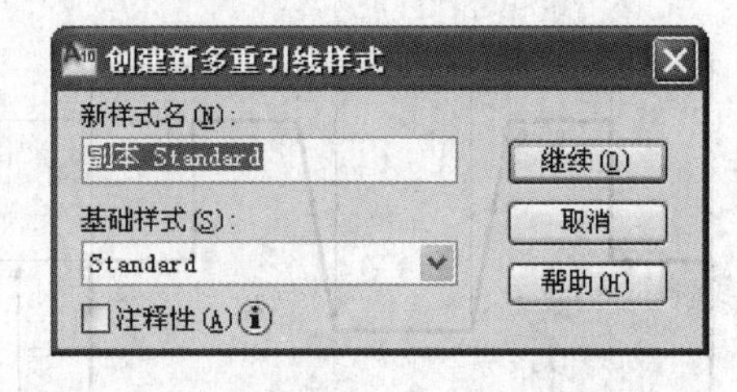

图 7-35 【创建新多重引线样式】对话框

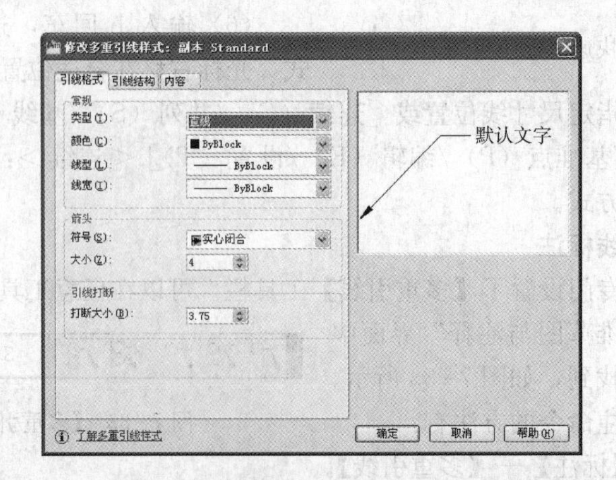

图 7-36 【修改多重引线样式】对话框

在【修改多重引线样式】对话框中，有【引线格式】、【引线结构】、【内容】三个选项卡。在【引线格式】选项卡中，可以设置引线的线型、颜色、类型、线宽以及箭头的样式、大小等。在【引线结构】选项卡中，可以设置引线的约束数目和角度、基线样式以及引线比例、是否设置为注释性对象等。在【内容】选项卡，可是对文字类型样式、引线连接方式进行设置。

当用户进行多重引线标注后，还可以通过【多重引线】工具栏中的按钮进行引线的添加、删除、对齐、合并等操作。

7.2.11　坐标标注

【坐标】标注用来标注某点 X、Y 的坐标。启动【坐标】标注命令的方法如下：

(1) 下拉菜单：【标注】—【坐标】。

(2)【标注】工具栏按钮：。

(3) 命令行：dimordinate。

命令行会提示“指定引线端点或［X 基准（X）/Y 基准（Y）/多行文字（M）/文字（T）/角度（A）］:”时，可在图形中选择，也可以输入 x 或 y 来选择标注 X 坐标或 Y 坐标。提示中的其余选项含义与【线性】标注相同。

7.2.12　折断标注

标注过程有时会出现尺寸界线或尺寸线之间相交的情况，如图 7-37（a）所示，这会使标注显得较乱，为了使标注更加清晰，层次分明，可利用【折断】标注功能。

启动【折断】标注命令的方法如下：

(1) 下拉菜单：【标注】—【折断】。

(2)【标注】工具栏按钮：。

(3) 命令行：dimbreak。

启动该命令后，命令行提示以下信息：

```
命令：_ dimbreak          //启动标注折断命令
选择标注或［多个（M）］：  //选择一个或多个要被打断的标注
选择要打断标注的对象或［自动（A）/恢复（R）/手动（M）］<自动>：  //选择要保留的对象
选择要打断标注的对象：  //进一步选择或回车结束选择
```

如图 7-37（b）所示，是先选择横向 1500 和 1000 的尺寸作为被打断的标注，然后选择竖向最下方的 1000 作为要打断标注的保留对象的结果。

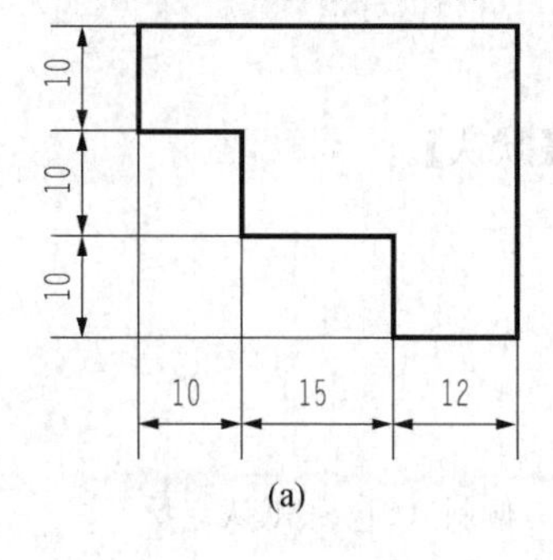

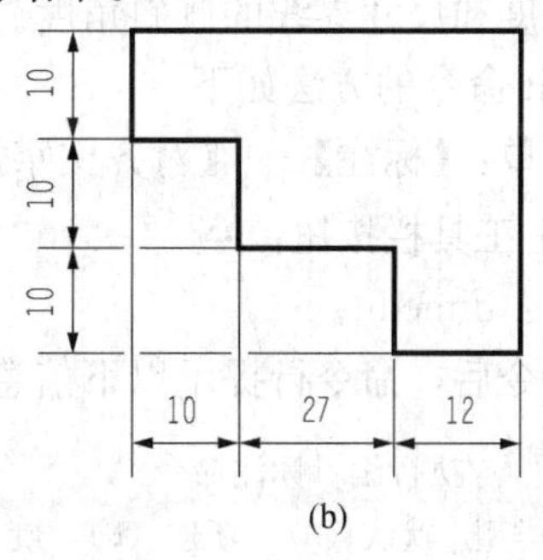

图 7-37　【折断】标注实例

(a) 尺寸线相交；(b) 折断标准

7.2.13 折弯线性标注

启动【折弯线性】标注命令的方法如下：

（1）下拉菜单：【标注】—【折弯线性】。

（2）【标注】工具栏按钮：。

（3）命令行：dimjogline。

启动该命令后，命令行提示以下信息：

```
命令：dimjogline
选择要添加折弯的标注或［删除（R）］：   //选择要添加折弯的标注或者输入R选择要删除的折弯标注
指定折弯位置（或按ENTER键）：          //指定折弯位置或回车默认折弯位置
```

图7-38（b）是图7-38（a）添加折弯线性标注后的效果。

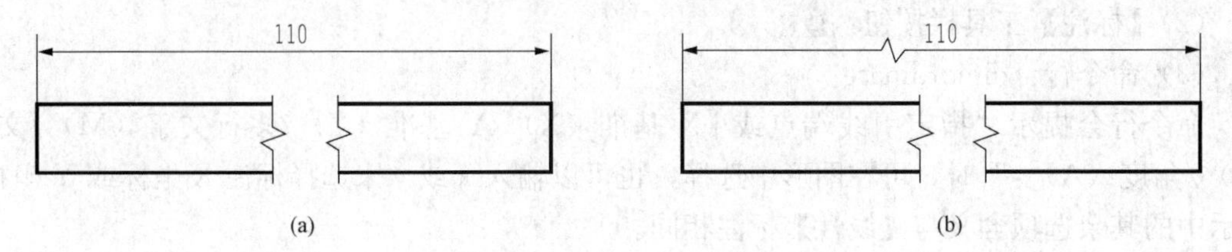

图7-38 折弯标注效果

（a）标注前；（b）标注后

7.3 修改尺寸标注

当用户需要修改已有的尺寸标注时，可以通过多种方法来实现：①使用编辑标注命令dimedit对标注的文字内容和尺寸界线进行修改；②使用编辑标注文字命令dimtedit修改标注文字的位置和旋转角度；③通过更新标注样式将所有采用该样式的尺寸标注全部进行修改；④将部分尺寸标注的标注样式套用另一种标注样式，从而使所选尺寸标注完全符合另一种样式的设置。前两种方法是对尺寸标注中的组成部分进行修改；后两种方法是对整个尺寸标注的样式进行修改。

7.3.1 编辑标注

编辑标注命令可以修改尺寸标注的文字和尺寸界线的旋转角度等，这个命令先设置修改的元素，然后选择对象。用户可以使用dimedit命令来修改一个或多个尺寸标注中的标注文字内容、旋转角度和尺寸界线的倾斜角度。

启动dimedit命令的方法如下：

（1）下拉菜单：【标注】—【对齐文字】—【默认】。

（2）【标注】工具栏按钮：。

（3）命令行：dimedit。

执行上述命令后，命令行提示以下信息：

```
命令：dimedit  //执行编辑标注命令
输入标注编辑类型［默认（H）/新建（N）/旋转（R）/倾斜（O）］<默认>：
```

上述命令行提示中各选项的含义如下：

(1)“默认（H)”表示按默认方式放置尺寸文字。

(2)“新建（N)”表示选择此选项会打开多行文字编辑器，在编辑器中修改编辑尺寸文字，注意编辑器中显示的“<>”是默认尺寸数字。

(3)“旋转（R)”表示将尺寸数字旋转指定角度，如图7-39中的尺寸数字“80”。

(4)“倾斜（O)”表示将尺寸界线倾斜指定角度，如图7-39中垂直尺寸标注。

【例7-8】 将图7-39中的尺寸标注修改为如右图所示的样子。其中，将标注文字80旋转45°，将垂直尺寸标注的尺寸界线倾斜30°。

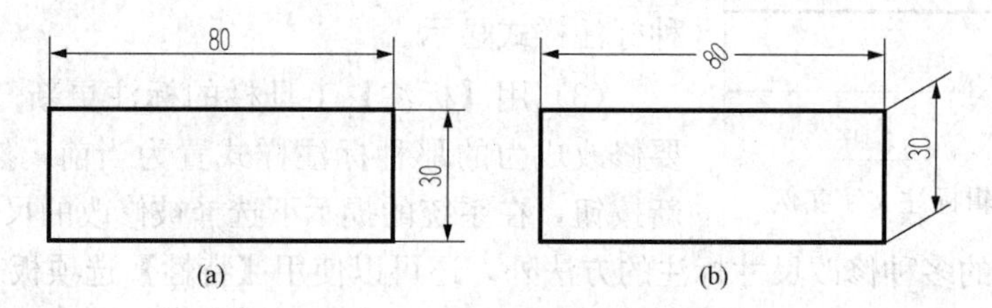

图7-39 编辑标注实例

(a) 旋转后；(b) 倾斜后

操作步骤：

(1) 单击【尺寸】标注工具栏中的【编辑】标注按钮，启动【编辑】标注命令。

(2) 输入r，选择旋转选项，输入旋转角度45，选择修改对象尺寸80，回车结束命令。

(3) 再次启动【编辑】标注命令。

(4) 输入o选择倾斜选项，选择修改对象尺寸30，回车结束选择，输入倾斜角度30，回车结束命令。

7.3.2 编辑标注文字

用户可以使用dimtedit命令来修改标注文字的位置及旋转角度。启动dimtedit命令的方法如下：

(1) 下拉菜单：【标注】—【对齐文字】/除【默认】外的其他选项之一。

(2)【标注】工具栏按钮：。

(3) 命令行：dimtedit。

执行上述命令后，命令行提示以下信息：

```
命令：dimtedit  //执行编辑标注文字命令
选择标注：      //选择标注
指定标注文字的新位置或[左（L）/右（R）/中心（C）/默认（H）/角度（A）]：
```

上述命令行提示中各选项的含义如下。

(1)“左（L)”和“右（R)”表示尺寸文字靠近尺寸线的左边或右边。

(2)“中心（C)”表示尺寸文字放置在尺寸线的中间。

(3)“默认（H)”表示按照默认位置放置尺寸文字。

(4)“角度（A)”表示将标注的尺寸文字旋转指定角度，如图7-40所示。

7.3.3 更新标注样式

更新标注样式有以下几种方法：

(1) 更新尺寸标注样式。要修改用某一种样式标注的所有尺寸，用户只在【标注样式管

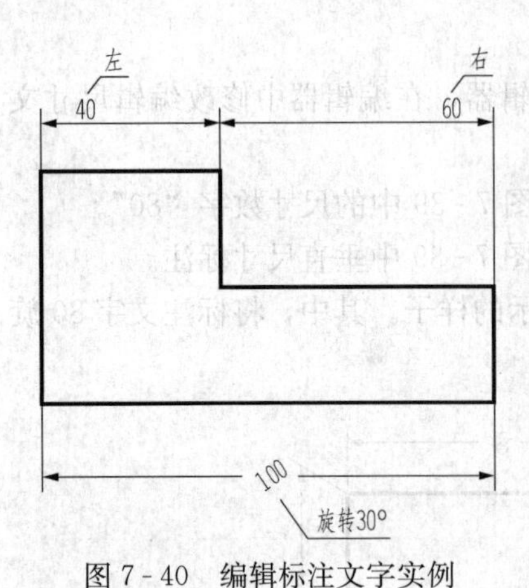

图 7-40 编辑标注文字实例

理器】对话框中修改这个标注样式即可。在完成修改的同时，绘图区域中所有使用该样式的尺寸标注都将随之更改。

（2）套用另一种标注样式。在绘图区域选中需要修改的一个或多个尺寸标注，单击【标注】工具栏中【标注样式控制】列表的按钮，在列表中选中另外一种标注样式，然后按 Esc 键，则所选尺寸标注完全按照另一种标注样式显示。

（3）用【标注】工具栏的标注更新按钮。首先将要修改成为的那种标注样式置为当前，然后单击标注更新按钮，在系统的提示下选择被修改的尺寸标注。

除以上介绍的多种修改尺寸标注的方法外，还可以使用【特性】选项板来进行修改。

7.4 公 差 标 注

公差标注分尺寸公差标注和形位公差标注两种形式。

7.4.1 尺寸公差标注

标注尺寸公差有两种方法。

（1）选定一种标注样式进行尺寸标注，然后选中该尺寸，单击按钮，弹出【特性】对话框，如图 7-41 所示。在该对话框中，选定公差形式，公差精度，公差高度，填入上偏差、下偏差。最后，关闭该对话框。按 Esc 键一次。

（2）选定一种标注样式在进行尺寸标注时，选择“多行文字（M）”选项，弹出【文字格式】对话框，如图 7-42 所示。在该对话框中，输入该尺寸和上偏差、下偏差，在上偏差和下偏差之间输入“^”，选中上偏差、下偏差，单击【堆叠】按钮，变成上下两部分，其间没有横线。

【例 7-9】 给图 7-43 所示矩形尺寸和尺寸公差标注。

操作步骤如下：

（1）执行菜单【标注】—【线性】，启动【线性】标注命令，标注矩形宽度尺寸 80，回车，结束命令。

（2）回车再次启动【线性】标注命令，输入 m，选择“多行文字”选项，弹出【文字格式】对话框，如图 7-41 所示。

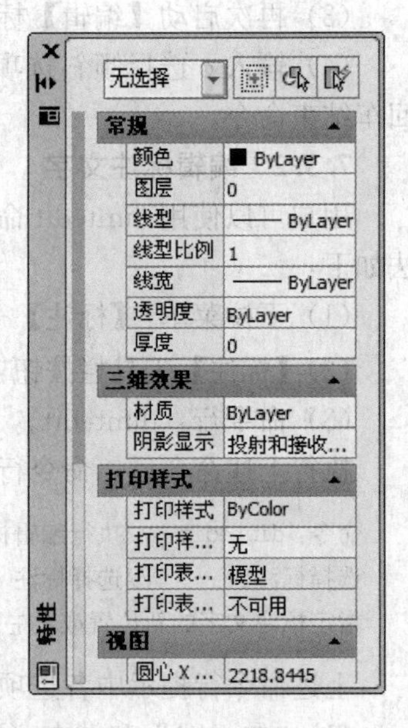

图 7-41 【特性】对话框

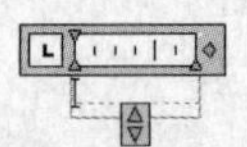

图 7-42 【文字格式】对话框

在该对话框中，输入 120—0.012^ —0.047，如图 7-44 所示。

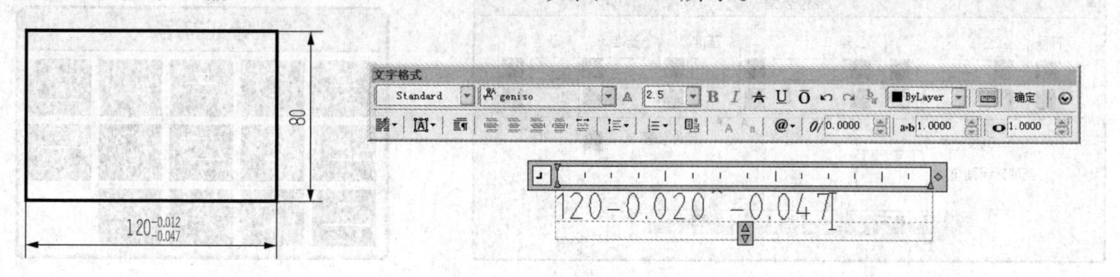

图 7-43 矩形尺寸和尺寸公差标注

图 7-44 输入长度尺寸及尺寸公差

（3）再选中—0.012^—0.047，如图 7-45 所示。单击【堆叠】按钮并确定，完成矩形长度尺寸 $120^{-0.012}_{-0.047}$ 的标注，如图 7-46 所示。

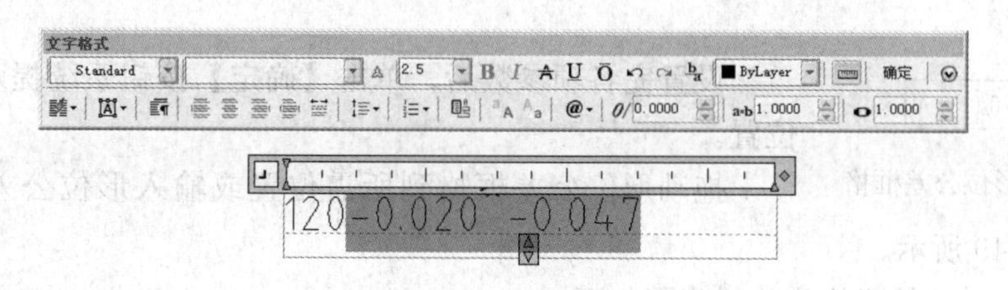

图 7-45 选中尺寸公差

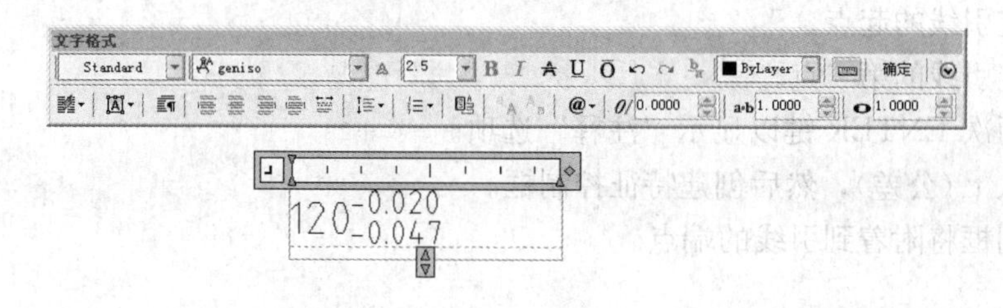

图 7-46 【堆叠】尺寸公差

7.4.2 标注形位公差

形位公差注写方式是确定形位公差框格内各项内容，并动态的将其拖动到指定位置。AutoCAD 提供了符合国家标准规定的有关形位公差的标注方法。

用户可以使用 dimtedit 命令来修改标注文字的位置及旋转角度。启动 dimtedit 命令的方法如下：

（1）下拉菜单：【标注】—【公差】。

（2）【标注】工具栏【公差】按钮。

（3）命令行：tolerance。

执行上述命令后，AutoCAD 自动弹出【形位公差】对话框，如图 7-47 所示。

在【形位公差】对话框中，单击【符号】方框时，弹出【符号】对话框，如图 7-48 所示。

在【符号】对话框中，点取一个符号，自动回到【形位公差】对话框。

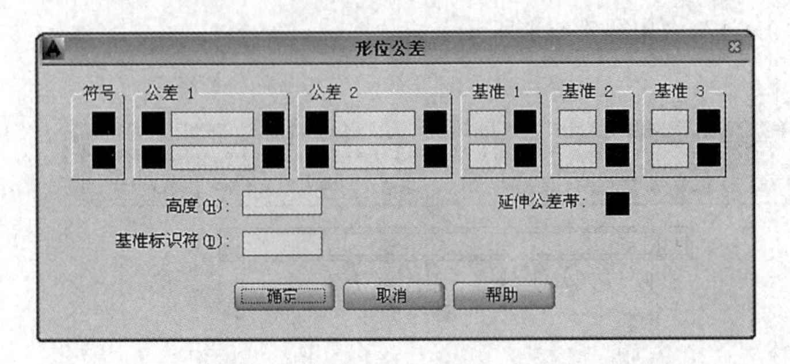

图 7-47　【形位公差】对话框

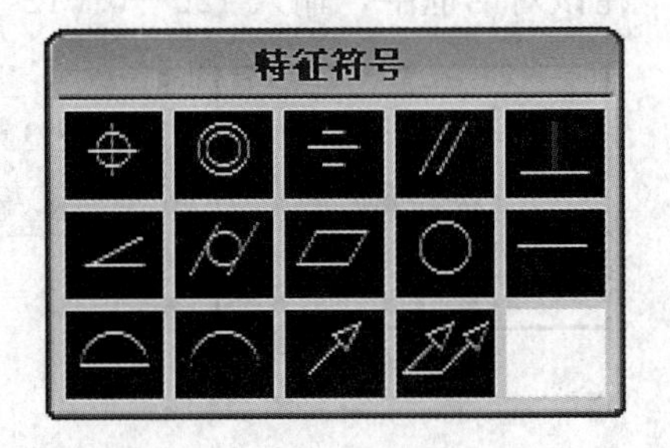

图 7-48　【符号】对话框

在【形位公差】对话框中的【公差 1】栏内，可单击出符号并填写公差值。

在【形位公差】对话框中的【公差 2】栏内，可单击出符号并填写公差值。

在【形位公差】对话框中的【基准 1】【基准 2】【基准 3】栏内，分别填写相应的基准部位符号。

⊥	0.020	A

图 7-49　形位公差框格

设置完各项参数后，单击【确定】按钮系统提示：输入公差位置。

拖动形位公差框格到所需位置或输入形位公差标注位置坐标，如图 7-49 所示。

创建带有引线的形位公差的步骤如下。

（1）在命令提示下，输入 leader。

（2）指定引线的起点。

（3）指定引线的第二点。

（4）按两次 ENTER 键以显示“注释”选项。

（5）输入 t（公差），然后创建特征控制框。

特征控制框将附着到引线的端点。

7.5　综　合　实　例

【例 7-10】　绘制如图 7-50 所示端盖零件图。

绘制过程：

（1）设置 4 种线型图层，即粗实线、细实线、虚线和点画线图层。

（2）设置汉字和尺寸标注 2 种文字样式，即“仿宋 GB2312 和 geniso. shx”。

（3）设置 3 种尺寸标注样式，即长度型标注样式、圆型标注样式和角度型标注样式。

（4）画 A2 图框（594×420）和标题栏，并填写文字。

（5）单击【绘图】工具栏的【直线】按钮和【圆】按钮，画出图形的定位轴线、定位圆ϕ152 和ϕ96，如图 7-51 所示。

（6）单击【绘图】工具栏的【圆】按钮，画出ϕ8 和ϕ11 的 2 个小圆，如图 7-52 所示。

（7）单击【修改】工具栏的【阵列】按钮，利用“环形阵列”模式画出ϕ8 和ϕ11 的 4

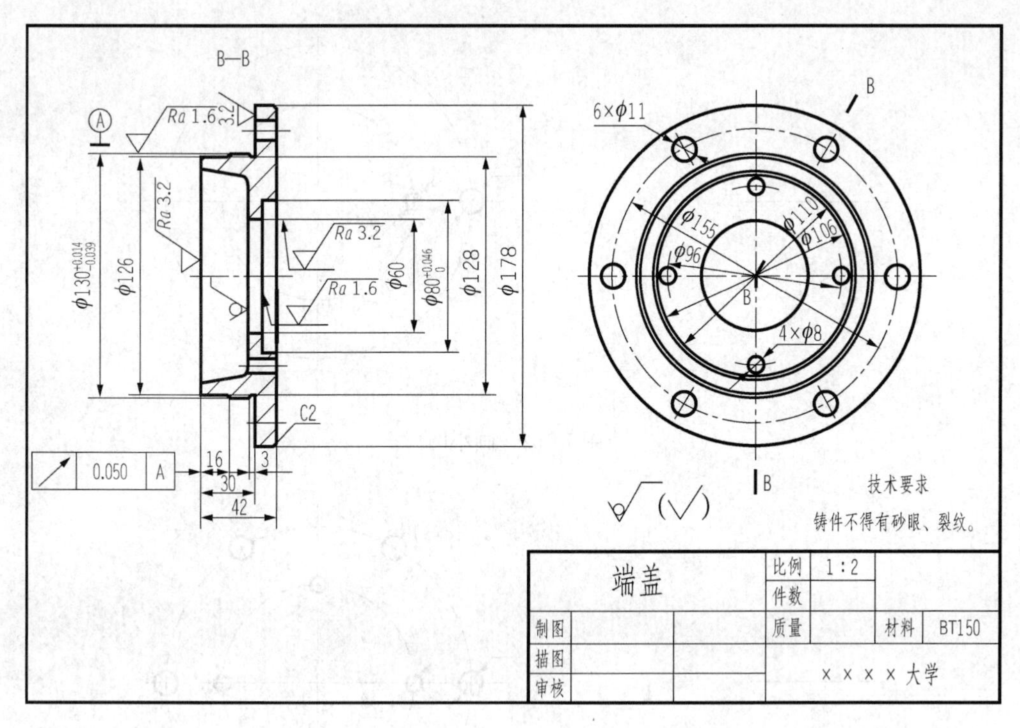

图 7-50　端盖零件图

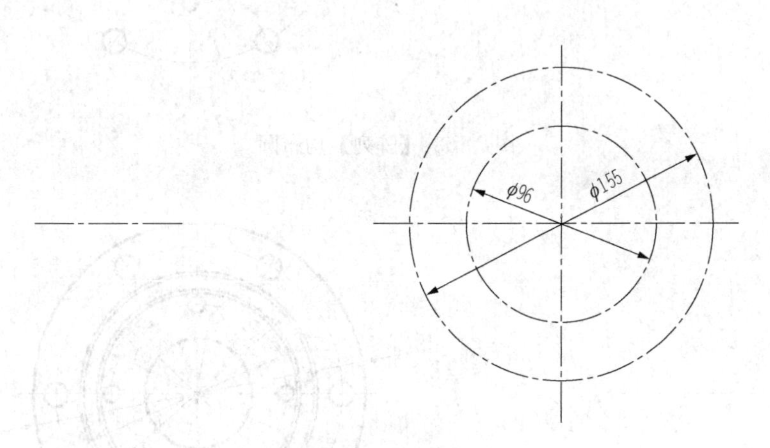

图 7-51　画定位线

个和 6 个均布小圆，如图 7-53 所示。

(8) 单击【绘图】工具栏的【圆】按钮，分别画出φ60、φ106、φ110、φ126、φ130 和φ180 的圆，如图 7-54 所示。

(9) 单击【修改】工具栏的【偏移】按钮，画出端盖主视图的上半部分轮廓线，如图 7-55 所示。

(10) 单击【修改】工具栏的【修剪】按钮，修剪出端盖主视图的上半部分外形图，如图 7-56 所示。

(11) 单击【修改】工具栏的【镜像】按钮，镜像出端盖主视图的下半部分外形图，

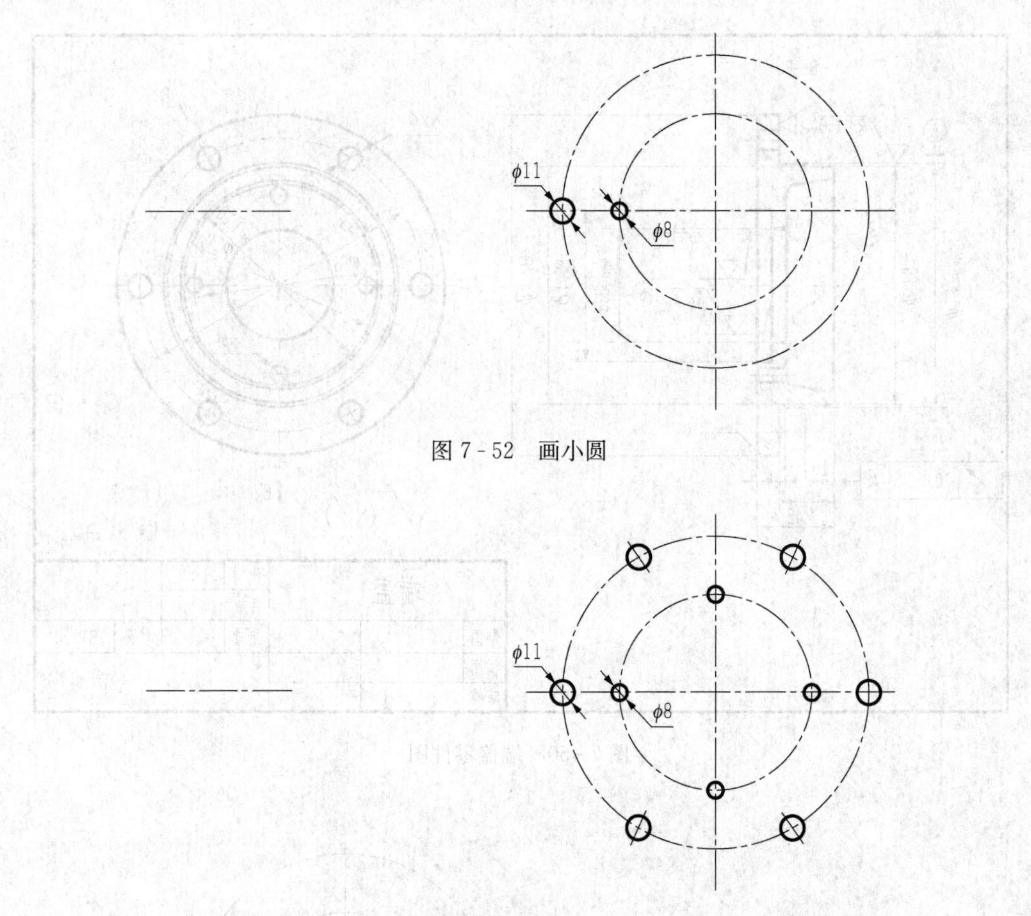

图 7 - 52　画小圆

图 7 - 53　【阵列】均布圆

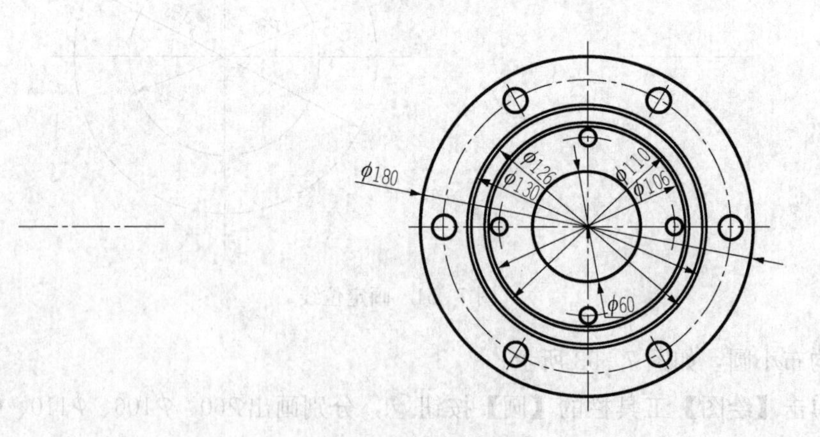

图 7 - 54　画左视图其他圆

如图 7 - 57 所示。

（12）单击【绘图】工具栏的【直线】按钮，绘出端盖主视图$\phi 8$和$\phi 11$小孔的投影，如图 7 - 58 所示。

（13）单击【绘图】工具栏【图案填充】按钮，绘出主视图剖面线，如图 7 - 59 所示。

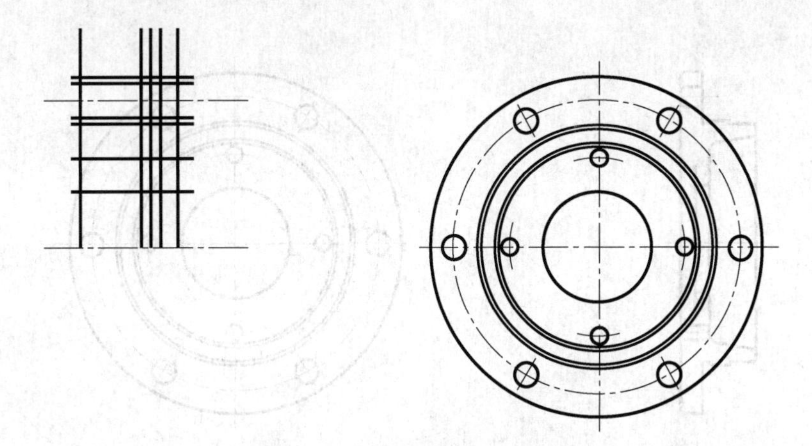

图 7-55 画主视图的轮廓线

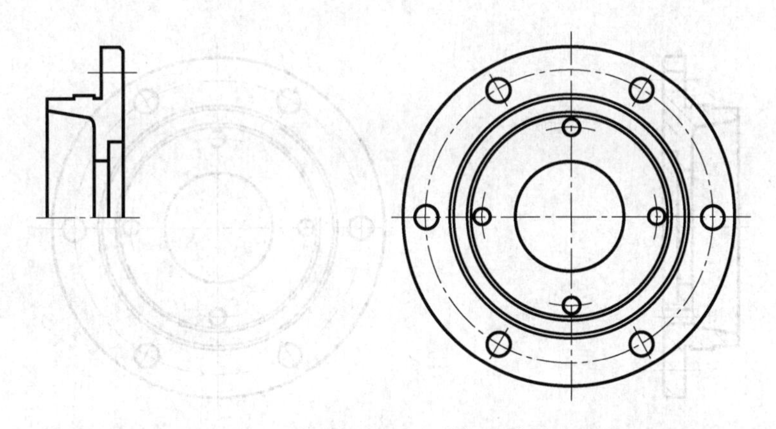

图 7-56 修剪主视图上半部分外轮廓图

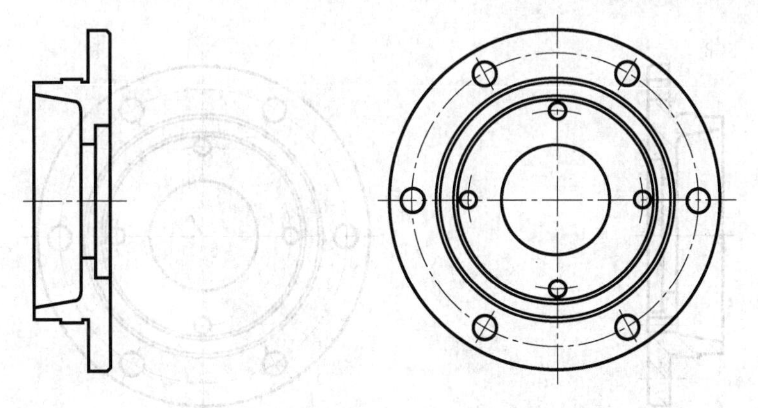

图 7-57 镜像主视图的下半部分外形图

(14) 标注剖切符号，如图 7-60 所示。

(15) 标注尺寸和表面结构符号，如图 7-61 所示。

(16) 标注形位公差，如图 7-62 所示。

(17) 填写技术要求，完成全图。如图 7-50 所示。

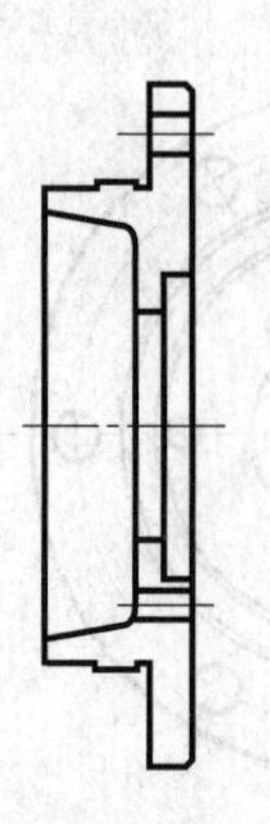
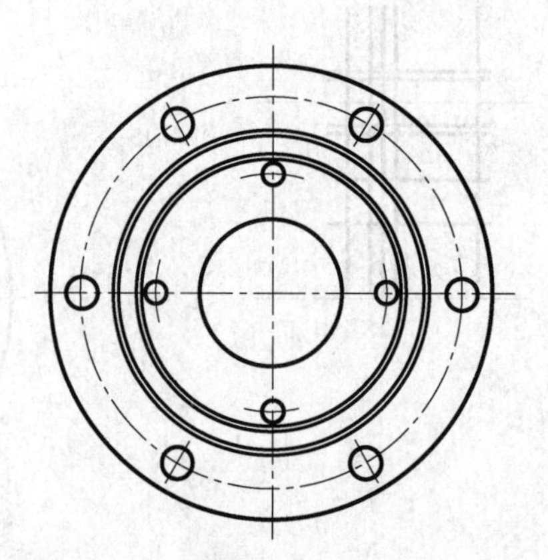

图 7-58 画主视图 2 个小圆投影

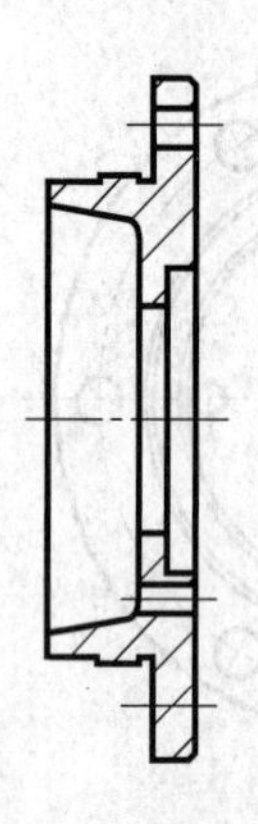
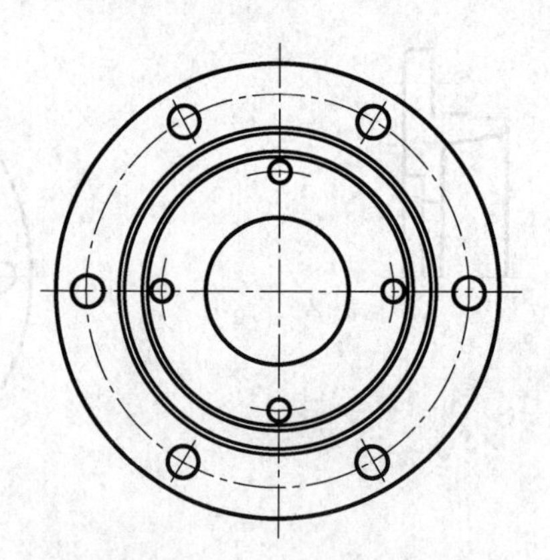

图 7-59 填充剖面线

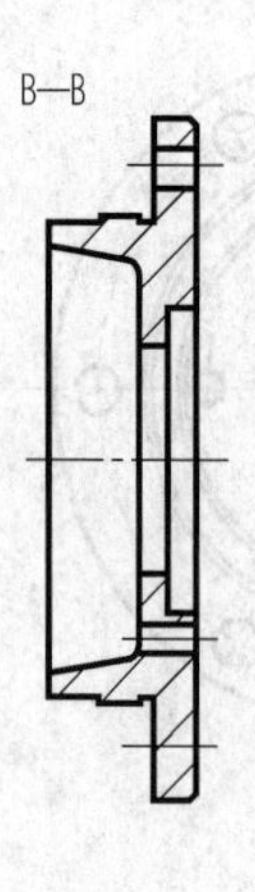

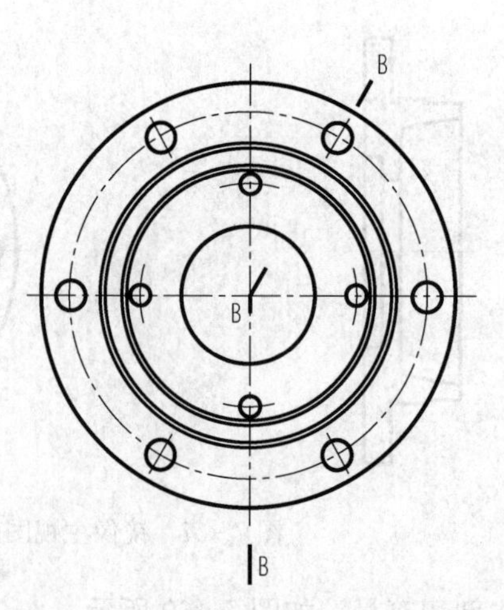

图 7-60 标注剖切符号

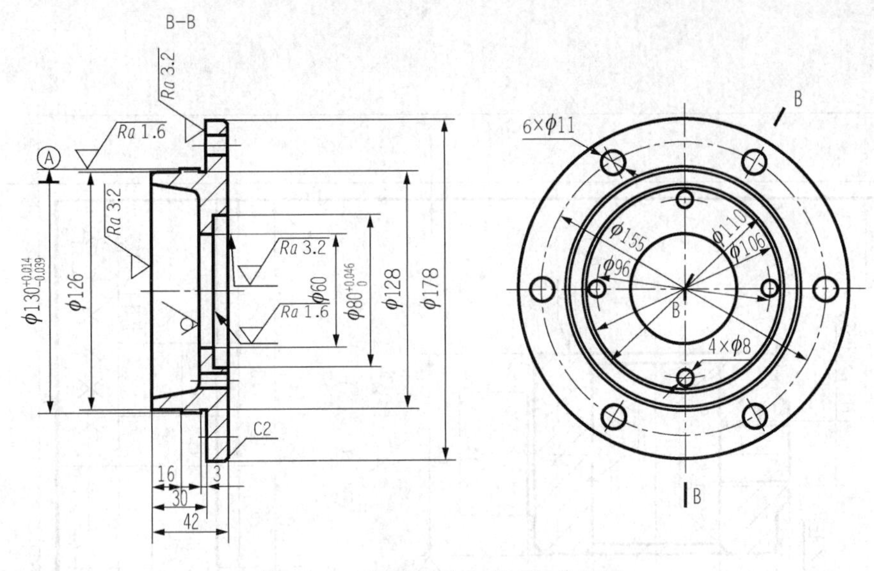

图 7-61　标注尺寸和表面结构符号

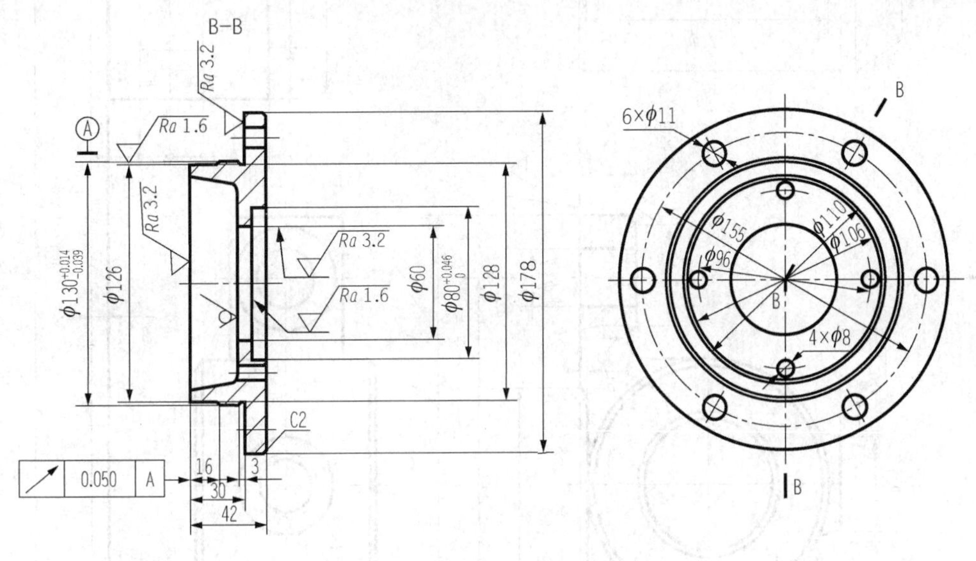

图 7-62　标注形位公差

习　题

7-1　在 A3 图框中绘制如图 7-63 所示整体轴承零件图。

7-2　在 A4 图框中绘制如图 7-64 所示端盖零件图。

7-3　在 A3 图框中绘制如图 7-65 所示轴零件图。

7-4　在 A4 图框中绘制如图 7-66 所示旋阀阀体零件图。

7-5　在 A3 图框中绘制如图 7-67 所示手动气阀阀体零件图。

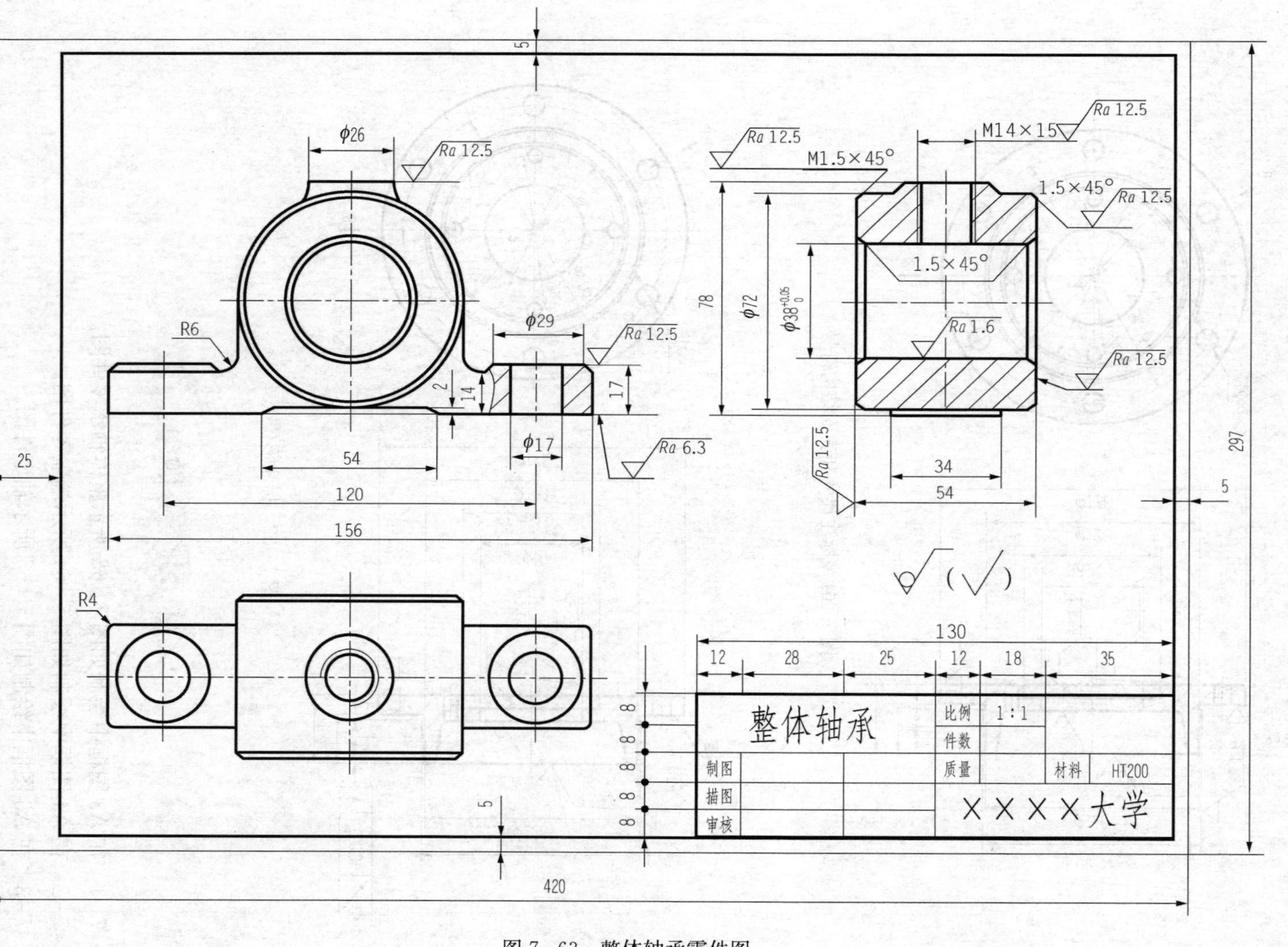

图 7-63 整体轴承零件图

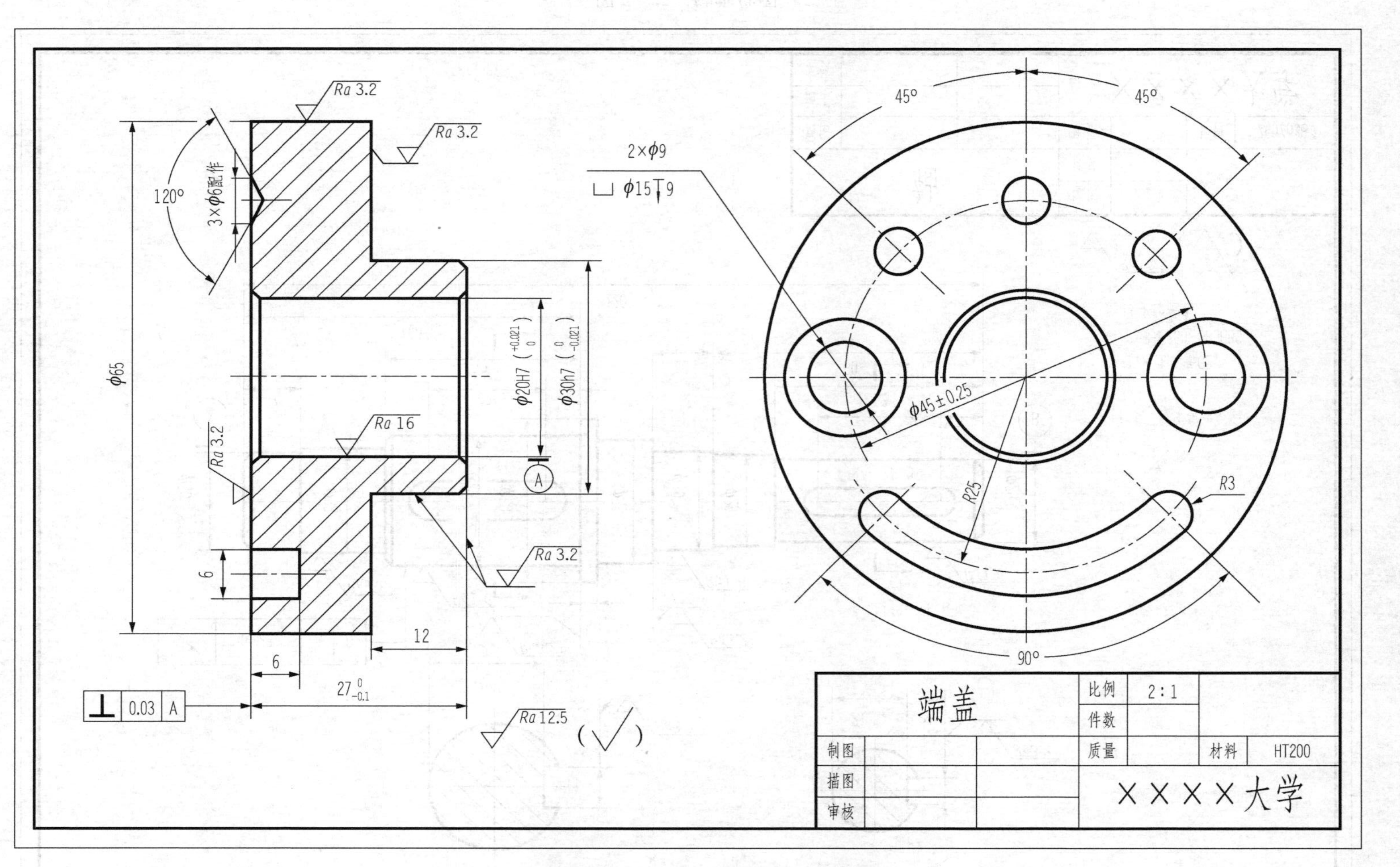
Ra 3.2
Ra 3.2
120°
3×φ6配作
φ65
Ra 3.2
Ra 16
φ20H7
φ30h7
A
Ra 3.2
6
12
6
27
0.03 A
Ra 12.5
45°
45°
2×φ9
⌴ φ15↧9
φ45±0.25
R25
R3
90°
端盖
比例 2:1
件数
质量
材料 HT200
制图
描图
审核
××××大学

图7-64 端盖零件图

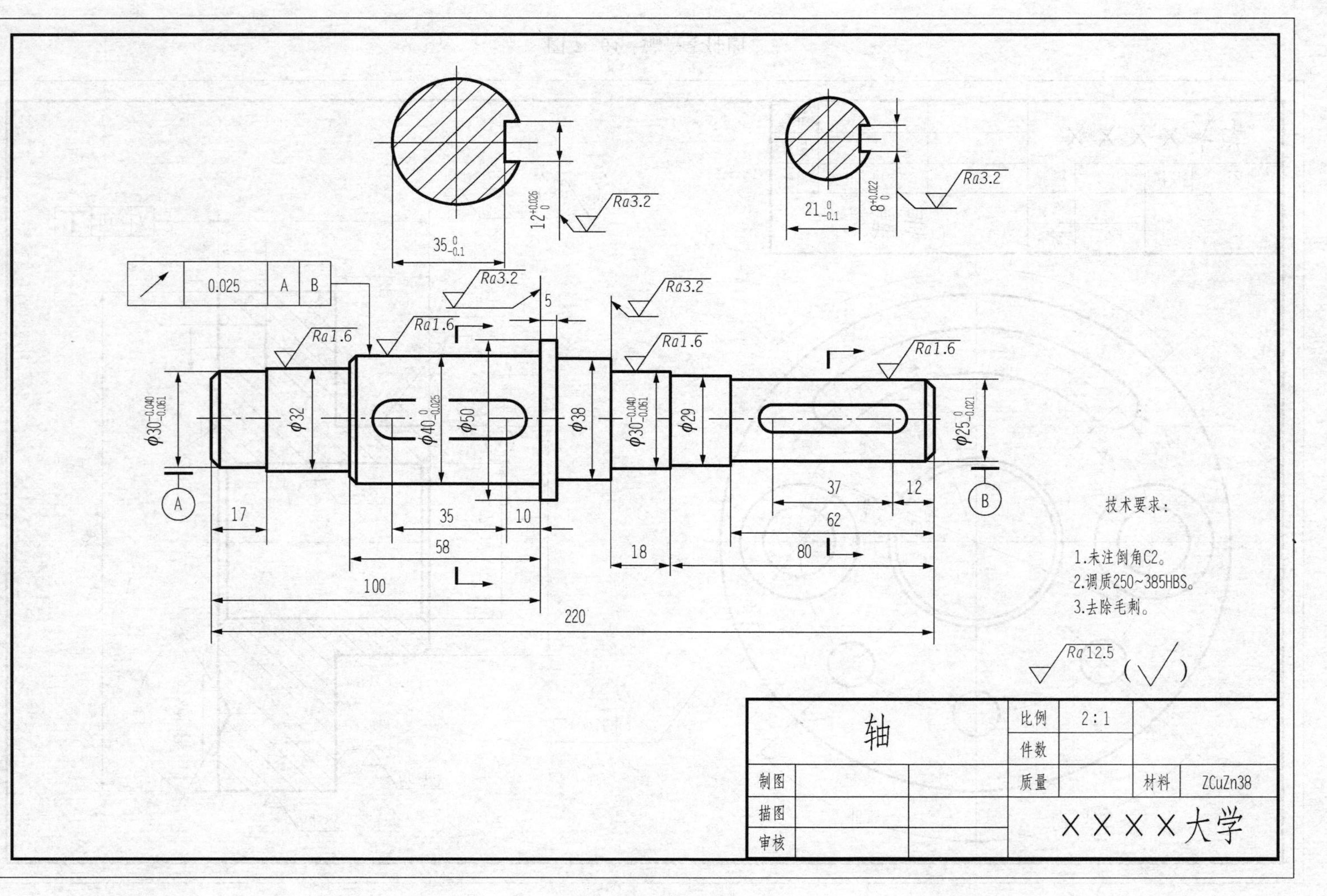
技术要求：
1.未注倒角C2。
2.调质250~385HBS。
3.去除毛刺。
Ra12.5
轴
比例
2:1
件数
质量
材料
ZCuZn38
制图
描图
审核
××××大学
Ra3.2
Ra1.6
0.025
A
B
φ25
φ29
φ30
φ38
φ50
φ40
φ32
12
37
62
80
18
220
5
10
35
58
100
17
21
35
8
12

图 7-65 轴零件图

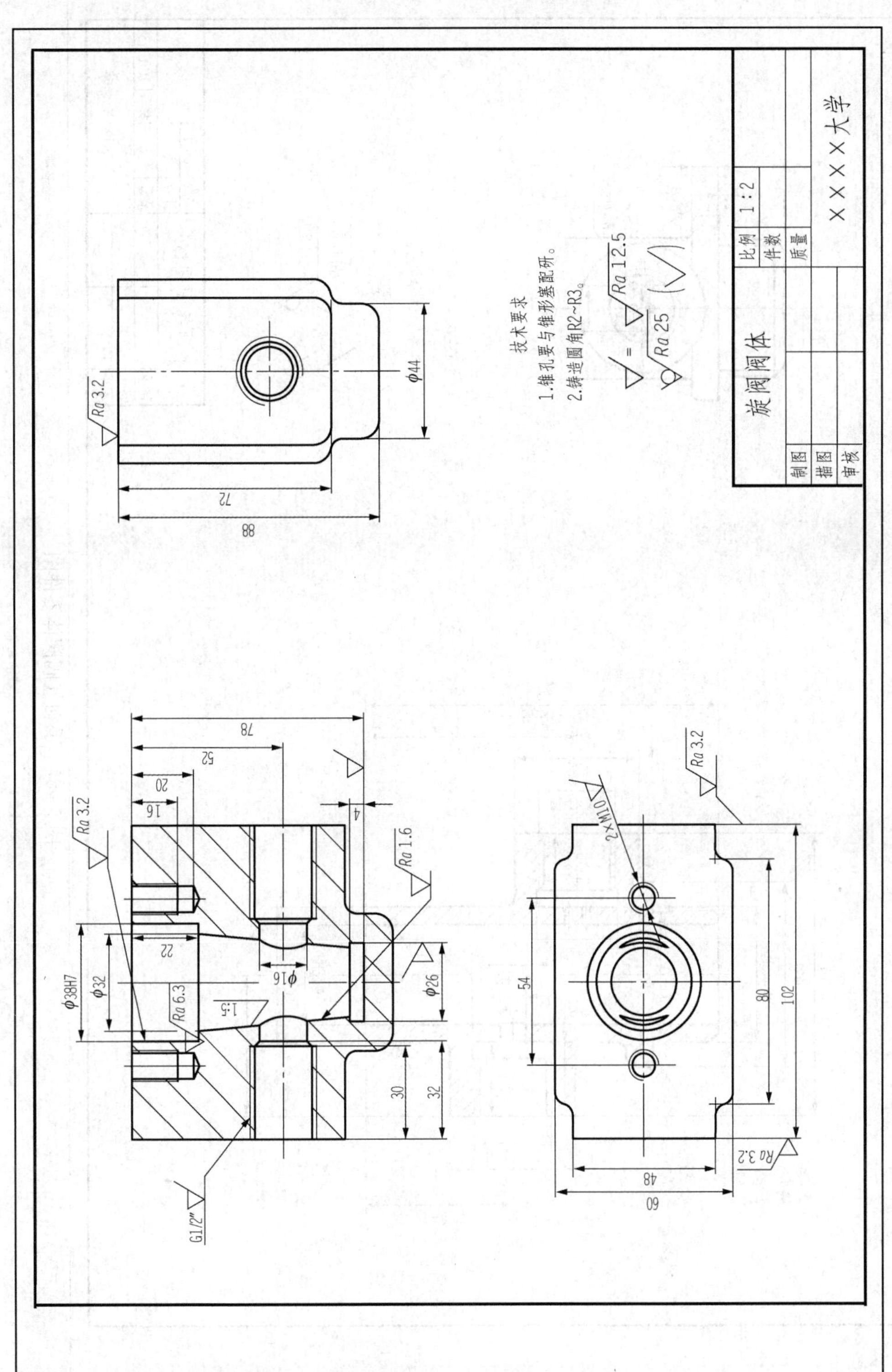

图 7-66　旋阀阀体零件图

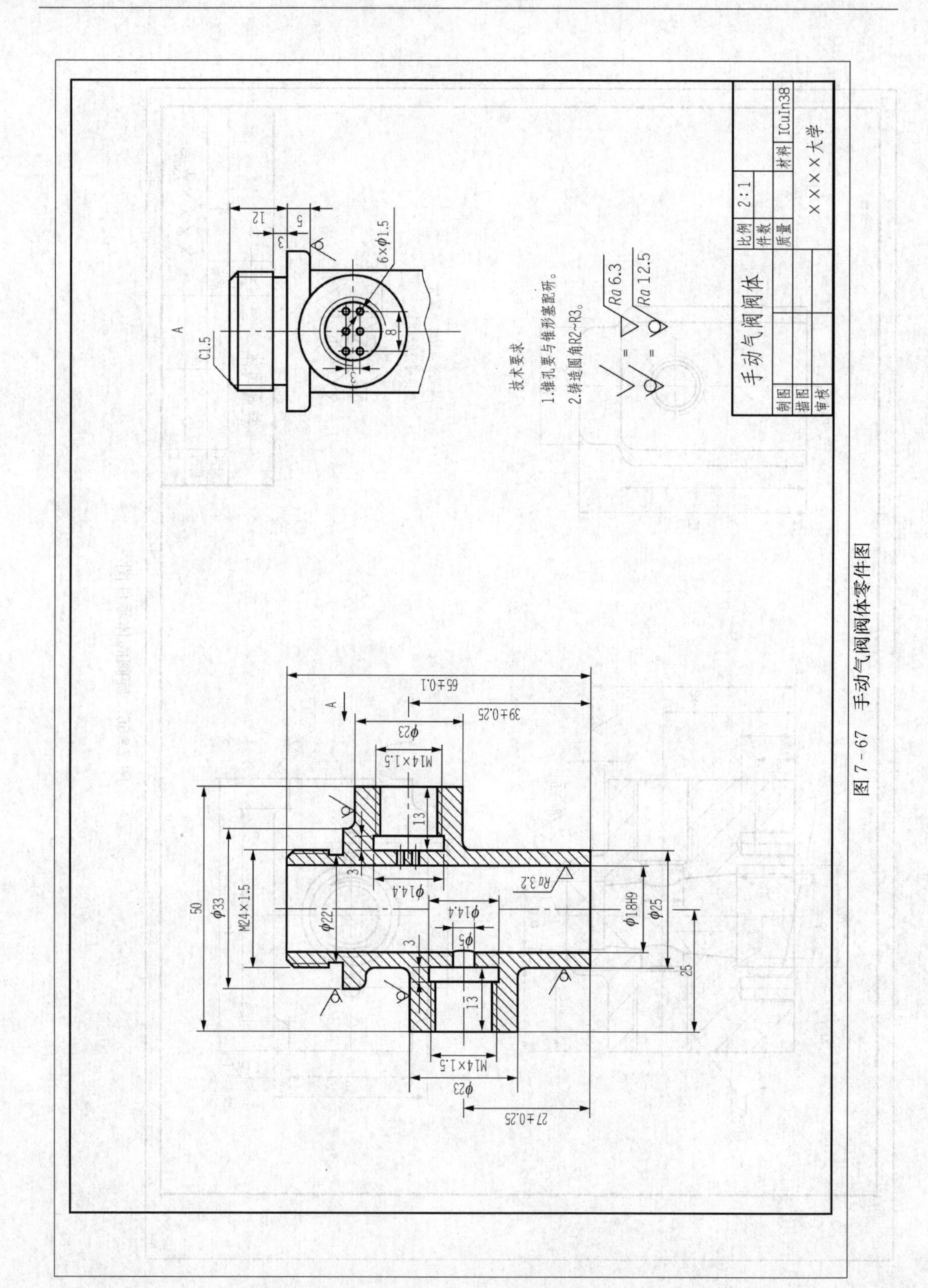

图 7-67 手动气阀阀体零件图

第 8 章　图块、外部参照与设计中心

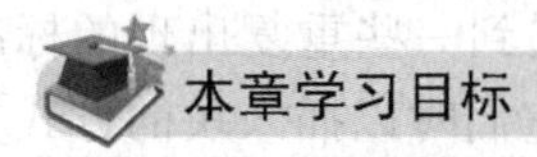

本章学习目标

本章主要介绍图块的创建和插入以及图块中属性的应用，外部参照也是提高绘图效率的一种捷径；通过本章的学习，还希望用户能够熟练掌握设计中心的应用。

本章重点

- 内部块和外部块的创建与插入；
- 块参照的修改；
- 带属性块的创建与插入；
- 修改块参照的属性；
- 块的清理；
- 外部参照；
- 设计中心。

块是把一组图形或文本作为一个实体的总称，在块中，每个图形实体仍有其独立的图层、线型和颜色特征，但 AutoCAD 把块中所有实体作为一个整体来处理。使用块可以进一步提高绘图效率，简化相同或者类似结构的绘制，减少文件的储存空间。还可以给块定义属性，并进行修改。

外部参照就是把已有的图形文件插入到当前图形中，但外部参照不同于块，也不同于插入文件。外部参照功能不但使用户可以利用一组子图形构造复杂的主图形，而且还允许单独对这些子图形做各种修改。

设计中心可以方便地对图形文件进行管理，从而实现资源共享，简化绘图过程。

8.1　图 块 的 概 念

前面介绍过的【复制】命令和【阵列】命令，可以完成相同对象的多重复制。如果要复制沿 X、Y 轴具有不同缩放比例或旋转角度的相似对象时，除了使用【复制】命令和【阵列】命令外，还需要使用【比例缩放】和【旋转】命令进行二次处理。这样不仅增加了操作步骤，而且复制的每一个对象都要占用一定的储存空间。

为了解决这一问题，AutoCAD 提供了“块”的处理方法，将创建好的“块”以不同的比例因子和旋转角度插入到图形中，AutoCAD 系统只记录一次定义“块”的图形数据，对于插入图形中的“块”，系统只记录插入点、比例因子和旋转角度等数据。因此“块”的内容越复杂、插入的次数越多，越节省储存空间。“块”在工程图样绘制中的使用非常普遍。

要正确地使用块，就必须很好地理解块的真正含义。块就是将一个或多个对象结合起来形成的单一对象，并保存在图形符号表中。

在使用块之前，必须定义用户需要的块，块的相关数据储存在块定义表中。然后通过执行块的插入命令，将块插入到图形的需要位置。块的每次插入都称为块参照，它不仅仅是从块定义复制到绘图区域，更重要的是，它建立了块参照与块定义间的链接。因此，如果修改了块定义，所有的块参照也将自动更新。同时，每一个插入的块参照都是作为一个整体对象进行处理的。

块具有以下几方面的优点：

（1）提高绘图效率。用AutoCAD绘制机械图样时，经常遇到一些重复出现的标准件、表面结构等图形。如果把经常使用的图形组合制作为块，绘制它们时以插入块的方式实现，可以大大提高绘图效率。

（2）节省存储空间。AutoCAD需要保存图中每一个对象的相关信息，如对象的类型、位置、图层、线型、颜色等，这些信息要占用存储空间。比如表面结构符号和数值，它是由直线和数字等多个对象构成，保存它要占用存储空间。如果一张图上有较多的表面结构符号，就会占据较大的磁盘空间。如果把表面结构符号定义为带属性的块，绘图时把它插到图中各个相应位置并给定属性值，这样既满足绘图要求，又可以节约磁盘空间。

（3）便于用户修改。如果图中用块绘制的图样有错误，可以按照正确的方法再次定义块，图中插入的所有块均会自动的修改。

（4）加入图块属性。每一个表面结构符号可能有不同参数值，如果对不同参数值的表面结构符号都单独制作为块是很不方便的，也是不必要的，AutoCAD允许用户为块创建某些文字属性，这个属性是一个变量，可以根据用户的需要输入，这就大大丰富了块的内涵，使块更加实用。

（5）用户交流方便。用户可以把常用的块保存好，与别的用户交流使用。

8.2 块的创建

要使用块，首先建立块。AutoCAD提供了两种创建块的方法：①使用block命令通过【块定义】对话框创建内部块；②使用wblock命令通过【写块】对话框创建外部块。前者是将块储存在当前图形文件中，只能本图形文件调用或使用设计中心共享。后者是将块写入磁盘保存为一个图形文件，所有的AutoCAD图形文件都可以调用。

8.2.1 内部块的创建（block命令）

启动block命令创建块的方法如下：

（1）下拉菜单：【绘图】—【块】—【创建】。

（2）工具栏按钮：[按钮图标]。

（3）命令行：block。

（4）快捷命令：b。

执行上述命令后，弹出如图8-1所示的【块定义】对话框。通过该对话框可以对每个块定义都应包括的块名、一个或多个对象、用于插入块的基点坐标值和所有相关的属性数据进行设置。

下面介绍【块定义】对话框中各个选项的含义。

（1）【名称】编辑框。在【名称】编辑框中输入块的名称。如果输入的名称与已有块的名称相同，在完成块定义后，单击【块定义】对话框的[确定]按钮时，系统会给出如图8-2所示的提示。如果单击[否(N)]按钮，可以在【名称】编辑框中重新填写块的名称，

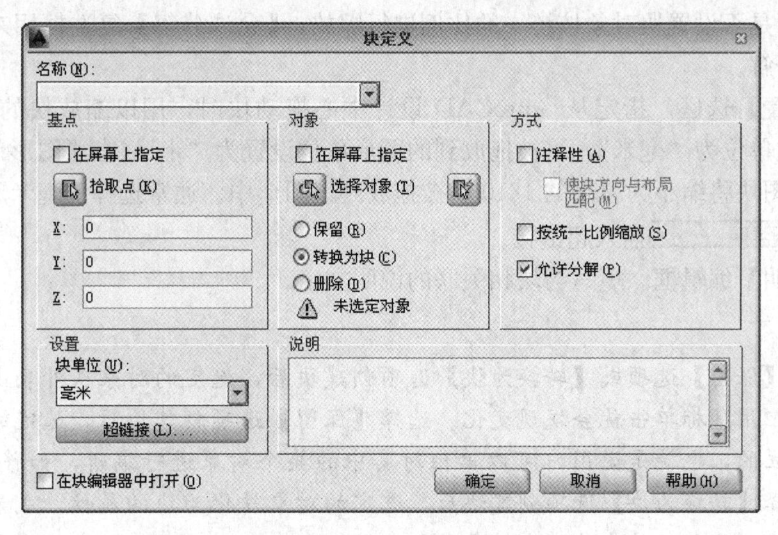

图 8-1 【块定义】对话框

如果单击按钮，则原有块的定义被更新。

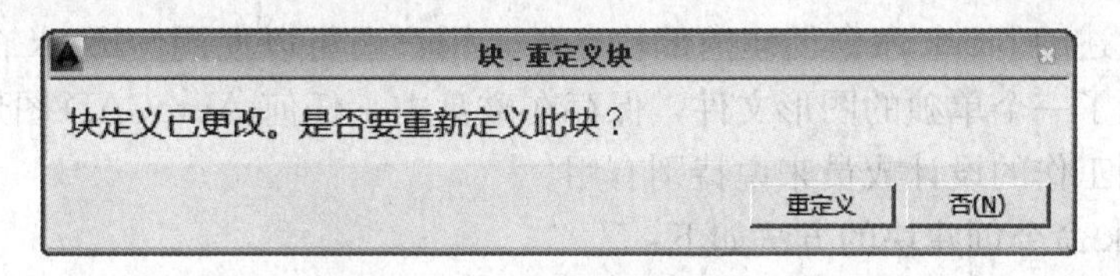

图 8-2　块名称相同的提示

(2)【基点】选区。该选区用来指定基点的位置。基点是指插入块时，光标附着在图块的哪个位置。指定基点的方法有两种。一种是使用该选区的按钮，单击该按钮，对话框临时消失，用光标捕捉要定义为块的图形中的某个点作为插入基点，然后单击确定；另一种是在该选区的【X】、【Y】和【Z】文本框中分别输入坐标值确定插入基点，其中 Z 坐标通常设为 0。通常使用第一种方法。

插入点虽然可以定义在任何位置，但插入点是插入图块时的定位点，所以在拾取插入点时，应选择一个在插入图块时能把图块的位置准确确定的特殊点。

(3)【对象】选区。用来选择组成块的图形对象。两个按钮的功能分别为：单击按钮，对话框临时消失，用拾取框选择要定义为块的图形对象，选择完后返回【块定义】对话框；也可以用按钮进行快速选择。

选区下方的三个单选框的含义为：

1)【保留】：创建块以后，所选对象依然保留在图形中。

2)【转换为块】：创建块以后，所选对象转换成图块格式，同时保留在图形中。

3)【删除】：创建块以后，所选对象从图形中删除。

(4)【方式】选区。设置块的显示方式。【注释性】是将块设为注释性对象，【按统一比例缩放】是指是否设置块对象按统一的比例进行缩放，【允许分解】复选框用来设置块对象是否允许被分解。

(5)【设置】选区。指定从 AutoCAD 设计中心拖动块时，用以缩放块的单位。例如，这里设置拖放单位为“毫米”，将被拖放到的图形单位设置为“米”（在【图形单位】对话框中设置），则图块将缩小为原来的 1/1000 被拖放到该图形中。通常选择“毫米”选项。还可以单击 超链接(L)... 插入超链接。

(6)【说明】编辑框。填写与块相关联的说明文字。

选择【保留】选项或【转换为块】选项创建块后，选定的对象从外表上看没什么变化，但用鼠标单击就会发现变化。选择【保留】选项创建块后，选定的对象之间仍是独立的，也就是说用户可以单独对其中的某个对象进行编辑，如移动、复制等；但选择【转换为块】选项创建块后，选定的对象转化为块的属性，成为不可分割的整体，不能单独选中某一个对象进行编辑。

8.2.2　外部块的创建（wblock 命令）

除了使用上述的 block 命令创建内部块之外，用户还可以使用 wblock 命令来创建外部块，相当于建立了一个单独的图形文件，保存在磁盘中，任何 AutoCAD 图形文件都可以调用，这对于协同工作的设计成员来说特别有用。

启动 wblock 命令创建块的方法如下：

(1) 命令行：wblock。

(2) 快捷命令：w。

执行上述命令后，弹出如图 8-3 所示的【写块】对话框。通过该对话框可以完成外部块的创建。下面介绍该对话框中常用功能选区的含义。

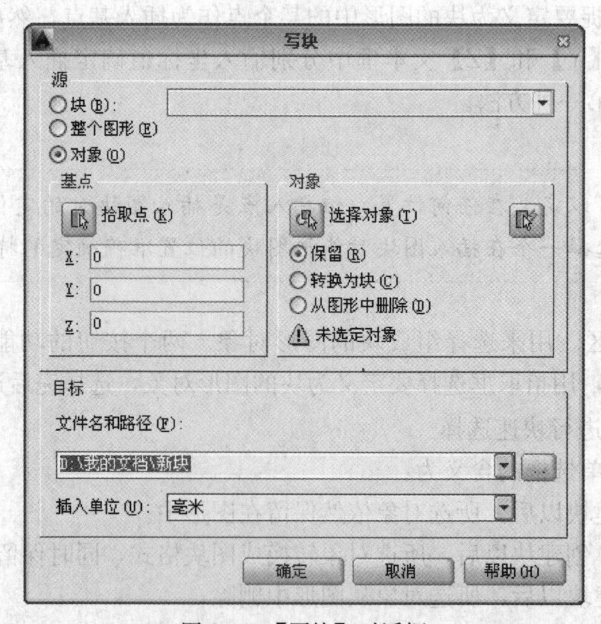

图 8-3　【写块】对话框

(1)【源】选区。用来指定需要保存到磁盘中的块或块的组成对象。选区有三个单选框，三个单选框的含义分别为：

1)【块】：如果将已定义过的块保存为图形文件，选中该单选框。选中以后，【块】的下拉列表可用，从中选择已有块的名称。一旦选中该单选框，【基点】选区和【对象】选区不可用。

2)【整个图形】：绘图区域的所有图形都将作为块保存起来。选中该单选框后，【基点】选区和【对象】选区不可用。

3)【对象】：用拾取框来选择组成块的图形对象。

(2)【基点】选区。该选区的内容及其功能与【块定义】对话框中的完全相同。

(3)【对象】选区。该选区的内容及其功能与【块定义】对话框中的完全相同。单击按钮，用拾取框选择要定义为块的图形对象，结束后返回【写块】对话框。同时还需选择【保留】【转换为块】和【从图形中删除】选项。

(4)【目标】选区。

1)【文件名和路径】：用来指定外部块的保存路径和文件名。系统会给出默认的保存路径和文件名，显示在下面的显示框中。也可以单击显示框后面的按钮，由用户来指定文件名和保存路径。如图 8-4 所示，在【文件名】编辑框中输入块的名称，单击保存(S)按钮返回【写块】对话框，在【文件名和路径】显示框中显示图形文件的保存路径，如图 8-4 中所示。

2)【插入单位】：指定从 AutoCAD 设计中心将图形文件作为块插入到其他图形文件中进行缩放时使用的单位。

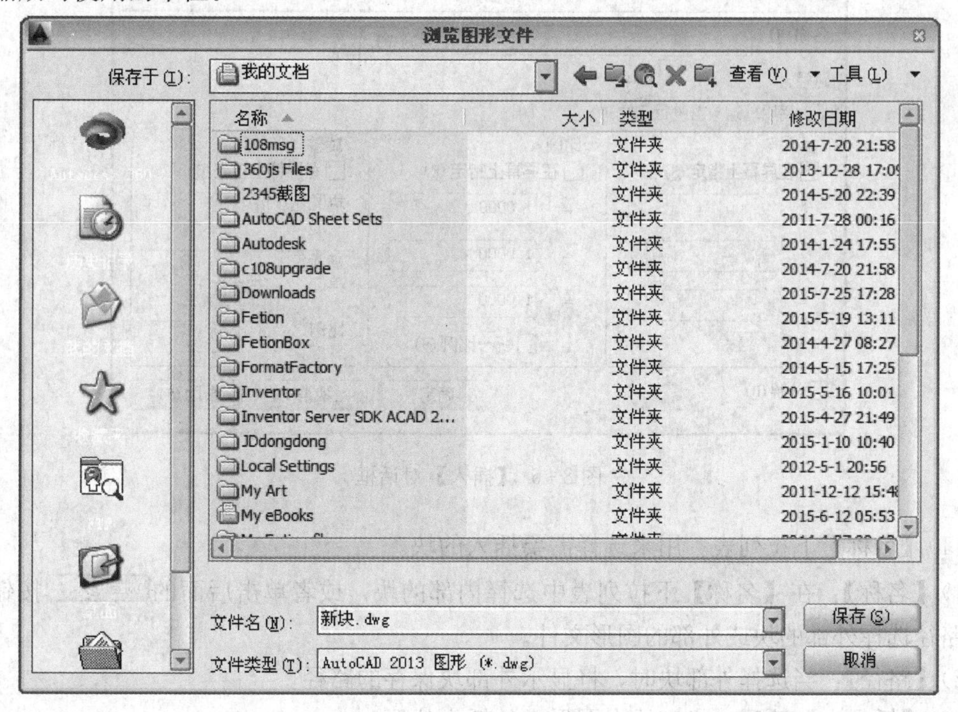

图 8-4　【浏览图形文件】对话框

【例8-1】 将图8-5所示图形定义为外部块，名称为“表面结构”。

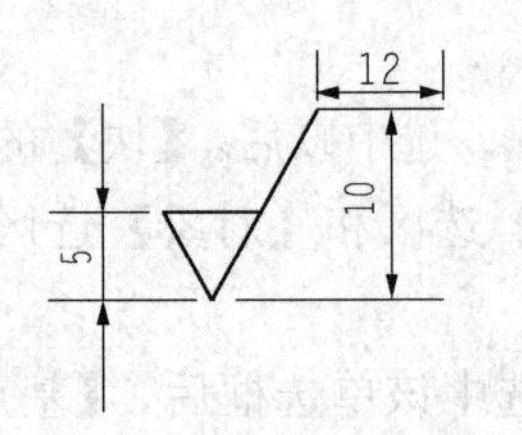

图8-5 表面结构符号

操作步骤：

(1) 首先在绘图区域绘制一个如图8-5所示的表面结构符号，然后执行wblock命令，弹出【写块】对话框。

(2) 在【写块】对话框中，将【源】选项设为【对象】，单击按钮，用光标捕捉表面结构符号的三角形尖点，并单击确定基点；单击【对象】选区的按钮，用拾取框选择表面结构图形的三条直线，结束后返回【写块】对话框，选中【转换为块】复选项；在【文件名和路径】中设置好要保存的路径，并给定名称“表面结构符号”（见图8-3），【插入单位】选择“毫米”选项。单击 确定 完成表面结构符号块的创建。

8.3 块的插入

块的插入是使用insert命令来实现的。启动insert命令的方法如下：

(1) 下拉菜单：【插入】—【块】。

(2) 工具栏按钮：。

(3) 命令行：insert。

(4) 快捷命令：i。

执行上述命令后，弹出如图8-6所示的【插入】对话框。对话框中各选项的含义如下。

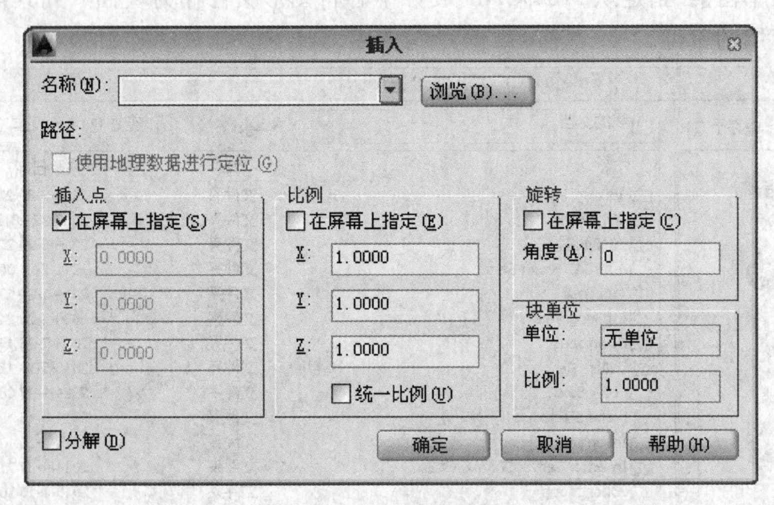

图8-6 【插入】对话框

(1)【名称】下拉列表。用来选择需要插入的块。

1)【名称】：在【名称】下拉列表中选择内部的块，或者单击后面的 浏览(B)... 按钮通过指定路径选择外部的块或外部的图形文件。

2)【路径】：当选择外部块时，将显示外部块保存的路径。

(2)【插入点】选区。指定块在图形中的插入位置。

1)【在屏幕上指定】复选框：是指用鼠标在屏幕上单击一点确定插入的位置，通常勾选该复选框。

2)【X】【Y】【Z】编辑框：只有在不勾选【在屏幕上指定】复选框时才可用。在编辑框中输入插入点的坐标。

(3)【比例】选区。

1)【在屏幕上指定】复选框：用鼠标在屏幕上指定比例因子，或者通过命令行输入比例因子。

2)【X】【Y】【Z】编辑框：只有在不勾选【在屏幕上指定】复选框时才可用。适用于已知X、Y、Z方向缩放的比例因子，在它们相应的编辑框中输入三个方向的比例因子。Z方向通常设定为1。应注意的是，X、Y方向比例因子的正负将影响图块插入的效果。当X方向的比例因子为负时，图块以Y轴为镜像线进行插入；当Y方向的比例因子为负时，图块以X轴为镜像线进行插入，如图8-7所示。

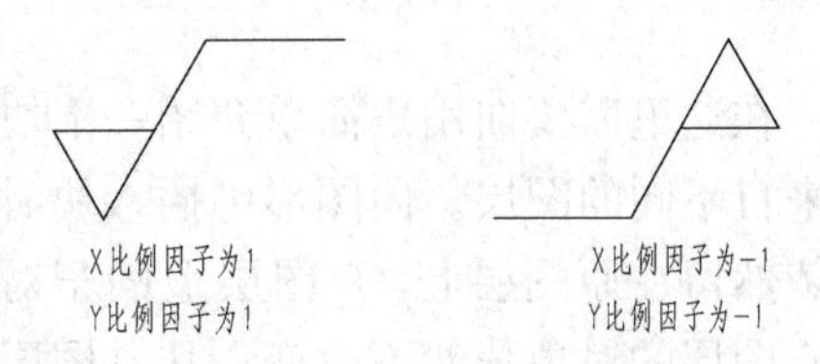

图8-7　比例因子的正负对图块插入效果的影响

3)【统一比例】复选框：当三个方向的比例因子完全相同时，勾选该复选框。

(4)【选转】选区。

1)【在屏幕上指定】复选框：用鼠标在屏幕上指定旋转角度，或者通过命令行输入旋转角度。

2)【角度】编辑框：在编辑框中输入旋转角度值。

还可以使用minsert命令插入阵列形式的块，它是【插入块】命令insert和【阵列】命令array的组合，用户可以自行尝试。

8.4 块参照的修改

修改插入到图形文件中的块参照可能会遇到两种情况：①只修改个别的块参照；②成批地修改块参照。

(1) 修改个别的块参照。因为块参照被视为一个单独的对象，要对其进行修改，必须先使用分解（explode）命令将其分解，然后再进行重新的编辑与修改。修改后的图形不再作为块的形式存在。

(2) 修改成批的块参照。修改成批的块参照需要对原有的块重新定义。重新定义内部块的操作步骤为：

1) 使用insert命令插入一个与原有块相同的块参照（X、Y方向的缩放比例因子为1，旋转角度为0），利用分解（explode）命令将其分解再修改成想要的图形。如果对图形修改较多或与原块图形相差较大，也可以在绘图区域重新绘制。

2) 启动block命令，弹出如图8-1所示的【块定义】对话框，在【名称】编辑框中输入原块的名称，然后在对话框中对块重新设置。单击 确定 按钮，会弹出如图8-2所示的系统提示，单击 是(Y) 按钮更新原有块的定义。这时，绘图区域中所有同名的块参照全部自动更新。

重新定义外部块的操作步骤与重新定义内部块的操作大致相同。

对于图形中插入的外部块参照，重新定义外部块不会立刻对其产生影响。只有再次执行插入外部块命令时，系统会给出是否更新定义的提示对话框，单击该对话框的 是(Y) 按钮，这时，系统将更新绘图区域中所有同名的外部块参照。

在这里需要向用户简单介绍一下块与图层之间的关系。在定义块时，组成它的子对象可以来自不同的图层。向图形中插入块时，块参照本身驻留在当前层，块中非0图层上的子对象依然留在原图层上，0图层上的子对象上浮到当前层。如果使用explode命令将块分解，非0图层的对象依然不改变，从0图层上浮的对象又返回到0图层。

8.5 带属性的块的创建与插入

为了增强图块的通用性，AutoCAD允许用户为图块附加一些文本信息，这些文本信息称之为属性（Attribute）。在插入有属性的图块时，用户可以根据具体情况，通过属性来为图块设置不同的文本信息。对那些经常用到的图块来讲，利用属性尤为重要。块的属性是包含在块定义中的对象，用来存储字母型、数字型数据，属性值可预定义也可以在插入块时由命令行指定。要创建一个带属性的块，应该经历两个过程：先定义块的属性；再将属性和组成块的图形对象一起选中创建成一个带属性的块。

8.5.1 定义块的属性

属性是与块相关联的文字信息。属性定义是创建属性的样板，它指定属性的特性及插入块时系统将显示什么样的提示信息。定义块的属性是通过【属性定义】对话框来实现的，启动该对话框的方法如下：

（1）下拉菜单：【绘图】—【块】—【定义属性】。

（2）命令行：attdef。

（3）快捷命令：att。

执行上述命令后，出现如图8-8所示的【属性定义】对话框。【属性定义】对话框包含4个选区和2个复选框，下面先介绍一下各选项的含义。

（1）【模式】选区。用来设置与块相关联的属性值选项。

1）【不可见】复选框：插入块时不显示、不打印属性值。

2）【固定】复选框：插入块时属性值是一个固定值，以后在【特性】选项板中不再显示该类别的信息，将无法修改。通常不勾选此项。

3）【验证】复选框：插入块时提示验证属性值的正确与否。

4）【预置】复选框：插入块时不提示输入属性值，系统会把【属性】选区的【值】编辑框中的值作为默认值。

5）【锁定位置】复选框：用于固定插入块的坐标位置。

6）【多行】复选框：使用多段文字作为块的属性值。

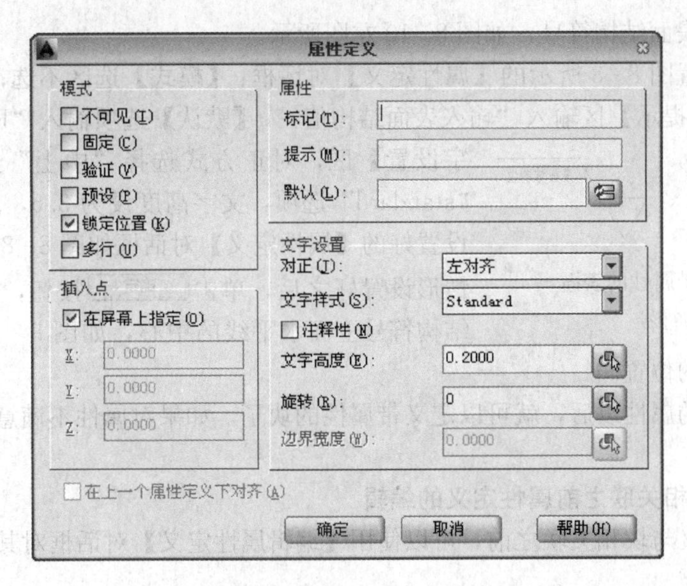

图 8-8 【属性定义】对话框

(2)【属性】选区。用来设置属性数据。

1)【标记】编辑框：输入汉字或字母都可以，用来标识属性，必须填写不能空缺，否则单击 确定 按钮时，系统会给出如图 8-9所示的提示。

AutoCAD
空标记无效。
确定

图 8-9 【标记】编辑框空缺提示

2)【提示】编辑框：输入汉字或字母都可以，用来作为插入块时命令行的提示语句。

3)【默认】编辑框：用来作为插入块时属性的默认值。

4) 按钮：单击 按钮，弹出【字段】对话框，使用该对话框插入一个字段作为属性的全部或部分值。

(3)【插入点】选区。用来指定插入的位置。

1)【在屏幕上指定】复选框：是指用鼠标在屏幕上单击一点确定插入的位置，通常勾选该复选框。

2)【X】、【Y】、【Z】编辑框：只有在不勾【在屏幕上指定】复选框时才可用。在编辑框中输入插入点的坐标。

(4)【文字设置】选区。用来设置文字的对正方式、文字样式、高度和旋转角度。

1)【对正】下拉列表：在下拉列表中选择对正方式。

2)【文字样式】下拉列表：在下拉列表中选择文字样式。

3)【文字高度】编辑框：输入文字高度。

4)【旋转】编辑框：输入旋转角度。

5)【注释性】单选框：是否将属性作为注释性对象。

(5)【在上一个属性定义下对齐】复选框：可以将当前属性采用上一个属性的文字样式、字高和旋转角度，且另起一行，与前一个对齐。如果在此之前没有创建过属性，该复选框不可用；如果勾选此框，【插入点】选区和【文字选项】选区均不可用。

【例 8-2】 创建一个带属性的表面结构符号。

（1）先绘制表面结构符号，如图8-10左图所示。

（2）然后设置图8-8所示的【属性定义】对话框：【模式】选区不选；【标记】区输入“表面结构值”；【提示】区输入“输入表面结构值:”；【默认】选项输入“Ra12.5”；在【文字设置】区，对正方式选择“中上”选项，文字选择“standard”选项，文字高度设为3.5，旋转角度设为0；设置好的【属性定义】对话框如图8-8所示。按照上述情形设置好之后，单击确定按钮，用光标捕捉表面结构符号上面水平线的中心，如图8-10右图所示，然后单击确定属性的位置。

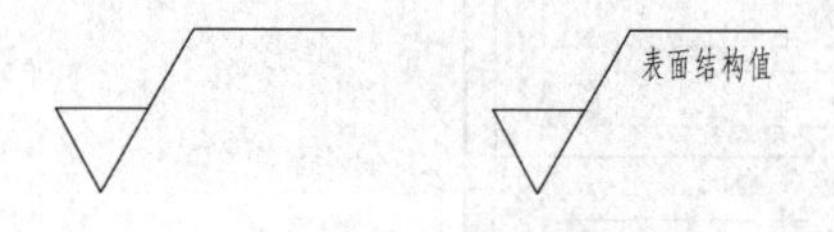

图8-10 带属性的表面结构符号

定义好了块的属性以后，就可以定义带属性的块了，如果对属性不满意，还可以对其进行编辑。

8.5.2 与块相关联之前属性定义的编辑

在将属性定义与块相关联之前，可以使用【编辑属性定义】对话框对其进行编辑。先用下列命令编辑文字。

（1）下拉菜单：【修改】—【对象】—【文字】—【编辑】。

（2）【文字】工具栏按钮：。

（3）命令行：ddedit。

执行上述命令后，命令行提示以下信息：

命令：_ddedit　　　　　　　　// 执行编辑命令

选择注释对象或[放弃(U)]：　　// 用拾取框选择需要编辑的属性，弹出如图8-11所示的【编辑属性定义】对话框，在对话框中可以修改属性的标记、提示文字和默认值。完成编辑后单击确定按钮退出对话框

选择注释对象或[放弃(U)]：　　// 继续选择需要编辑的属性，或回车结束命令

8.5.3 带属性块的创建

属性创建好之后，就可以使用block命令创建带属性的块。依然以带属性的表面结构符号为例介绍创建带属性块的操作步骤。

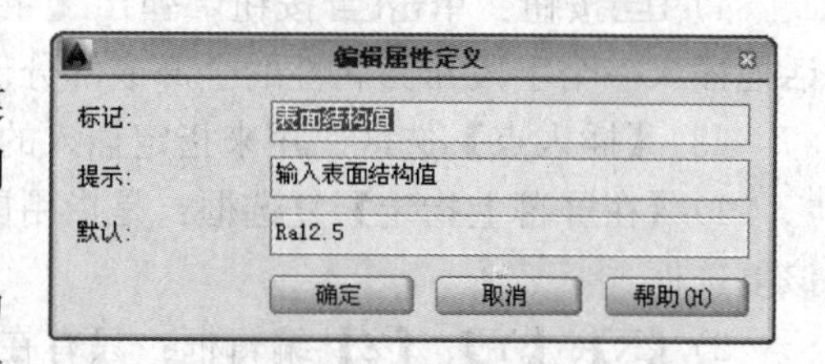

图8-11 【编辑属性定义】对话框

（1）启动block命令，弹出如图8-1所示的【块定义】对话框，在【名称】编辑框中输入“带属性的表面结构”。

（2）单击【基点】选区的按钮，用光标捕捉表面结构符号中三角形的尖点并单击确定块的插入点。

（3）单击【对象】选区的按钮，使用窗选的方式选择整个表面结构符号图形和表面结构属性（命令行提示找到4个对象），回车返回【块定义】对话框，同时选择【转换为块】单选框。这时，名称右边会出现块的预览。

（4）在【方式】选区勾选【允许分解】复选框。

（5）在【设置】—【块单位】下拉列表中选择“毫米”选项。

（6）单击按钮确定按钮，弹出如图8-12所示的【编辑属性】对话框，单击确定按钮，对话框消失，原表面结构图形和属性在绘图区域转换为标有Ra12.5的表面结构符号块。

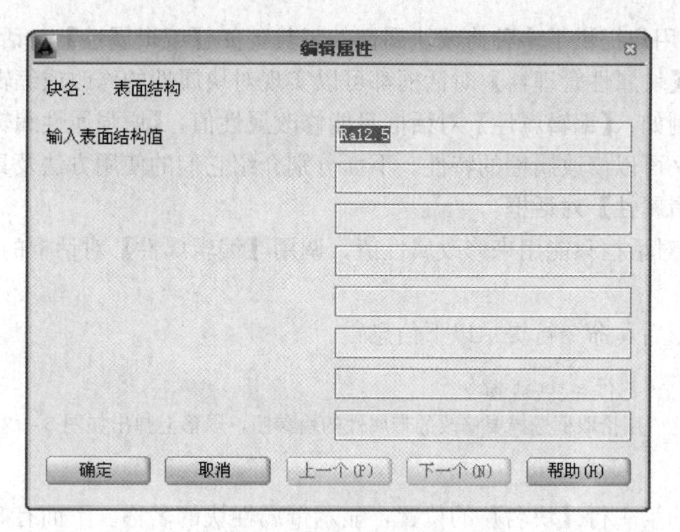

图 8 - 12 【编辑属性】对话框

应注意，如果在【块定义】对话框的【对象】选区勾选【保留】或【删除】选框，再单击【块定义】对话框的 确定 按钮时，不会出现【编辑属性】对话框。

在创建带属性块的时候，还可以选择多个属性，使块同时具有多个属性。选择属性的顺序将决定在插入块时提示属性信息的顺序。

8.5.4　插入带属性的块

插入带属性的块时，除了有前面讲过的插入块的过程，还得给块指定属性值。

【例 8 - 3】 将带属性的表面结构图块插入到图 8 - 13 所示位置，并给定属性值 Ra6.3。

操作步骤：

（1）单击【绘图】工具栏中的【插入块】按钮，启动插入块命令，弹出【插入】对话框，名称区选择“带属性的表面结构”。

（2）在屏幕上指定插入点：鼠标单击矩形上边线的中点，比例因子回车默认。

（3）输入表面结构值：*Ra*6.3 后回车，完成块的插入。

Ra 6.3

图 8 - 13　插入带属性的块

如果使用 expolde 命令将带属性的块参照进行分解后，块参照中的属性值还原为属性定义。

8.6　修改块参照的属性

带属性的块插入图形文件中后，如果需要，还可以对块参照中属性值或属性特性进行修改。AutoCAD向用户提供了多种修改块属性的工具，如【编辑属性】对话框、【增强属性编辑器】对话框和【块属性管理器】对话框都可以实现对块属性的修改或编辑，只是它们在功能上有所区别。例如，【编辑属性】对话框只能修改属性值，【增强属性编辑器】对话框既可以修改属性值，又可以修改属性的特性。下面分别介绍它们的使用方法及具有的功能。

8.6.1 【编辑属性】对话框

【编辑属性】对话框只能用来修改属性值。调用【编辑属性】对话框的方法是：命令行：attedit。

执行上述命令后，命令行提示以下信息：

命令：attedit //执行attedit命令

选择块参照： //用拾取框选择要修改的带属性的块参照，屏幕上弹出如图8-12所示的【编辑属性】对话框

在对话框中的第1行【块名】的位置，显示带属性块的名称。下面有8个显示块，用来显示前8个属性值。在显示框中编辑属性值，然后单击 确定 按钮。

不能编辑锁定图层中的属性值。

8.6.2 【增强属性编辑器】对话框

可以用来更改属性特性和属性值。调用【增强属性编辑器】对话框的方法如下：

(1) 下拉菜单：【修改】—【对象】—【属性】—【单个】。

(2)【修改Ⅱ】工具栏按钮（如图8-14所示）：。

(3) 命令行：eattedit。

(4) 快捷菜单：选中带属性的块参照，选择右键快捷菜单中的【编辑属性】选项。

图8-14 【修改Ⅱ】工具栏

(5) 直接双击带属性的块参照。

执行上述命令后，命令行提示以下信息：

命令：_eattedit //执行eattedit命令

选择块： //用拾取框选择要修改的块参照，屏幕上弹出如图8-15所示的【增强属性编辑器】对话框

在【增强属性编辑器】对话框的顶部显示所选块参照的名称和属性的标记。该对话框共包含三3个选项卡和5个按钮。

(1)【属性】选项卡。在该选项卡的显示框中显示属性的标记、插入块时命令行的提示和属性值，如果所选块参照同时带有多个属性，这里将显示多个属性的信息。在【值】编辑框中可以修改当前块参照中属性的值。

(2)【文字选项】选项卡。用来修改所选块参照所带属性的文字特性，如图8-16所示。

(3)【特性】选项卡。用来修改所选块参照所带属性的基本特性，如图8-17所示。

(4) 应用(A) 按钮和按钮。当完成对块参照所带属性的修改后，单击 应用(A) 按钮系

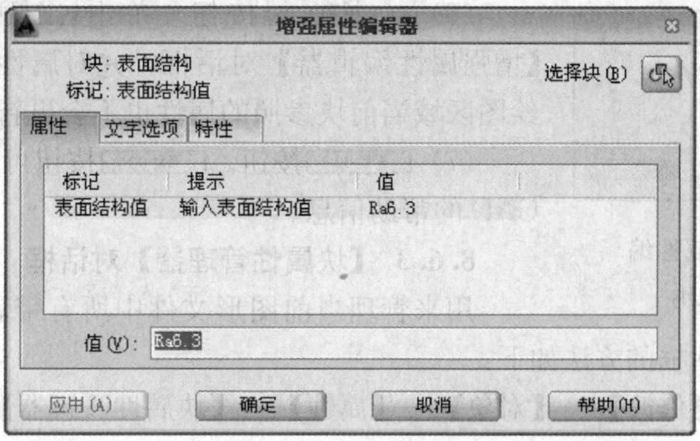

图 8 - 15　【增强属性编辑器】对话框

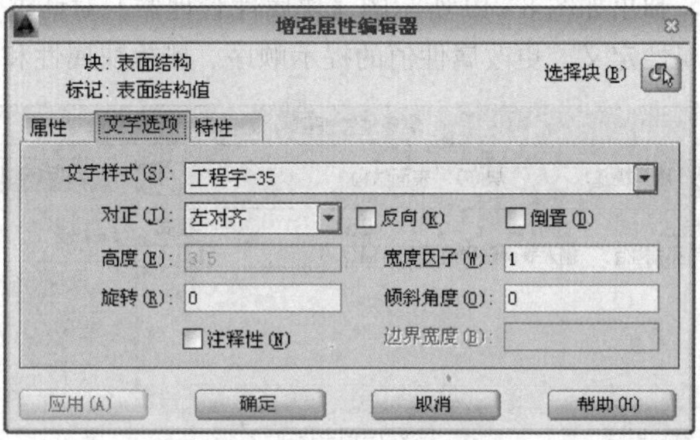

图 8 - 16　【文字选项】选项卡

图 8 - 17　【特性】选项卡

统将保存所有修改并同时更新绘图区域的当前块参照的属性。【增强属性编辑器】对话框继续存在，单击按钮【增强属性编辑器】对话框暂时消失，可以继续选择需要修改的块参照。如果对属性做了修改，没有单击应用(A)按钮，而直接单击按钮，屏幕会弹出如图 8 - 18 所示的提示。

（5）确定按钮。确定按钮具有与应用(A)按钮相同的功能，只是单击确定按钮后直接退出【增强属性编辑器】对话框。

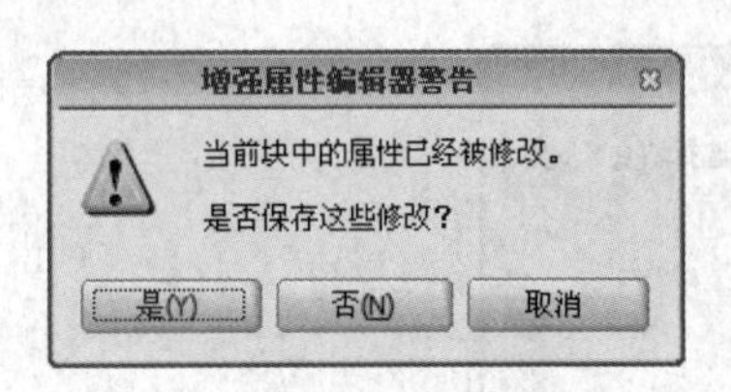

图 8-18 【增强属性编辑器警告】提示

（6）取消按钮。单击取消按钮直接退出【增强属性编辑器】对话框，并对属性所做修改不予保存，绘图区域当前块参照的属性也不会更新。

（7）帮助(H)按钮。帮助(H)按钮可以使用户打开 AutoCAD 的帮助信息。

8.6.3 【块属性管理器】对话框

用来管理当前图形文件中所有带属性的块参照。调用【块属性管理器】对话框的方法如下：

（1）下拉菜单：【修改】—【对象】—【属性】—【块属性管理器】。

（2）【修改Ⅱ】工具栏按钮（如图 8-14 所示）：。

（3）命令行：battman。

执行上述命令后，弹出如图 8-19 所示的【块属性管理器】对话框。利用该对话框可以完成编辑块定义中的属性定义、更改属性值的提示顺序、删除块属性和更新块属性的操作。

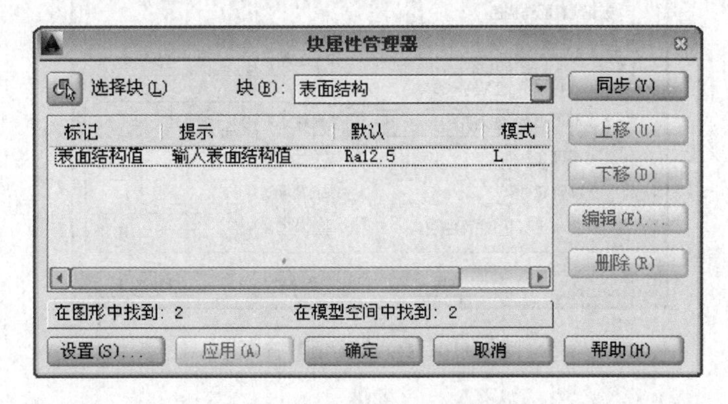

图 8-19 【块属性管理器】对话框

（1）编辑块定义中的属性定义。用户可以按照以下步骤完成属性定义编辑的操作。

1）在【块属性管理器】对话框中，单击【块】下拉列表，列表中将显示当前图形中所有带属性的块名，选择其中一个，或者单击按钮在绘图区域中选择一个块。这时，在下面的属性列表中会显示该块所带的所有属性定义信息。在默认情况下，属性列表中只列出属性的 4 项信息，即【标记】【提示】【默认】和【模式】。用户可以单击设置(S)...按钮通过如图 8-20 所示的【设置】对话框选择更多的信息项。在【设置】对话框的底部有两个复选框：①【突出显示重复的标记】是用来打开或关闭对重复标记的强调，如果勾选此项，在属性列表中，重复的属性标记显示为红色，否则不显示为红色；②【将修改应用到现有参照】是用来决定单击应用(A)按钮保存属性定义修改的同时是否同时更新应用此块的现有块参照。

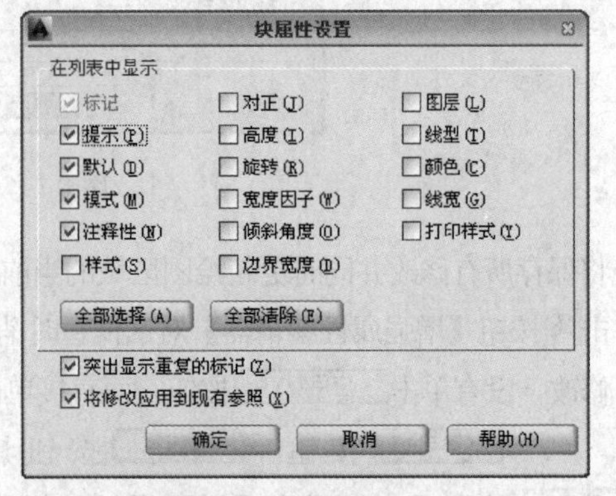

图 8-20 【设置】对话框

2）在属性列表中双击要编辑的属性，或选中该属性再单击编辑(E)...按钮，弹出如图 8-21

所示的【编辑属性】对话框。其中【文字选项】和【特性】选项卡的内容与【增强属性编辑器】对话框中的完全相同，而【属性】选项卡有所不同，它可以修改属性定义的模式、标记、提示和默认值。【自动预览修改】复选框用来控制是否立即更新绘图区域，以显示用户所做的任何可视属性更改，如果勾选此项，系统立即显示所做的修改；否则，系统不会立即显示所做的修改。

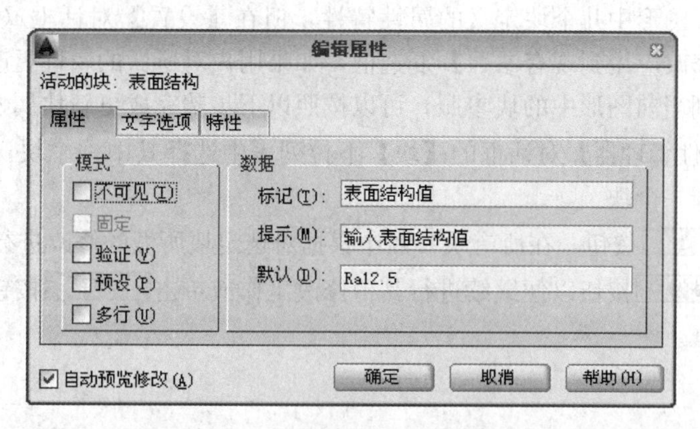

图 8-21 【编辑属性】对话框

3）在【编辑属性】对话框中，对所需的属性进行修改，然后单击 确定 按钮返回【块属性管理器】对话框。

4）单击 应用(A) 按钮以便继续进行其他修改工作或单击 确定 按钮直接退出【块属性管理器】对话框。

（2）更改属性值的提示顺序。在插入块时，提示属性信息的顺序是由定义块时选择属性的顺序决定的，使用【块属性管理器】对话框可以更改属性值的提示顺序。用户可以按照以下步骤完成更改属性值的提示顺序的操作。

1）在【块属性管理器】对话框的【块】下拉列表中选择其中一个块，或者单击按钮在绘图区域中选择一个块，在属性列表中将按照提示顺序显示属性。

2）选中需要改变顺序的属性，然后单击 上移(U) 按钮或 下移(D) 按钮。如果只有一个属性或属性值为常量， 上移(U) 按钮或 下移(D) 按钮不可用。

3）单击 应用(A) 按钮以便继续进行其他修改工作或单击 确定 按钮直接退出【块属性管理器】对话框。

（3）删除块属性。可以删除块定义中的属性或当前现有块参照中的属性。用户可以按照以下步骤完成删除块属性的操作。

1）在【块属性管理器】对话框的【块】下拉列表中选择其中一个块，或者单击按钮在绘图区域中选择一个块。

2）在属性列表中选中要删除的属性，然后单击 删除(R) 按钮。

3）单击 应用(A) 按钮以便继续进行其他修改工作或 确定 按钮直接退出【块属性管理器】对话框。

当只有一个属性时， 删除(R) 按钮不可用。另外不能从块中删除所有属性，必须至少保留一个属性，如果需要删除所有属性，则需要重定义块。

应当注意，只有使用 regen 命令重新生成该图形时，从现有块参照中删除的属性才会在绘图区域中消失。

（4）更新块属性。可以更新当前图形中所有块参照中的属性。例如，用户使用【编辑属性】对话框修改了图形中几个块定义的属性特性，但在【设置】对话框（如图 8 - 20 所示）中没有选择【将修改应用到现有参照】复选框，如果用户对所做的属性更改感到满意，又想将这些更改应用到当前图形中的块参照，可以按照以下步骤完成更新块属性的操作。

1）在【块属性管理器】对话框的【块】下拉列表中选择其中一个块，或者单击按钮在绘图区域中选择一个块。

2）单击 同步(Y) 按钮，在所有块参照中根据对选定块所做的修改进行属性更新。

3）单击 应用(A) 按钮以便继续进行其他修改工作或单击 确定 按钮直接退出【块属性管理器】对话框。

还可以使用 attsync 更新块参照中的属性特性，以便和块定义相匹配，用户可以自行学习使用。

8.7 清　理　块

要减少图形文件大小，可以删除掉未使用的块定义。通过擦除可从图形中删除块参照；但是，块定义仍保留在图形的块定义表中。要删除未使用的块定义并减小图形文件，请在绘图过程中的任何时候使用 purge 命令。

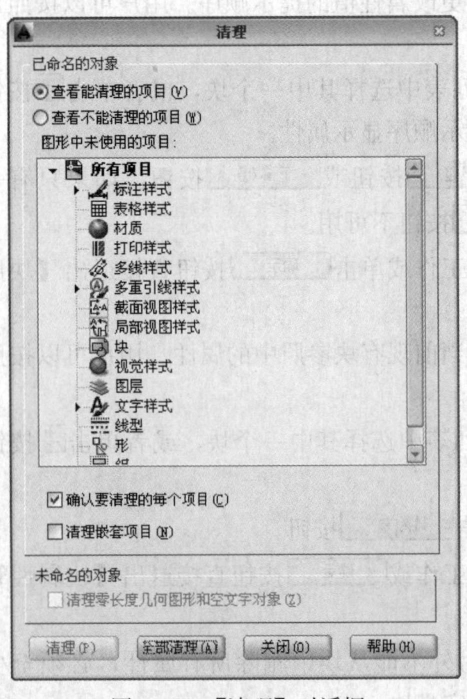

图 8 - 22 【清理】对话框

在命令行中输入 purge，就会出现【清理】对话框，如图 8 - 22 所示。利用这个对话框可以清理没有使用的标注样式、打印样式、多线样式、块、图层、文字样式、线型等定义。

（1）【查看能清理的项目】：选中此项，将在列表中显示可以清理的对象项目。如果项目前面没有符号⊞，表明此项没有可删除对象定义。单击符号▶，出现该项包含的所有可删除对象定义。选择某个要删除的对象定义，然后单击 清理(P) 按钮，该对象定义就会被删除。单击 全部清理(A) 按钮，将删除所有可以清理的对象定义。

（2）【查看不能清理的对象】：选中此项，将在列表中显示不能清理的对象定义。

（3）【确认要清理的每一个项目】：选中这个

选项，AutoCAD 将在清理每一个对象定义时给出警告信息，如图 8-23 所示，要求用户确认是否删除，以防误删。

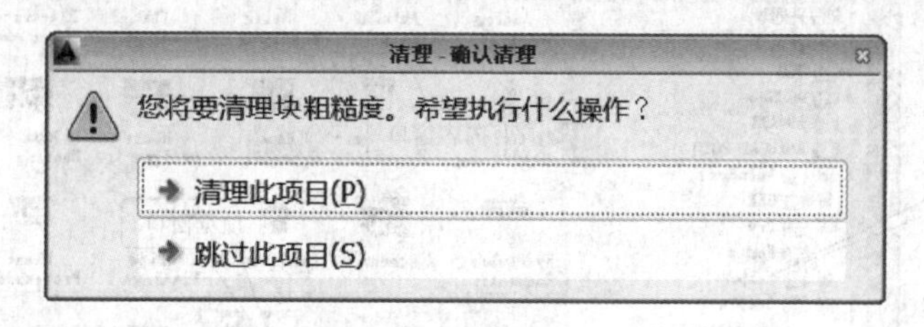

图 8-23　警告对话框

（4）【清理嵌套项目】：选中此项，从图形中删除所有未使用的对象定义，即使这些对象定义包含在或被参照于其他未使用的对象定义中。

只能删除未使用的块定义。

另外，AutoCAD2006 后的版本可以创建动态块，它具有灵活性和智能性。用户在操作时可以轻松地更改图形中的动态块参照，可以通过自定义夹点或自定义特性来操作动态块参照中的几何图形。这使得用户可以根据需要在位调整块，而不用插入一个新块或重定义现有的块。

8.8　设 计 中 心

设计中心是一个直观、高效、与 Windows 资源管理器界面类似的工作控制中心，用于在多文档和多人协同设计环境下管理众多的图形资源。通过设计中心，既可以管理本地机上的图形资源，又可以管理局域网或 Internet 上的图形资源。使用设计中心，可以将 AutoCAD 文件中的图块、图层、外部参照、标注样式、文字样式、线型和布局等内容直接插入到当前图形中，从而实现资源共享，简化绘图过程。

单击【标准】工具栏上的设计中心按钮，或者执行【工具】—【选项板】—【设计中心】菜单命令，可以打开【设计中心】选项板，如图 8-24 所示。

8.8.1　设计中心的功能

一般使用设计中心做以下工作。

（1）浏览用户计算机、网络驱动器和 Web 页上的图形内容（例如图形或符号库）。

（2）在定义表中查看图形文件中命名对象（例如块和图层）的定义，然后将定义插入、附着、复制和粘贴到当前图形中。

（3）更新（重定义）块定义。

（4）创建指向常用图形、文件夹和 Internet 网址的快捷方式。

（5）向图形中添加内容（例如外部参照、块和填充）。

（6）在新窗口中打开图形文件。

（7）将图形、块和填充拖动到工具选项板上以便于访问。

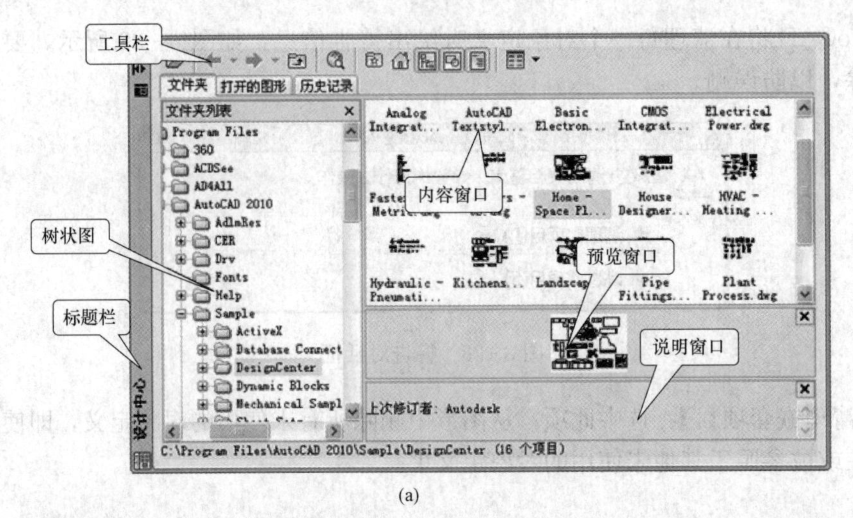

(a)

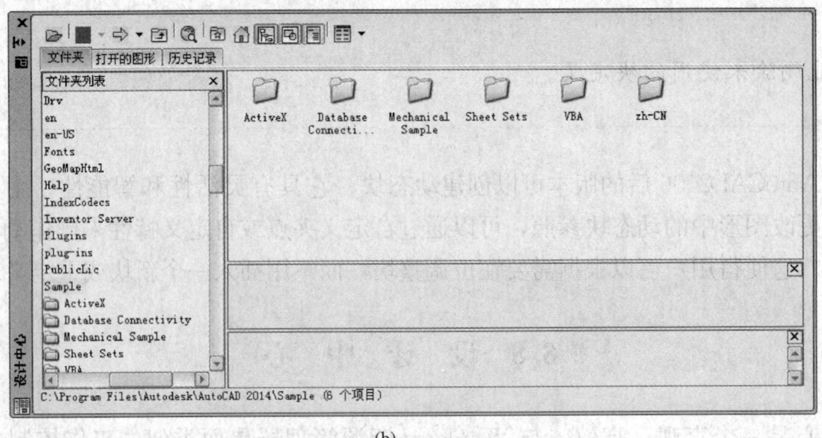

(b)

图 8-24 【设计中心】选项板

(a) 窗口 1；(b) 窗口 2

【设计中心】窗口分为两部分，左边为树状图，右边为内容区域。可以在树状图中浏览内容的源，而在内容区域显示内容。可以在内容区域中将项目添加到图形或工具选项板中。

在内容区域的下面，也可以显示选定图形、块、填充图案或外部参照的预览或说明。选项板顶部的工具栏提供若干选项和操作。

用户可以控制设计中心的大小、位置和外观。

(1) 要调整设计中心的大小，可以拖动内容区域和树状图之间的双线，或者像拖动其他窗口那样拖动它的一边。

(2) 要固定设计中心，请将其拖动到 AutoCAD 窗口的右侧或左侧的固定区域上，直到捕捉到固定位置。也可以通过双击【设计中心】选项板标题栏将其固定。

(3) 要浮动设计中心，请拖动工具栏上方的区域（双突起线条），使设计中心远离固定区域。拖动时按住 Ctrl 键可以防止选项板固定。

(4) 单击设计中心标题栏上的自动隐藏按钮可使设计中心自动隐藏。

如果打开了设计中心的自动隐藏功能，那么当鼠标指针移出【设计中心】选项板时，设计中心树状图和内容区域将消失，只留下标题栏。将鼠标指针移动到标题栏上时，【设计中心】选项板将恢复。

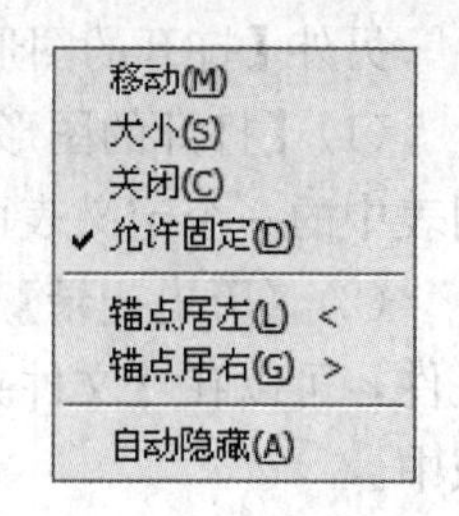

图 8-25　快捷菜单

在【设计中心】标题栏上单击右键将显示一个快捷菜单，如图 8-25所示，其中有几个选项可供选择。

8.8.2　使用设计中心访问内容

单击【设计中心】选项板的【文件夹】选项卡，在左边的树状视图窗口中将显示设计中心的树状资源管理器，单击某个文件夹，则该文件夹中的文件将显示在左边的内容窗口中。在内容窗口中单击选择某个文件，在预览窗口中显示文件的缩略图，如图 8-26 所示。

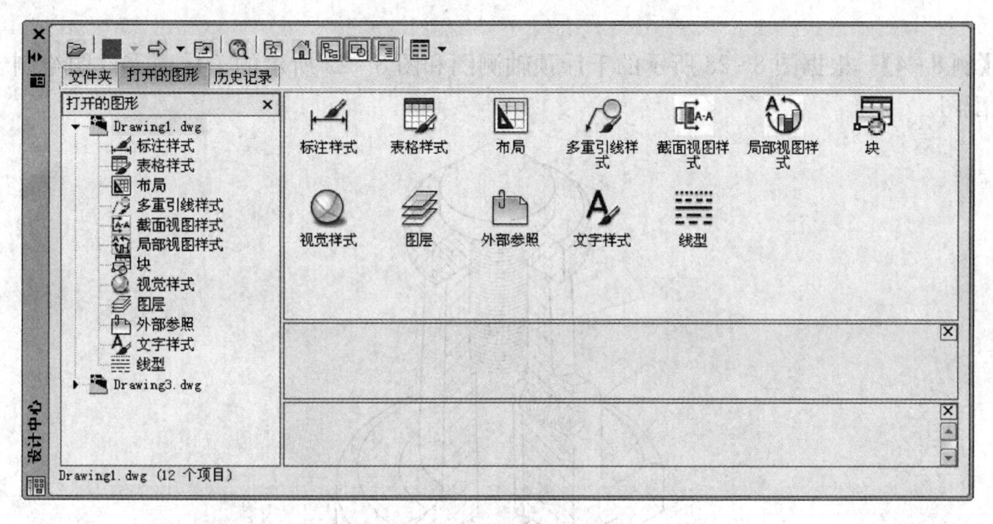

图 8-26　文件的组成部分

在内容区双击某个文件，在内容窗口中显示该文件的标注样式、表格样式、布局、块、图层、外部参照、文字样式和线型等组成部分，如图 8-26 所示。要看各部分包含具体对象定义，再次在组成部分符号上双击鼠标（如在“标注样式”上），在内容窗口中将显示该组成部分包含的具体对象定义，如图 8-27 所示。

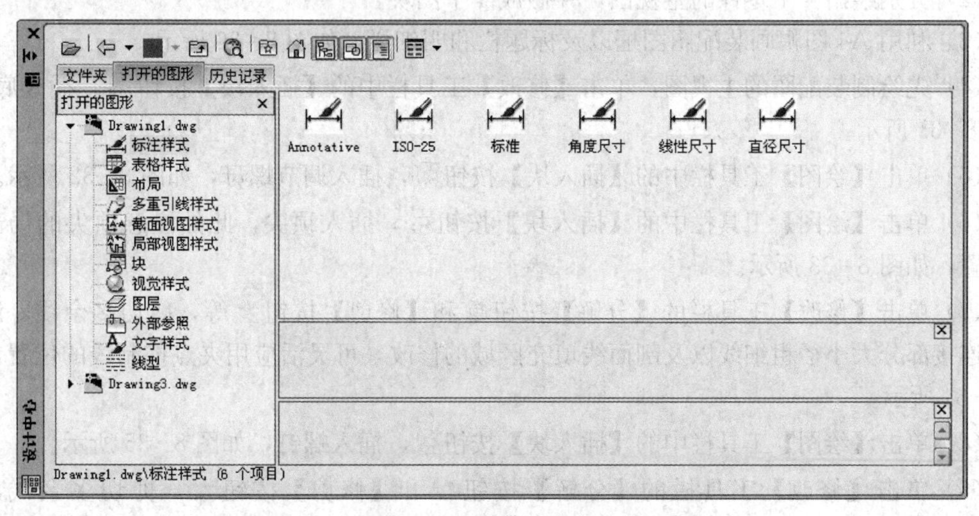

图 8-27　具体对象定义

另外【打开的图形】和【历史记录】选项卡为查找内容提供了另外的方法。

(1)【打开的图形】选项卡显示当前已打开图形的列表。单击某个图形文件，然后单击列表中的一个定义表可以将图形文件的内容加载到内容区域中。

(2)【历史记录】选项卡显示设计中心中以前打开的文件列表。双击列表中的某个图形文件，可以在【文件夹】选项卡中的树状视图中定位此图形文件并将其内容加载到内容区域中。

8.9 综合实例

【例8-4】 根据图8-28所示的千斤顶轴测图和图8-29所示的千斤顶零件图绘制千斤顶装配图。

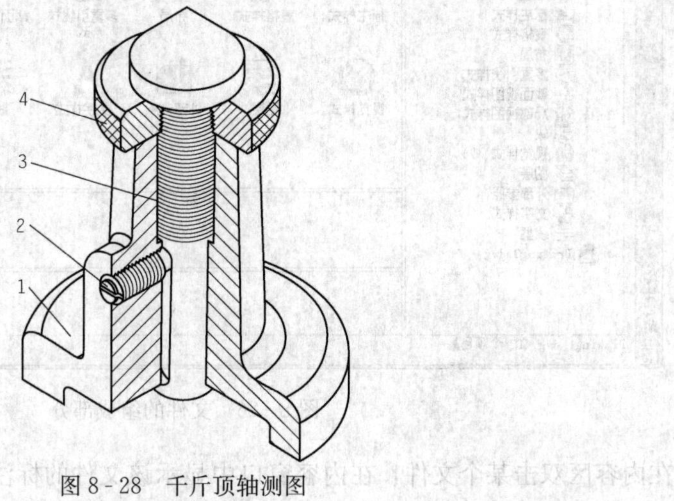

图8-28 千斤顶轴测图

绘制步骤：

(1) 设置图层、文字样式和尺寸标注样式。

(2) 分别绘出4个零件的主视图，并做成4个图块。

(3) 利用A4图幅画装配图图框以及标题栏和明细栏，如图8-30所示。

(4) 先绘制装配图的主视图，单击【修改】工具栏中的【插入块】按钮，插入底座，如图8-31所示。

(5) 单击【绘图】工具栏中的【插入块】按钮，插入调节螺母，如图8-32所示。

(6) 单击【绘图】工具栏中的【插入块】按钮，插入顶尖，此处注意顶尖的局部剖视位置，如图8-33所示。

(7) 单击【修改】工具栏的【分解】按钮和【修剪】按钮等，剪切多余线，注意螺纹连接部分大小径粗细线以及剖面线填充区域的修改，可灵活应用夹点控制线的位置，如图8-34所示。

(8) 单击【绘图】工具栏中的【插入块】按钮，插入螺钉，如图8-35所示。

(9) 单击【修改】工具栏的【分解】按钮和【修剪】按钮，剪切多余线，如图8-36所示。

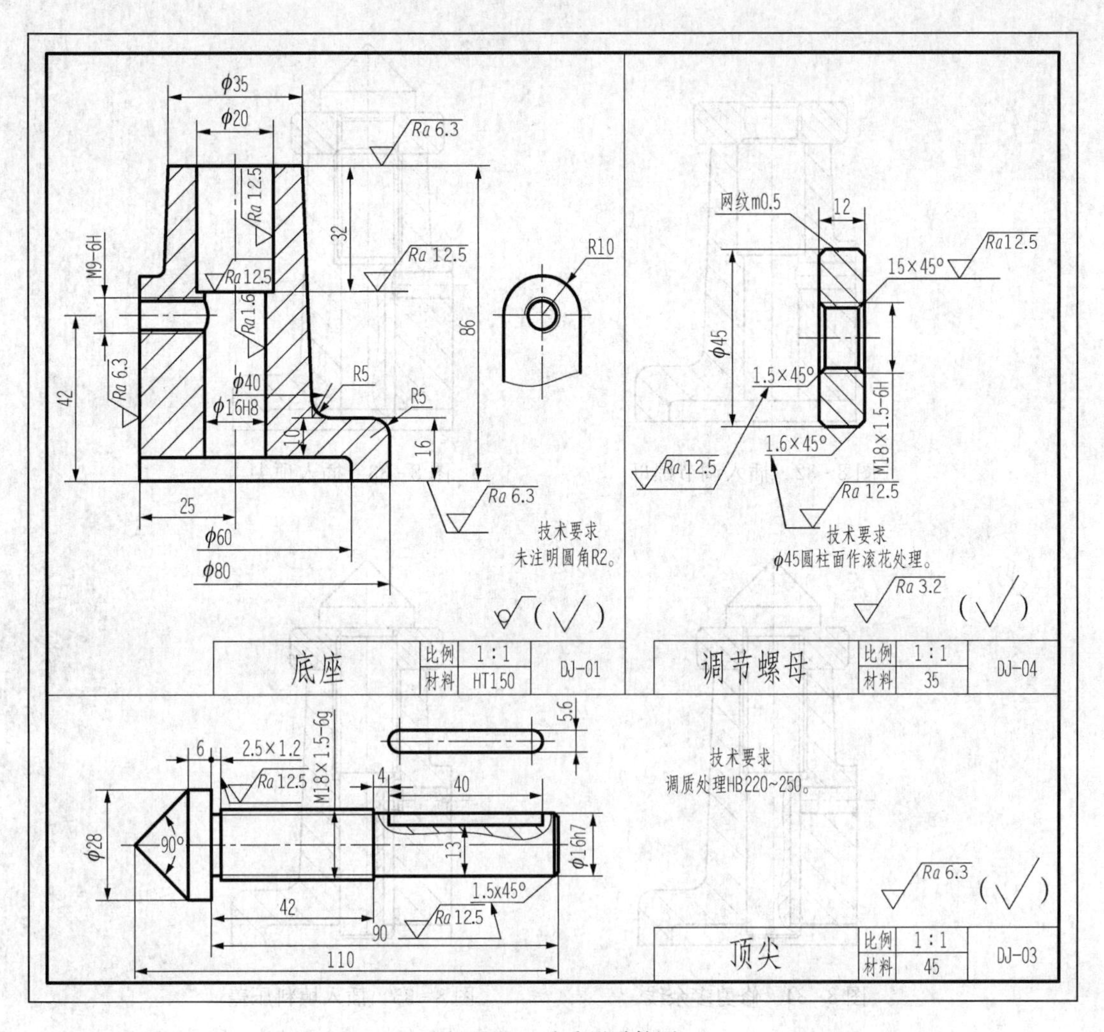

图 8-29　千斤顶零件图

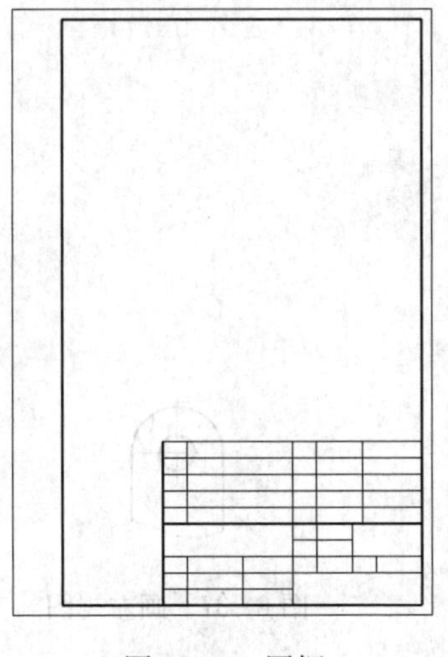

图 8-30　图框

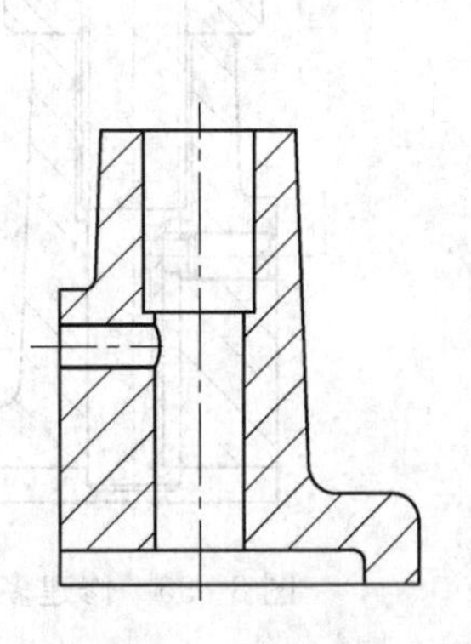

图 8-31　底座

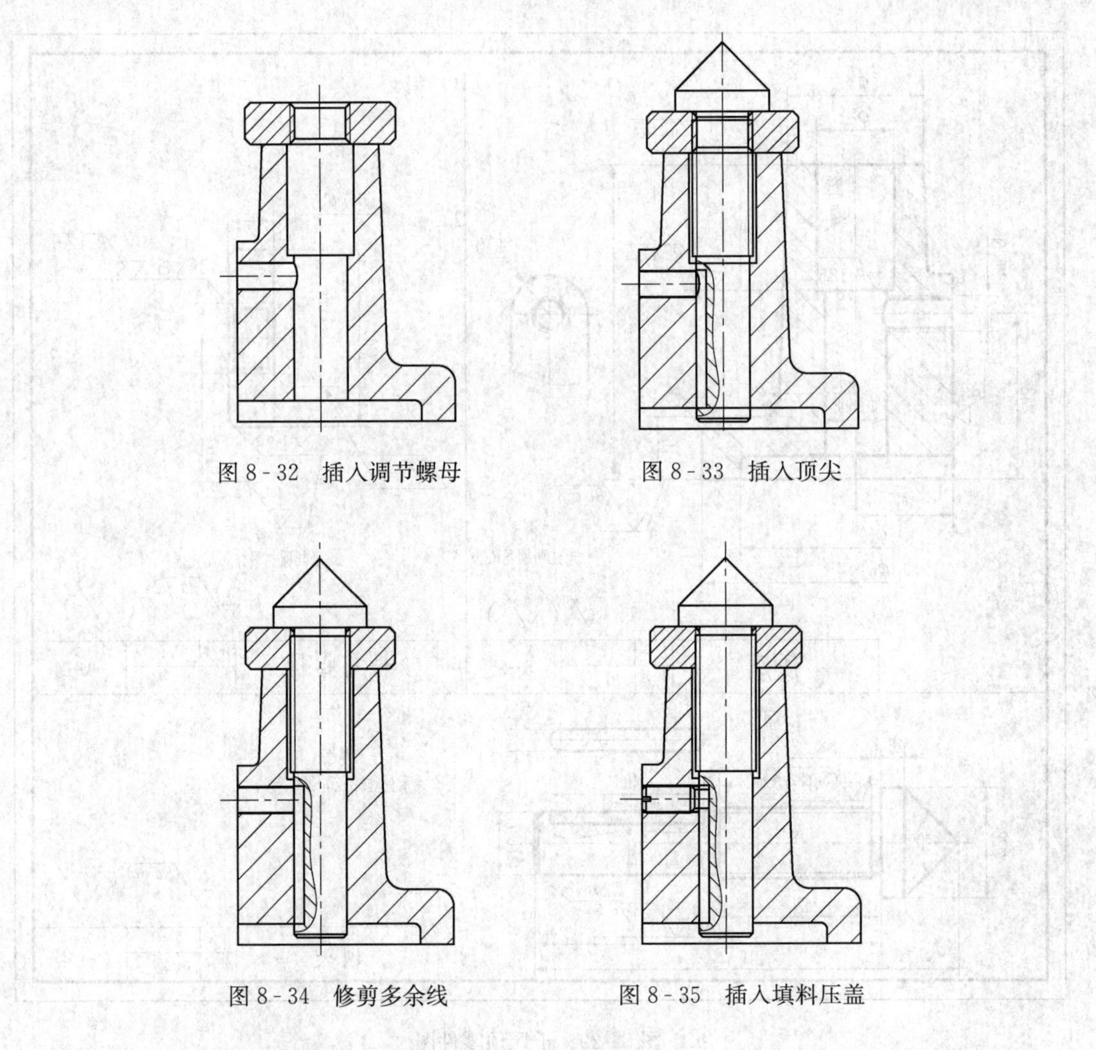

图 8-32 插入调节螺母

图 8-33 插入顶尖

图 8-34 修剪多余线

图 8-35 插入填料压盖

（10）绘出千斤顶底座的左视图，如图 8-37 所示。

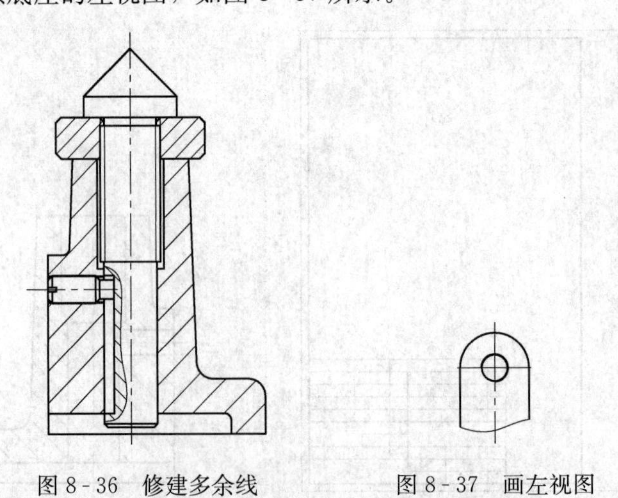

图 8-36 修建多余线

图 8-37 画左视图

（11）标注尺寸和序号，如图 8-38 所示。

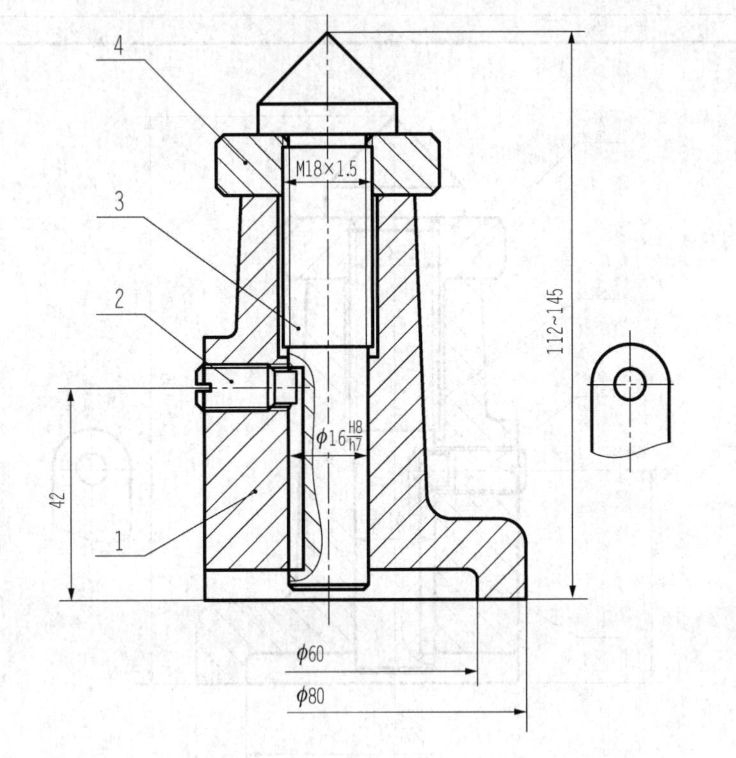

图 8 - 38　标注尺寸和序号

(12) 填写标题栏和明细栏，完成装配图。如图 8 - 39 所示。

【例 8 - 5】 根据旋阀装配示意图（见图 8 - 40）和旋阀零件图（见图 7 - 65 和图 8 - 41）绘制旋阀装配图。

绘制过程：

(1) 设置图层、文字样式和尺寸标注样式。

(2) 分别绘出 7 个零件的主视图，并做成 7 个图块。

(3) 利用 A3 图幅绘制装配图图框以及标题栏和明细栏，如图 8 - 42 所示。

(4) 先绘制装配图的主视图，单击【修改】工具栏中的【插入块】按钮，插入阀体，如图 8 - 43 所示。

(5) 单击【绘图】工具栏中的【插入块】按钮，再插入阀杆，如图 8 - 44 所示。

(6) 单击【修改】工具栏的【分解】按钮和【修剪】按钮，剪切多余线。如图 8 - 45所示。

(7) 单击【修改】工具栏的【偏移】按钮，从阀体左上部螺纹孔的终止线向上偏移 5（根据螺纹连接内外螺纹之间的关系 0.5 倍的公称直径），如图 8 - 46 所示。

(8) 单击【绘图】工具栏中的【插入块】按钮，依据上一步所作偏移线与螺纹孔轴线交点作为基点再插入螺栓，如图 8 - 47 所示。

(9) 单击【修改】工具栏的【分解】按钮和【修剪】按钮，剪切多余线，注意螺纹连接部分大小径粗细线以及阀体剖面线填充区域的修改，如图 8 - 48 所示。

(10) 单击【绘图】工具栏中的【插入块】按钮，插入填料压盖，如图 8 - 49 所示。

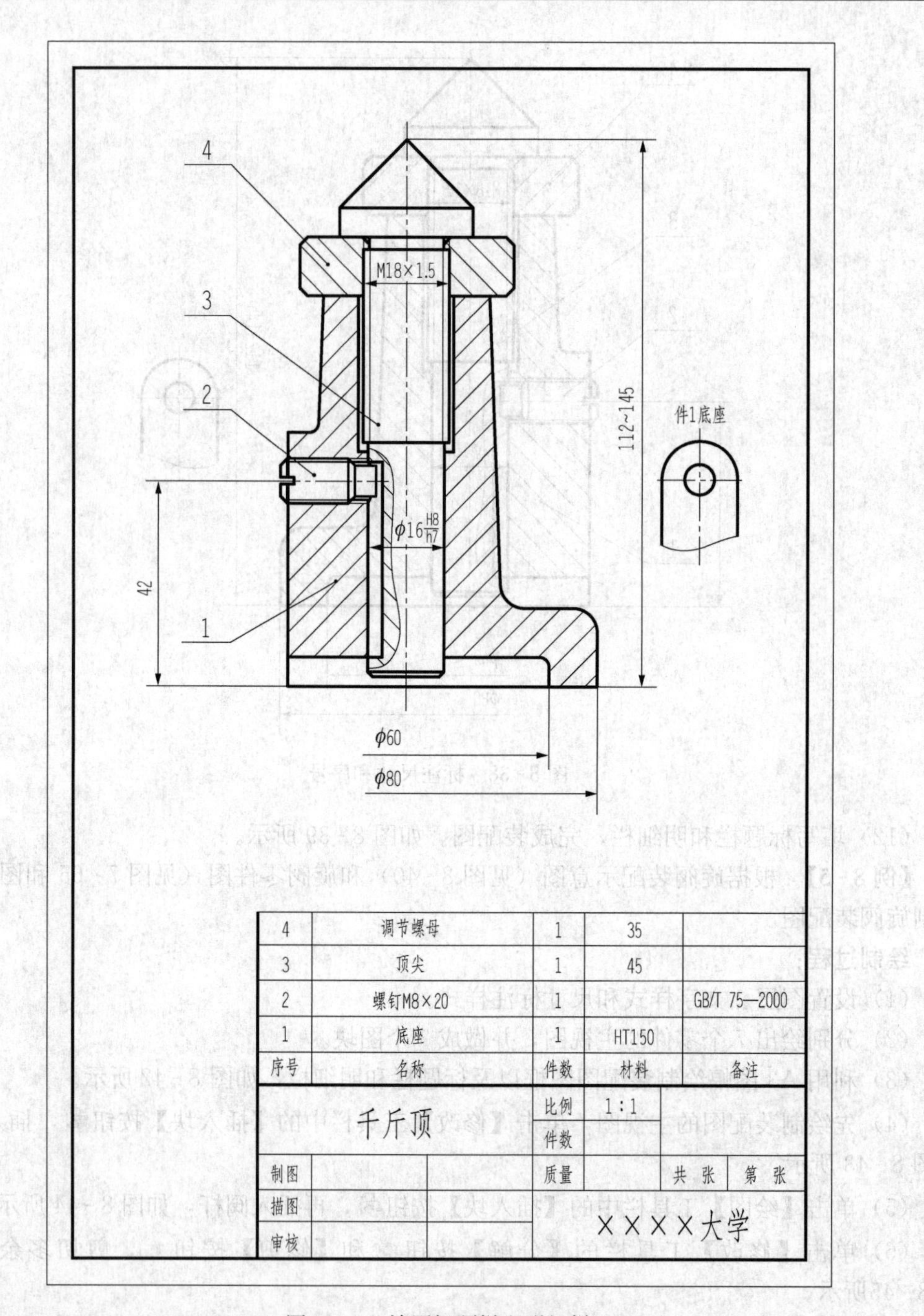

图 8-39 填写标题栏和明细栏

（11）单击【修改】工具栏的【分解】按钮和【修剪】按钮，剪切多余线。如图 8-50所示。

（12）单击【绘图】工具栏中的【插入块】按钮，再插入手柄，如图 8-51 所示。

（13）单击【修改】工具栏的【分解】按钮和【修剪】按钮，剪切多余线。如图 8-52所示。

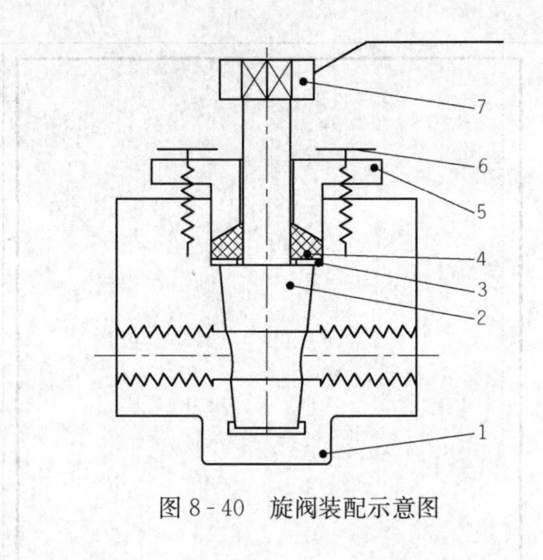

图8-40　旋阀装配示意图

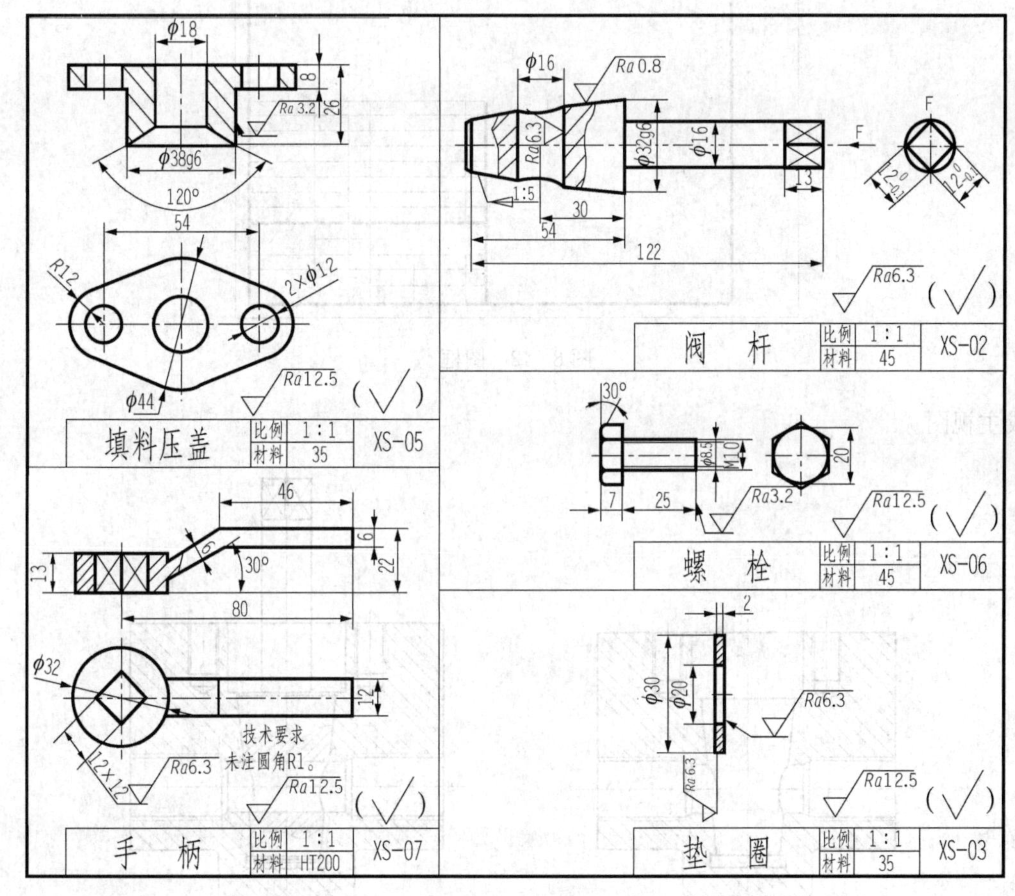

图8-41　旋阀零件图

(14) 单击【绘图】工具栏的【插入块】按钮，再插入垫圈，如图8-53所示。

(15) 单击【修改】工具栏的【分解】按钮和【修剪】按钮，剪切多余线，如图8-54 (a)所示；再将填料压盖被填料遮挡部分删除，填充网格线，如图8-54 (b) 所示。

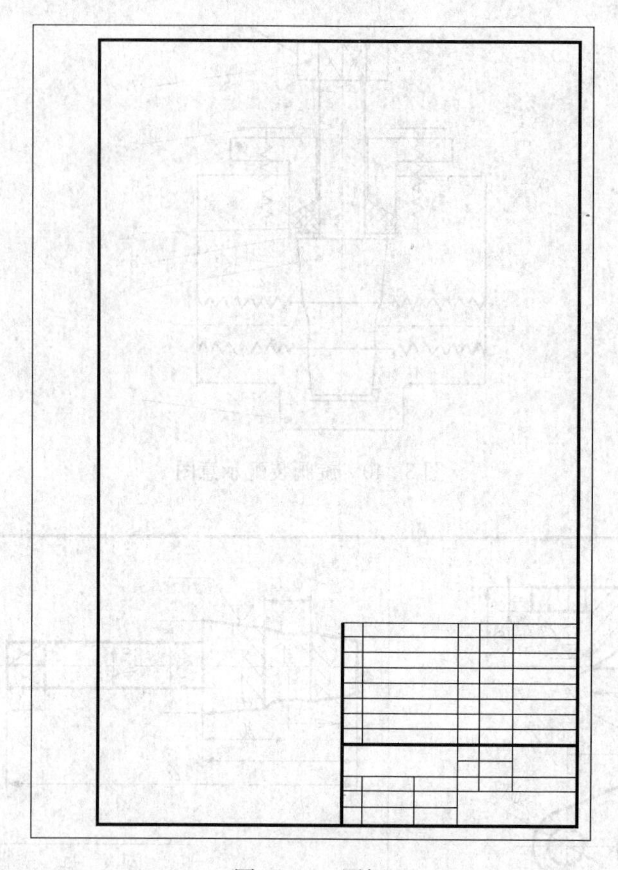

图 8-42　图框

完成主视图。

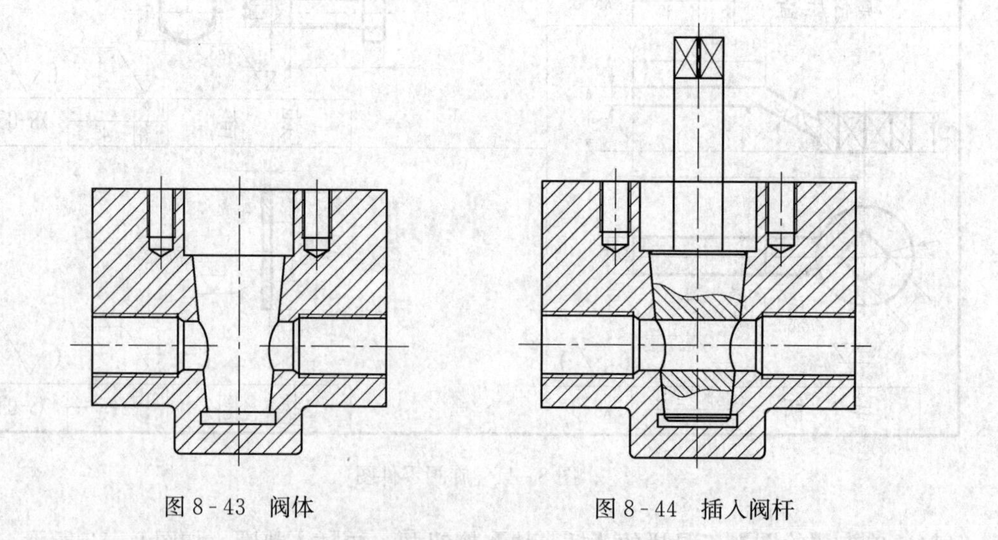

图 8-43　阀体　　　　图 8-44　插入阀杆

（16）绘出旋塞拆去手柄的俯视图，如图 8-55 所示。

（17）标注尺寸和序号，如图 8-56 所示。

（18）填写标题栏和明细栏，完成装配图。如图 8-57 所示。

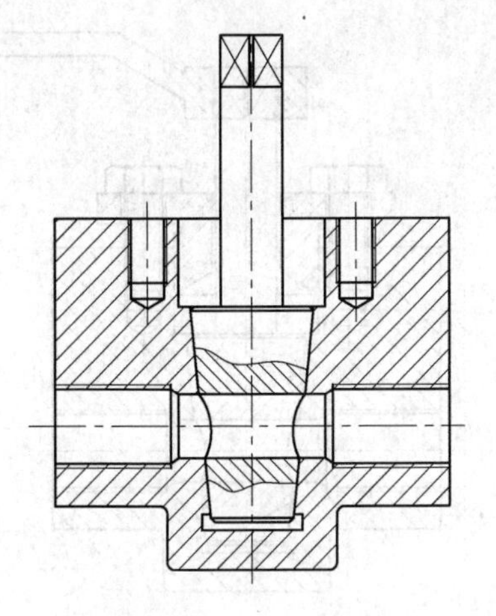

图 8－45　修剪多余线

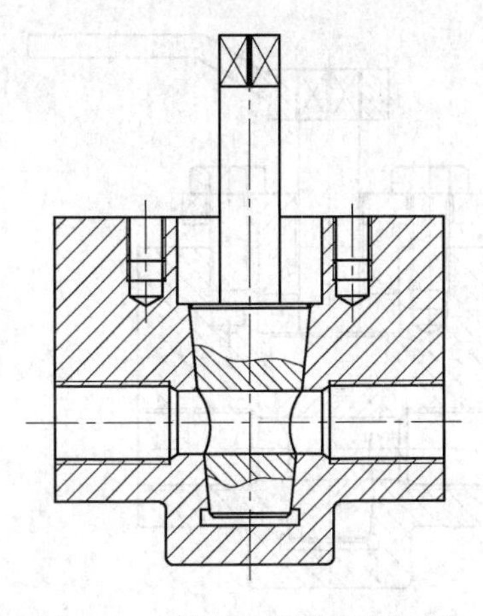

图 8－46　作插入螺栓的辅助线

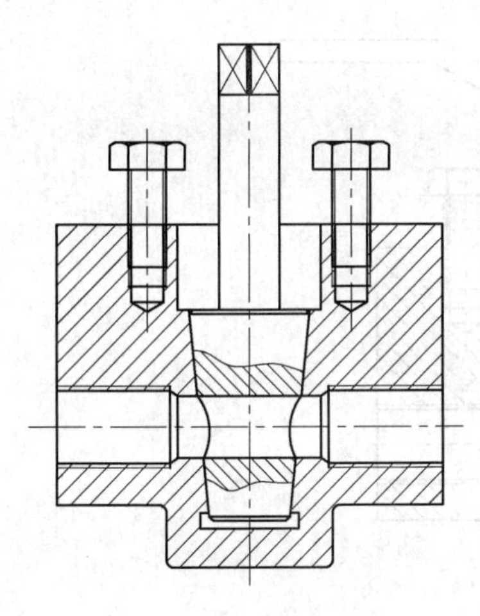

图 8－47　插入螺栓

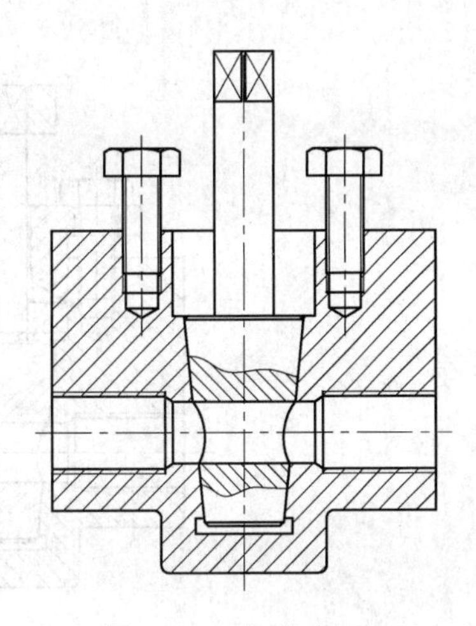

图 8－48　修剪多余线

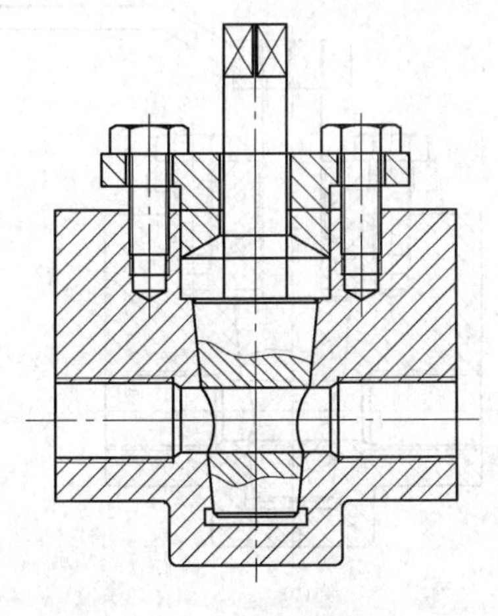

图 8－49　插入填料压盖

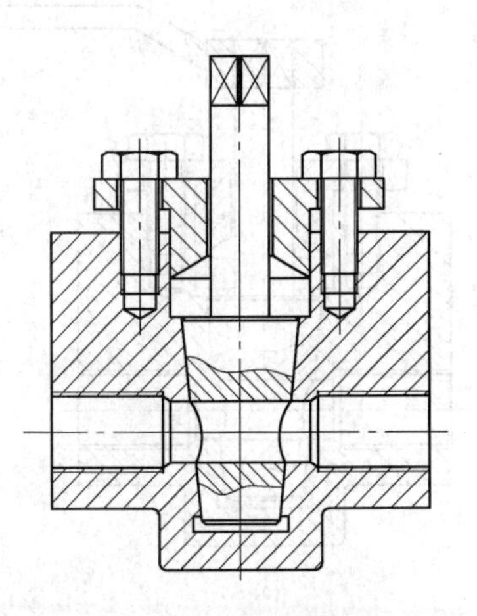

图 8－50　修建多余线

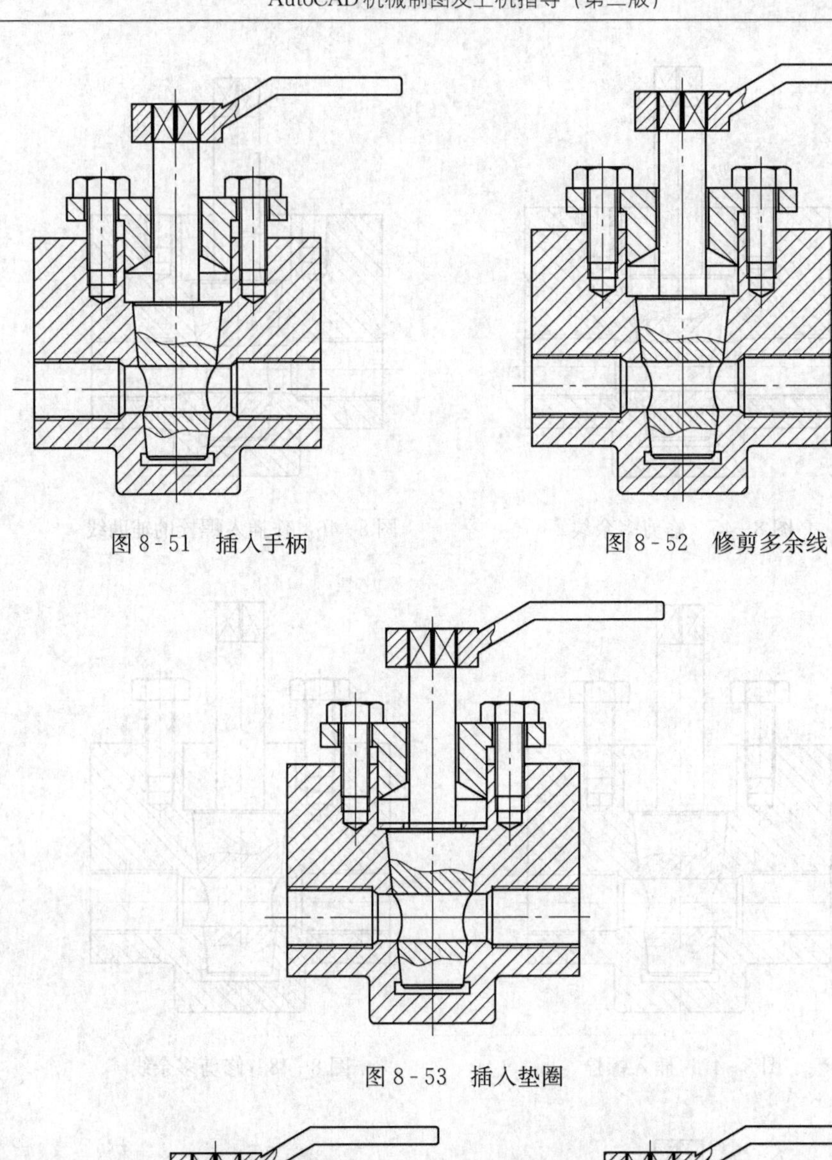

图 8-51　插入手柄

图 8-52　修剪多余线

图 8-53　插入垫圈

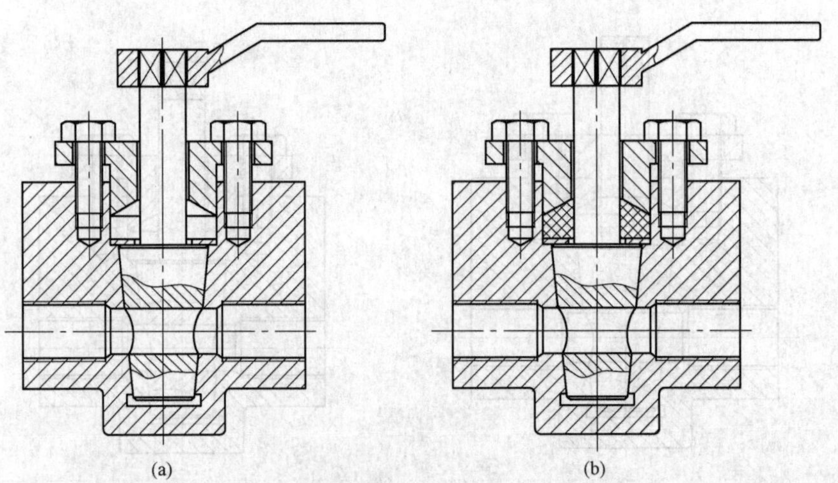

图 8-54　完成主视图

（a）修剪多余线；（b）填充网格

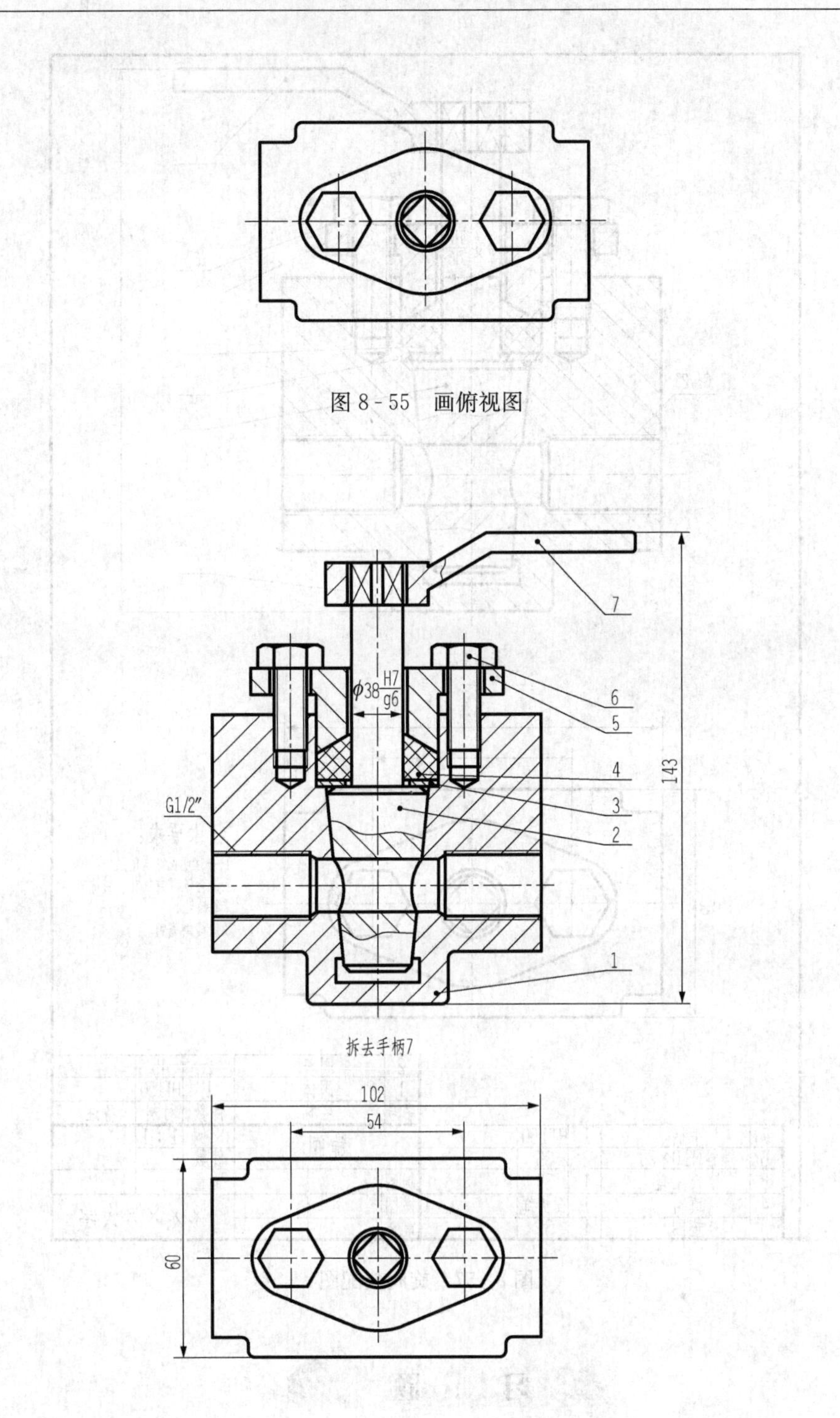

图 8 - 55　画俯视图

图 8 - 56　标注尺寸和序号

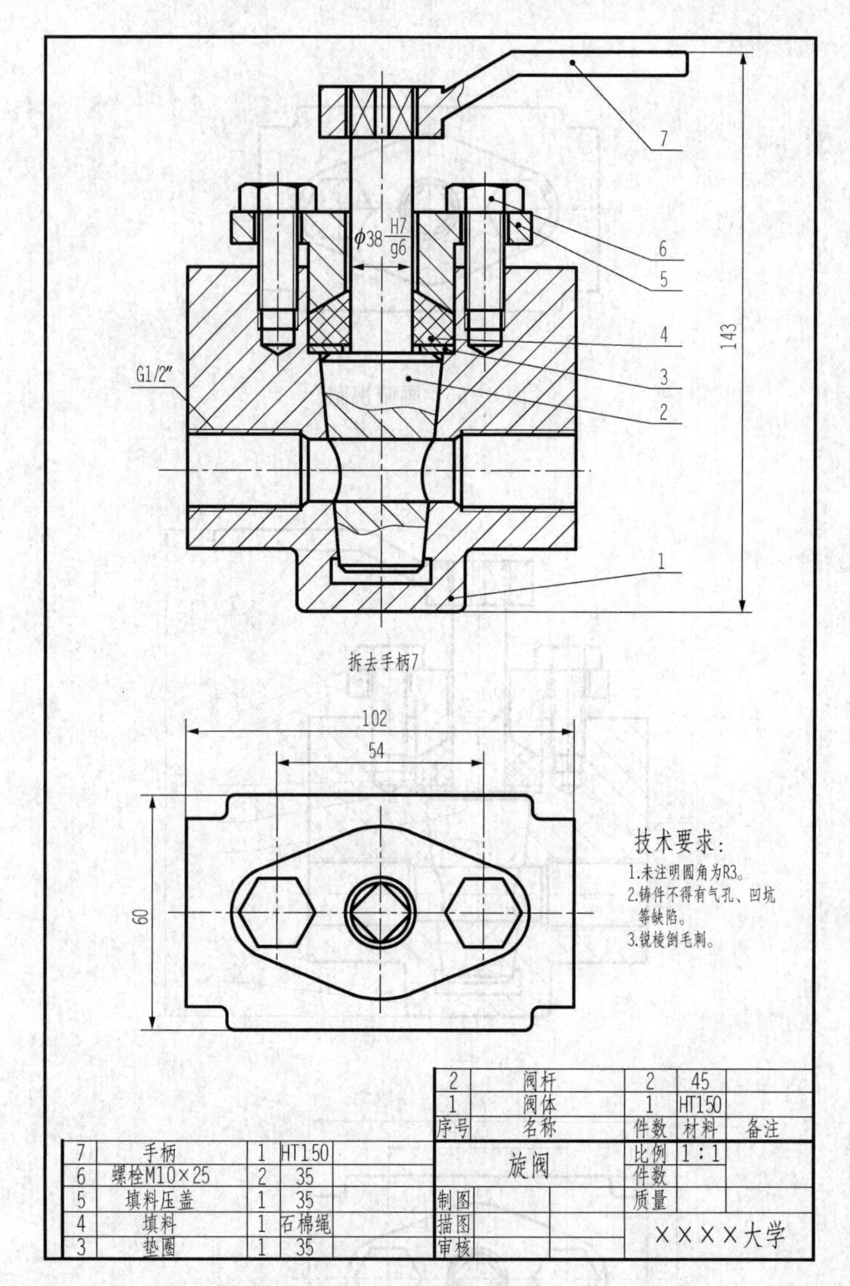

图 8-57 旋阀装配图

8-1 根据图 7-66 所示的手动气阀阀体零件图和图 8-58 所示的手动气阀零件图，绘制如图 8-59 所示手动气阀装配图。

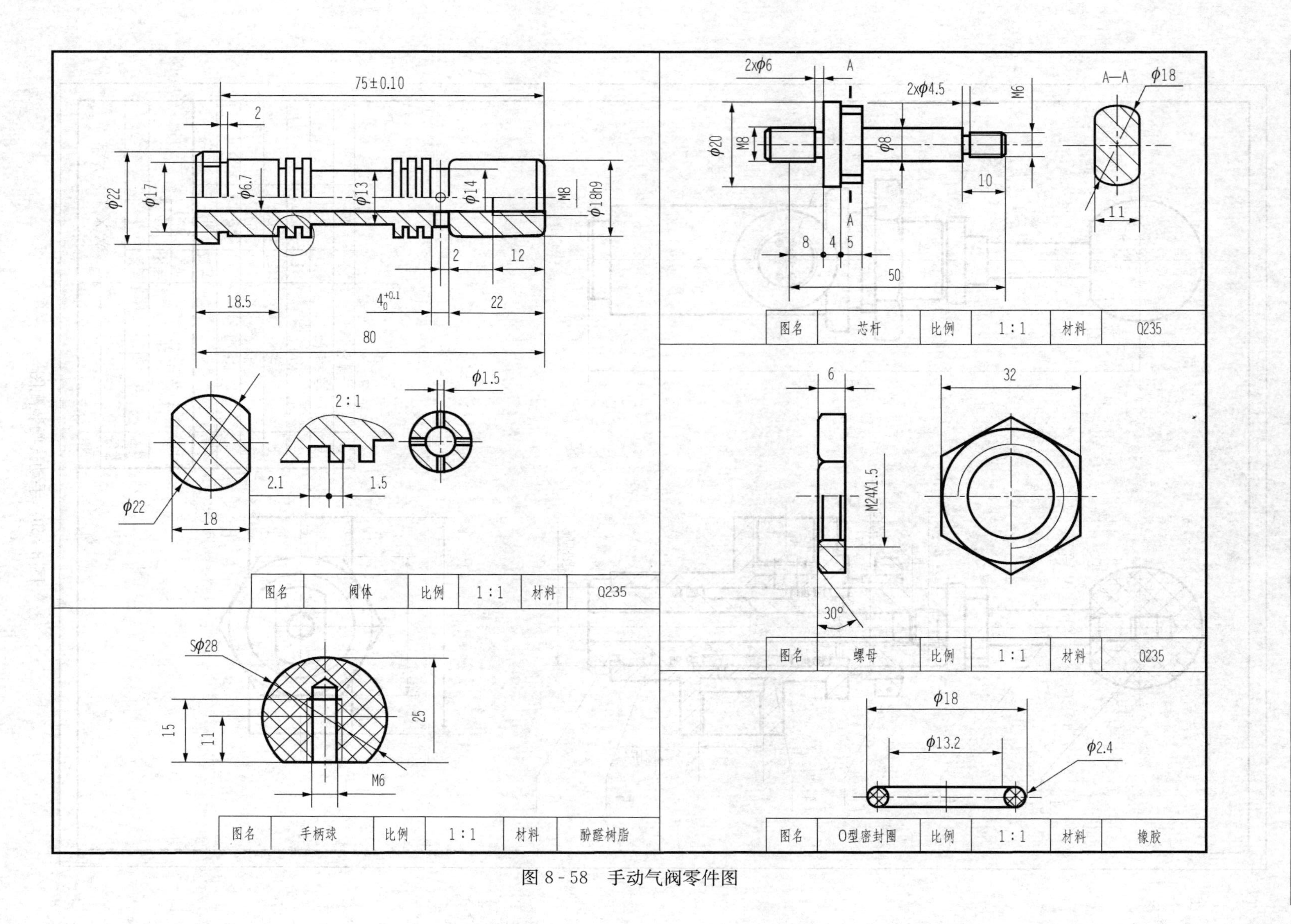

图 8-58　手动气阀零件图

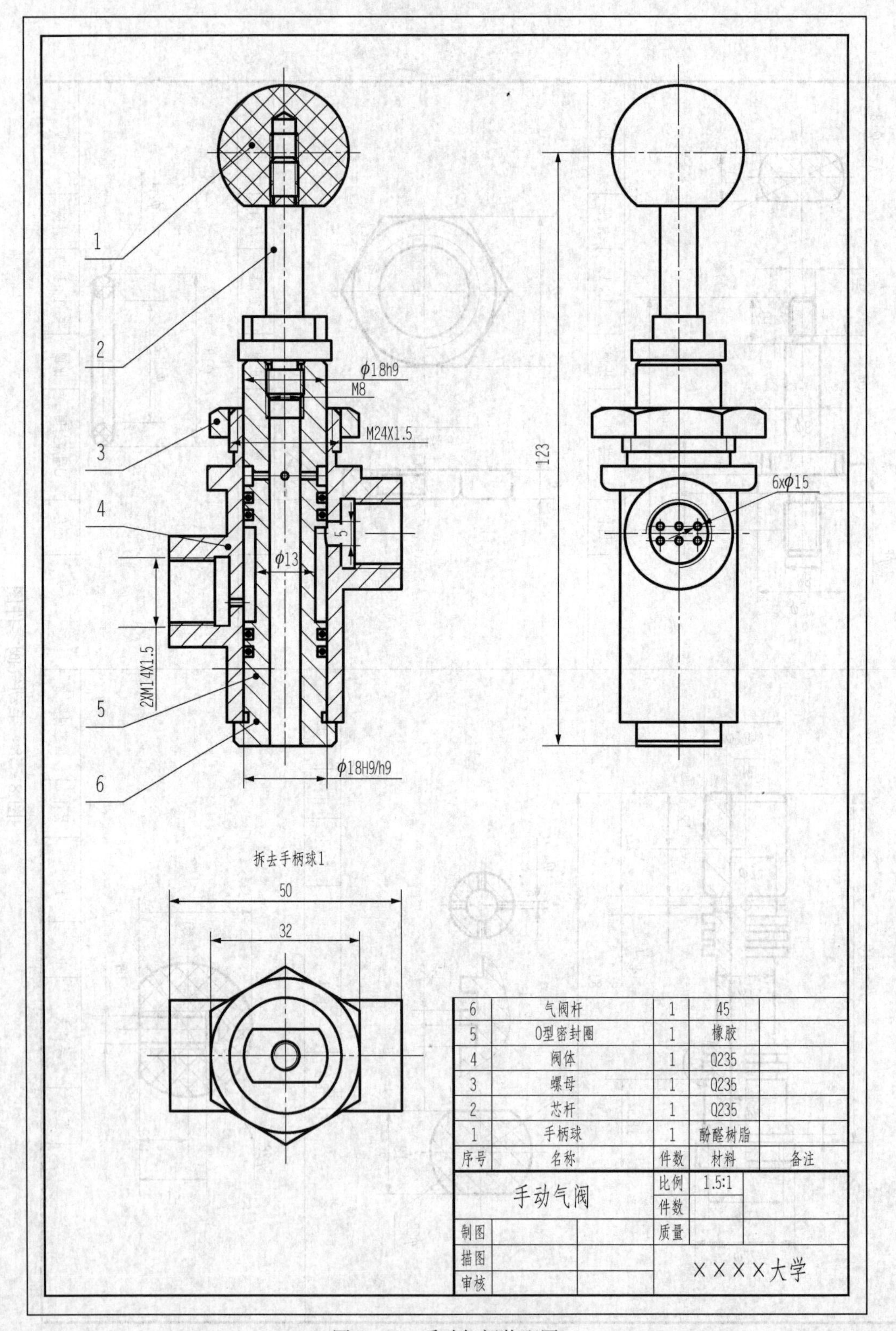

图 8-59　手动气阀装配图

第9章 布局与打印出图

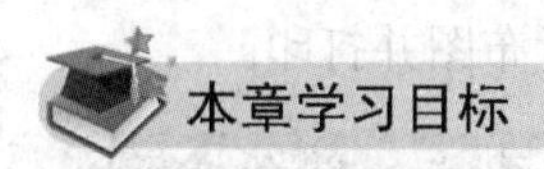

通过对本章的学习，用户可以在模型空间打印出图，也可以根据需要在布局窗口创建和修改布局，并会对各种图形在图纸空间进行多比例出图。

本章重点

- 模型空间与图纸空间；
- 在模型空间打印；
- 布局与浮动视口；
- 在图纸空间打印。

绘制好的机械图样需要打印出来进行报批、存档、交流、指导加工和装配，所以绘图的最后一步是打印图形。前面的绘制工作都是在模型空间中完成的，用户可以直接在模型空间中打印草图，但是在打印正式图纸时，利用模型空间打印会非常不方便。所以AutoCAD提供了图纸空间，用户可以在一张图纸上输出图形的多个视图，添加文字说明、标题栏和图纸边框等。图纸空间完全模拟了图纸页面，用于安排图形的输出布局。在这一章中主要讲述怎样在模型空间出图，怎样设置布局、利用布局进行打印等。

9.1 模型空间和图纸空间的理解

模型空间主要用于建模，前面章节讲述的绘图、修改、标注等操作都是在模型空间完成的。模型空间是一个没有界限的三维空间，用户在这个空间中以任意尺寸绘制图形，通常按照1∶1的比例，以实际尺寸绘制实体。

而图纸空间是为了打印出图而设置的。一般在模型空间绘制完图形后，需要输出到图纸上。为了让用户方便地为一种图纸输出方式设置打印设备、纸张、比例、图纸视图布置等，AutoCAD提供了一个用于进行图纸设置的图纸空间。利用图纸空间还可以预览到真实的图纸输出效果。由于图纸空间是纸张的模拟，所以是二维的。同时图纸空间由于受选择幅面的限制，所以是有界限的。在图纸空间还可以设置比例，实现图形从模型空间到图纸空间的转化。

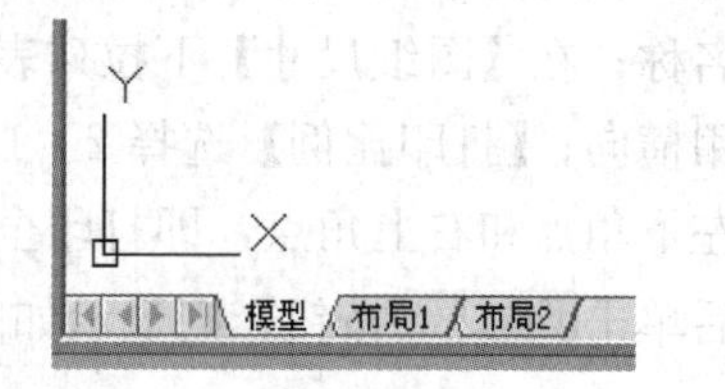

图9-1 模型空间与图纸空间选项卡按钮

用户用于绘图的空间一般都是模型空间，在默认情况下AutoCAD显示的窗口是模型窗口，在绘图窗口的左下角显示【模型】和【布局】窗口的选项卡按钮，如图9-1所示。单击【布局1】或【布局2】可进入图纸空间。

9.2　单比例布图与在模型空间打印

如果要打印的图形只使用一个比例，则该比例既可以预先设置，也可以在出图前修改比例。这种方式适用于大多数机械图样的设计与出图，也可以直接在模型空间出图打印。

【例 9-1】 将图 9-2 所示的轴零件图按照 2∶1 的比例进行布图并打印。

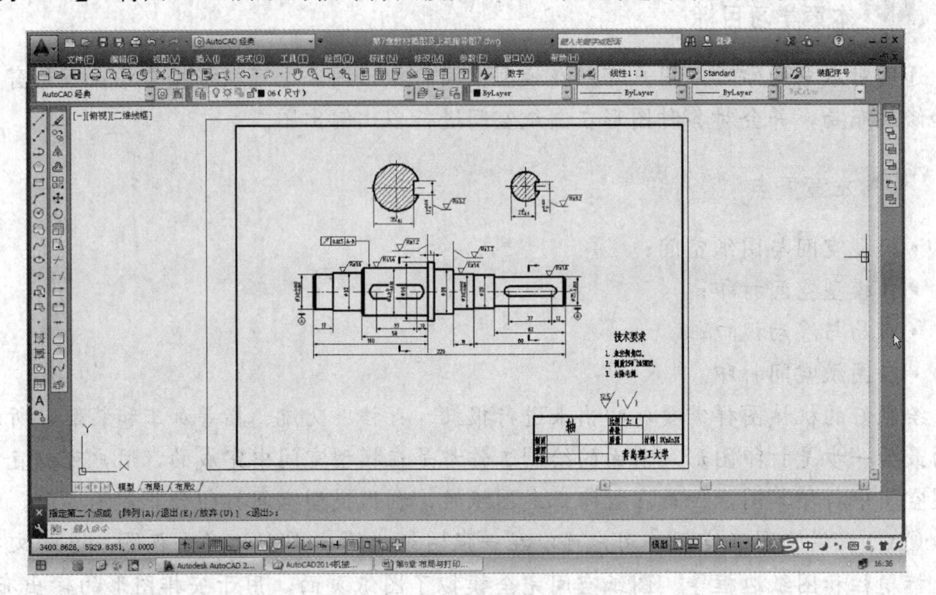

图 9-2　轴零件图

单比例布图与打印的基本步骤如下。

(1) 确定图形比例。有两种方法设置绘制图形的比例，①绘图之前设置；②在出图之前设置。

在绘制该图形时一般采用 1∶1 的比例，那么就要在出图之前设置比例。经过计算，发现该图形如果以 2∶1 的比例出图，打印在一张 A4 图纸上比较合适。为了使图形更加规范，可以为图形再绘制出如图 9-2 中的标题栏，也可以直接插入 AutoCAD 自带的图框。

(2) 在模型空间设置打印参数。执行 AutoCAD 的【文件】—【打印】命令，显示【打印—模型】对话框，如图 9-3 所示。

在【打印机/绘图仪】选项中打开【名称】下拉列表选择已经安装了的打印机或绘图仪名称；在【图纸尺寸】下拉列表中选择要出图的图纸大小，此处选 A4，在【图形方向】选用横向；【打印比例】选择 2∶1；打印范围选择“范围”，或者选择“窗口”，然后捕捉图框左下角点和右上角点，即打印全部图形，使图形占满图纸；【打印偏移】选“居中打印”。然后单击 预览(P)... 按钮，则显示如图 9-4 所示的预览图形。

如果预览图形满意，就可以单击预览窗口左上方的按钮，或者单击右键选择快捷菜单中的打印出图了。如果不满意，在预览窗口在单击鼠标右键，选择【退出】，返回【打印】对话框，重新设置。

(3) 调整可打印区域。有时会出现预览中图框的边界不能全部被打印出来的情况，这是

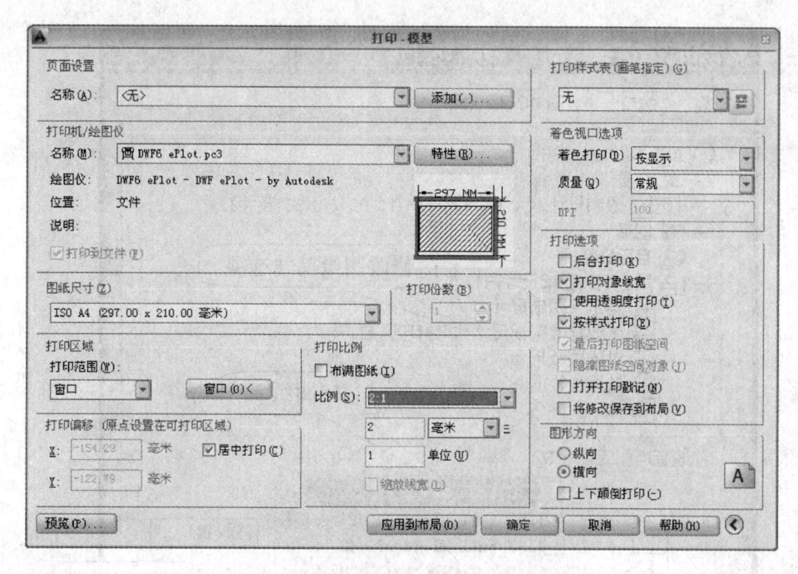

图9-3 【打印一模型】对话框

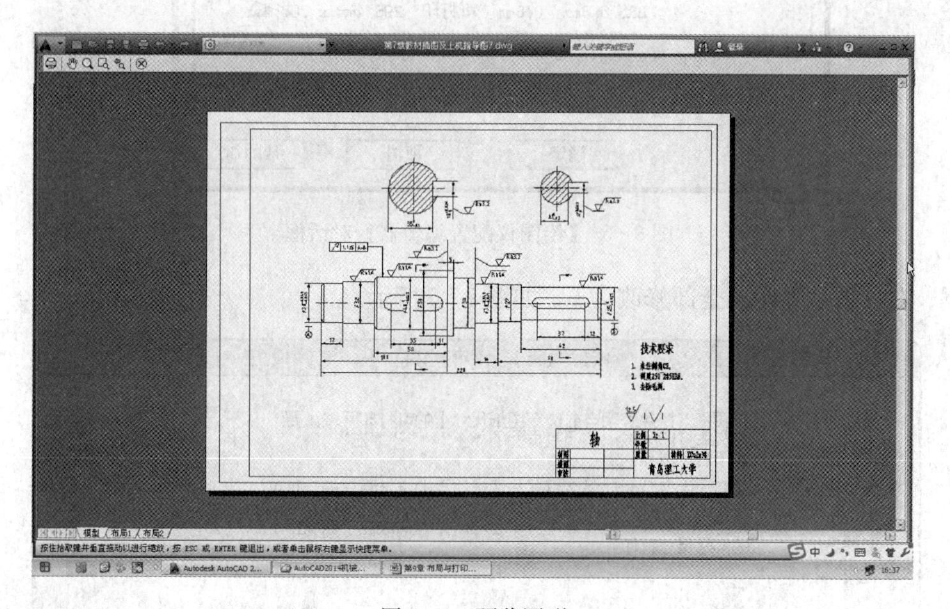

图9-4 预览图形

因为选择的图纸或者打印边距不对。可以重新选用如ISO full bleed图纸，或者用下面的方法调整可打印区域。

1）单击图9-3所示【打印】对话框的【打印机/绘图仪】右侧的 特性(R)... 按钮，系统弹出【绘图仪配置编辑器】，如图9-5所示。

2）在对话框中选择【修改标准图纸尺寸（可打印区域）】选项，然后在【修改标准图纸尺寸】栏的下拉列表中选择图纸尺寸，在列表的下方的文字描述中可见："可打印285.4×188.4"，并不等于A4图纸尺寸"210×297"。

3）单击 修改(M)... 按钮，系统弹出【自定义图纸尺寸一可打印区域】对话框，将页面的

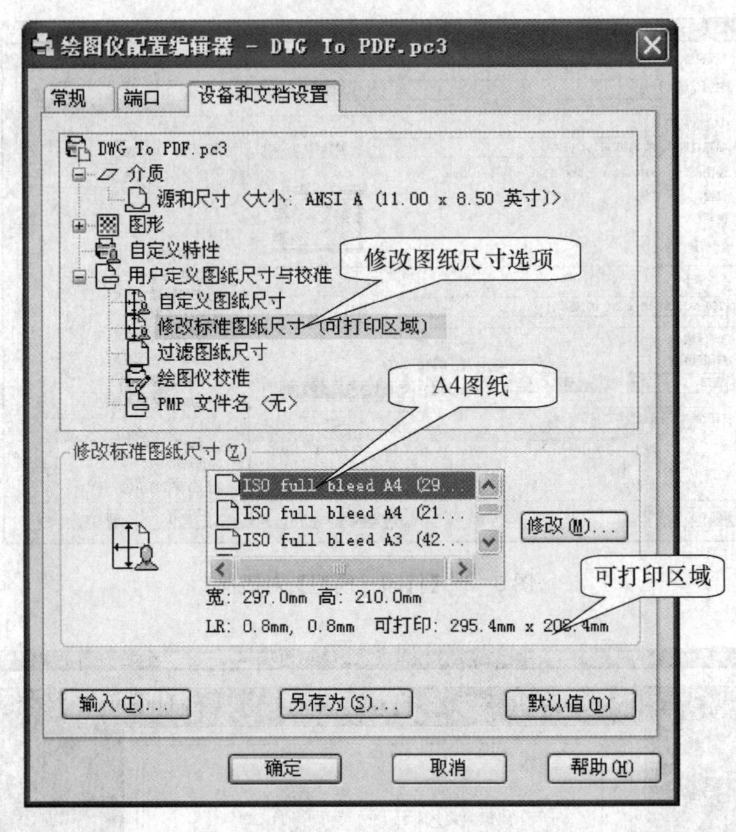

图 9－5 【绘图仪配置编辑器】对话框

上、下、左、右边界距离全部修改为 0，如图 9－6 所示。

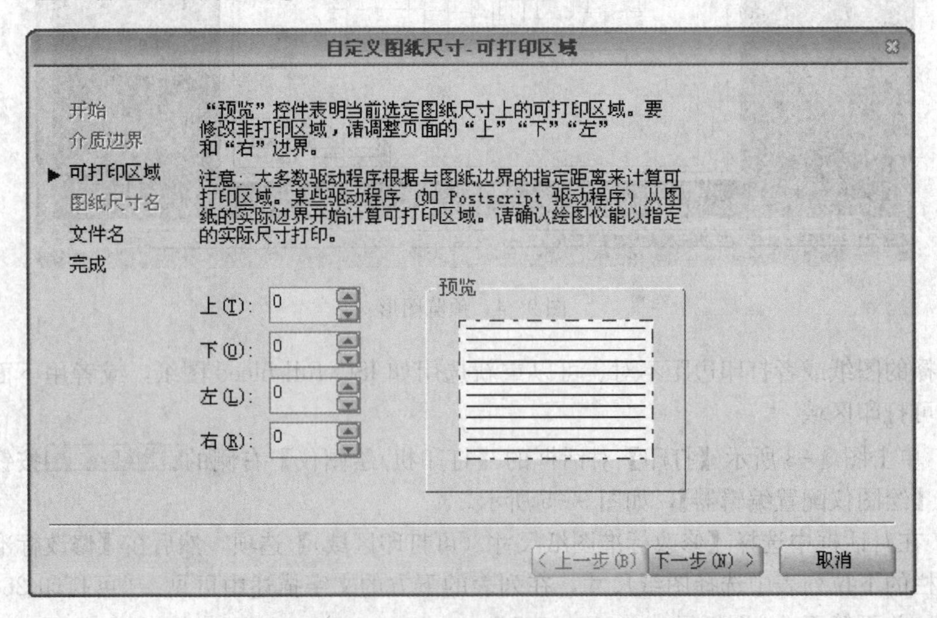

图 9－6 【自定义图纸尺寸-可打印区域】对话框

4）然后单击下一步(N) >按钮，根据提示完成设置，选择其默认的“仅对当前打印应用修改”选项，如果想将此项修改应用到以后的打印配置中，也可以选择“将修改保存到下列文件”选项。单击确定按钮，关闭该对话框。这样就可以使图形打印完整。

5）在打印时，如果预览窗口线条的粗细不明显，可以在模型窗口，打开【图层特性管理器】，将粗实线宽度设置为0.7～1.0mm，将细实线、点画线、虚线的宽度设置为0.25～0.3mm，预览和打印出来的图形就会粗细明显，符合要求。

9.3　布　　局

在模型窗口中显示的是用户绘制的图形，要进入布局窗口，可以单击绘图窗口的左下角显示选项卡按钮，如【布局1】、【布局2】等，【布局1】显示的图形如图9-7所示。

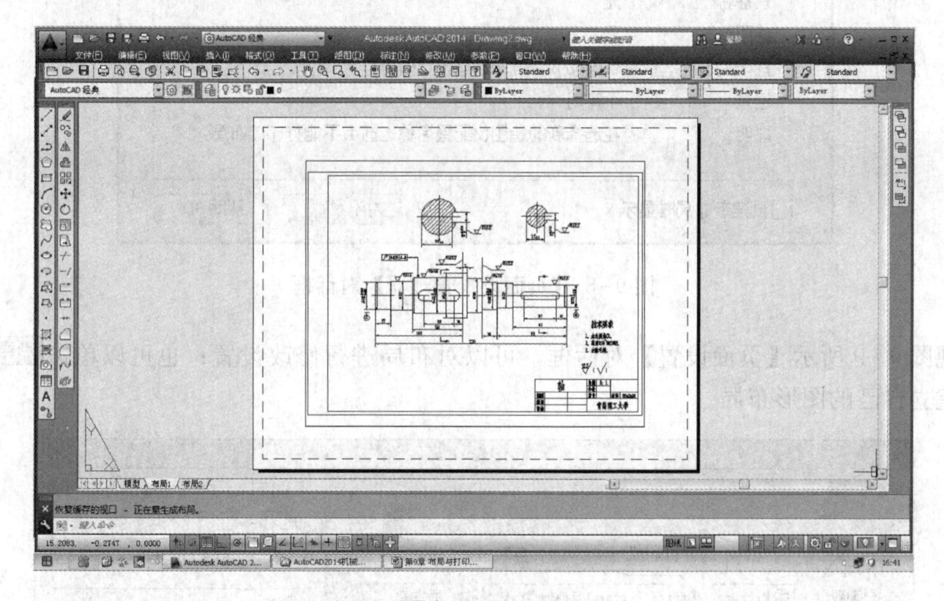

图9-7　【布局1】显示的图形

在布局窗口中有三个矩形框，最外面的矩形框代表是在页面设置中指定的图纸尺寸，虚线矩形框代表的是图纸的可打印区域，最里面的矩形框是一个浮动视口。

9.3.1　修改或创建布局

如果布局中页面设置不合理，用户可以在布局选项卡上单击鼠标右键，在快捷菜单上选择【页面设置管理器】选项，出现【页面设置管理器】对话框，如图9-8所示。利用此对话框可以为当前布局或图纸指定页面设置。也可以创建命名页面设置、修改现有页面设置，或从其他图纸中输入页面设置。

利用在布局选项卡上单击右键出现的快捷菜单可以对布局进行管理，如选择【创建】建立新布局，选择【删除】删除不合要求的布局等。

如果要修改页面设置，在【页面设置】列表中选择页面设置名称，然后单击修改(M)...按

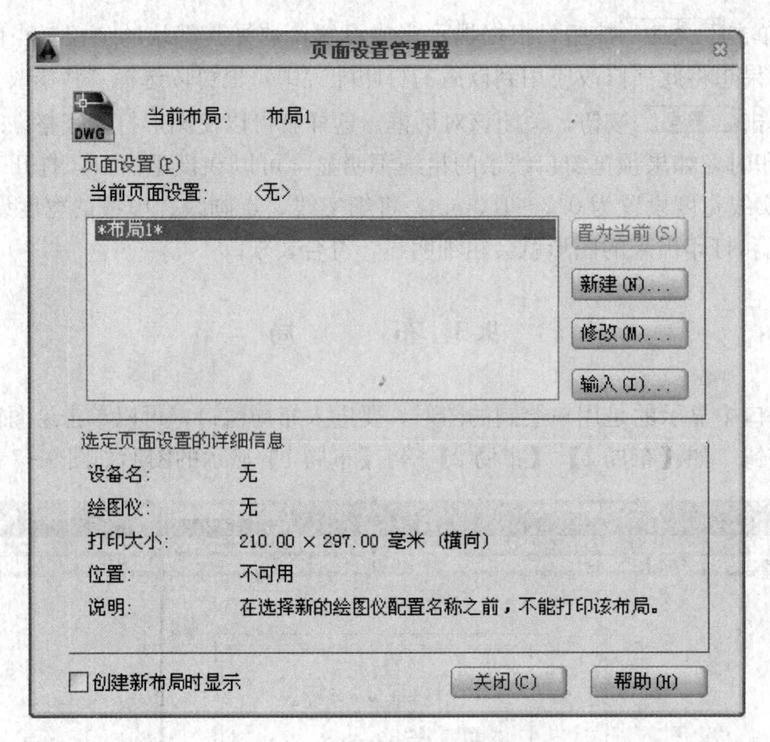

图 9-8　【页面设置管理器】对话框

钮出现图 9-9 所示【页面设置】对话框，可以对布局进行修改设置；也可以单击新建(N)...按钮建立自己的图形布局。

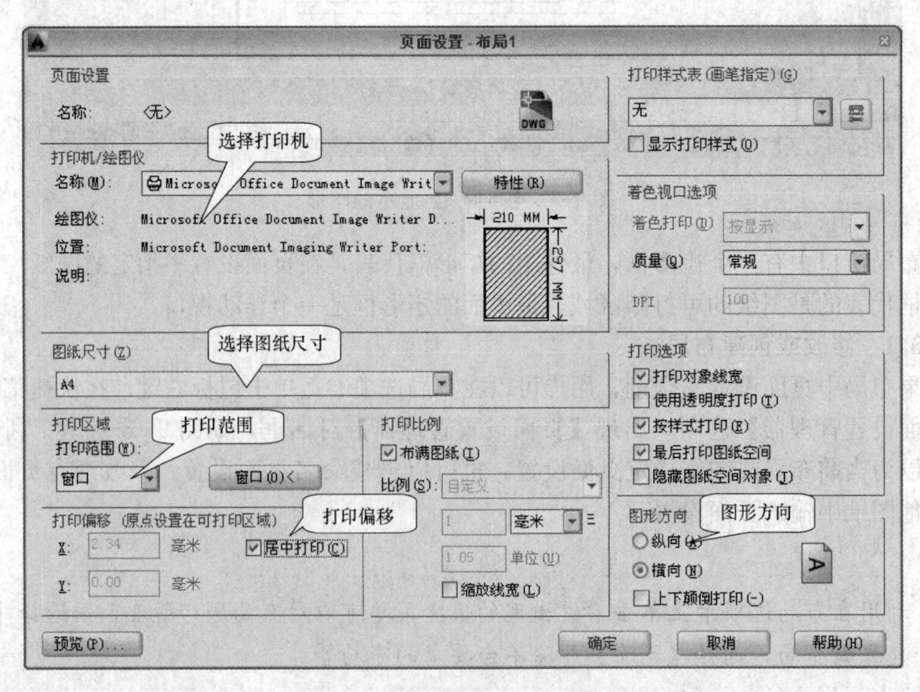

图 9-9　【页面设置】对话框

9.3.2 利用创建布局向导创建布局

除上述创建布局的方法外，AutoCAD还提供了创建布局的向导，利用它同样可以创建出需要的布局。执行【工具】—【向导】—【创建布局】命令，或者【插入】—【布局】—【创建布局向导】，出现布局创建向导，如图9-10所示。

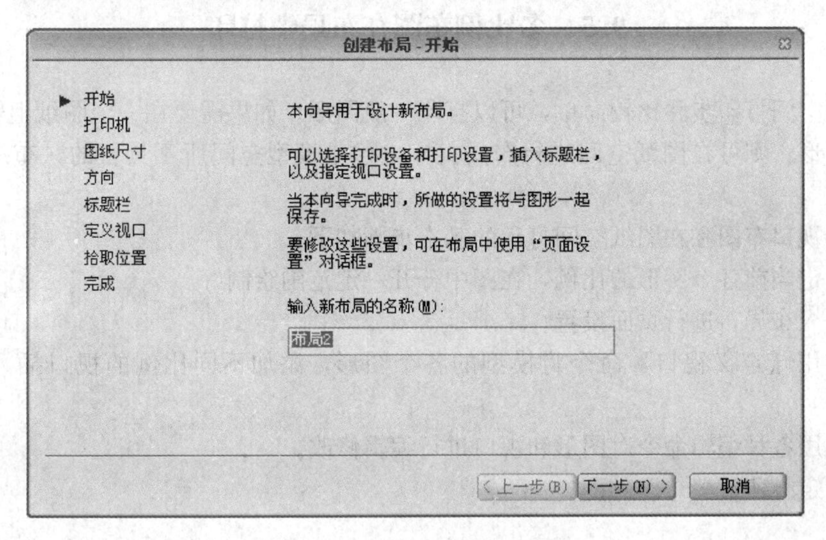

图9-10 【创建布局】向导

根据此向导，可对布局的名称、打印机、图纸尺寸、打印方向、标题栏格式、定义视口等进行设置。

9.4 浮动视口

9.4.1 浮动视口

刚进入布局窗口时，默认的是图纸空间。用户可以单击状态栏上的模型或图纸空间按钮 图纸（此按钮有 图纸 和 模型 两种状态），或者在浮动窗口中双击鼠标左键都可以进入浮动模型空间。要从浮动模型空间重新进入图纸空间，可单击状态栏上的 模型 按钮或双击浮动模型窗口外的任一点。

当用户在浮动模型空间进行工作时，浮动模型窗口中所有视图都是被激活的。当用户在当前的浮动模型窗口进行编辑时，所有的浮动视口和模型空间均会反映这种变化。注意当前浮动模型窗口的边框线是较粗的实线，在当前视口中光标的形状是十字准线，在窗口外是一个箭头。通过这个特点，用户可以分辨当前视口。

另外用户应注意，大多数的显示命令（如zoom、pan等）仅影响当前视口（模型空间），故用户可利用这个特点在不同的视口中显示图形的不同部分。

9.4.2 删除、创建和调整浮动视口

要删除浮动视口，可以直接单击浮动视口边界，然后单击删除工具。要改变视口的大小，可以选中浮动视口边界，这时在矩形边界的四个角点出现夹点，选中夹点拖动鼠标就可以改变浮动视口的大小。要改变浮动视口的位置，可以把鼠标指针放在浮动视口边界上，按

下鼠标拖动就可以改变视口的位置。

由于默认的是一个视口，如果用户需要多个视口，可以自己创建，如从下拉菜单【视图】—【视口】来创建或修改视口。

9.5 多比例布图在布局中打印

在模型空间打印步骤比较简单，可以打印一般图形。如果需要在一个图纸上输出多个不同比例的图形，则可在图纸空间进行布局打印，这是模型空间所不具备的，布局功能十分强大。

采用多视口布图和在图纸空间打印的基本步骤如下：

（1）设定当前各个图形的比例，在图中分开一定范围绘制好。

（2）进入布局，进行页面设置。

（3）使用【定义视口】命令将模型的各个图形，添加不同比例的视口插入到图纸空间中。

（4）使用各种编辑命令对图形和视口进行编辑修改。

（5）设定打印。

9-1 用A4图纸按1∶1的比例打印如图8-39所示千斤顶装配图。

9-2 用A4图纸按1∶2的比例打印如图7-65所示旋阀阀体零件图。

第 10 章　三 维 实 体 建 模

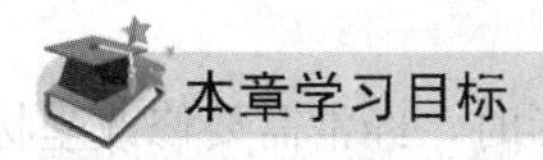

本章学习目标

通过对本章的学习，用户能够根据需要创建基本的三维实体，熟悉涉及三维建模的基本操作。

本章重点

- 三维实体的基本操作；
- 创建基本三维实体；
- 三维实体的编辑。

在工程设计和绘图过程中，三维实体建模技术的应用越来越广泛。在三维模型类型中，实体的信息直观，比较容易构造、修改和观察。AutoCAD 2014 不仅可以绘制二维图形，还提供了较以前版本更为完善和强大的三维功能，方便了用户进行三维实体建模设计。本章主要介绍三维实体建模的基础知识。

10.1　三维建模界面与用户坐标系

10.1.1　三维建模工作空间界面

绘制三维实体之前，首先要进入三维建模界面。单击【工作空间】工具栏的下拉箭头选中【三维建模】，或者从下拉菜单【工具】—【工作空间】—【三维建模】，进入如图 10 - 1 所示的三维建模初始界面，用户可根据习惯和需要更改或定制界面。

图 10 - 1 【三维建模】工作空间初始界面

三维建模工作空间的上方功能区中提供了有关三维实体的操作命令，可以方便地执行三维绘图。

10.1.2 三维坐标系

三维建模空间与二维绘图空间类似，坐标系也分为世界坐标系（WCS）和用户坐标系（UCS）。这两种坐标系都可以通过坐标来精确定位点。AutoCAD 将世界坐标系设置为默认坐标系，世界坐标系是固定不变的。

为了更好地辅助绘图，特别是在三维空间绘制三维平面图形时，经常需要修改坐标系的原点和方向，这就需要建立用户坐标系。在使用 AutoCAD 2014 创建三维实体时，使用动态 UCS 坐标系，可以更方便、快捷地进行三维建模。

世界(W)
上一个
面(F)
对象(O)
视图(V)
原点(N)
Z 轴矢量(A)
三点(3)
X
Y
Z

图 10-2 【新建 UCS】下一级菜单

（1）新建和修改用户坐标系。在 AutoCAD 2014 中，使用下拉菜单【工具】—【新建 UCS】，可以移动或旋转用户坐标系。选中此下拉菜单后，出现下一级菜单如图 10-2所示。利用该菜单可以方便地设置 UCS。如利用菜单中的【原点】子菜单可以方便地改变 UCS 的原点来创建新的坐标系；利用其子菜单【X】【Y】【Z】可以方便地使 UCS 绕 X 轴、Y 轴或 Z 轴旋转来创建新的坐标系；利用其子菜单【三点】可以方便地创建新的 UCS 坐标系，确定新坐标系的原点及 X 轴、Y 轴和 Z 轴的方向。

（2）动态 UCS。使用动态 UCS 可以在三维实体的平面上创建对象，而无需手动更改 UCS 的方向。还可以使用动态 UCS 以及 UCS 命令在三维空间中指定新的 UCS。

单击状态栏上的 DUCS 按钮，就会打开或关闭动态 UCS。动态 UCS 激活后，可以使用 UCS 命令定位实体模型上某个平面的原点，可以轻松地将 UCS 与该平面对齐。如果打开了栅格模式和捕捉模式，它们将与动态 UCS 临时对齐。栅格显示的界限自动设置。通过打开动态 UCS 功能，然后使用 UCS 命令定位实体模型上某个平面的原点，可以轻松地将 UCS 与该平面对齐。

例如绘制如图 10-3 所示的图形。首先利用【长方体】命令创建长方体，然后打开 DCUS 按钮，单击【建模】面板上的【圆柱体】，将光标移到长方体上面的平面上，当上表面以虚线框显示时，单击鼠标左键，DUCS 自动切换到长方体的上表面，此时指定圆柱体的直径和高度就可创建如图 10-3 所示的立体。

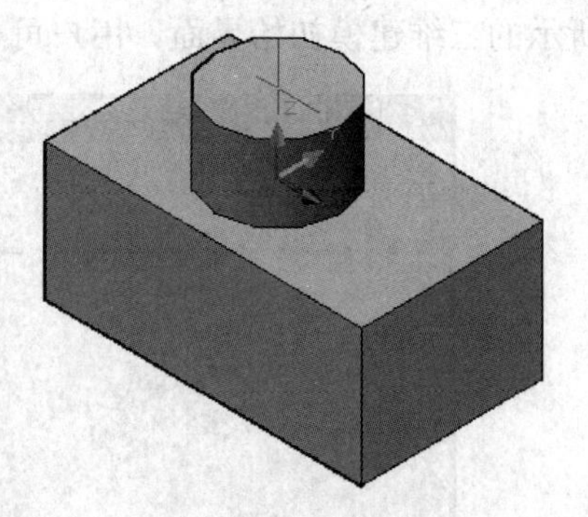

图 10-3 利用 DUCS 绘图

10.1.3 三维视觉样式

AutoCAD 2014 提供的默认视觉显示样式有二维线框、三维线框、三维隐藏、真实和概念 5 种，可以用命令 vscurrent、visualstyles，或从【视图】菜单的【视觉样式】—【视图样式管理器】打开视觉管理器来进行设置，如图 10-4 所示。在本章中如无特殊说明均采用【概念】视觉显示样式。

10.1.4　三维查看工具

1. ViewCube 工具

ViewCube 是一个三维导航工具，在三维视觉样式中处理图形时显示。通过 ViewCube，用户可以根据需要在标准视图和等轴测视图间灵活地切换，如图 10 - 5 所示。

ViewCube 工具显示后，将在窗口一角以不活动状态显示在模型上方，具体位置用户可以定制。尽管 ViewCube 工具处于不活动状态，但在视图发生更改时仍可提供有关模型当前视点的直观反映。将光标悬停在 ViewCube 工具上方时，该工具会变为活动状态；用户可以切换至其中一个可用的预设视图，滚动当前视图或更改至模型的主视图。

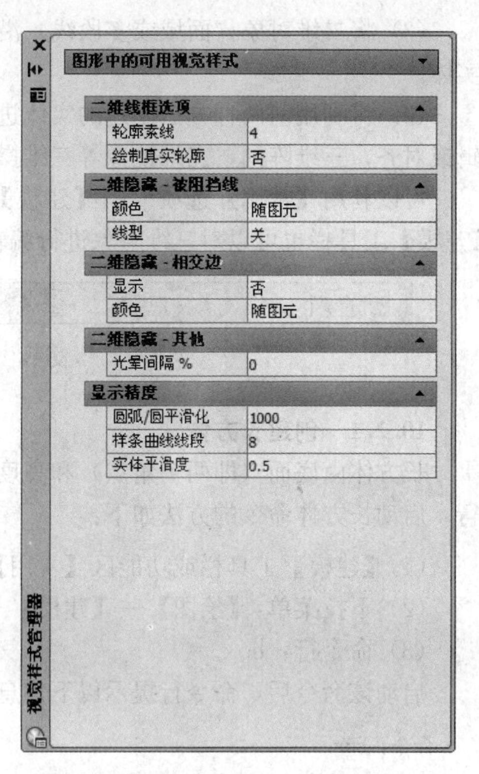

图 10 - 4　【视觉样式管理器】

图 10 - 5　ViewCube 工具

可以用以下几种方法打开 ViewCube 工具。

(1) 功能区【视图】选项卡的【视图】面板：ViewCube。

(2) 下拉菜单：【视图】—【显示】—【ViewCube】。

(3) 命令行：navvcube。

2. SteeringWheels 工具

SteeringWheels 是追踪菜单，划分为不同部分（称作按钮）。控制盘上的每个按钮代表一种导航工具，如图 10 - 6 所示。SteeringWheels（也称作控制盘）将多个常用导航工具结合到一个单一界面中，从而为用户节省了时间。控制盘特定于查看模型时所处的上下文。具体用户可执行下列操作体验相关操作。

图10 - 6　SteeringWheels 工具

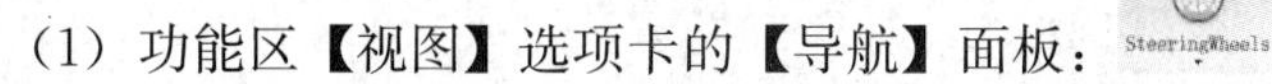

(1) 功能区【视图】选项卡的【导航】面板：SteeringWheels。

(2) 下拉菜单：【视图】—SteeringWheels。

(3) 状态栏：。

10.2　创 建 基 本 实 体

三维实体建模的方法大致有以下三种。

(1) 利用 AutoCAD 2014 提供的基本实体（例如长方体、圆柱体、圆锥体、球体、棱锥体、楔体和圆环体）命令直接创建简单实体。

（2）将二维对象（面域或多段线）沿路径拉伸、绕轴旋转、沿路径扫掠或放样形成复杂实体。

（3）将利用前两种方法创建的实体进行布尔运算（并、差、交），分割，抽壳等实体编辑或对齐，三维阵列，三维镜像等三维操作，生成更复杂的实体。

可以利用【常用】选项卡的【建模】面板或者【建模】工具栏创建简单的三维实体。【建模】工具栏也可以对三维对象进行编辑，如图 10-7 所示。

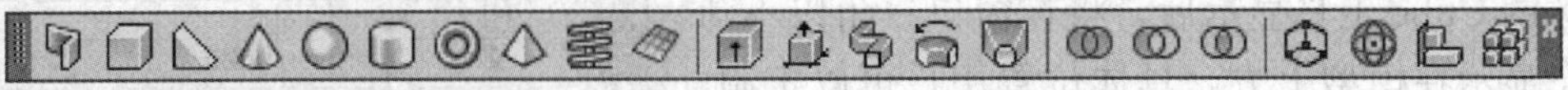

图 10-7　【建模】工具栏

10.2.1　创建长方体

长方体由底面（即两个角点）和高度定义。长方体的底面总与当前 UCS 的 XY 平面平行。启动长方体命令的方法如下：

（1）【建模】工具栏或功能区【常用】选项卡的【建模】面板：。

（2）下拉菜单：【绘图】—【建模】—【长方体】。

（3）命令行：box。

启动该命令后，命令行提示以下信息：

```
命令：box
指定第一个角点或[中心（C）]：              //指定长方体底面的第一个角点
指定其他角点或[立方体（C）/长度（L）]：   //指定长方体底面的另一个角点
指定高度或[两点（2P）]<669.6710>：         //指定长方体的高度值
```

操作完成后即可生成长方体，如图 10-8 所示。

图 10-8　长方体

命令中各选项功能如下：

（1）“中心（C）”指以指定点为体中心来创建长方体。

（2）“指定其他角点”是指定长方体底面的对角点来创建长方体。

（3）“立方体（C）”指创建立方体，需要输入值或拾取点以指定在 XY 平面上的边长。

（4）“长度（L）”指通过指定长、宽、高的值来创建长方体。

（5）“两点（2P）”指通过指定任意两点之间的距离为长方体的高度来创建长方体。

10.2.2　创建圆柱体

圆柱体或椭圆柱体是以圆或椭圆作底面来创建的，圆柱的底面位于当前 UCS 的 XY 平面上。启动圆柱体命令的方法如下：

（1）【建模】工具栏或功能区【常用】选项卡的【建模】面板：。

（2）下拉菜单：【绘图】—【建模】—【圆柱体】。

（3）命令行：cylinder。

启动该命令后，命令行提示以下信息：

```
命令：cylinder
指定底面的中心点或[三点（3P）/两点（2P）/相切、相切、半径（T）/椭圆（E）]：
                                                    //指定圆柱体底面中心点
指定底面半径或[直径（D）]：                            //指定圆柱体的半径
指定高度或[两点（2P）/轴端点（A）]<213.3128>：          //指定圆柱体的高度
```

操作完成后即可生成圆柱，如图10-9所示。如果在系统提示“指定底面的中心点或[三点（3P）/两点（2P）/相切、相切、半径（T）/椭圆（E）]”时，输入e回车，可创建椭圆柱。

命令中各选项功能如下：

（1）“三点（3P）”是指通过指定三点来创建圆柱体底面圆。

（2）“两点（2P）”是指通过指定直径上两点来创建圆柱体底面圆。

（3）“相切、相切、半径（T）”是指通过指定与两个圆、圆弧、直线和某些三维对象的相切关系和半径来创建圆柱体的底面圆。

（4）“椭圆（E）”是指指定圆柱体的底面为椭圆。

（5）“两点（2P）”是指通过指定两点之间的距离为圆柱体的高度来创建圆柱体。

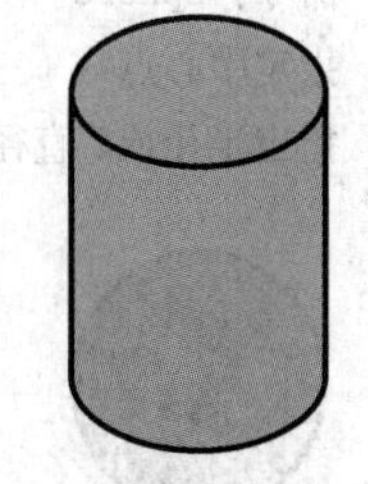
图10-9 圆柱体

（6）“轴端点（A）”是指指定圆柱体轴线的端点位置来创建圆柱体，轴端点可以位于三维空间的任意位置。

10.2.3 创建圆锥体

圆锥体由圆或椭圆底面以及垂足在其底面上的锥顶点定义，默认情况下，圆锥体的底面位于当前UCS的XY平面上。圆锥体的高可以是正的也可以是负的，且平行于Z轴。顶点决定圆锥体的高度和方向。启动圆锥体命令的方法如下：

（1）【建模】工具栏或功能区【常用】选项卡的【建模】面板：。

（2）下拉菜单：【绘图】—【建模】—【圆锥体】。

（3）命令行：cone。

启动该命令后，命令行提示以下信息：

```
命令：cone
指定底面的中心点或[三点（3P）/两点（2P）/相切、相切、半径（T）/椭圆（E）]：
                                                    //指定圆锥体底面的中心点
指定底面半径或[直径（D）]<176.0563>：                  //指定圆锥体底面的半径
指定高度或[两点（2P）/轴端点（A）/顶面半径（T）]<462.5770>：  //指定圆锥体的高度
```

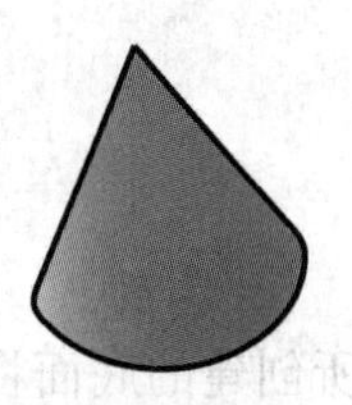
图10-10 圆锥体

操作完成后即可生成圆锥体，如图10-10所示。

命令中各选项功能与创建圆柱体的相对应选项相同，不再重复介绍。与圆柱体不同的是利用圆锥体命令不仅可以创建圆锥体还可以创建圆台。使用cone命令的“顶面半径（T）”选项可以创建从底面逐渐缩小为椭圆面或平整面的圆台。也可以通过工具选项板的“建模”选项卡使用“平截面”工具。还可以使用夹点编辑圆锥体的尖端，并将其转换为平面。

10.2.4 创建球体

球体由中心点和半径或直径定义，如果从圆心开始创建，球体的中心轴将与当前用户坐标系（UCS）的Z轴平行。启动球体命令的方法如下：

（1）【建模】工具栏或功能区【常用】选项卡的【建模】面板：。

（2）下拉菜单：【绘图】—【建模】—【球体】。

（3）命令行：sphere。

启动该命令后，命令行提示以下信息：

```
命令：sphere
指定中心点或[三点（3P）/两点（2P）/相切、相切、半径（T）]：  //指定球体的中心点
指定半径或[直径（D）]<246.2098>：                           //指定球体的半径
```

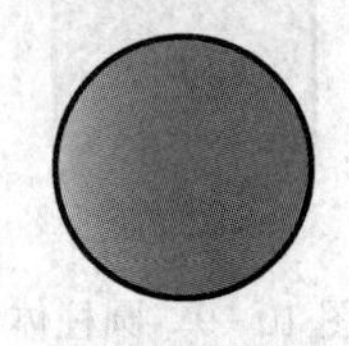

图 10-11 球体

操作完成后即可生成球体，如图 10-11 所示。

命令中各选项功能如下：

（1）“指定中心点”是指指定球体中心来创建球体，指定中心后，球体的中心轴将与当前用户坐标系（UCS）的Z轴平行。

（2）“三点（3P）”是指通过指定三个点以设置圆周或半径的大小和所在平面。使用【三点】选项可以在三维空间中的任意位置定义球体的大小，这三个点还可定义圆周所在平面。

（3）“两点（2P）”是指指定两个点以设置圆周或半径。使用【两点】选项在三维空间中的任意位置定义球体的大小，圆周所在平面与第一个点的Z值相符。

（4）“相切、相切、半径（T）”是指通过指定与两个圆、圆弧、直线和某些三维对象的相切关系和半径来创建球体。切点投影在当前UCS上。

10.2.5 创建棱锥体

棱锥体命令可以创建最多具有32个侧面的实体棱锥体，可以创建倾斜至一个点的棱锥体，也可以创建从底面倾斜至平面的棱台。启动棱锥体命令的方法如下：

（1）【建模】工具栏或功能区【常用】选项卡的【建模】面板：。

（2）下拉菜单：【绘图】—【建模】—【棱锥体】。

（3）命令行：pyramid。

启动该命令后，命令行提示以下信息：

```
命令：pyramid
指定底面的中心点或[边（E）/侧面（S）]：
指定底面半径或[内接（I）]：  //指定底面内切圆的半径
指定高度或[两点（2P）/轴端点（A）/顶面半径（T）]：
```

操作完成后即可生成棱锥体，如图 10-12（a）所示。

命令中各选项功能如下：

（1）“指定底面的中心点”是指指定棱锥体底面的中心来创建实体，所创建的底面将与当前用户坐标系（UCS）的XY轴平行。

（2）“边（E）”是指通过拾取两点来指定底面边的尺寸。

（3）“两点（2P）”是指以指定两个点之间的距离来确定棱锥体的高度。

（4）“轴端点（A）”是指指定棱锥体的高度和旋转。此端点（或棱锥体的顶点）可以位于三维空间中的任意位置。

（5）“内接（I）”是指指定底面外接圆的半径。

（6）“顶面半径（T）”是指指定棱锥体顶面半径创建棱台，如图 10-12（b）所示。

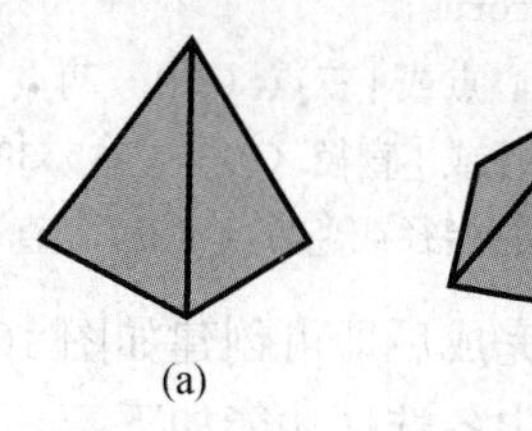

图 10-12　棱锥体

（a）创建棱锥体；（b）创建棱台

10.2.6　创建楔体

楔体形状如图 10-12 所示，楔形的底面平行于当前 UCS 的 XY 平面，其倾斜面正对第一个角点。楔体的高度与 Z 轴平行，可以是正数也可以是负数。启动楔体命令的方法如下：

（1）【建模】工具栏或功能区【常用】选项卡的【建模】面板：。

（2）下拉菜单：【绘图】—【建模】—【楔体】。

（3）命令行：wedge。

启动该命令后，命令行提示以下信息：

命令：wedge

指定第一个角点或［中心（C）］：　　　//指定楔体底面矩形的第一个角点

指定其他角点或［立方体（C）/长度（L）］：　　//指定楔体底面矩形的另一个角点

指定高度或［两点（2P）］＜512.0356＞：　　//指定楔体的高度

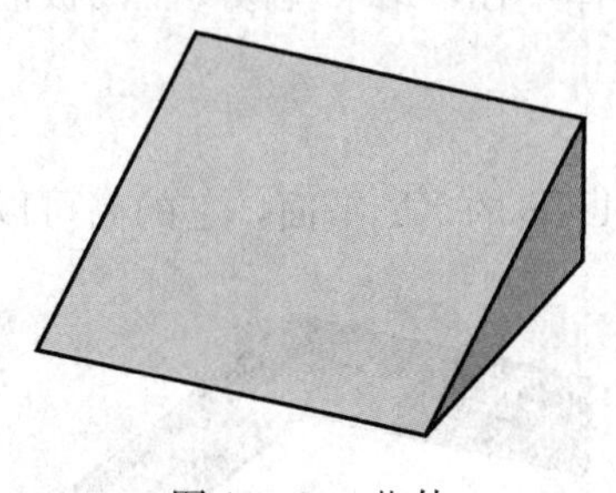

图 10-13　楔体

操作完成后即可创建如图 10-13 所示楔体。

命令中各选项功能如下：

（1）“中心（C）”是指通过指定中心点（即楔体三角形斜边所在矩形的中心点）来创建楔体。

（2）“立方体（C）”是指创建底面矩形的长、宽与高度均相等的楔体，即所创建楔体为立方体沿对角线切开的一半。

（3）“长度（L）”是指通过指定长、宽、高创建楔体。

（4）“两点（2P）”是指以指定两点之间的距离为高度来创建楔体。

【楔体】命令通常用于创建零件中的肋。

10.2.7　创建圆环体

圆环体是填充环或实体填充圆，即带有宽度的闭合多段线。创建圆环体时，要指定它的内外直径和圆心。启动圆环体的方法如下：

（1）【建模】工具栏或功能区【常用】选项卡的【建模】面板：。

（2）下拉菜单：【绘图】—【建模】—【圆环体】。

（3）命令行：torus。

启动该命令后，命令行提示以下信息：

命令：torus
指定中心点或［三点（3P）/两点（2P）/相切、相切、半径（T）］：　//指定圆环体的中心点
指定半径或［直径（D）］＜215.3993＞：　//指定圆环体中心线圆的半径
指定圆管半径或［两点（2P）/直径（D）］：　//指定圆环体圆管的半径

操作完成后即可创建如图10-14所示两种不同圆环体。

命令中各选项功能如下：

（1）“指定中心点”是指通过指定圆环体的中心，来创建圆环体。圆环体的中心轴与UCS的Z轴平行，圆环体的中心线圆位于当前UCS的XY平面上，圆环体被平面平分。

（2）“三点（3P）”是指通过指定三点来创建圆环体的中心线圆。

（3）“两点（2P）”是指通过指定直径上两点来创建圆环体的中心线圆。

（4）“相切、相切、半径（T）”是指通过指定与两个圆、圆弧、直线和某些三维对象的相切关系和半径来创建圆环中心线圆。

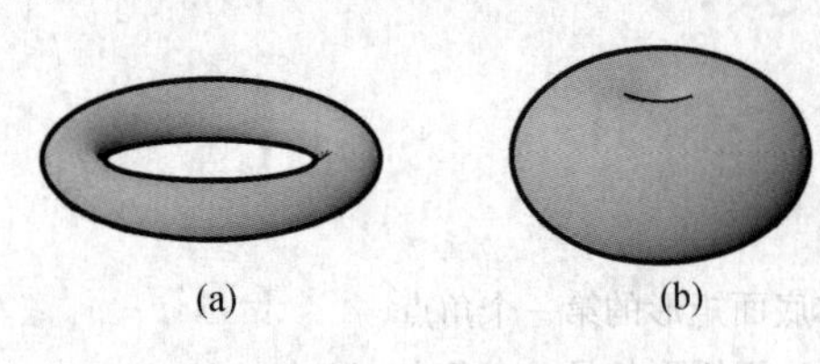

图10-14　圆环体生成
（a）圆管；（b）扁球体

（5）“两点（2P）”是指通过指定两点之间的距离为圆环体圆管半径。

圆环体由两个半径值定义，一个是圆管的半径，另一个是从圆管体中心到圆管中心的距离即圆环体的半径。如果圆环体半径大于圆管半径，形成的圆环体中间是空的，如图10-13（a）所示。如果圆管半径大于圆环体半径，结果就像一个两极凹陷的扁球体，如图10-13（b）所示。

10.2.8　创建多段体

多段体形状如图10-15所示，多段体的底面平行于当前UCS的XY平面，它的高可以是正数也可以是负数，并与Z轴平行，默认情况下，多段体始终具有矩形截面轮廓，可以使用创建多段线所使用的相同技巧来创建多段体对象。多段体与拉伸的宽多段线类似，事实上，使用直线段和曲线段能够以创建多段线的相同方式创建多段体。多段体与拉伸多段线的不同之处在于，拉伸多段线在拉伸时会丢失所有宽度特性，而多段体会保留其直线段的宽度。也可以将诸如直线、二维多段线、圆弧或圆等对象转换为多段体。启动多段体命令的方法如下：

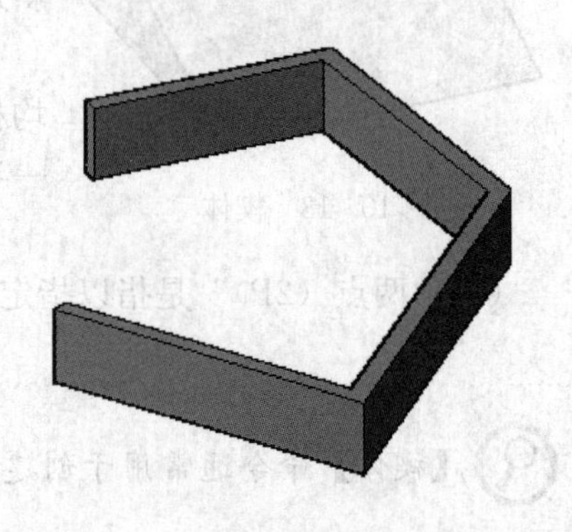
图10-15　多段体

（1）【建模】工具栏或功能区【常用】选项卡的【建模】面板：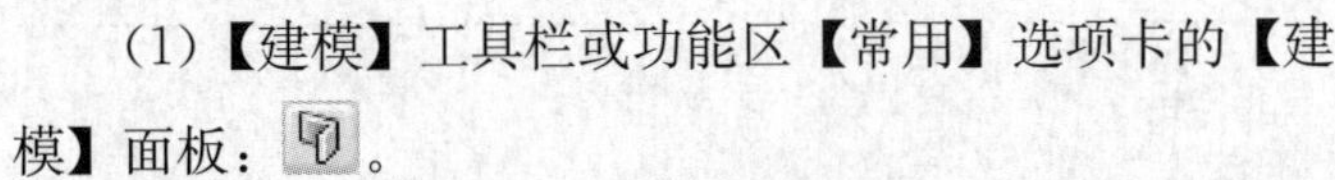。

（2）下拉菜单：【绘图】—【建模】—【多段体】。

（3）命令行：Polysolid。

启动该命令后，命令行提示以下信息：

命令：Polysolid 高度 = 80.0000，宽度 = 5.0000，对正 = 居中
指定起点或［对象（O）/高度（H）/宽度（W）/对正（J）］＜对象＞：　//指定多段体的起点
指定下一个点或［圆弧（A）/放弃（U）］：　//指定多段体的下一点

指定下一个点或[圆弧 (A) /放弃 (U)]:
指定下一个点或[圆弧 (A) /闭合 (C) /放弃 (U)]:
指定下一个点或[圆弧 (A) /闭合 (C) /放弃 (U)]:

命令中各选项功能如下：

(1)“对象（O)”是指从二维对象创建多段体，将诸如多段线、圆、直线或圆弧等对象转换为多段体。

(2)“高度（H）/宽度（W)”是指设置多段体的高度和宽度。

(3)“对正（J)”是指设置与指定点相关的对象的创建位置，将多段体的路径置于指定点右侧、左侧或正中间。

其他选项与前文中多段线中相应选项的介绍类似，此处不再赘述。

多段体是具有矩形截面的实体，就像是具有宽度和高度的多段线。

10.3 创建复杂实体

10.3.1 创建拉伸实体

创建拉伸实体就是将二维的闭合对象（如多段线、多边形、矩形、圆、椭圆、闭合的样条曲线和圆环等）拉伸成三维对象。在拉伸过程中，不但可以指定拉伸的高度，还可以使实体的截面沿拉伸方向变化。另外，还可以将一些二维对象沿指定的路径拉伸。路径可以是圆、椭圆等简单路径，也可以由圆弧、椭圆弧、多段线、样条曲线等组成的复杂路径，路径可以封闭，也可以不封闭。

如果用直线或圆弧绘制拉伸用的二维对象，则需将其转换成面域或用 pedit 转换为多段线，然后再利用【拉伸】命令进行拉伸。

启动拉伸命令的方法如下：

(1)【建模】工具栏或【常用】选项卡的【建模】面板：。

(2) 下拉菜单：【绘图】—【建模】—【拉伸】。

(3) 命令行：extrude。

在启动该命令后，可根据命令行提示进行操作，下文实例中会对相关操作进行介绍。

【例 10 - 1】 将图 10 - 16 (a) 所示矩形拉伸成图 10 - 16 (b) 所示立体。

操作步骤：

(1) 单击【绘图】工具栏中的，绘制矩形。

(2) 单击【建模】工具栏中的，启动拉伸命令，选择矩形作为拉伸对象。

(3) 输入 t，选择倾斜角选项，给定倾斜角度，如 15°；给定拉伸高度，回车结束命令，得到图 10 - 15 (b)所示立体。

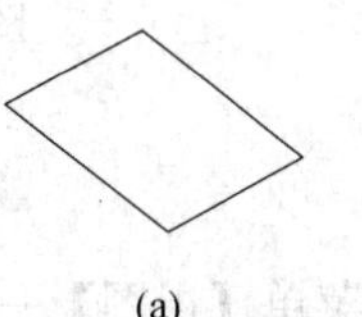
(a)

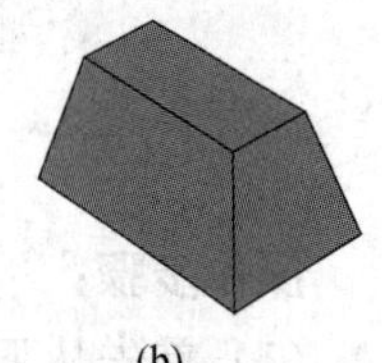
(b)

图 10 - 16　矩形拉伸
(a) 矩形；(b) 立体

【例 10-2】 将图 10-17（a）拉伸成图 10-17（d）所示齿轮。

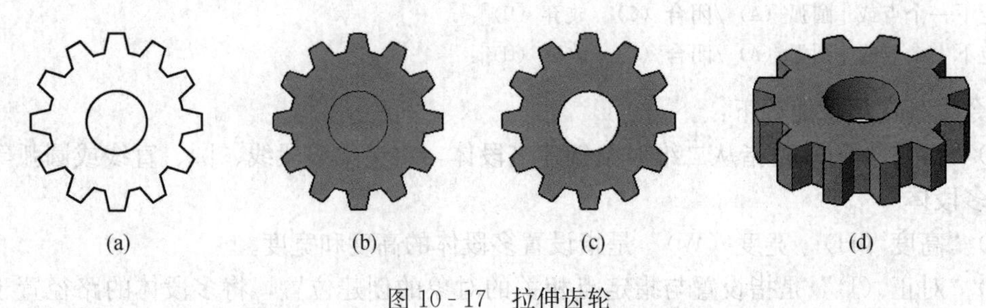

图 10-17 拉伸齿轮

（a）平面图形；（b）两个封闭的面域；（c）布尔运算后图形；（d）立体图

操作步骤：

（1）单击面域按钮，将如图 10-17（a）所示平面图形创建成面域，如图 10-17（b）所示，是两个封闭的面域。

（2）单击差集按钮，将两面域求布尔运算，结果如图 10-17（c）所示。

（3）单击【常用】选项卡【建模】面板中的按钮，选择刚创建的面域作为拉伸对象，给定拉伸高度，如 40，则拉伸得到如图 10-17（d）所示齿轮。

（4）利用【视图】—【显示】—【ViewCube】查看拉伸结果。

上述步骤（2）中求面域差集也可在拉伸后求实体的差集。

10.3.2 创建旋转实体

创建旋转实体是将一个二维对象（例如圆、椭圆、多段线、样条曲线等）绕当前 UCS 坐标系的 X 轴或 Y 轴并按一定的角度旋转成三维对象，也可以绕直线、多段线或两个指定的点旋转对象。启动旋转命令的方法如下：

（1）【建模】工具栏或【常用】选项卡的【建模】面板：。

（2）下拉菜单：【绘图】—【建模】—【旋转】。

（3）命令行：revolve。

【例 10-3】 将图 10-18（a）所示图形旋转生成图 10-18（b）图所示带轮实体。

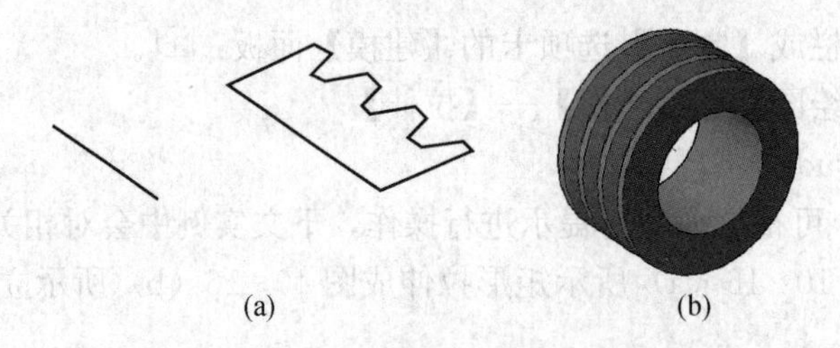

图 10-18 旋转形成实体

（a）平面图；（b）立体图

操作步骤：

（1）首先从下拉菜单【视图】—【三维视图】—【俯视】切换至俯视图。

（2）利用【直线】命令绘制图 10-18（a）所示的平面图形。

（3）单击面板【建模】中的按钮，启动旋转命令，选择图 10-18（a）的封闭图形作为旋转对象，直线作为旋转轴，旋转角度默认 360 度，就得到了 10 - 18（b）所示实体。

如果想观察带轮，可以从下拉菜单【视图】—【三维视图】—【西南等轴测】切换到等轴测视图，在绘图区右侧的【视觉样式】中选择“概念”选项；也可以从【视图】—【动态观察】—【自由动态观察】来调整观察立体的视角。

在旋转形成实体时，当系统提示“指定轴起点或根据以下选项之一定义轴 [对象（O）/X/Y/Z] ＜对象＞：”，也可以根据情况输入其他选项，选定旋转轴。在该例中，是指定旋转轴起点和终点，得到旋转实体；如果选择 x 或 y 选项，将使旋转对象分别绕 X 轴或 Y 轴旋转指定角度，形成旋转体；选择 o 选项，即以所选对象为旋转轴旋转指定角度，形成旋转体。

10.3.3 创建扫掠实体

扫掠可以通过沿开放或闭合的二维或三维路径扫掠闭合的平面曲线（轮廓）创建三维实体。扫掠沿指定的路径以指定轮廓的形状绘制实体，可以扫掠多个对象，但是这些对象必须位于同一平面中。选择要扫掠的对象时，该对象将自动与用作路径的对象对齐。启动扫掠命令的方法如下：

（1）【建模】工具栏或【常用】选项卡的【建模】面板：。

（2）下拉菜单：【绘图】—【建模】—【扫掠】。

（3）命令行：sweep。

启动该命令后，命令行提示以下信息：

命令：sweep
选择要扫掠的对象：　//选择要扫掠的对象
选择要扫掠的对象：　//是否继续选择其他对象扫掠，直接确定结束选择
选择扫掠路径或 [对齐（A）/基点（B）/比例（S）/扭曲（T）]：

命令中各选项功能如下：

（1）“选择要扫掠对象”默认选项，选择路径进行扫掠。执行该选项后，即选择相应路径后，AutoCAD 会扫掠创建出相应的实体。

（2）选择“对齐（A）”选项后，AutoCAD 会提示：

扫掠前对齐垂直于路径的扫掠对象 [是（Y）/否（N）] ＜是＞：

此提示询问用户在扫掠前是否先将扫掠的对象垂直对齐于路径后再进行扫掠，用户根据需要选择是或否即可。

（3）“基点（B）”是确定扫掠的基点，即确定扫掠对象上的哪一点（或对象外的一点）要沿扫掠路径移动，执行该选项后，AutoCAD 提示：

指定基点：
选择扫掠路径或 [对齐（A）/基点（B）/比例（S）/扭曲（T）]：　//选择扫掠路径或其他选项

（4）“比例（S）”是指指定扫掠的比例因子，使从起点到终点扫掠对象按给定的比例放大或缩小。执行该选项后，AutoCAD 会提示：

输入比例因子或 [参照（R）] ＜1.0000＞：

（5）“扭曲（T）”是指指定扭曲角度或倾斜角度，使得在扫掠的同时，从起点到终点按

给定的角度扭曲或倾斜。执行该选项后，AutoCAD会提示：

输入扭曲角度或允许非平面扫掠路径倾斜［倾斜（B）］<0.0000>：

倾斜指定被扫掠的曲线是否沿三维扫掠路径（三维多段线、三维样条曲线或螺旋线）自然倾斜（旋转）。

创建扫掠实体时，常用如表10-1所示的扫掠对象和路径。

表10-1　常用扫掠对象和路径

可扫掠的对象	可作扫掠路径的对象	可扫掠的对象	可作扫掠路径的对象
封闭二维多段线	直线	二维实体	圆
封闭二维样条曲线	圆弧	面域	椭圆
圆	椭圆弧	平面曲面	三维样条曲线
椭圆	二维多段线		三维多段线
三维平面	二维样条曲线		螺旋线

【例10-4】　将如图10-19（a）所示的图形扫掠生成如图10-19（b）所示的实体。

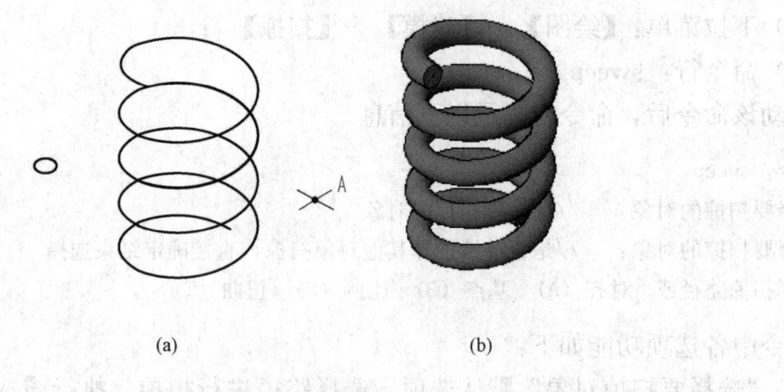

图10-19　创建扫掠实体

（a）圆和螺纹线；（b）实体图

操作步骤：

（1）首先从下拉菜单【视图】—【三维视图】—【西南等轴测】切换至轴测图。

（2）利用【螺旋线】和【圆】命令绘制图10-19（a）所示的圆和螺旋线。

（3）单击面板【建模】中的按钮，启动扫掠命令，选择图10-19（a）的封闭图形作为扫掠对象，螺旋线作为扫掠路径，就得到了10-19（b）所示实体。

图10-20为指定［例10-4］点A作为基点，扫掠创建的实体。

图10-21为［例10-4］指定扫掠比例为0.2创建的实体，之所以会出现图10-21（a）和图10-21（b）两种情况，是因为指定比例后，选择扫掠路径的指定点距离路径两端位置不同。

10.3.4　创建放样实体

放样是在若干横截面（封闭曲线）之间的空间中创建三维实体。启动放样命令的方法如下：

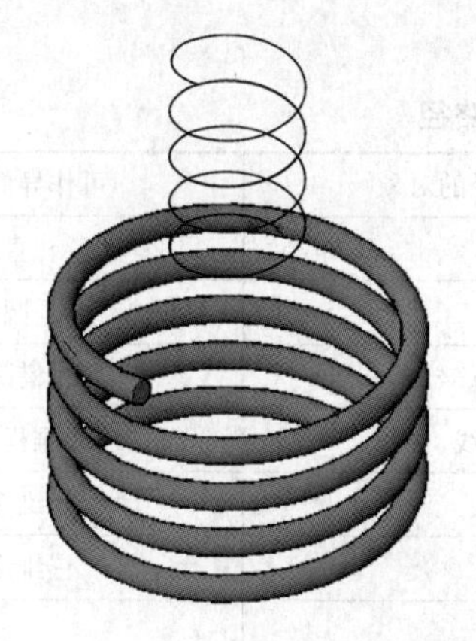

图10-20　指定基点创建扫掠实体

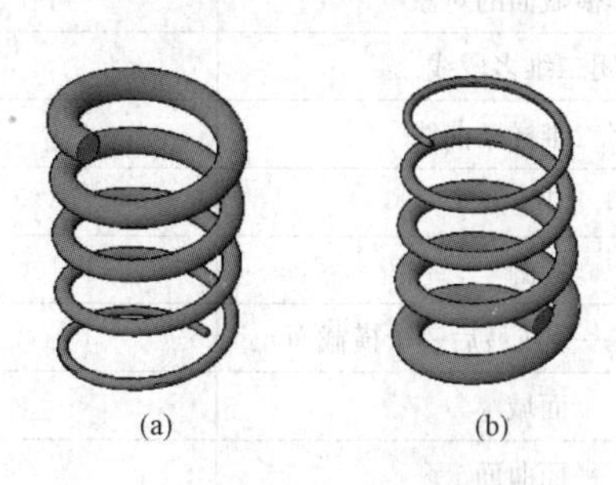

图10-21　指定比例创建扫掠实体

(a) 实体1；(b) 实体2

(1)【建模】工具栏或【常用】选项卡的【建模】面板：。

(2) 下拉菜单：【绘图】—【建模】—【放样】。

(3) 命令行：loft。

启动该命令后，命令行提示以下信息：

命令：loft

按放样次序选择横截面：　//按照放样的次序选择放样的截面

按放样次序选择横截面：　//继续选择放样截面或终止选择放样截面进行下一步操作

输入选项［导向（G）/路径（P）/仅横截面（C）］＜仅横截面＞

命令中其他选项功能如下：

(1)"导向（G）"是指指定控制放样实体形状的导向曲线。导向曲线可以是直线也可以是曲线，可通过将其他线框信息添加至对象来进一步定义实体的形状。可以使用导向曲线来控制点如何匹配相应的横截面以防止出现不希望看到的效果。导向曲线应满足与每一截面相交，且起始于第一截面终止于最后一个截面。执行导向（G）选项后，AutoCAD提示：

选择导向曲线：

(2)"路径（P）"是指指定放样实体或曲面的单一路径，路径曲线必须与横截面的所有平面相交。AutoCAD会提示：

选择路径曲线：

(3)"仅横截面（C）"是指通过对话框进行放样设置。执行该选项，AutoCAD打开如图10-22所示【放样设置】对话框，通过该对话框进行相应设置即可。

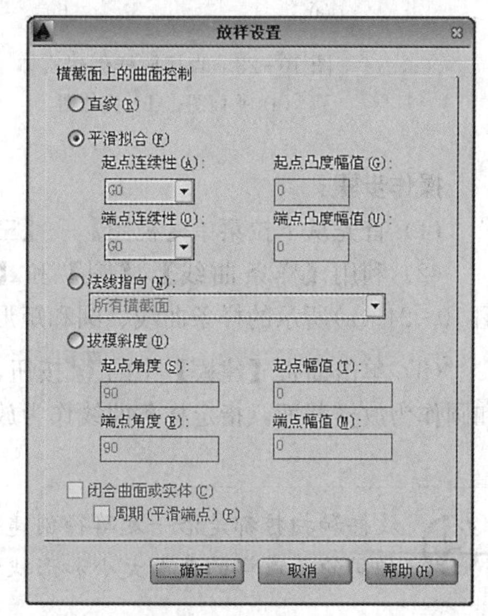

图10-22　放样设置对话框

(4) 创建放样实体时，常用如表10-2所示的横截面、路径和导向。

表 10-2　　常用放样对象和路径

可作横截面的对象	可作放样路径的对象	可作导向的对象
封闭二维多段线	直线	直线
封闭二维样条曲线	圆弧	圆弧
圆	椭圆弧	椭圆弧
椭圆	样条曲线	二维样条曲线
点（仅可作第一个或最后一个横截面）	螺旋线	二维多段线
面域	直线	三维多段线
平面曲面	圆	
	二维多段线	
	三维多段线	

用户可以参考如图 10-23（a）所示绘制三个互相平行且不共面的截面，放样创建如图 10-23（b）所示的实体。

【例 10-5】 将图 10-24（a）所示图形放样生成图 10-24（b）图所示实体。

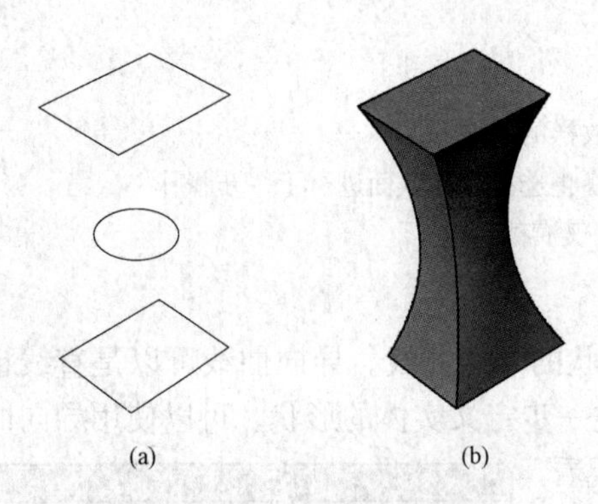

图 10-23　直接放样创建实体
（a）平面图；（b）实体图

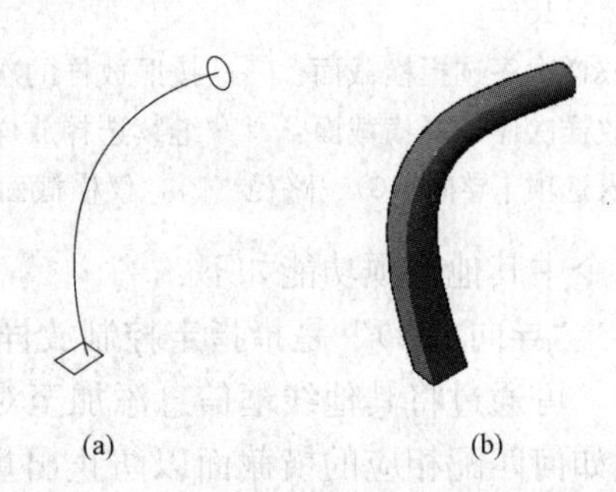

图 10-24　指定路径放样创建实体
（a）平面图；（b）实体图

操作步骤：

（1）首先从下拉菜单【视图】—【三维视图】—【西南等轴测】切换至轴测图。

（2）利用【样条曲线】、【圆】和【矩形】命令，并灵活应用用户坐标系，绘制如图 10-24（a)所示的样条曲线、圆和矩形，样条曲线两端点在圆和矩形共面。

（3）单击面板【建模】中的按钮，启动放样命令，选择如图 10-24（a）所示的矩形和圆作为放样截面，指定样条曲线作为放样路径，就得到了如图 10-24（b）所示实体。

放样和扫掠都是沿一定路径创建实体，不同是：扫掠的截面大小可以不同但形状是相同的，放样的截面大小和形状都可以不同。

10.4　编　辑　实　体

在三维实体建模中，经常需要将简单的三维实体进行编辑（例如布尔运算、抽壳、分割、倒角、圆角等）和三维操作（如三维移动、三维旋转、剖切、对齐、三维镜像、三维阵列）以形成更为复杂的三维实体。

10.4.1　布尔运算

布尔运算有求并集、求差集和求交集三种。

（1）求并集。求并集，即将两个或多个实体进行合并，生成一个组合实体，实际上就是实体的相加。可以有以下几种途径来启动求并集命令。

1）【建模】工具栏或【常用】选项卡的【实体编辑】面板：◎。

2）下拉菜单：【绘图】—【建模】—【并集】。

3）命令行：union。

启动该命令后，命令行提示以下信息：

```
命令：union
选择对象：找到 1 个                //选择要进行并集的对象
选择对象：找到 1 个，总计 2 个     //继续选择
选择对象：                         //回车结束选择或继续选择
```

例如，在提示选择对象后，选择如图 10-25（a）所示的圆柱体和长方体，然后回车即生成如图 10-25（b）所示的组合形体。

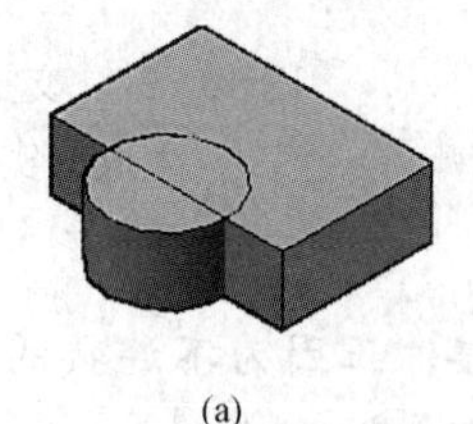
(a)

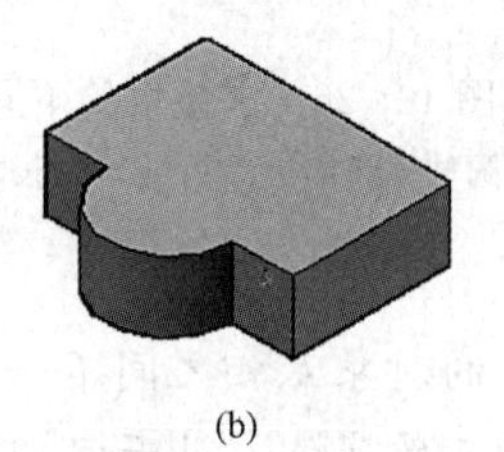
(b)

图 10-25　实体的并集

(a) 并集前；(b) 并集后

（2）求并集。求差集，即从一个实体中减去另一个（或多个）实体，生成一个新的实体。启动求差集命令方法如下：

1）【建模】工具栏或【常用】选项卡的【实体编辑】面板：◎。

2）下拉菜单：下拉菜单【绘图】—【建模】—【差集】。

3）命令行：subtract。

启动该命令后，命令行提示以下信息：

```
命令：subtract 选择要从中减去的实体或面域...   //首先选择的实体是“要从中减去的实体”
选择对象：找到 1 个                            //选择被减实体
选择对象：                                     //回车结束选择或继续选择
选择要减去的实体或面域...
```

选择对象：找到 1 个　　　　　　　　　　　　　　　　//选择要减去的实体
选择对象：　　　　　　　　　　　　　　　　　　　　//回车结束选择或继续选择

如图 10 - 25（a）所示的圆柱体和长方体，如果选择先圆柱体作为被减，再选择长方体作为要减去的实体，结果如图 10 - 26（a）所示；如果选择长方体作为被减，再选择圆柱体作为要减去的实体，结果如图 10 - 26（b）所示。

（3）求交集。求交集，是将两个或多个实体的公共部分构造成一个新的实体。其执行方法如下：

1）【建模】工具栏或【常用】选项卡的【实体编辑】面板：。

2）下拉菜单：下拉菜单【绘图】—【建模】—【交集】。

3）命令行：intersect。

执行该命令后，系统会提示选择要进行交集运算的对象，可以选择两个，也可以选择多个，回车结束选择。如果所选实体具有公共部分，则生成的新实体就是公共部分；如果所选实体没有公共部分，实体将被删除。如图 10 - 27 所示为长方体和圆柱体交集运算结果。

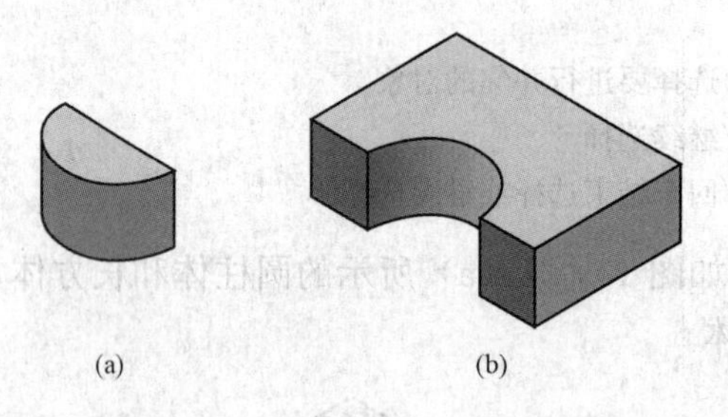

图 10 - 26　求差集的不同效果
（a）先圆柱体作为被减；（b）先长方体作为被减

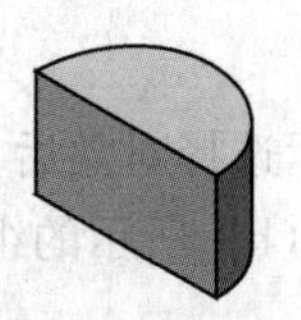

图 10 - 27　交集运算后生成的实体

进行布尔运算的对象互相之间不一定要连接，正因为不连接的对象进行并集或差集形成不连续的三维实体，从而可以进行实体分割。

10.4.2　抽壳

抽壳是用指定的厚度创建一个空的薄层。可以为所有面指定一个固定的薄层厚度，通过选择面可以将这些面排除在“壳”外。一个三维实体只能有一个“壳”。通过将现有面偏移出其原位置来创建新的面。建议用户在将三维实体转换为壳体之前创建其副本。通过此种方法，如果用户需要进行重大修改，可以使用原始版本，并再次对其进行抽壳。

简言之，抽壳可以将三维实体转换为中空薄壁或壳体。将实体对象转换为壳体时，可以通过将现有面朝其原始位置的内部或外部偏移来创建新面。启动抽壳命令的方法如下：

（1）【实体编辑】工具栏或【常用】选项卡的【实体编辑】面板：。

（2）下拉菜单：【修改】—【实体编辑】—【抽壳】。

（3）命令行：solidedit，根据命令行提示选择“体（B）”、选择抽壳“抽壳（S）”，再进行相关操作。

启动该命令后，命令行提示以下信息：

命令：_ solidedit
实体编辑自动检查：　SOLIDCHECK = 1
输入实体编辑选项［面（F）/边（E）/体（B）/放弃（U）/退出（X）］＜退出＞：_ body
输入体编辑选项
［压印（I）/分割实体（P）/抽壳（S）/清除（L）/检查（C）/放弃（U）/退出（X）］＜退出＞：_ shell
选择三维实体：　//选择要抽壳的实体
删除面或［放弃（U）/添加（A）/全部（ALL）］：　//选择实体上要删除的面对象
删除面或［放弃（U）/添加（A）/全部（ALL）］：　//继续选择要删除的面或终止选择
输入抽壳偏移距离：　//指定创建壳体的厚度

命令中其他选项功能如下：

（1）添加（A）：按Ctrl键并单击边以指明要保留的面。

（2）全部（ALL）：临时选择删除的所有面，然后可以使用“添加（A）”添加要保留的面。此步骤如果不继续选择添加，系统会提示错误。

在指定抽壳偏移距离可以指定正值也可以指定负值。指定正值可向实体内部创建薄壁壳体。指定负值可向实体外部创建薄壁壳体。

如图绘制10-28（a）所示平面图形，用“旋转”命令创建为如图10-28（b）所示实体；再执行“抽壳”命令，删除面选择上表面，指定适当抽壳偏移距离即可得到如图10-28（c）所示的结果。当然，本例亦可以绘制如图10-28（d）所示平面图形，再执行“旋转”操作也可得到如图10-28（c）所示结果，因此，用户在建模时一定要灵活运用各种建模操作，以期达到快而好的建模目的。

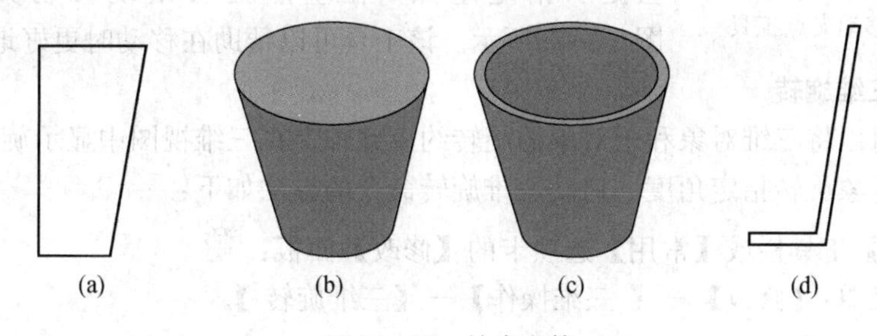

图10-28　抽壳实体
（a）平面图形；（b）实体；（c）抽壳；（d）旋转

10.4.3　三维对齐

可以通过移动、旋转或倾斜对象来使该对象与另一个对象对齐。可以为源对象指定一个、两个或三个点，然后为目标指定一个、两个或三个点。启动三维对齐命令的方法如下：

（1）【建模】工具栏或【常用】选项卡的【修改】面板：。

（2）下拉菜单：【修改】—【三位操作】—【三维对齐】。

（3）命令行：3dalign。

启动该命令后，命令行提示以下信息：

命令：3dalign

选择对象：　//选择要对其的对象
指定源平面和方向...
指定基点或[复制（C）]：　//指定对齐的基点或者复制对象
指定第二个点或[继续（C）]<C>：　//指定对齐的第二个点
指定第三个点或[继续（C）]<C>：　//指定对齐的第三个点
指定目标平面和方向...
指定第一个目标点：　指定对齐目标对象的第一个点
指定第二个目标点或[退出（X）]<X>：　//指定对齐目标对象的第一个点
指定第三个目标点或[退出（X）]<X>：　//指定对齐目标对象的第一个点

对齐（align）和三维对齐（3dalign）都可以通过移动、旋转或倾斜对象来使该对象与另一个对象对齐。三维移动，对齐不仅可以对齐三维对象还可以对齐二维对象。

10.4.4　三维移动

三维移动可以自由移动对象和子对象的选择集，也可以将移动约束到轴或平面上。可以用以下几种方法启动三维移动命令。

（1）【建模】工具栏或【常用】选项卡的【修改】面板：。

（2）下拉菜单：【修改】—【三维操作】—【三维移动】。

（3）命令行：3dmove。

移动过程与二维图形的move命令类似。选择完对象后，会提示指定基点，在基点处会出现移动夹点工具，如图10-29所示。该工具可以帮助在移动时更好地定位。

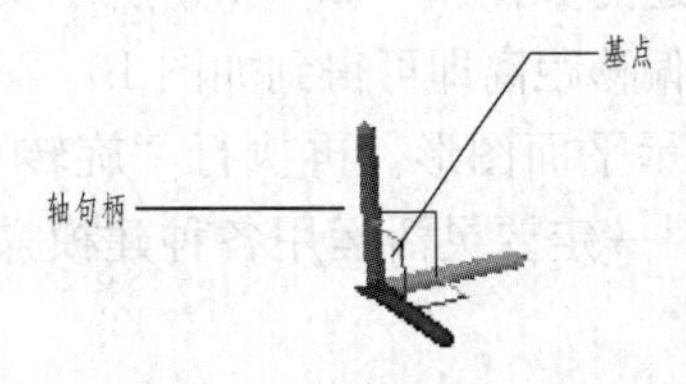

图10-29　移动夹点工具

10.4.5　三维旋转

三维旋转可以将三维对象和子对象的旋转约束到轴上在三维视图中显示旋转夹点工具并沿指定方向将对象旋转指定角度。启动三维旋转命令的方法如下：

（1）【建模】工具栏或【常用】选项卡的【修改】面板：。

（2）下拉菜单：【修改】—【三维操作】—【三维旋转】。

（3）命令行：3drotate。

启动命令后，命令行提示以下信息：

命令：3drotate
UCS当前的正角方向：　ANGDIR=逆时针　ANGBASE=0
选择对象：找到1个　　//选择要旋转的实体
选择对象：　　//回车结束选择
指定基点：　　//指定点
拾取旋转轴：　　//单击轴句柄以选择旋转轴
指定角的起点或键入角度：90　　//输入旋转角度或指定角起点和角终点

在选择完对象后，将显示附着在光标上的旋转夹点工具。如图10-30所示，用户可以通过将对象拖动到夹点工具之外来自由旋转对象，或指定要将旋转约束到的轴。

与二维对象类似，三维对象也可以通过夹点来进行编辑操作，此处不再赘述。

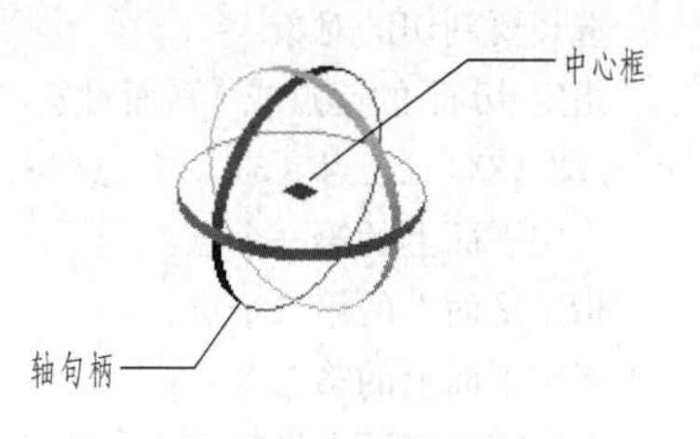

图 10-30　旋转夹点工具

10.4.6　分割

将具有多个不连续部分的三维实体分割为独立的三维实体对象。

并集或差集操作可导致生成一个由多个连续体组成的三维实体，再形成独立的三维体不能用前文所述的分解命令，可以将这些体分割为独立的三维实体。

可以通过以下方式启动分割命令。

（1）【实体编辑】工具栏或【常用】选项卡的【实体编辑】面板：。

（2）下拉菜单：【修改】—【三维操作】—【分割】。

（3）命令行：solidedit，根据命令行提示选择“体（B)”、选择“分割实体（P)”，再进行相关操作。

选择三维实体，指定要分割的三维实体对象。按 Ctrl 键并单击以选择边。注意分割实体并不分割形成单一体积的布尔对象。

将如图 10-31（a）所示的两个实体经“三维移动”后再取“并集”，即可得到如图 10-31（b)所示组合体。其中，图 10-31（a）为独立两实体，将光标移到某一实体只显示一个实体被选中；图 10-31（c）为两实体求“并集”后的结果，不管将光标移到哪一实体位置已合并为一个实体的两部分均被选中。此时如需将图 10-31（c）到图 10-31（b）的结果，必须将两实体分离开来。

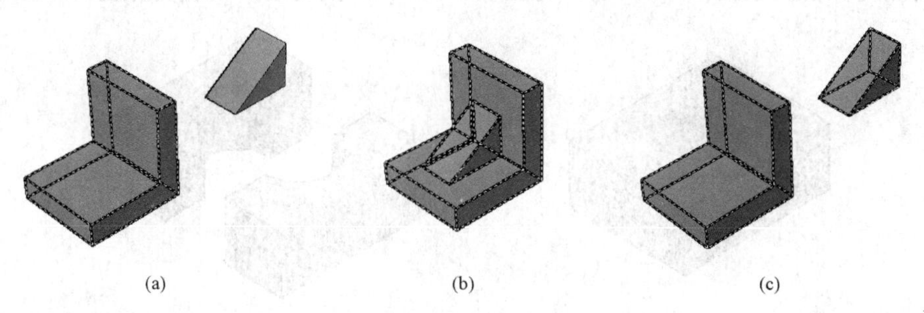

图 10-31　分割实体

（a）两个实体；（b）组合体；（c）分开

10.4.7　剖切

剖切是通过剖切或拆分现有对象来创建新的三维实体，可以通过以下方式可以启动剖切命令。

（1）【常用】选项卡的【实体编辑】面板：。

（2）下拉菜单：【修改】—【三维操作】—【剖切】。

（3）命令行：slice。

启动该命令后，命令行提示以下信息：

```
命令：slice
选择要剖切的对象：找到 1 个
```

选择要剖切的对象：

指定 切面 的起点或［平面对象（O）/曲面（S）/Z 轴（Z）/视图（V）/XY（XY）/YZ（YZ）/ZX（ZX）/三点（3）］<三点>： //选择指定切面的方式，回车默认三点

指定平面上的第一个点：

指定平面上的第二个点：

指定平面上的第三个点：

在所需的侧面上指定点或［保留两个侧面（B）］<保留两个侧面>：

命令行提示："指定切面上的第一个点，依照［对象（O）/Z 轴（Z）/视图（V）/XY 平面（XY）/YZ 平面（YZ）/ZX 平面（ZX）/三点（3）］<三点>：" 其中各选项的含义是：

（1）"对象（O）"是指使用选定平面对象作为剖切平面将实体剖开。该对象可以是圆、椭圆、圆弧、二维样条曲线或二维多段线线段。

（2）"Z 轴"是指通过在平面上指定一点和在平面的 Z 轴（法线）上指定另一点来定义剖切平面。

（3）"XY/YZ/ZX"是指使剖切平面与一个通过指定点的标准平面（XY、YZ 或 ZX）平行，以此平面进行剖切。

（4）"三点（3）"是指通过三个点定义剖切平面。如果在选择完对象后直接回车，也可以选择此选项。

当系统提示"保留的一侧指定点或［保留两个侧面（B）］："提示下直接定义一点从而确定图形将保留剖切实体的哪一侧。该点不能位于剪切平面上。若输入 b 或直接回车，则剖切实体的两侧均保留。如图 10 - 32（b）为图 10 - 32（a）剖切后"两侧均保留"的剖切结果。

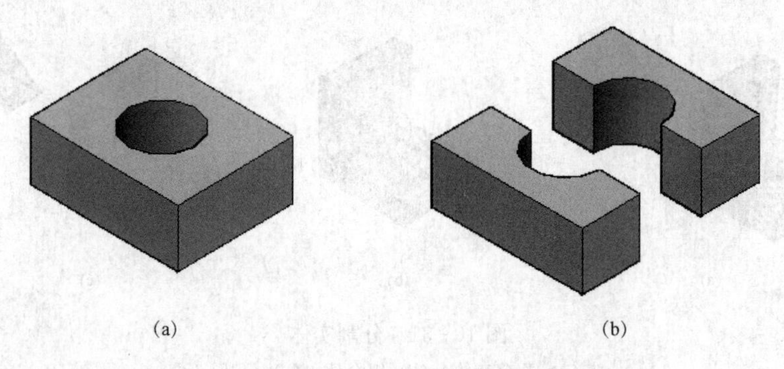

(a) (b)

图 10 - 32 实体剖切

（a）实体；（b）剖切结果

除上述编辑操作外，还对三维实体可以进行倒角、圆角、三维阵列、三维镜像等的操作，具体操作与二维绘图中的方法类似。此外，在 AutoCAD 中，不仅可以创建和编辑三维实体，还可以创建和编辑三维网格面，方法与实体创建较为类似，用户在掌握好本书的基础上可轻松自学，此处不再赘述。

10.5 实 例 练 习

【例 10 - 6】 创建如图 10 - 33 所示的座体的三维实体。

在 AutoCAD 中，三维实体建模的关键是用户要树立良好的空间概念，正确用形体分析法分析各部分之间的关系并能灵活应用前文介绍的知识创建复杂实体。

本例中的座体由 5 部分组成：后部的竖板、中间的半圆管、连接竖板、半圆管的肋板和两侧对称的底板。这 5 部分均可用【拉伸】命令来创建，其中肋板还可以用【楔体】创建，半圆管还可以用【旋转】命令创建，底板也可以用【长方体】命令创建。

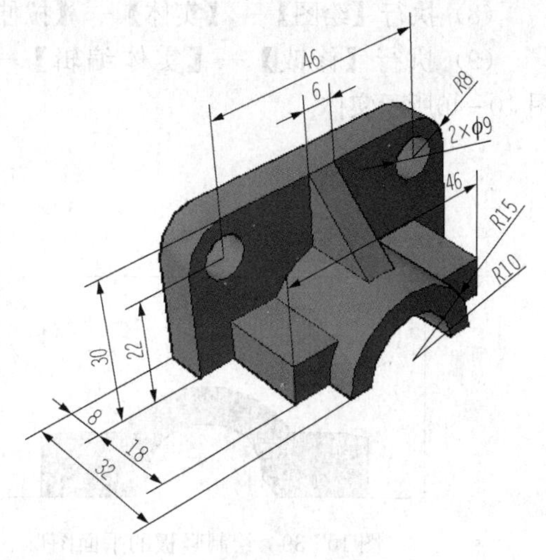

图 10-33　座体

绘制过程：

(1) 根据需要设置图层和图形界限，打开 ViewCube，将视图调整为主视图，绘制如图 10-34所示图形，并将其转换为面域。

(2) 执行【绘图】—【实体】—【拉伸】命令，单击选中面域，输入 23 作为拉伸高度，如图 10-35 所示。

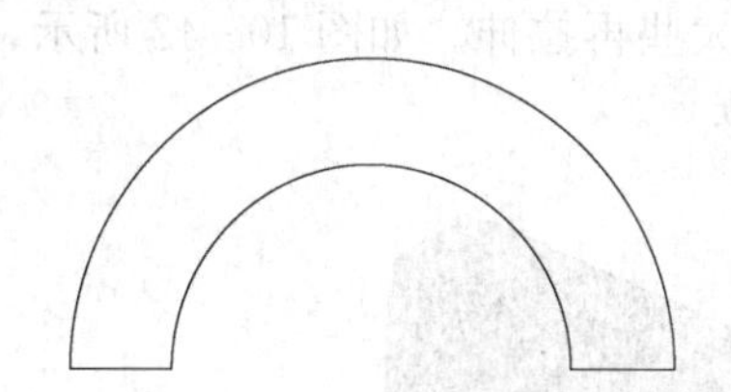

图 10-34　绘制半圆槽平面图形

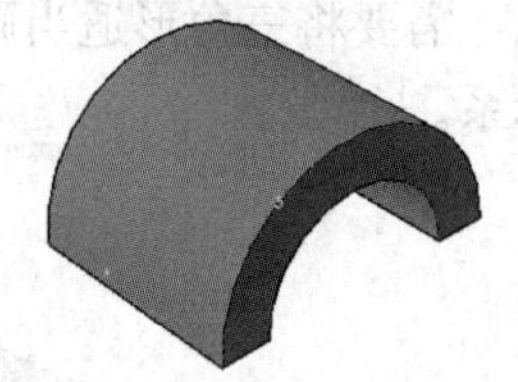

图 10-35　拉伸成半圆管

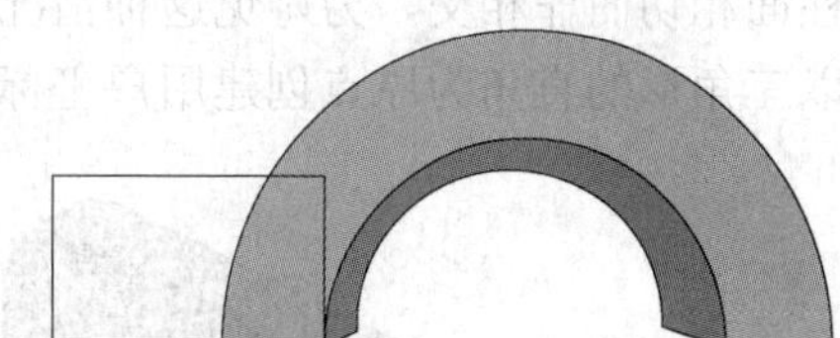

图 10-36　绘制矩形

(3) 将视图转换到后视图，捕捉到如图 10-36 半圆管中矩形的右下角点，绘制长 13、宽 8 的矩形。

(4) 执行【绘图】—【实体】—【拉伸】命令，选择矩形，将其拉伸 -18，如图 10-37 所示，得到右侧的底板（此处注意理解，是从后向前的方向观察）。

(5) 执行【修改】—【三维操作】—【三维镜像】命令，利用左侧长方体以半圆管轴线所在的侧平面为镜像面，创建出另一侧（右侧）的一底板，如图 10-38 所示。

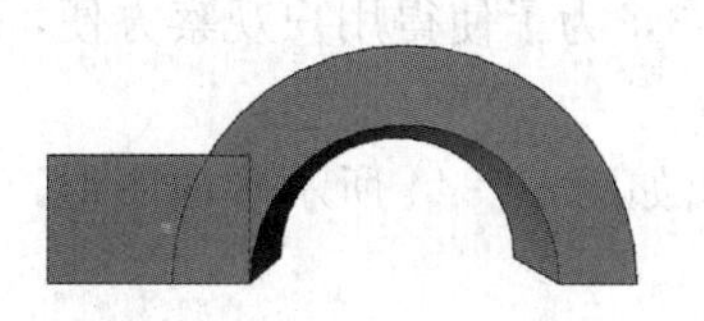

图 10-37　拉伸矩形

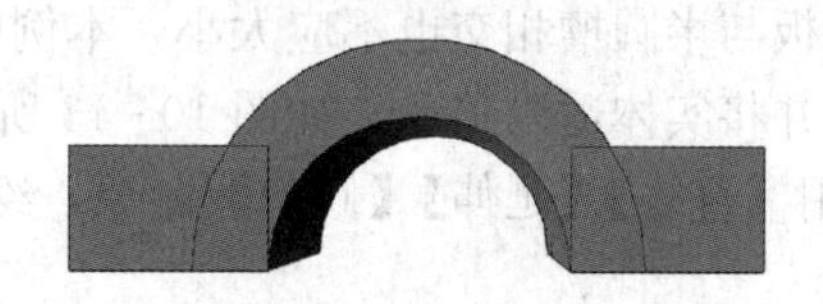

图 10-38　镜像实体

(6) 执行【修改】—【实体编辑】—【并集】命令，选中前面创建的三个实体，对其进行求和操作，将其合并为一个实体。

(7) 再次将视图转到后视图，捕捉刚才绘制矩形的角点，绘制出如图 10-39 所示的平面图形，并创建面域。

（8）执行【绘图】—【实体】—【拉伸】命令，选择前面创建的面域，将其拉伸-8。

（9）执行【修改】—【实体编辑】—【并集】命令，将创建的实体相加，得到如图10-40所示实体。

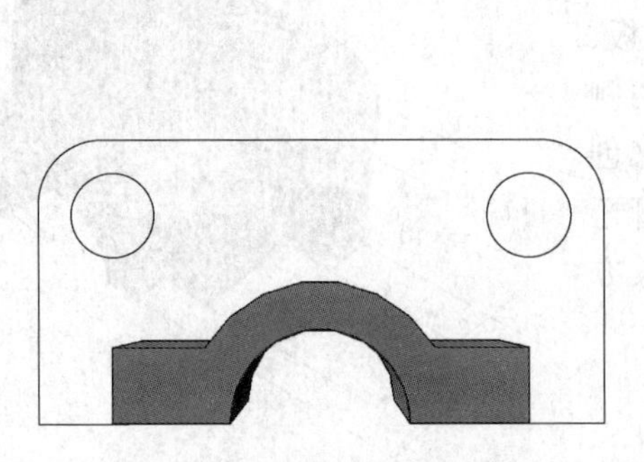

图10-39　绘制竖板的平面图形

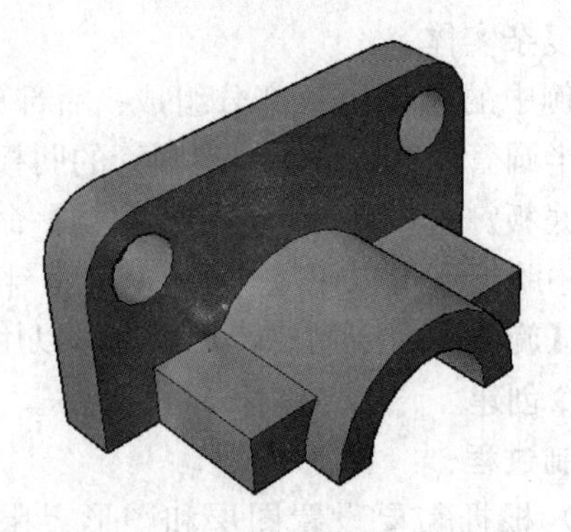

图10-40　竖板合并创建后的实体

（10）将视图转换到西南等轴测，捕捉竖板前表面上端棱线中点，绘制如图10-41所示直角三角形。

（11）注意：此时如果以所绘制的三角形拉伸创建三角肋，肋板底部平面与半圆管的圆柱面相切而非相交，为避免这种情况，需要将三角形适当画大些再拉伸。如图10-42所示，以三角形的直角为原点创建用户坐标系。

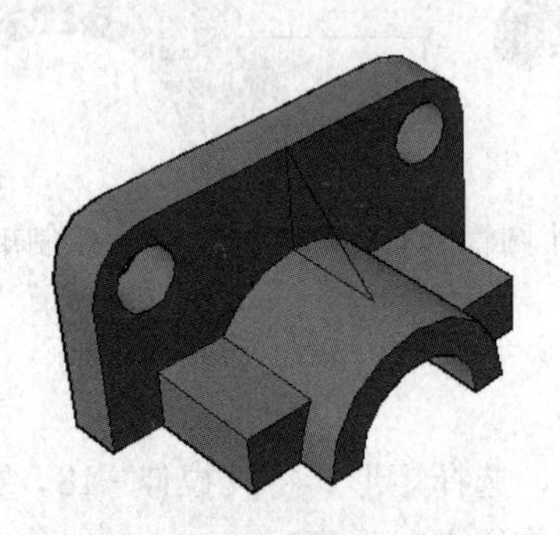

图10-41　绘制辅助三角形

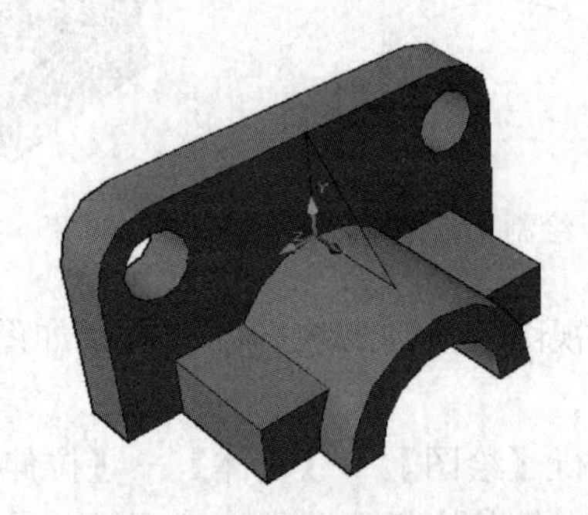

图10-42　创建用户坐标系

（12）以直角端点向下再绘制一段直线，为保证不超过底部半圆槽，线的长度应小于5，但要保证肋板与半圆槽相交也不应太小，本例中取3，为了使得用户观察方便，将视图转换到左视图，并将实体适当移动，如图10-43所示。

（13）用【直线】【延伸】【修剪】命令，绘制出如图10-44所示平面图形，并将不需要的线条删除。

（14）用【面域】创建如图10-45所示三角肋截面面域，用【移动】命令将实体移动到原来的位置与三角形面域对齐，如图10-46所示。

（15）将视图转换为西南等轴测，此时的视图如图10-47所示。用【移动】命令将三角形面域向右移动3，如图10-48所示。

（16）执行【绘图】—【实体】—【拉伸】命令，选择三角形面域，将其拉伸6，如图10-49所示。

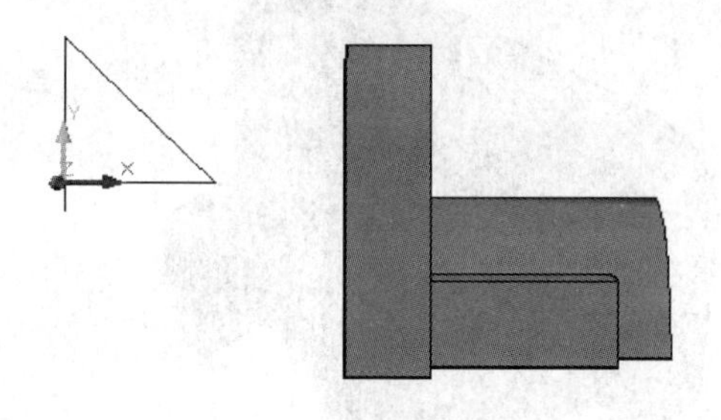

图10-43 继续绘制截面三角形图

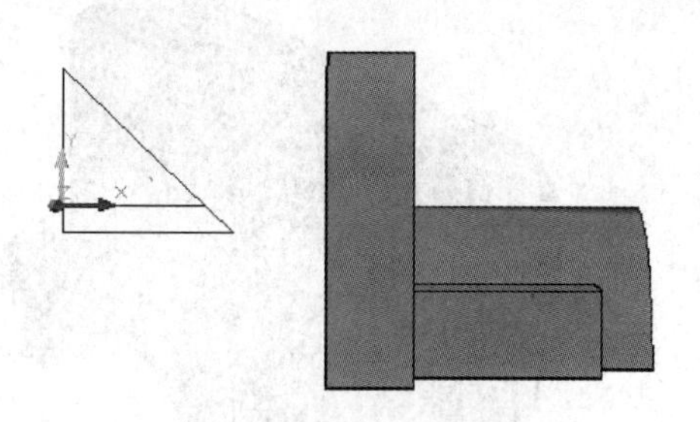

图10-44 完成截面三角形

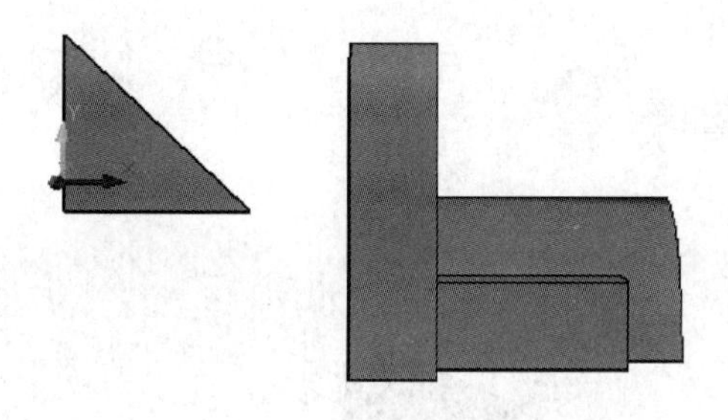

图10-45 创建三角肋截面面域

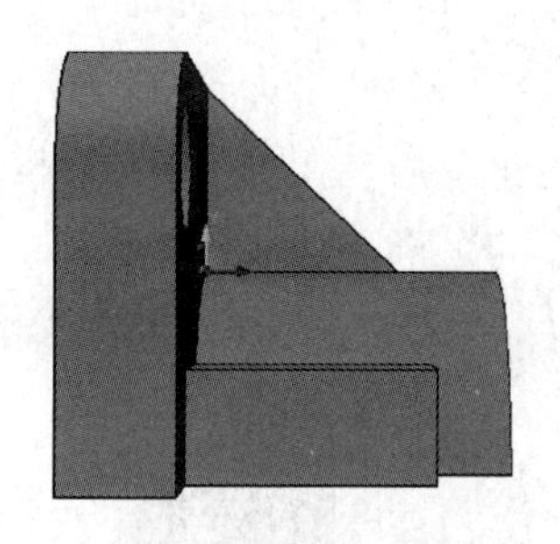

图10-46 移动实体与三角形面域对齐

图10-47 调整视图为西南等轴测

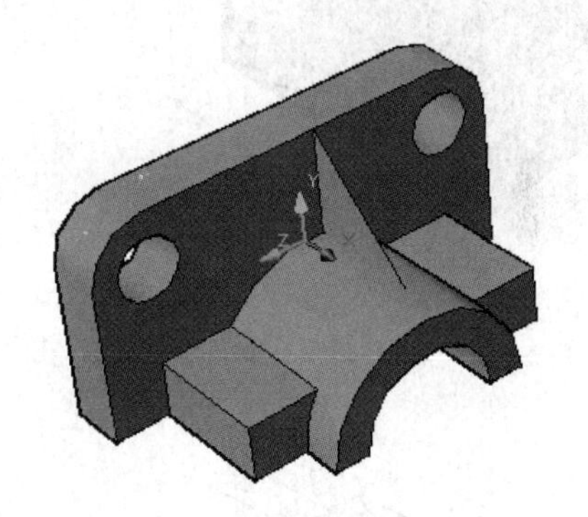

图10-48 移动三角形面域

（17）执行【修改】—【实体编辑】—【并集】命令，即可创建如图10-50所示座体，完成建模。

本例中，用户在第（9）步后，可考虑用楔体创建肋板。从第（10）步开始，还可以在任意位置创建肋板，再将肋板用【对齐】或【三维对齐】命令与已创建的实体对齐，再求其并集。第（14）步中亦可直接拉伸长为3的实体，将其镜像再求并集。

另外，本例在建模过程中，还可以先创建竖板再创建半圆管、底板、肋板等。总之，实体建模的方法和过程不是一成不变的，[例10-6]的建模过程只是其中一种，用户在学习中大量练习并不断地总结，才能更好地提高自己的水平。

图 10-49　拉伸得到三角肋

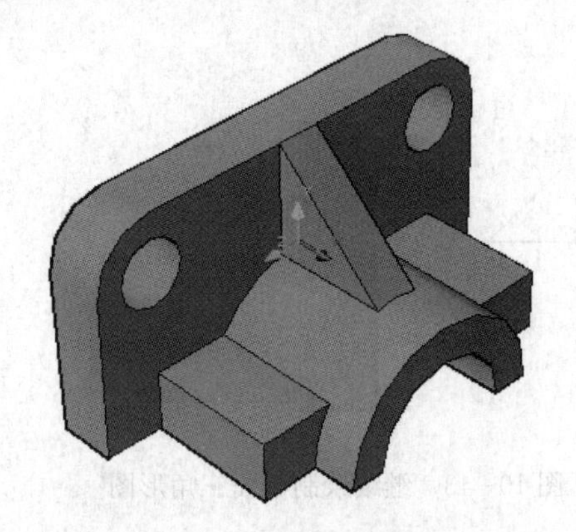

图 10-50　合并得到最终座体

习　题

10-1　创建如图 10-51 所示三维实体。

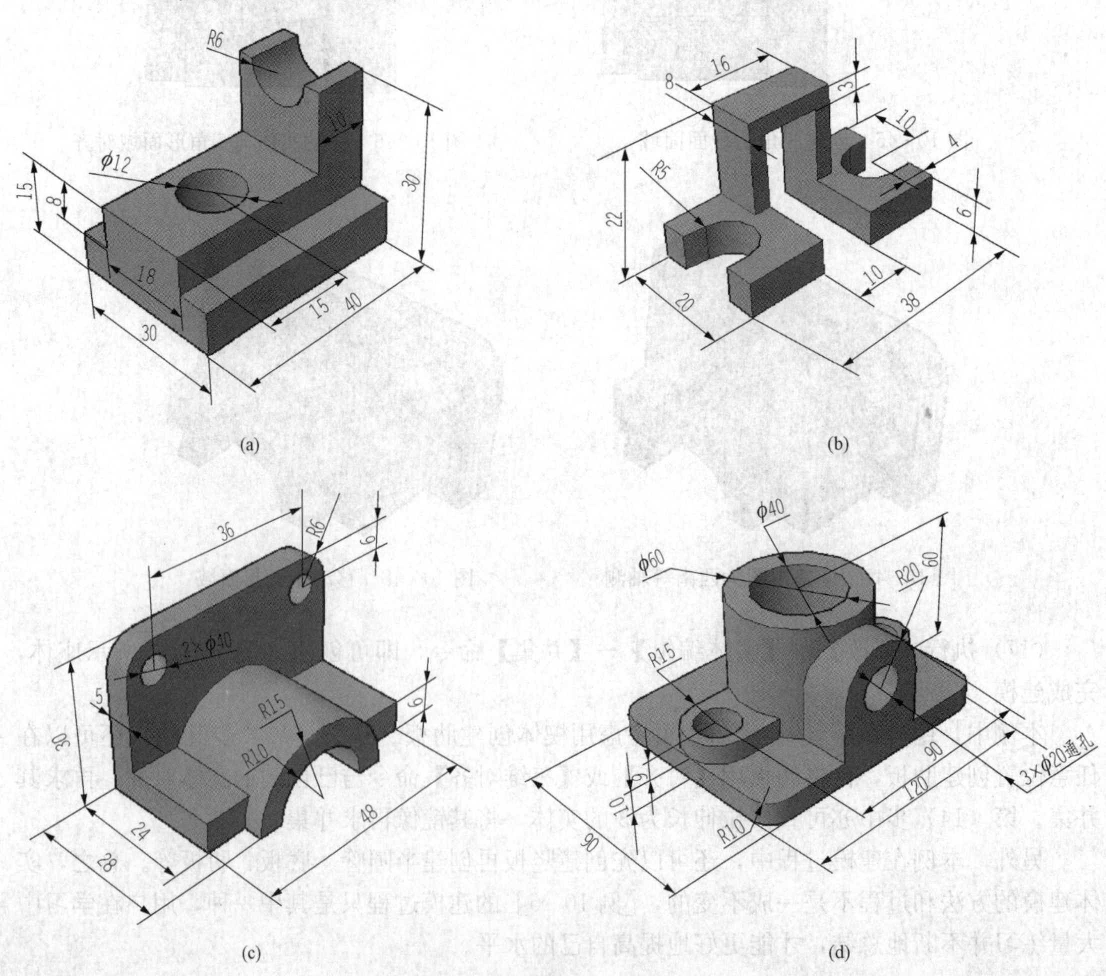

图 10-51　习题 10-1 图（一）

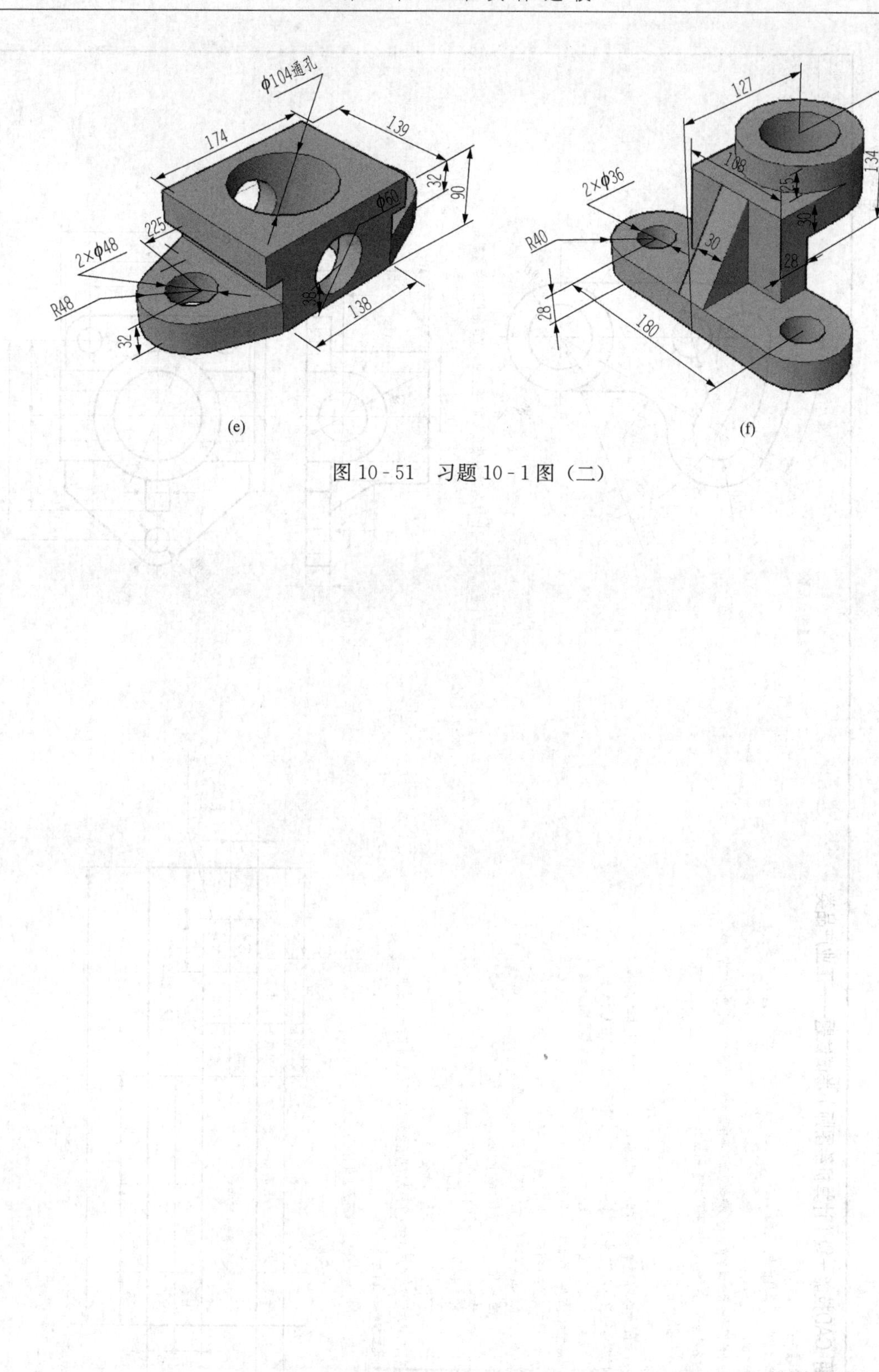

图 10-51 习题10-1图（二）

附录　全国CAD技能一级(计算机绘图师)考试题——工业产品类

扫码获取
完整考题

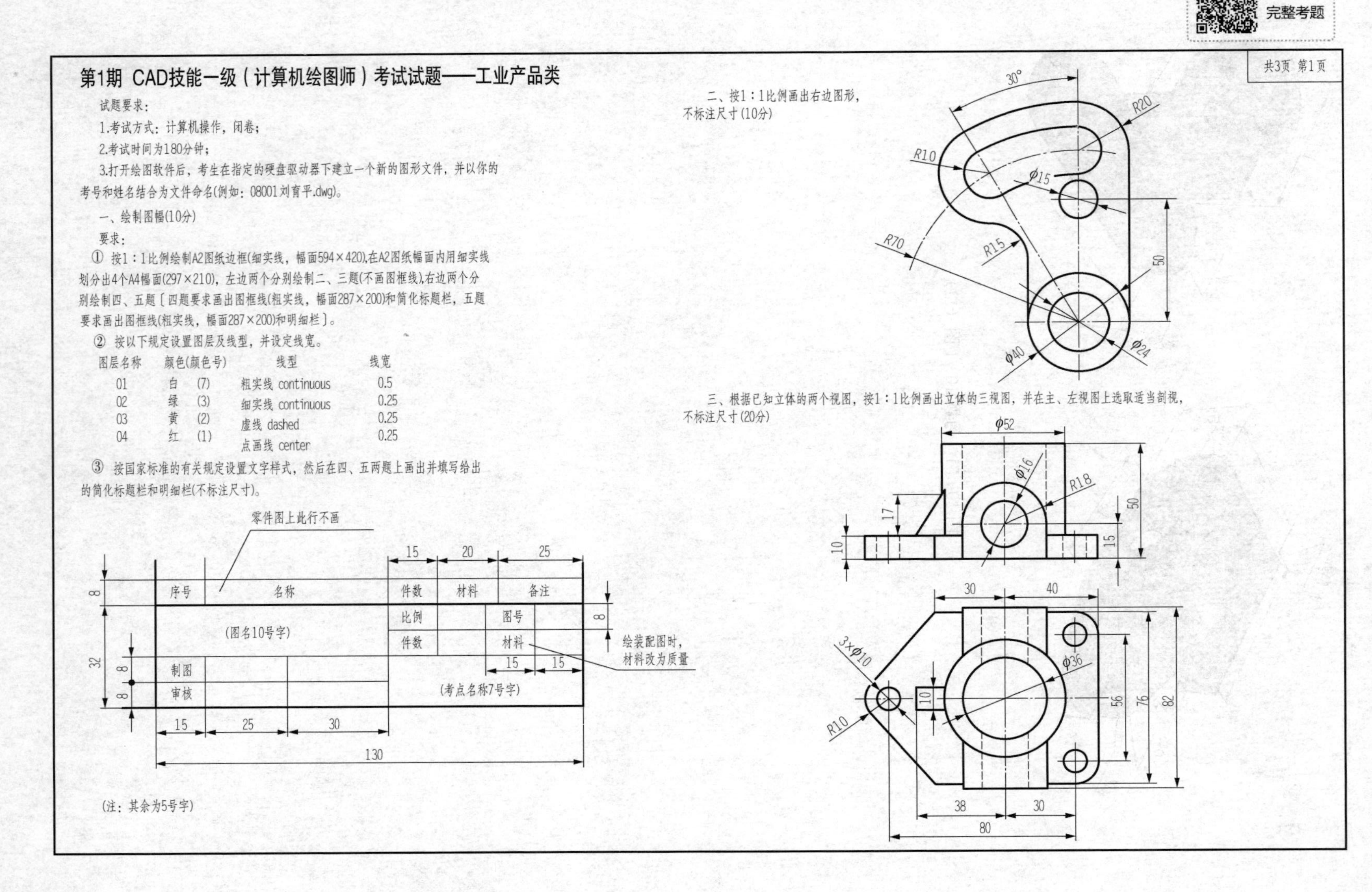

共3页 第1页

第1期 CAD技能一级（计算机绘图师）考试试题——工业产品类

试题要求：

1.考试方式：计算机操作，闭卷；

2.考试时间为180分钟；

3.打开绘图软件后，考生在指定的硬盘驱动器下建立一个新的图形文件，并以你的考号和姓名结合为文件命名(例如：08001刘育平.dwg)。

一、绘制图幅(10分)

要求：

① 按1∶1比例绘制A2图纸边框(细实线，幅面594×420),在A2图纸幅面内用细实线划分出4个A4幅面(297×210)，左边两个分别绘制二、三题(不画图框线),右边两个分别绘制四、五题［四题要求画出图框线(粗实线，幅面287×200)和简化标题栏，五题要求画出图框线(粗实线，幅面287×200)和明细栏］。

② 按以下规定设置图层及线型，并设定线宽。

图层名称	颜色(颜色号)	线型	线宽
01	白　(7)	粗实线 continuous	0.5
02	绿　(3)	细实线 continuous	0.25
03	黄　(2)	虚线 dashed	0.25
04	红　(1)	点画线 center	0.25

③ 按国家标准的有关规定设置文字样式，然后在四、五两题上画出并填写给出的简化标题栏和明细栏(不标注尺寸)。

(注：其余为5号字)

二、按1∶1比例画出右边图形，不标注尺寸(10分)

三、根据已知立体的两个视图，按1∶1比例画出立体的三视图，并在主、左视图上选取适当剖视，不标注尺寸(20分)

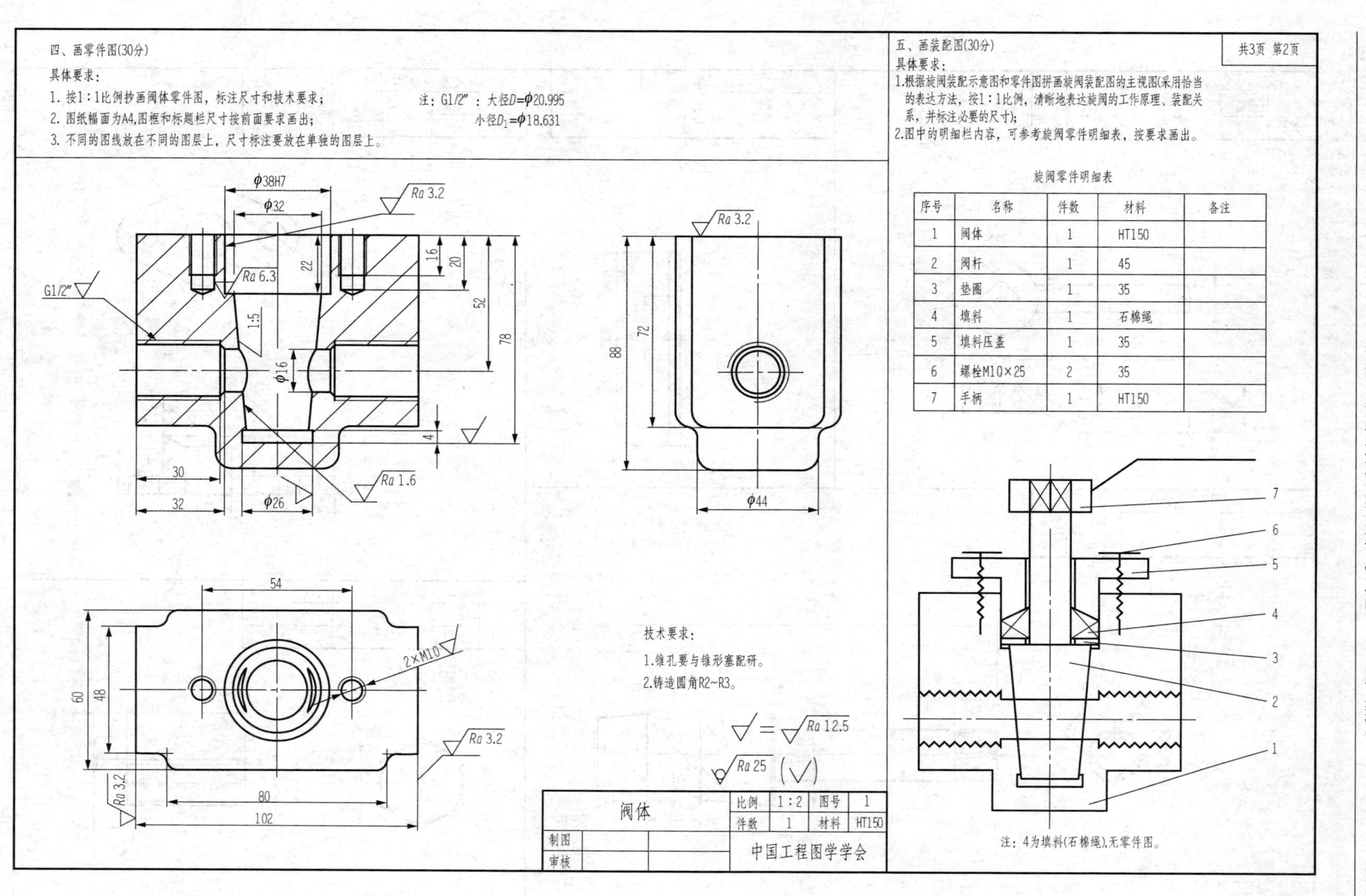

共3页 第2页

四、画零件图(30分)

具体要求：

1. 按1∶1比例抄画阀体零件图，标注尺寸和技术要求；
2. 图纸幅面为A4,图框和标题栏尺寸按前面要求画出；
3. 不同的图线放在不同的图层上，尺寸标注要放在单独的图层上。

注：G1/2″：大径$D=\phi20.995$
小径$D_1=\phi18.631$

技术要求：

1.锥孔要与锥形塞配研。
2.铸造圆角R2~R3。

阀体		比例	1∶2	图号	1
		件数	1	材料	HT150
制图		中国工程图学学会			
审核					

五、画装配图(30分)

具体要求：

1.根据旋阀装配示意图和零件图拼画旋阀装配图的主视图(采用恰当的表达方法，按1∶1比例，清晰地表达旋阀的工作原理、装配关系，并标注必要的尺寸)；
2.图中的明细栏内容，可参考旋阀零件明细表，按要求画出。

旋阀零件明细表

序号	名称	件数	材料	备注
1	阀体	1	HT150	
2	阀杆	1	45	
3	垫圈	1	35	
4	填料	1	石棉绳	
5	填料压盖	1	35	
6	螺栓M10×25	2	35	
7	手柄	1	HT150	

注：4为填料(石棉绳),无零件图。

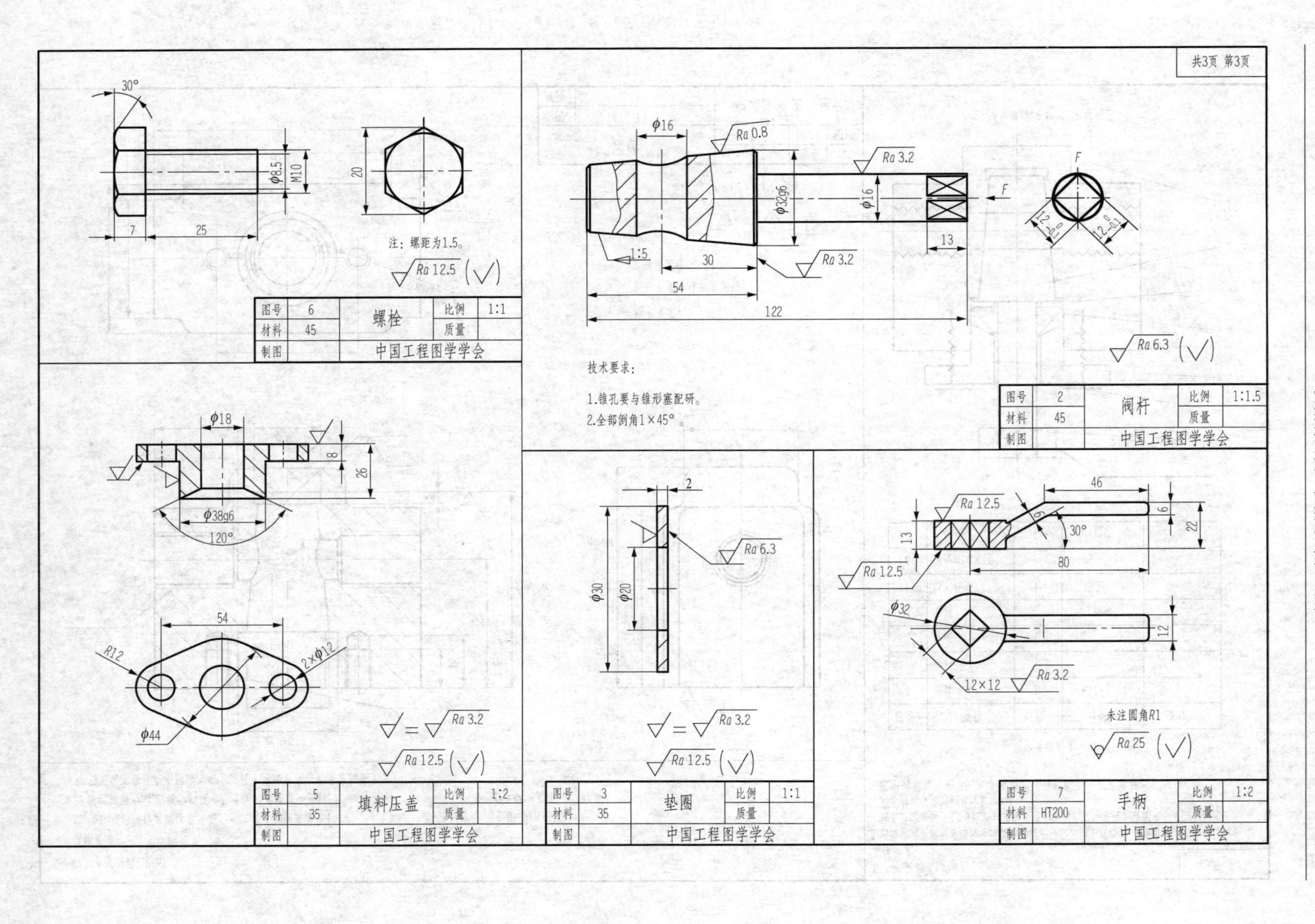

共3页 第3页
注：螺距为1.5。
图号 6 螺栓 比例 1:1
材料 45 质量
制图 中国工程图学学会
技术要求：
1.锥孔要与锥形塞配研。
2.全部倒角1×45°。
图号 2 阀杆 比例 1:1.5
材料 45 质量
制图 中国工程图学学会
图号 5 填料压盖 比例 1:2
材料 35 质量
制图 中国工程图学学会
图号 3 垫圈 比例 1:1
材料 35 质量
制图 中国工程图学学会
未注圆角R1
图号 7 手柄 比例 1:2
材料 HT200 质量
制图 中国工程图学学会

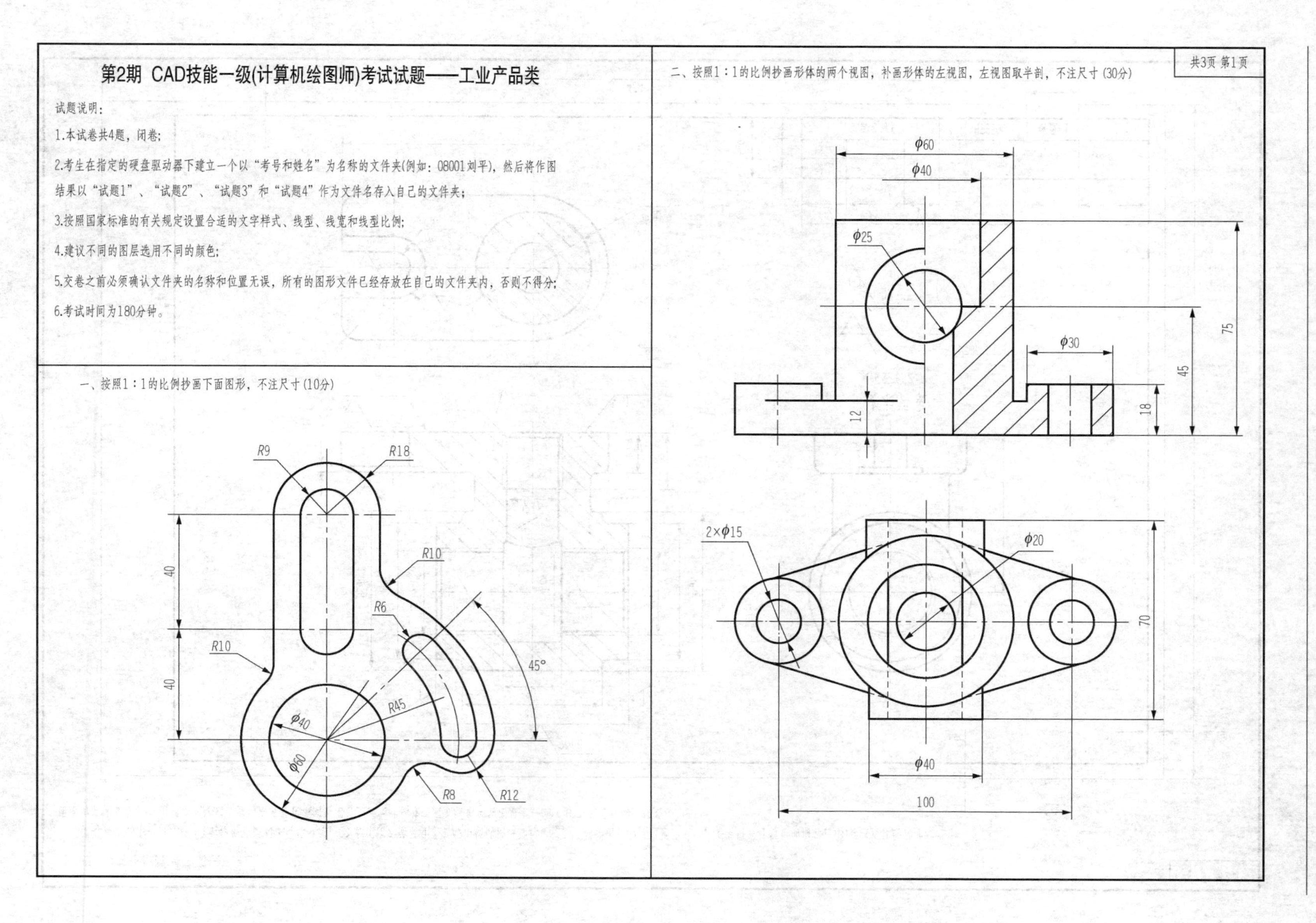

共3页 第1页

第2期 CAD技能一级(计算机绘图师)考试试题——工业产品类

试题说明：

1.本试卷共4题，闭卷；

2.考生在指定的硬盘驱动器下建立一个以“考号和姓名”为名称的文件夹(例如：08001刘平)，然后将作图结果以“试题1”、“试题2”、“试题3”和“试题4”作为文件名存入自己的文件夹；

3.按照国家标准的有关规定设置合适的文字样式、线型、线宽和线型比例；

4.建议不同的图层选用不同的颜色；

5.交卷之前必须确认文件夹的名称和位置无误，所有的图形文件已经存放在自己的文件夹内，否则不得分；

6.考试时间为180分钟。

一、按照1：1的比例抄画下面图形，不注尺寸(10分)

二、按照1：1的比例抄画形体的两个视图，补画形体的左视图，左视图取半剖，不注尺寸(30分)

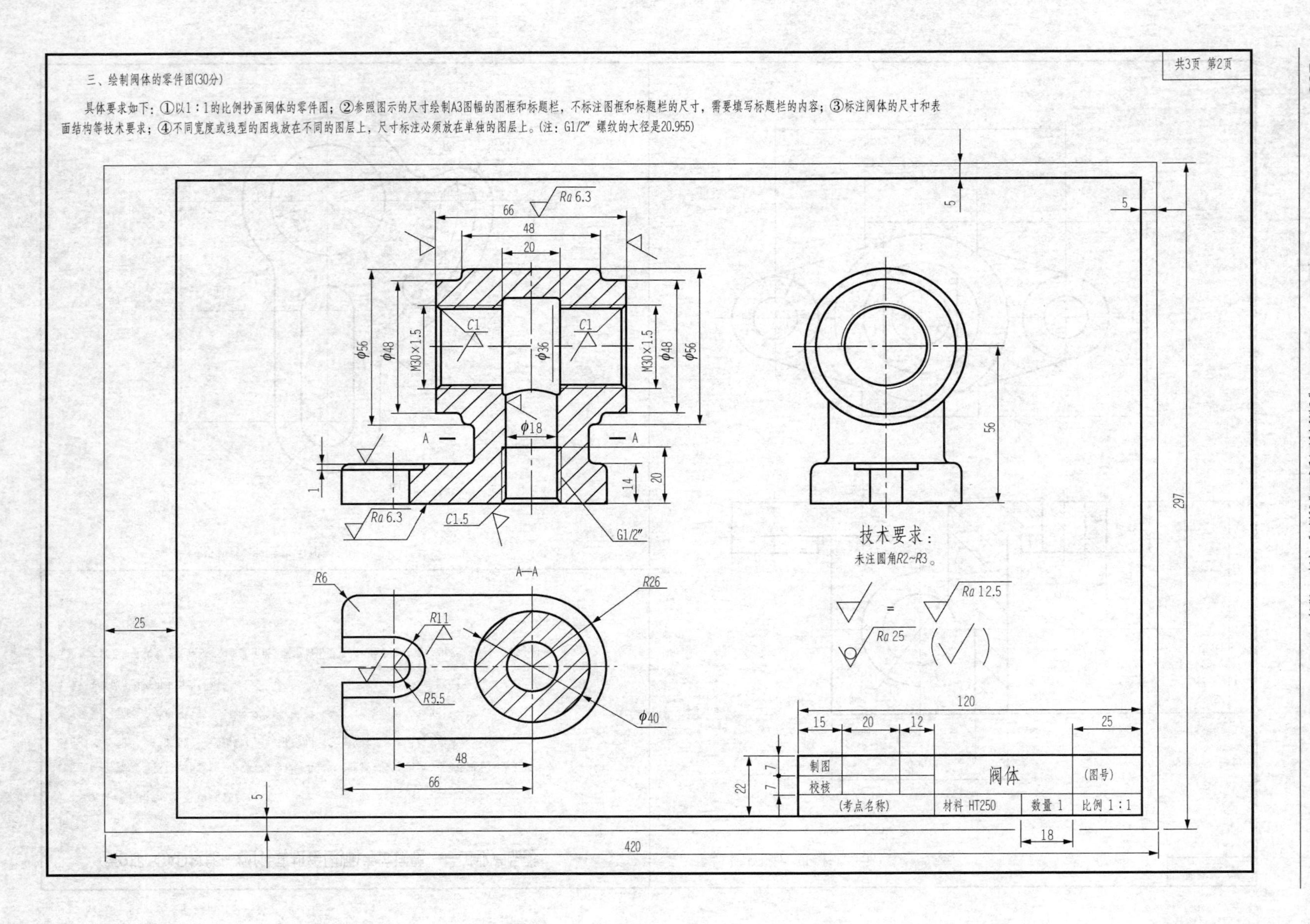
共3页 第2页
三、绘制阀体的零件图(30分)
具体要求如下：①以1：1的比例抄画阀体的零件图；②参照图示的尺寸绘制A3图幅的图框和标题栏，不标注图框和标题栏的尺寸，需要填写标题栏的内容；③标注阀体的尺寸和表面结构等技术要求；④不同宽度或线型的图线放在不同的图层上，尺寸标注必须放在单独的图层上。(注：G1/2″ 螺纹的大径是20.955)
技术要求：
未注圆角R2~R3。
A—A
制图
校核
(考点名称)
阀体
(图号)
材料 HT250
数量 1
比例 1：1

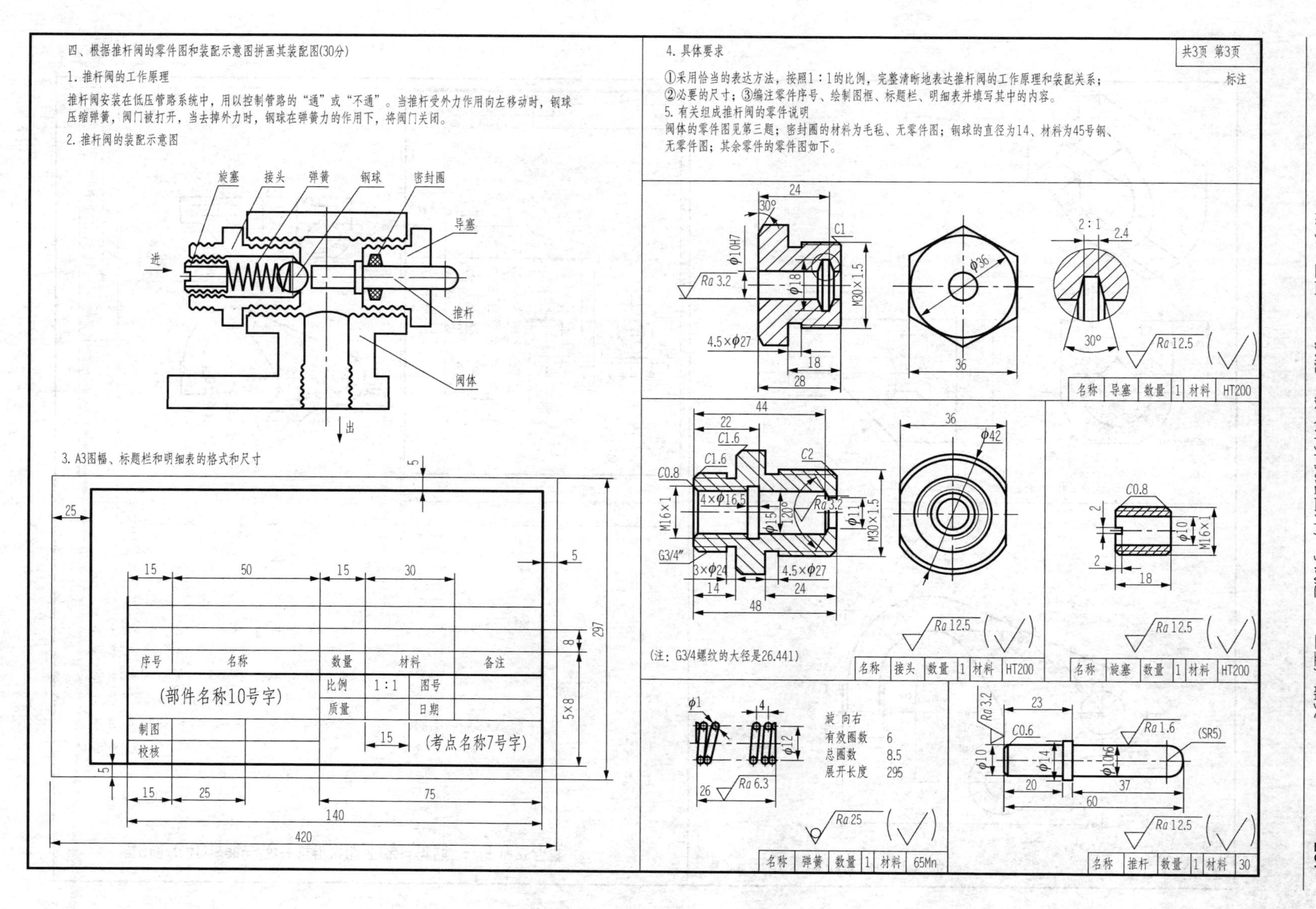
四、根据推杆阀的零件图和装配示意图拼画其装配图(30分)
1. 推杆阀的工作原理
推杆阀安装在低压管路系统中，用以控制管路的“通”或“不通”。当推杆受外力作用向左移动时，钢球压缩弹簧，阀门被打开，当去掉外力时，钢球在弹簧力的作用下，将阀门关闭。
2. 推杆阀的装配示意图
旋塞
接头
弹簧
钢球
密封圈
导塞
推杆
阀体
进
出
3. A3图幅、标题栏和明细表的格式和尺寸
序号
名称
数量
材料
备注
比例
1:1
图号
质量
日期
(部件名称10号字)
制图
校核
(考点名称7号字)
4. 具体要求
共3页 第3页
①采用恰当的表达方法，按照1:1的比例，完整清晰地表达推杆阀的工作原理和装配关系；
标注
②必要的尺寸；③编注零件序号、绘制图框、标题栏、明细表并填写其中的内容。
5. 有关组成推杆阀的零件说明
阀体的零件图见第三题；密封圈的材料为毛毡、无零件图；钢球的直径为14、材料为45号钢、无零件图；其余零件的零件图如下。
(注：G3/4螺纹的大径是26.441)
名称 导塞 数量 1 材料 HT200
名称 接头 数量 1 材料 HT200
名称 旋塞 数量 1 材料 HT200
旋 向右
有效圈数 6
总圈数 8.5
展开长度 295
名称 弹簧 数量 1 材料 65Mn
名称 推杆 数量 1 材料 30

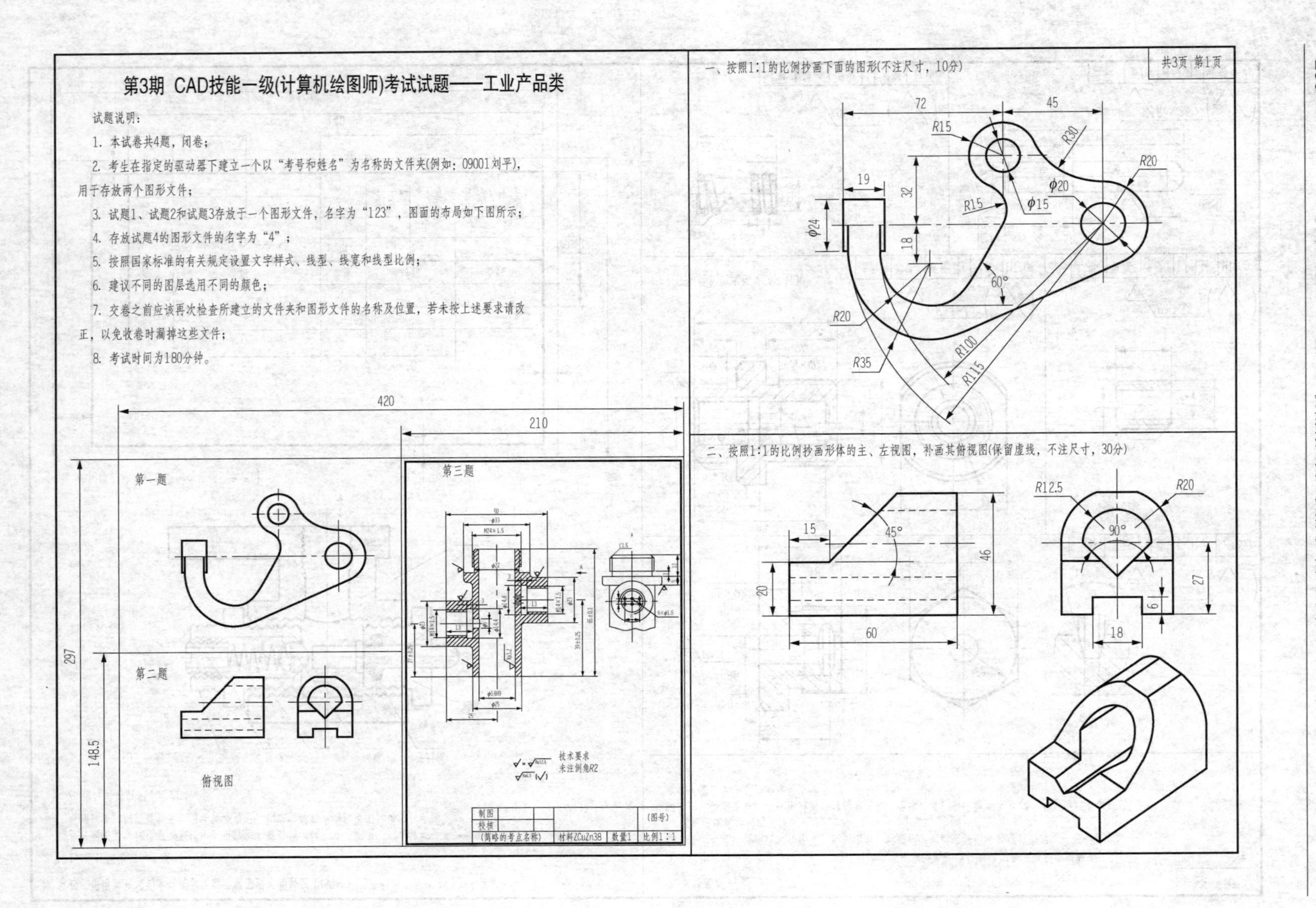

共3页 第1页

第3期 CAD技能一级(计算机绘图师)考试试题——工业产品类

试题说明：

1. 本试卷共4题，闭卷；
2. 考生在指定的驱动器下建立一个以“考号和姓名”为名称的文件夹(例如：09001刘平)，用于存放两个图形文件；
3. 试题1、试题2和试题3存放于一个图形文件，名字为“123”，图面的布局如下图所示；
4. 存放试题4的图形文件的名字为“4”；
5. 按照国家标准的有关规定设置文字样式、线型、线宽和线型比例；
6. 建议不同的图层选用不同的颜色；
7. 交卷之前应该再次检查所建立的文件夹和图形文件的名称及位置，若未按上述要求请改正，以免收卷时漏掉这些文件；
8. 考试时间为180分钟。

一、按照1:1的比例抄画下面的图形(不注尺寸，10分)

二、按照1:1的比例抄画形体的主、左视图，补画其俯视图(保留虚线，不注尺寸，30分)

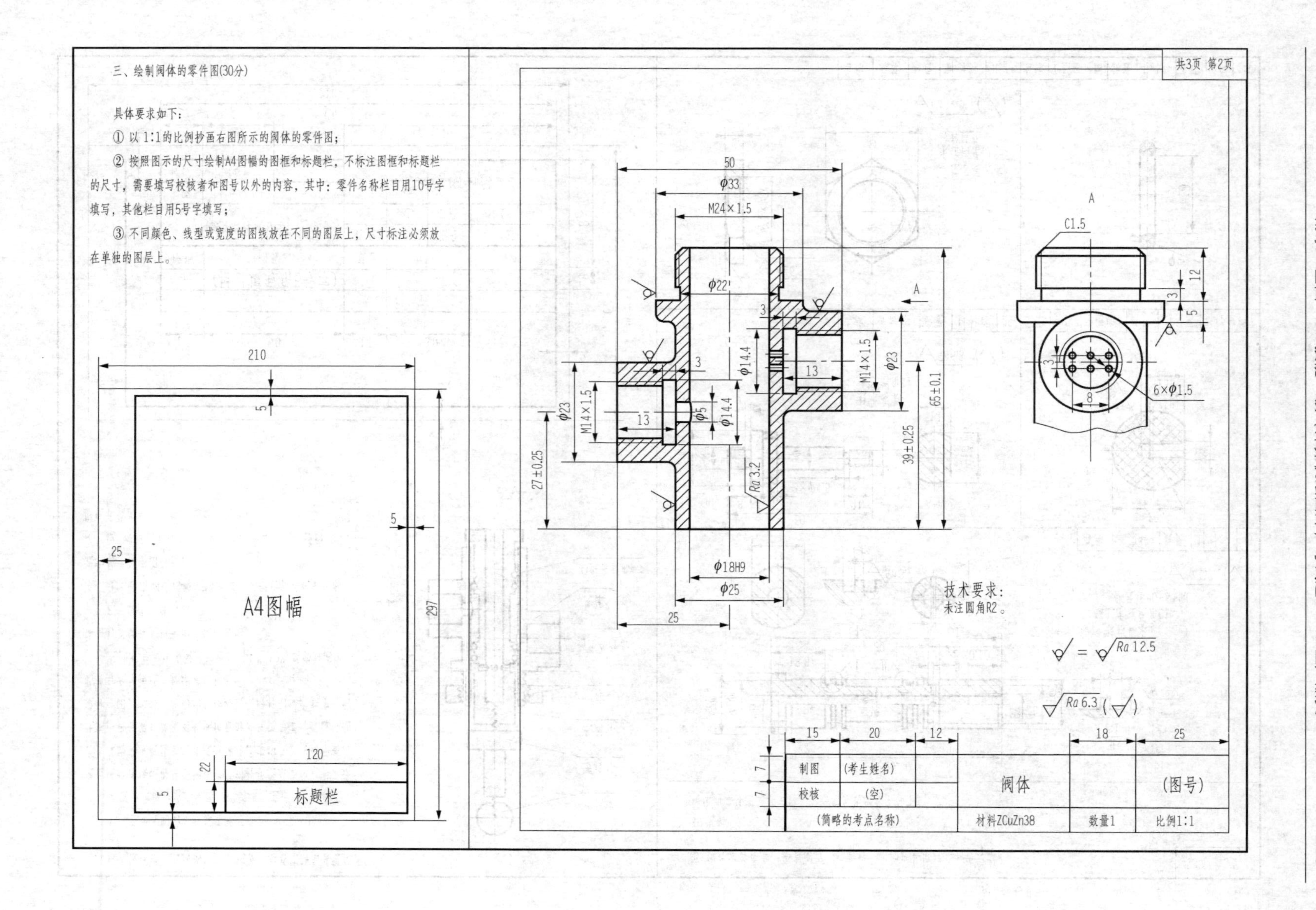
三、绘制阀体的零件图(30分)
具体要求如下:
① 以1:1的比例抄画右图所示的阀体的零件图;
② 按照图示的尺寸绘制A4图幅的图框和标题栏，不标注图框和标题栏的尺寸，需要填写校核者和图号以外的内容，其中：零件名称栏目用10号字填写，其他栏目用5号字填写；
③ 不同颜色、线型或宽度的图线放在不同的图层上，尺寸标注必须放在单独的图层上。
A4图幅
标题栏
210
297
120
共3页 第2页
技术要求：
未注圆角R2。
制图
(考生姓名)
校核
(空)
(简略的考点名称)
阀体
材料ZCuZn38
数量1
比例1:1
(图号)
6×φ1.5
C1.5
65±0.1
39±0.25
27±0.25
M14×1.5
M24×1.5
φ18H9
Ra 3.2
Ra 12.5
Ra 6.3

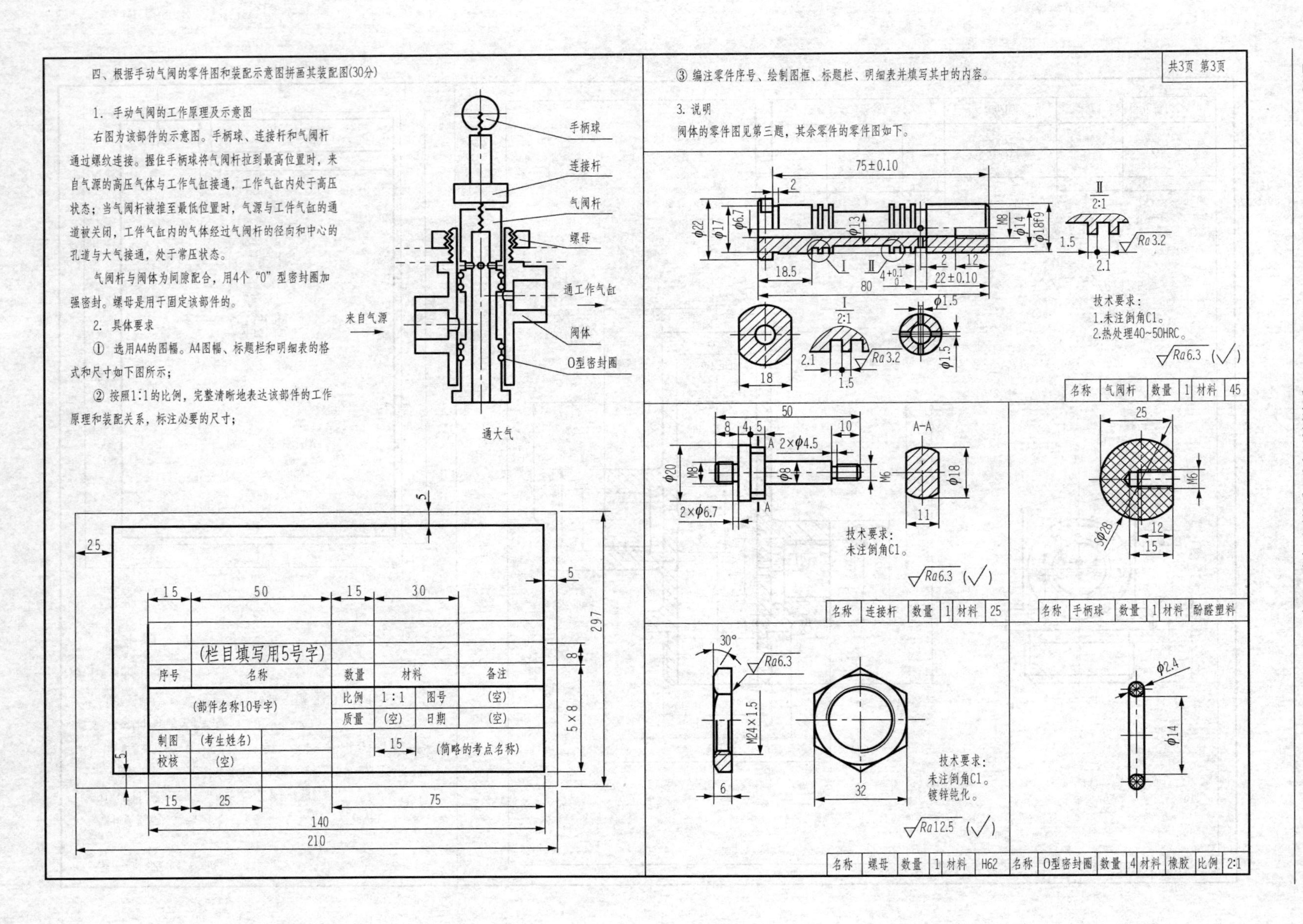

共3页 第3页

四、根据手动气阀的零件图和装配示意图拼画其装配图(30分)

1. 手动气阀的工作原理及示意图

右图为该部件的示意图。手柄球、连接杆和气阀杆通过螺纹连接。握住手柄球将气阀杆拉到最高位置时，来自气源的高压气体与工作气缸接通，工作气缸内处于高压状态；当气阀杆被推至最低位置时，气源与工作气缸的通道被关闭，工作气缸内的气体经过气阀杆的径向和中心的孔道与大气接通，处于常压状态。

气阀杆与阀体为间隙配合，用4个“O”型密封圈加强密封。螺母是用于固定该部件的。

2. 具体要求

① 选用A4的图幅。A4图幅、标题栏和明细表的格式和尺寸如下图所示；

② 按照1:1的比例，完整清晰地表达该部件的工作原理和装配关系，标注必要的尺寸；

③ 编注零件序号、绘制图框、标题栏、明细表并填写其中的内容。

3. 说明

阀体的零件图见第三题，其余零件的零件图如下。

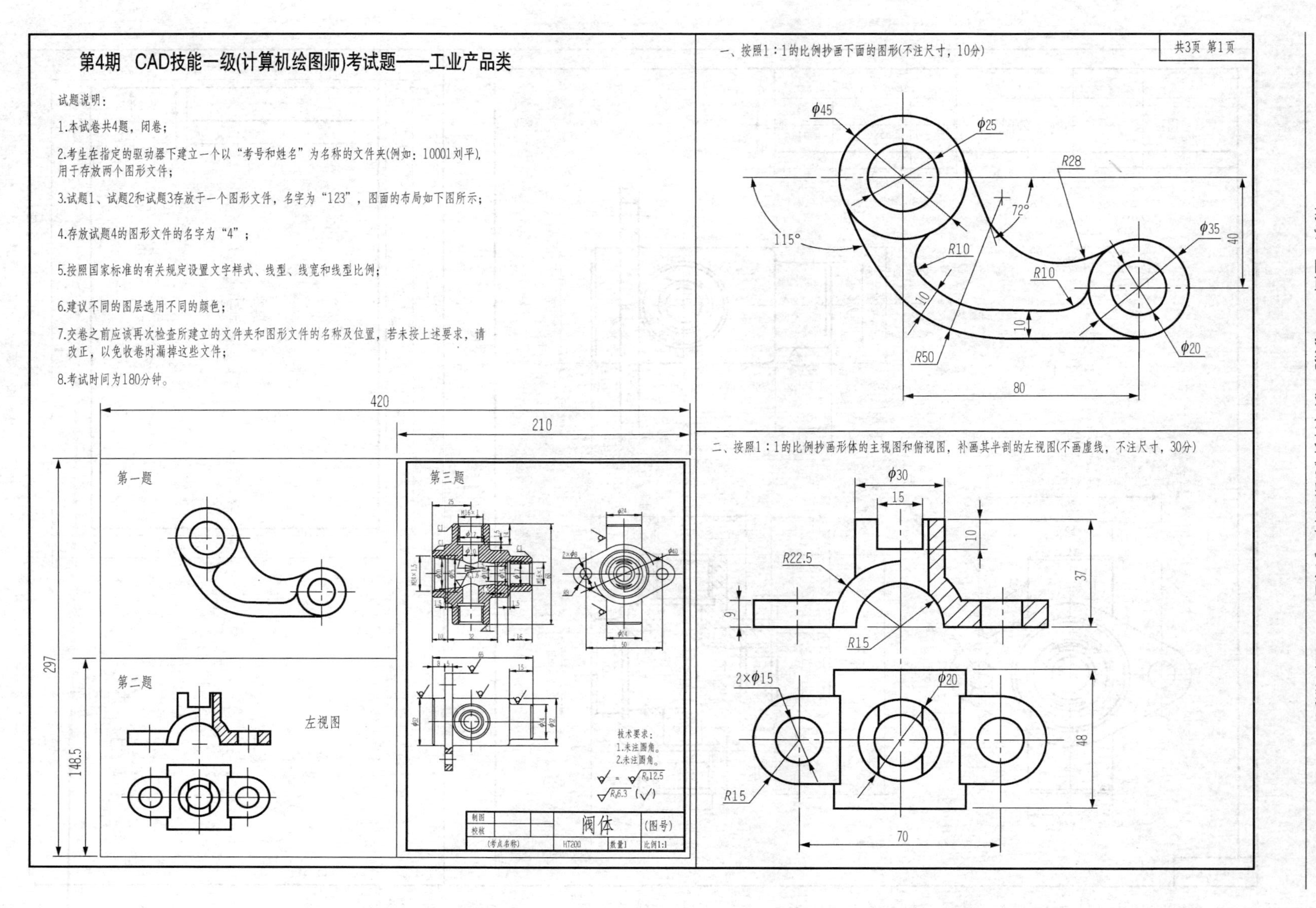

共3页 第1页

第4期　CAD技能一级(计算机绘图师)考试题——工业产品类

试题说明：

1.本试卷共4题，闭卷；

2.考生在指定的驱动器下建立一个以“考号和姓名”为名称的文件夹(例如：10001刘平)，用于存放两个图形文件；

3.试题1、试题2和试题3存放于一个图形文件，名字为“123”，图面的布局如下图所示；

4.存放试题4的图形文件的名字为“4”；

5.按照国家标准的有关规定设置文字样式、线型、线宽和线型比例；

6.建议不同的图层选用不同的颜色；

7.交卷之前应该再次检查所建立的文件夹和图形文件的名称及位置，若未按上述要求，请改正，以免收卷时漏掉这些文件；

8.考试时间为180分钟。

一、按照1:1的比例抄画下面的图形(不注尺寸，10分)

二、按照1:1的比例抄画形体的主视图和俯视图，补画其半剖的左视图(不画虚线，不注尺寸，30分)

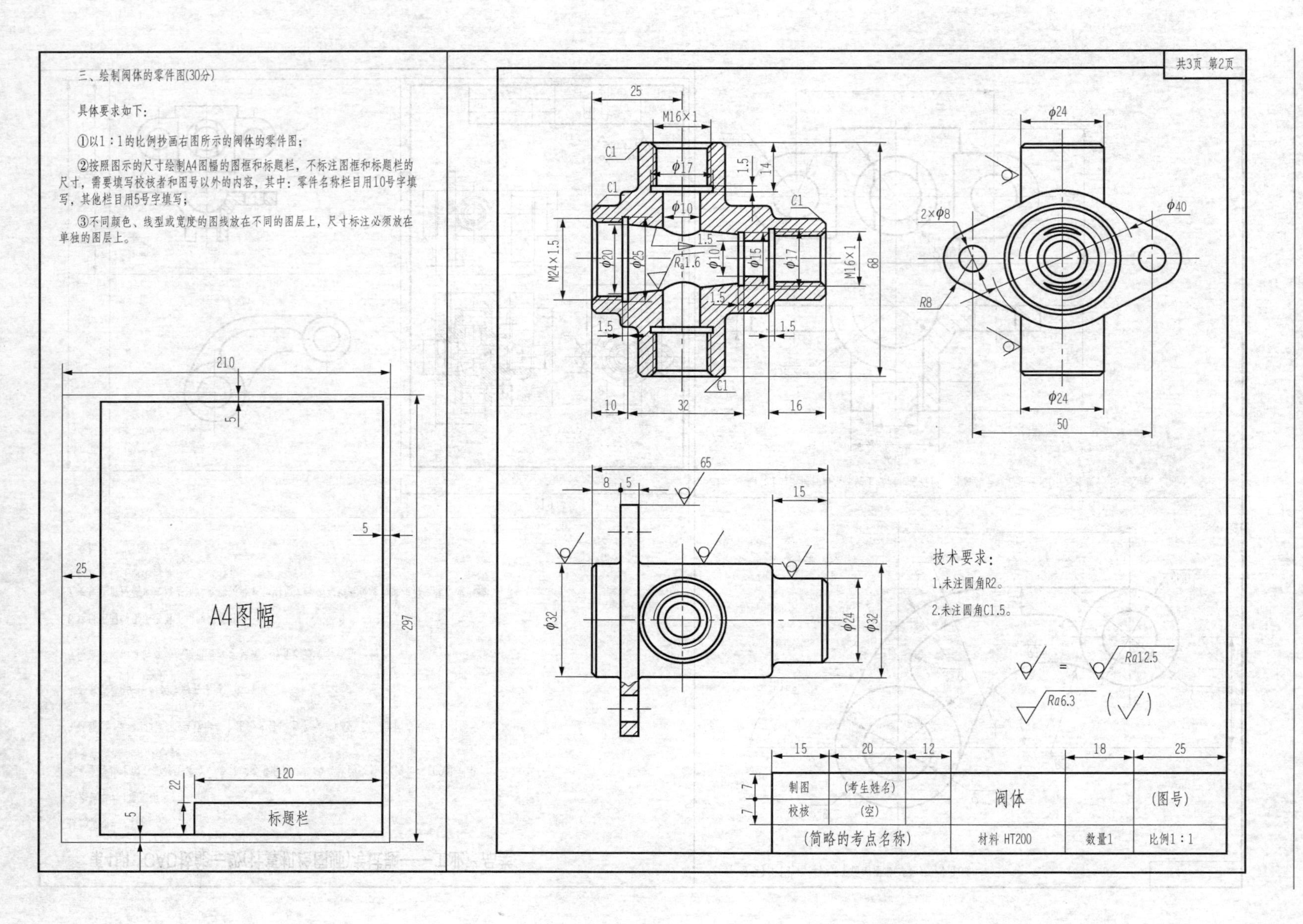
共3页 第2页
三、绘制阀体的零件图(30分)
具体要求如下:
①以1：1的比例抄画右图所示的阀体的零件图;
②按照图示的尺寸绘制A4图幅的图框和标题栏，不标注图框和标题栏的尺寸，需要填写校核者和图号以外的内容，其中：零件名称栏目用10号字填写，其他栏目用5号字填写；
③不同颜色、线型或宽度的图线放在不同的图层上，尺寸标注必须放在单独的图层上。
A4图幅
标题栏
210
297
120
技术要求：
1.未注圆角R2。
2.未注圆角C1.5。
制图
(考生姓名)
校核
(空)
(简略的考点名称)
阀体
材料 HT200
数量1
(图号)
比例1：1

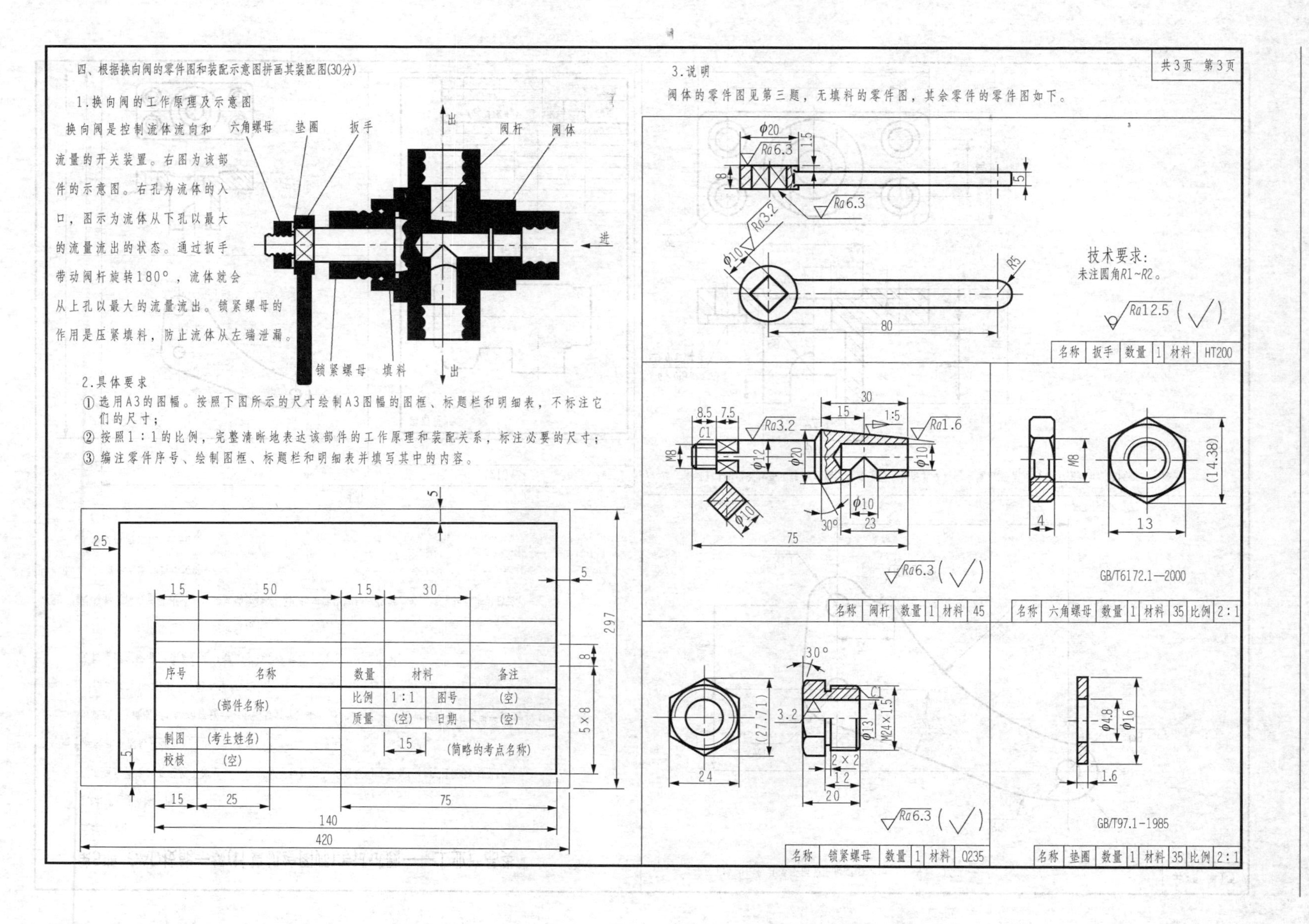

共3页 第3页

四、根据换向阀的零件图和装配示意图拼画其装配图(30分)

1.换向阀的工作原理及示意图

换向阀是控制流体流向和流量的开关装置。右图为该部件的示意图。右孔为流体的入口，图示为流体从下孔以最大的流量流出的状态。通过扳手带动阀杆旋转180°，流体就会从上孔以最大的流量流出。锁紧螺母的作用是压紧填料，防止流体从左端泄漏。

2.具体要求

① 选用A3的图幅。按照下图所示的尺寸绘制A3图幅的图框、标题栏和明细表，不标注它们的尺寸；

② 按照1：1的比例，完整清晰地表达该部件的工作原理和装配关系，标注必要的尺寸；

③ 编注零件序号、绘制图框、标题栏和明细表并填写其中的内容。

序号	名称	数量	材料	备注

(部件名称)		比例	1:1	图号	(空)
		质量	(空)	日期	(空)
制图	(考生姓名)	(简略的考点名称)			
校核	(空)				

3.说明

阀体的零件图见第三题，无填料的零件图，其余零件的零件图如下。

名称	扳手	数量	1	材料	HT200

名称	阀杆	数量	1	材料	45

名称	六角螺母	数量	1	材料	35	比例	2:1

名称	锁紧螺母	数量	1	材料	Q235

名称	垫圈	数量	1	材料	35	比例	2:1

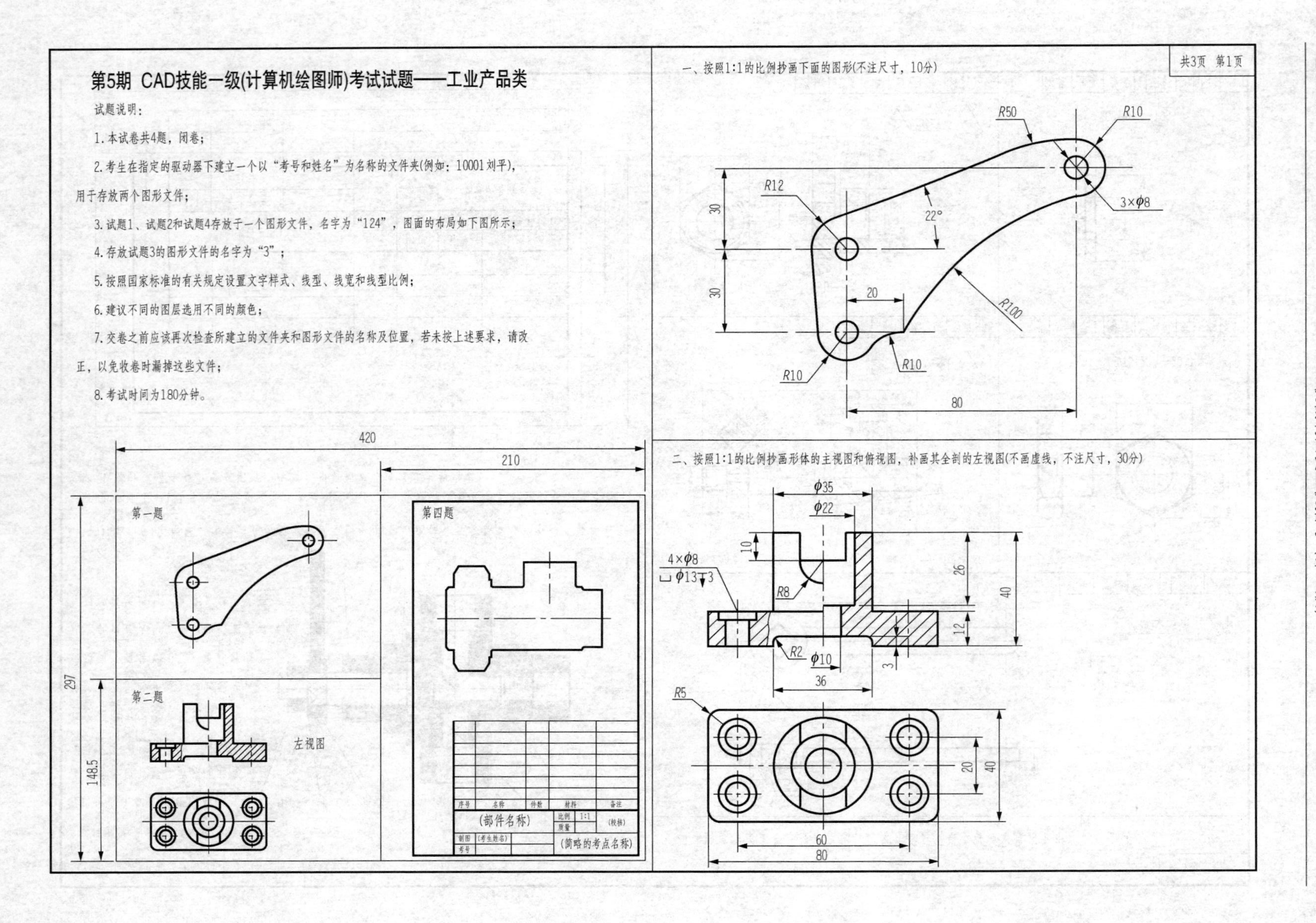

共3页 第1页

第5期 CAD技能一级(计算机绘图师)考试试题——工业产品类

试题说明：

1. 本试卷共4题，闭卷；
2. 考生在指定的驱动器下建立一个以“考号和姓名”为名称的文件夹(例如：10001刘平)，用于存放两个图形文件；
3. 试题1、试题2和试题4存放于一个图形文件，名字为“124”，图面的布局如下图所示；
4. 存放试题3的图形文件的名字为“3”；
5. 按照国家标准的有关规定设置文字样式、线型、线宽和线型比例；
6. 建议不同的图层选用不同的颜色；
7. 交卷之前应该再次检查所建立的文件夹和图形文件的名称及位置，若未按上述要求，请改正，以免收卷时漏掉这些文件；
8. 考试时间为180分钟。

一、按照1:1的比例抄画下面的图形(不注尺寸，10分)

二、按照1:1的比例抄画形体的主视图和俯视图，补画其全剖的左视图(不画虚线，不注尺寸，30分)

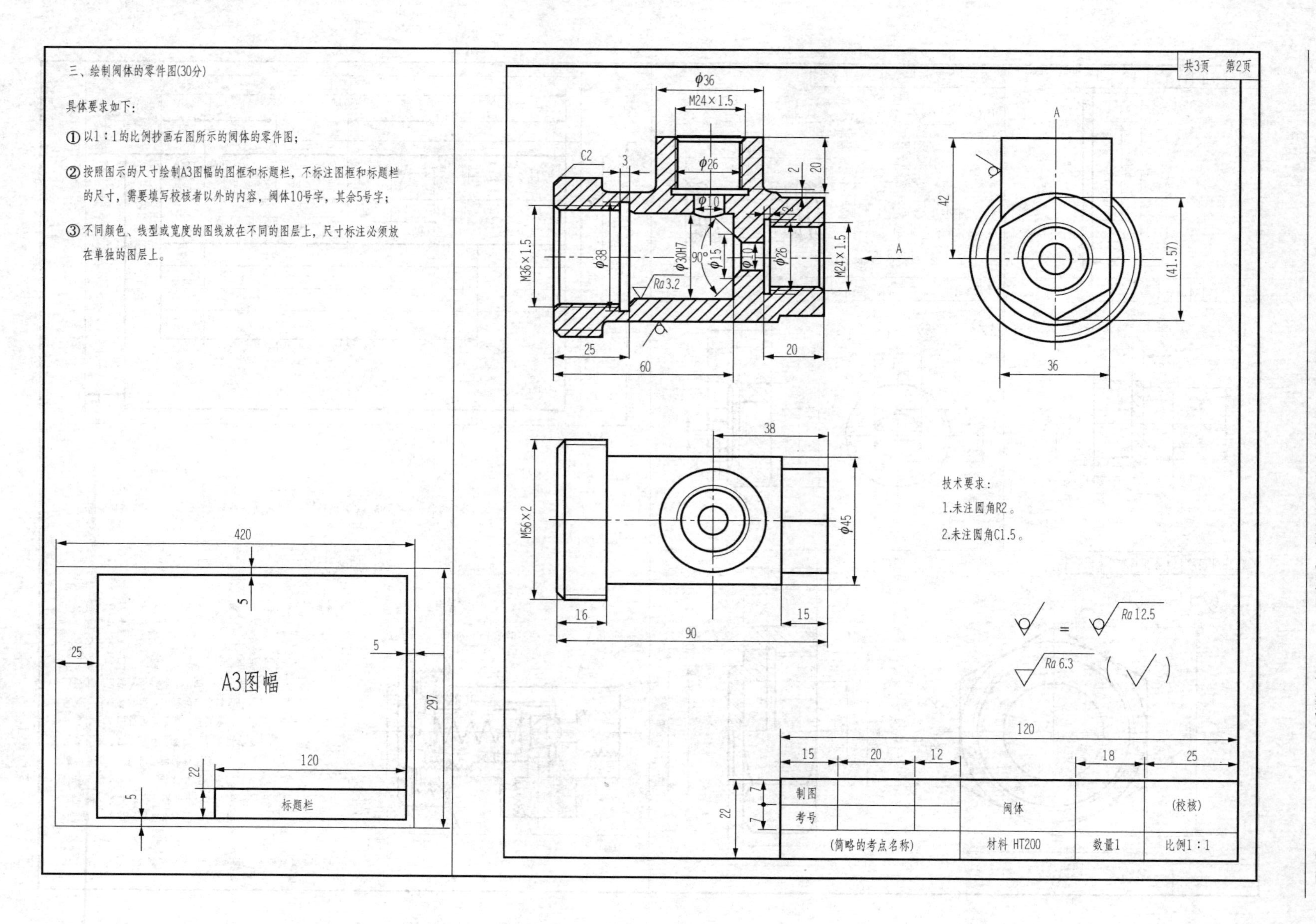
三、绘制阀体的零件图(30分)
具体要求如下：
①以1：1的比例抄画右图所示的阀体的零件图；
②按照图示的尺寸绘制A3图幅的图框和标题栏，不标注图框和标题栏的尺寸，需要填写校核者以外的内容，阀体10号字，其余5号字；
③不同颜色、线型或宽度的图线放在不同的图层上，尺寸标注必须放在单独的图层上。
A3图幅
标题栏
420
297
25
5
120
22
共3页　第2页
技术要求：
1.未注圆角R2。
2.未注圆角C1.5。
Ra 12.5
Ra 6.3
Ra 3.2
M24×1.5
M36×1.5
M56×2
φ36
φ26
φ38
φ30H7
φ15
φ10
φ45
90°
C2
(41.57)
A
制图
考号
阀体
(校核)
(简略的考点名称)
材料 HT200
数量1
比例1：1

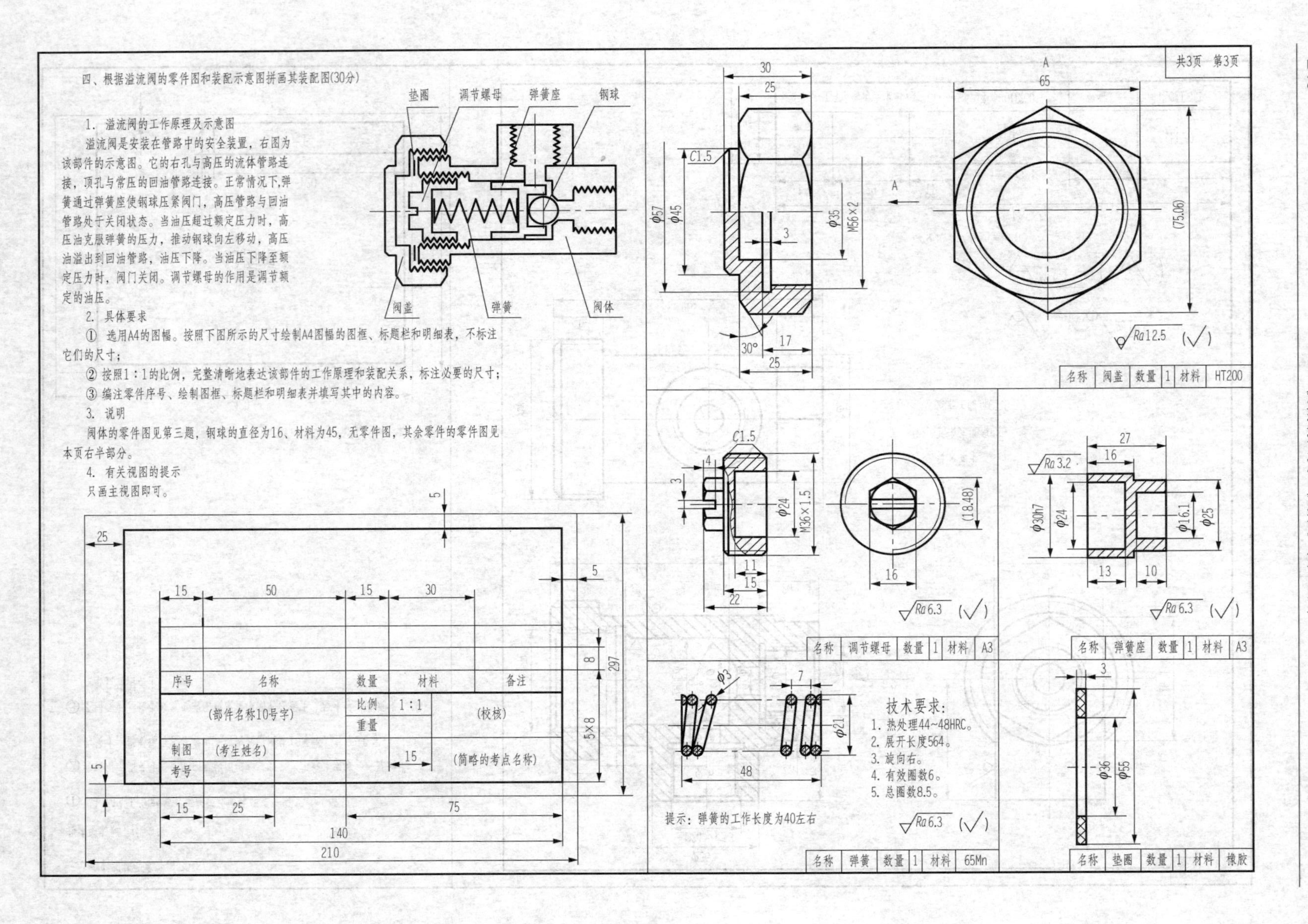

四、根据溢流阀的零件图和装配示意图拼画其装配图(30分)

1. 溢流阀的工作原理及示意图

溢流阀是安装在管路中的安全装置，右图为该部件的示意图。它的右孔与高压的流体管路连接，顶孔与常压的回油管路连接。正常情况下,弹簧通过弹簧座使钢球压紧阀门，高压管路与回油管路处于关闭状态。当油压超过额定压力时，高压油克服弹簧的压力，推动钢球向左移动，高压油溢出到回油管路，油压下降。当油压下降至额定压力时，阀门关闭。调节螺母的作用是调节额定的油压。

2. 具体要求

① 选用A4的图幅。按照下图所示的尺寸绘制A4图幅的图框、标题栏和明细表，不标注它们的尺寸；

② 按照1：1的比例，完整清晰地表达该部件的工作原理和装配关系，标注必要的尺寸；

③ 编注零件序号、绘制图框、标题栏和明细表并填写其中的内容。

3. 说明

阀体的零件图见第三题，钢球的直径为16、材料为45，无零件图，其余零件的零件图见本页右半部分。

4. 有关视图的提示

只画主视图即可。

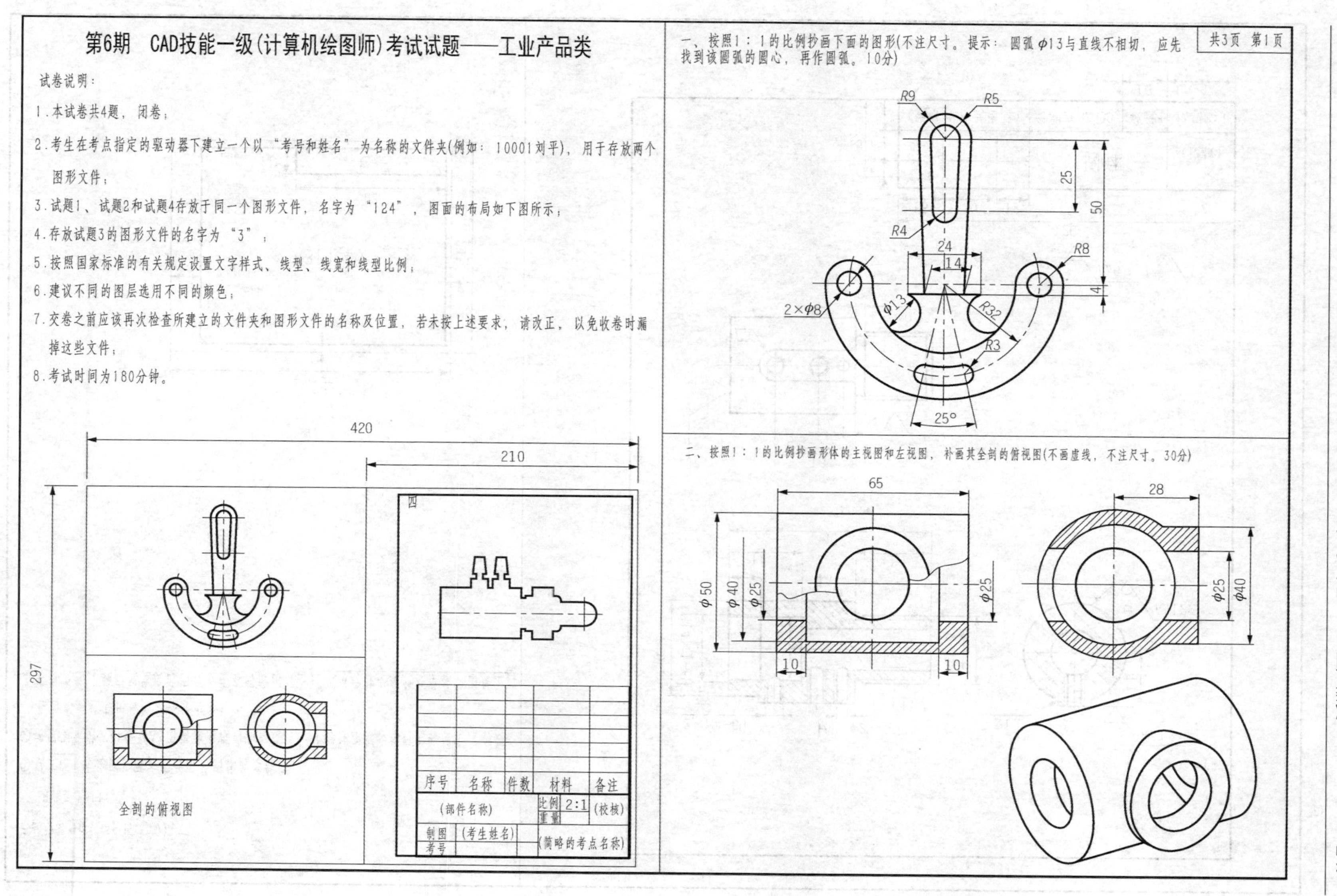

第6期 CAD技能一级(计算机绘图师)考试试题——工业产品类

试卷说明：

1.本试卷共4题，闭卷；

2.考生在考点指定的驱动器下建立一个以“考号和姓名”为名称的文件夹(例如：10001刘平)，用于存放两个图形文件；

3.试题1、试题2和试题4存放于同一个图形文件，名字为“124”，图面的布局如下图所示；

4.存放试题3的图形文件的名字为“3”；

5.按照国家标准的有关规定设置文字样式、线型、线宽和线型比例；

6.建议不同的图层选用不同的颜色；

7.交卷之前应该再次检查所建立的文件夹和图形文件的名称及位置，若未按上述要求，请改正，以免收卷时漏掉这些文件；

8.考试时间为180分钟。

共3页 第1页

一、按照1：1的比例抄画下面的图形(不注尺寸。提示：圆弧ϕ13与直线不相切，应先找到该圆弧的圆心，再作圆弧。10分)

二、按照1：1的比例抄画形体的主视图和左视图，补画其全剖的俯视图(不画虚线，不注尺寸。30分)

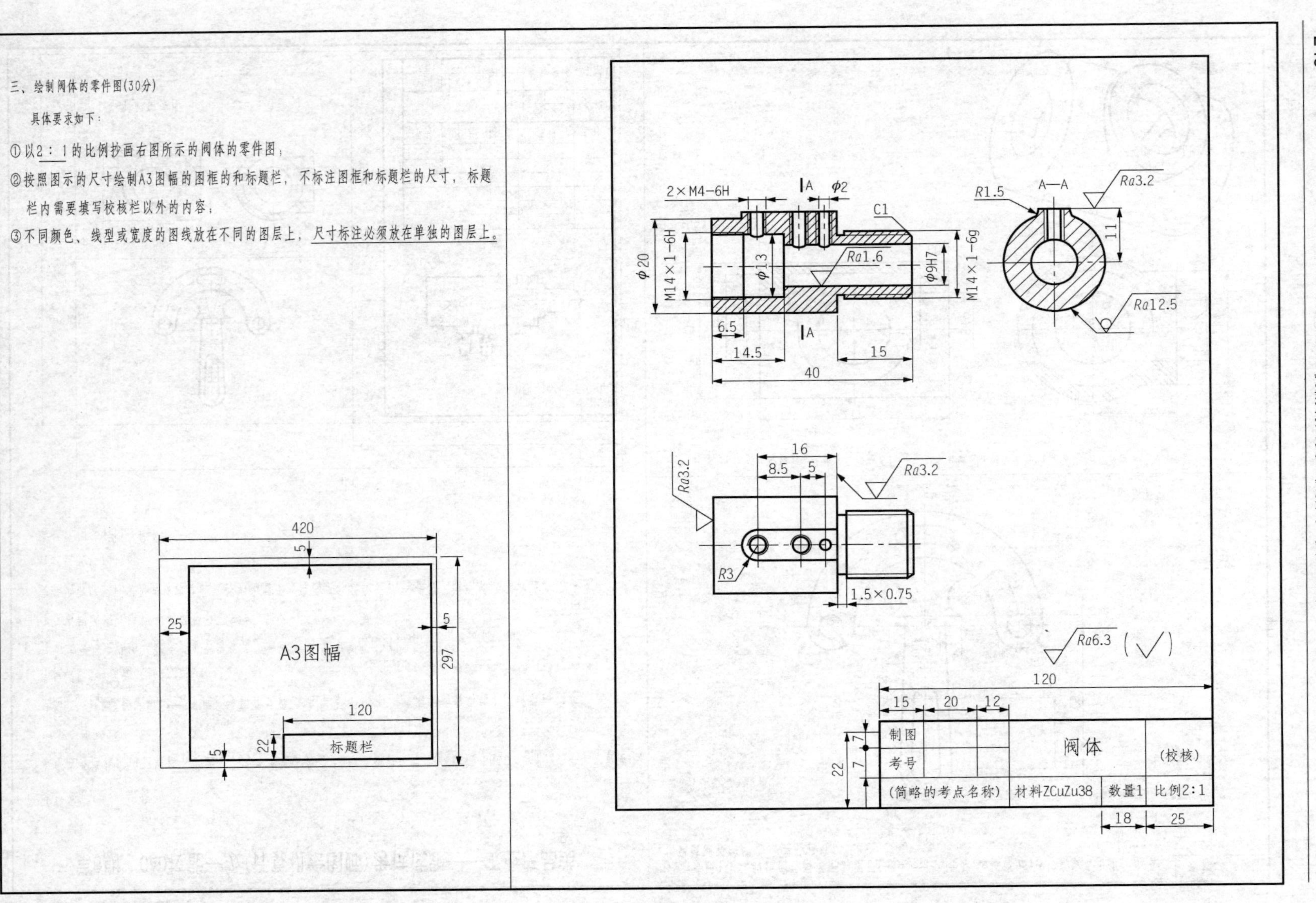
三、绘制阀体的零件图(30分)
具体要求如下：
①以2：1的比例抄画右图所示的阀体的零件图；
②按照图示的尺寸绘制A3图幅的图框的和标题栏，不标注图框和标题栏的尺寸，标题栏内需要填写校核栏以外的内容；
③不同颜色、线型或宽度的图线放在不同的图层上，尺寸标注必须放在单独的图层上。
420
5
25
A3图幅
297
120
标题栏
22
2×M4-6H
A
φ2
C1
φ20
M14×1-6H
φ13
Ra1.6
φ9H7
M14×1-6g
6.5
14.5
15
40
R1.5
A—A
Ra3.2
11
Ra12.5
16
8.5
R3
1.5×0.75
Ra6.3
120
12
7
制图
考号
阀体
(校核)
(简略的考点名称)
材料ZCuZu38
数量1
比例2:1
18

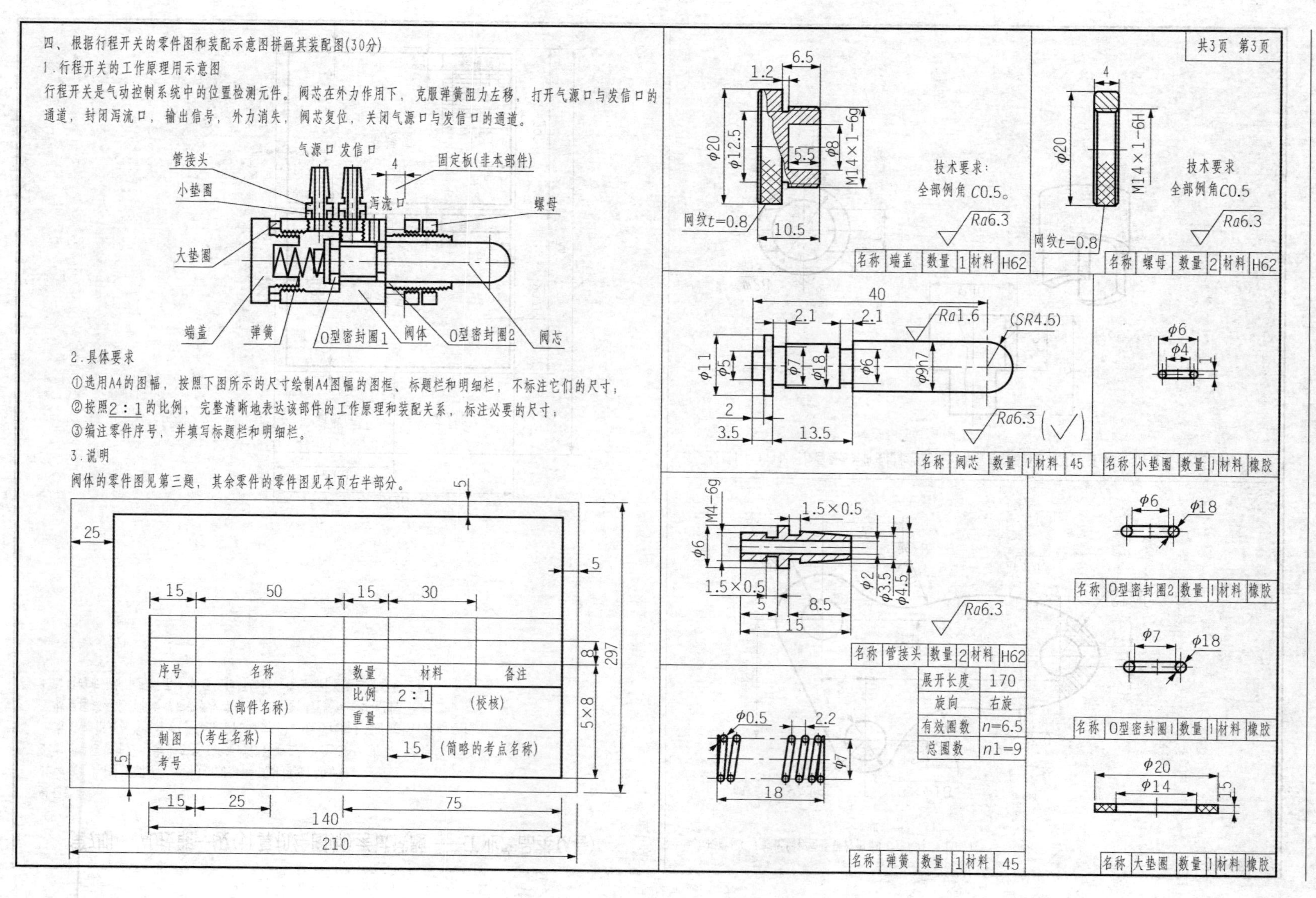
共3页 第3页
四、根据行程开关的零件图和装配示意图拼画其装配图(30分)
1.行程开关的工作原理用示意图
行程开关是气动控制系统中的位置检测元件。阀芯在外力作用下，克服弹簧阻力左移，打开气源口与发信口的通道，封闭泻流口，输出信号，外力消失，阀芯复位，关闭气源口与发信口的通道。
气源口 发信口
管接头
小垫圈
固定板(非本部件)
泻流口
螺母
大垫圈
端盖
弹簧
O型密封圈1
阀体
O型密封圈2
阀芯
2.具体要求
①选用A4的图幅，按照下图所示的尺寸绘制A4图幅的图框、标题栏和明细栏，不标注它们的尺寸；
②按照2：1的比例，完整清晰地表达该部件的工作原理和装配关系，标注必要的尺寸；
③编注零件序号，并填写标题栏和明细栏。
3.说明
阀体的零件图见第三题，其余零件的零件图见本页右半部分。
序号
名称
数量
材料
备注
(部件名称)
比例
2：1
重量
(校核)
制图
(考生名称)
考号
(简略的考点名称)
技术要求：
全部倒角C0.5。
网纹t=0.8
名称 端盖 数量 1 材料 H62
技术要求
全部倒角C0.5
名称 螺母 数量 2 材料 H62
名称 阀芯 数量 1 材料 45
名称 小垫圈 数量 1 材料 橡胶
名称 O型密封圈2 数量 1 材料 橡胶
名称 管接头 数量 2 材料 H62
展开长度 170
旋向 右旋
有效圈数 n=6.5
总圈数 n1=9
名称 O型密封圈1 数量 1 材料 橡胶
名称 弹簧 数量 1 材料 45
名称 大垫圈 数量 1 材料 橡胶

A卷共3页第1页

第7期　CAD技能一级(计算机绘图师)考试试题——工业产品类(A卷)

试题说明：

1. 本试卷共4题、闭卷、总分100分，考试时间为180分钟；
2. 打开绘图软件后，考生在考点指定的位置建立一个新文件，并以“考号加姓名”作为新的文件名(例如：11001刘平)，所作试题全部存放于该图形文件；
3. 按照国家标准的有关规定设置文字样式、线型、线宽和线型比例；
4. 试题的布局如下图所示，标题栏和明细栏的详细尺寸见第二页和第三页。

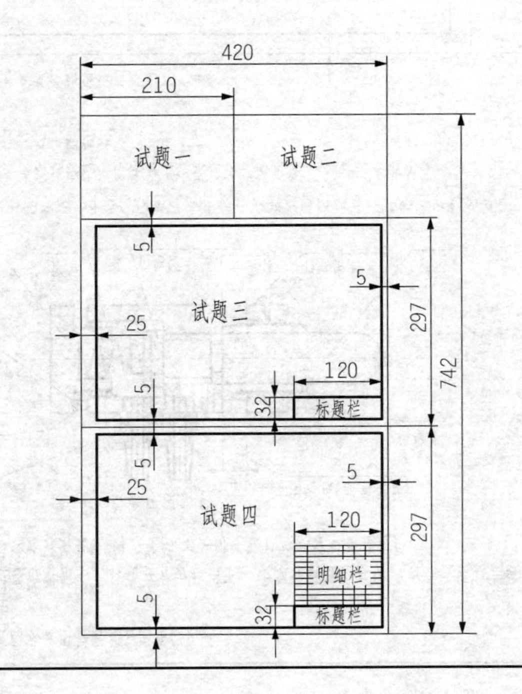

一、按照1：1的比例抄画下面的图形(不注尺寸，10分)

R15
3×φ18
12
R28
R70
55
20
85
15
10
R17.5
R20
R30
R75
35

二、按照1：1的比例抄画形体的俯视图和左视图，补画其半剖的主视图(不画虚线，不注尺寸，30分)

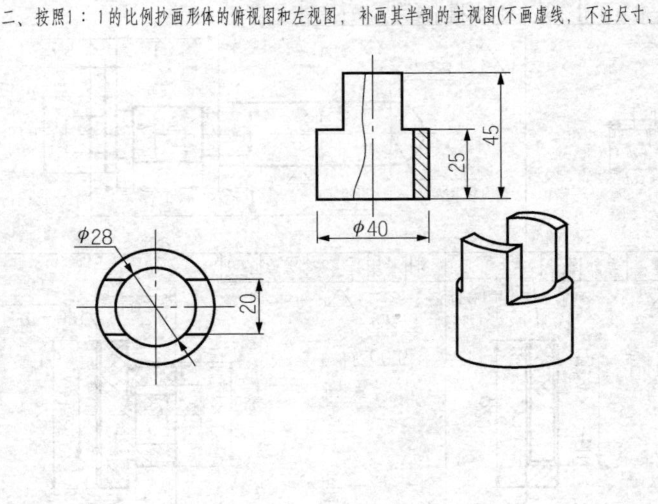

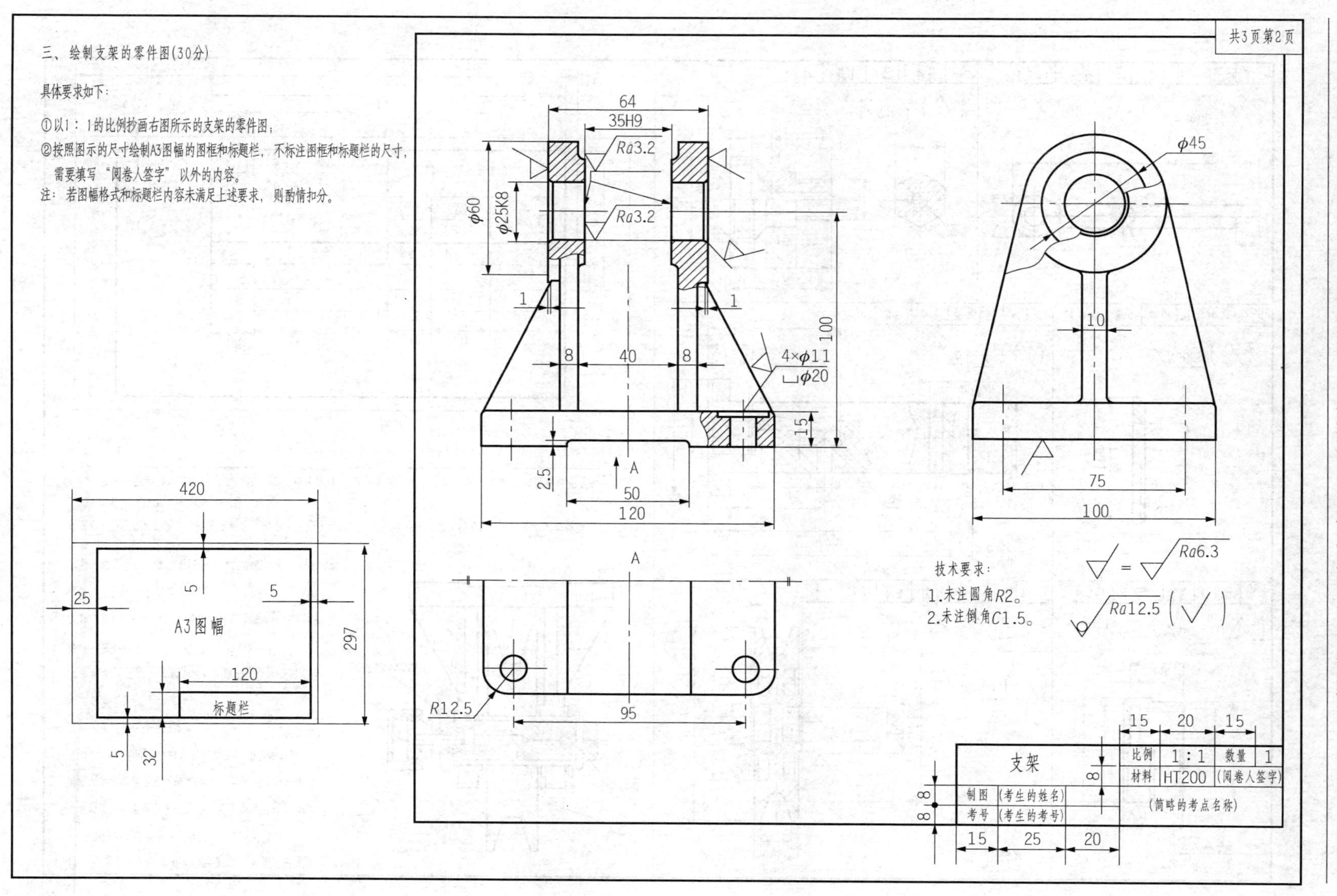
共3页第2页

三、绘制支架的零件图(30分)

具体要求如下：

①以1：1的比例抄画右图所示的支架的零件图；

②按照图示的尺寸绘制A3图幅的图框和标题栏，不标注图框和标题栏的尺寸，需要填写"阅卷人签字"以外的内容。

注：若图幅格式和标题栏内容未满足上述要求，则酌情扣分。

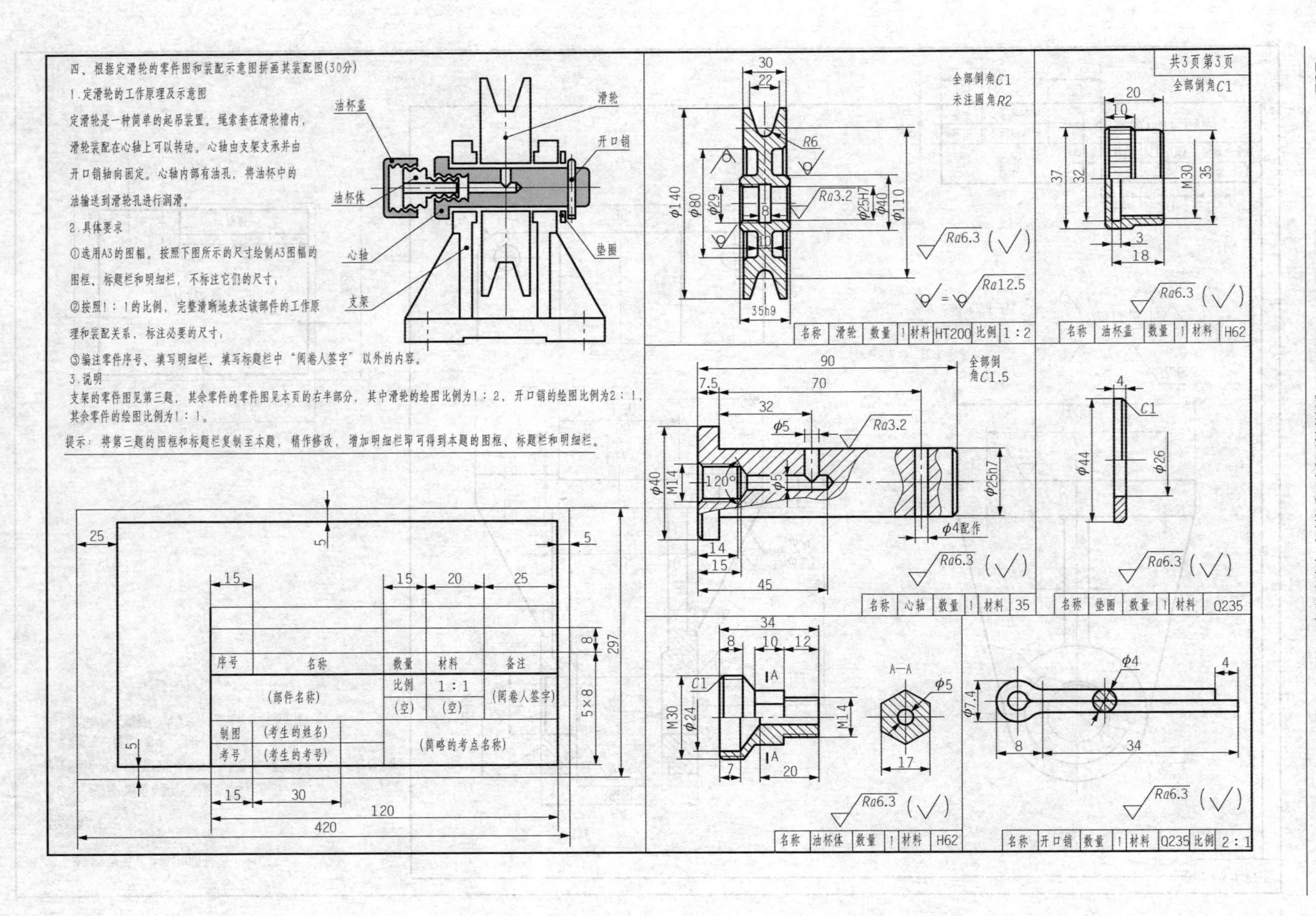
四、根据定滑轮的零件图和装配示意图拼画其装配图(30分)
1.定滑轮的工作原理及示意图
定滑轮是一种简单的起吊装置。绳索套在滑轮槽内，滑轮装配在心轴上可以转动。心轴由支架支承并由开口销轴向固定。心轴内部有油孔，将油杯中的油输送到滑轮孔进行润滑。
2.具体要求
①选用A3的图幅。按照下图所示的尺寸绘制A3图幅的图框、标题栏和明细栏，不标注它们的尺寸；
②按照1：1的比例，完整清晰地表达该部件的工作原理和装配关系，标注必要的尺寸；
③编注零件序号、填写明细栏、填写标题栏中“阅卷人签字”以外的内容。
3.说明
支架的零件图见第三题，其余零件的零件图见本页的右半部分，其中滑轮的绘图比例为1：2，开口销的绘图比例为2：1，其余零件的绘图比例为1：1。
提示：将第三题的图框和标题栏复制至本题，稍作修改，增加明细栏即可得到本题的图框、标题栏和明细栏。
油杯盖
油杯体
心轴
支架
滑轮
开口销
垫圈
序号
名称
数量
材料
备注
(部件名称)
比例
1：1
(空)
(阅卷人签字)
制图
(考生的姓名)
考号
(考生的考号)
(简略的考点名称)
共3页第3页
全部倒角C1
未注圆角R2
全部倒角C1.5
Ra6.3
Ra3.2
Ra12.5
ϕ4配作
A—A
名称 滑轮 数量 1 材料 HT200 比例 1：2
名称 油杯盖 数量 1 材料 H62
名称 心轴 数量 1 材料 35
名称 垫圈 数量 1 材料 Q235
名称 油杯体 数量 1 材料 H62
名称 开口销 数量 1 材料 Q235 比例 2：1

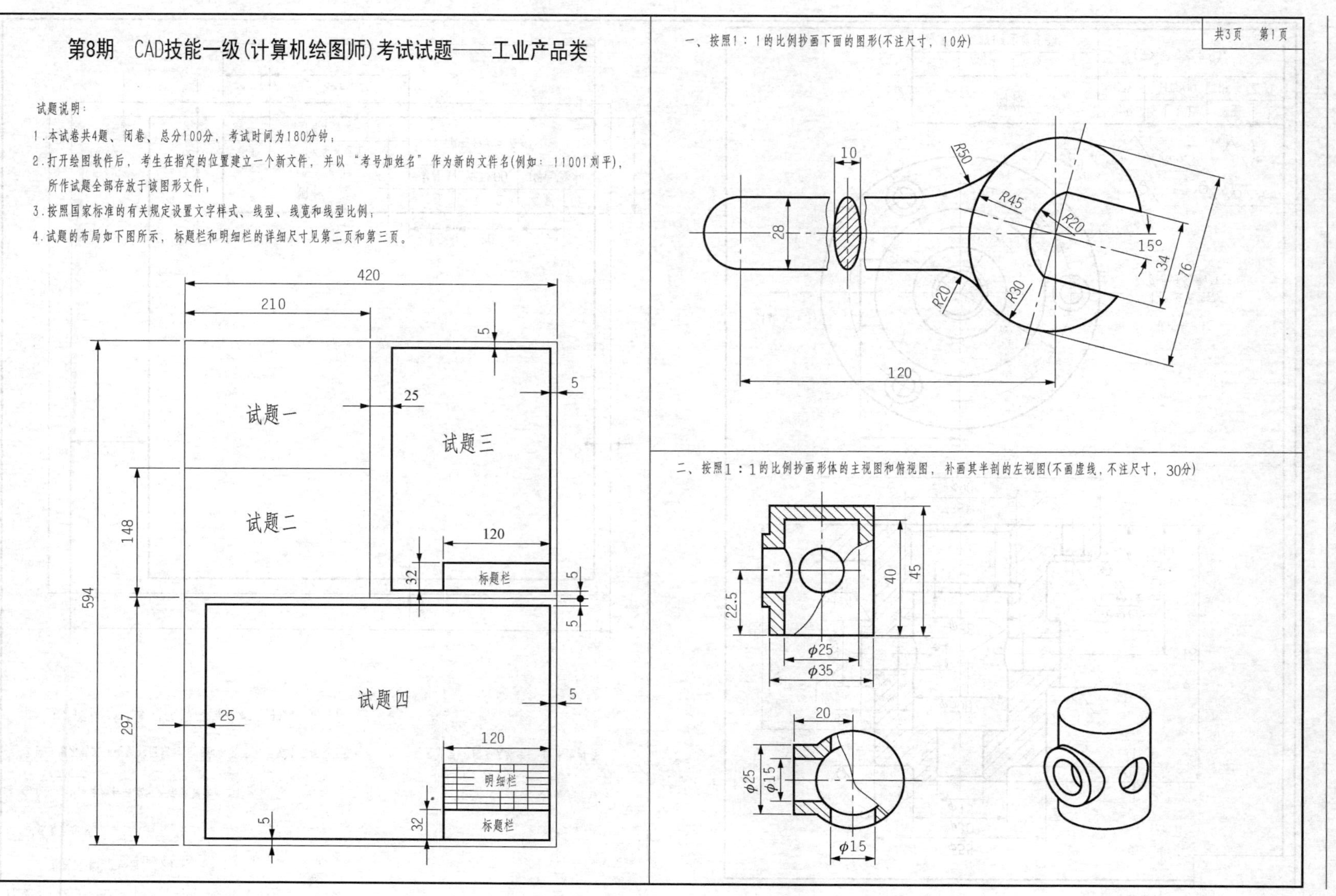

共3页　第1页

第8期　CAD技能一级(计算机绘图师)考试试题——工业产品类

试题说明：

1.本试卷共4题、闭卷、总分100分，考试时间为180分钟；

2.打开绘图软件后，考生在指定的位置建立一个新文件，并以“考号加姓名”作为新的文件名(例如：11001刘平)，所作试题全部存放于该图形文件；

3.按照国家标准的有关规定设置文字样式、线型、线宽和线型比例；

4.试题的布局如下图所示，标题栏和明细栏的详细尺寸见第二页和第三页。

一、按照1：1的比例抄画下面的图形(不注尺寸，10分)

二、按照1：1的比例抄画形体的主视图和俯视图，补画其半剖的左视图(不画虚线，不注尺寸，30分)

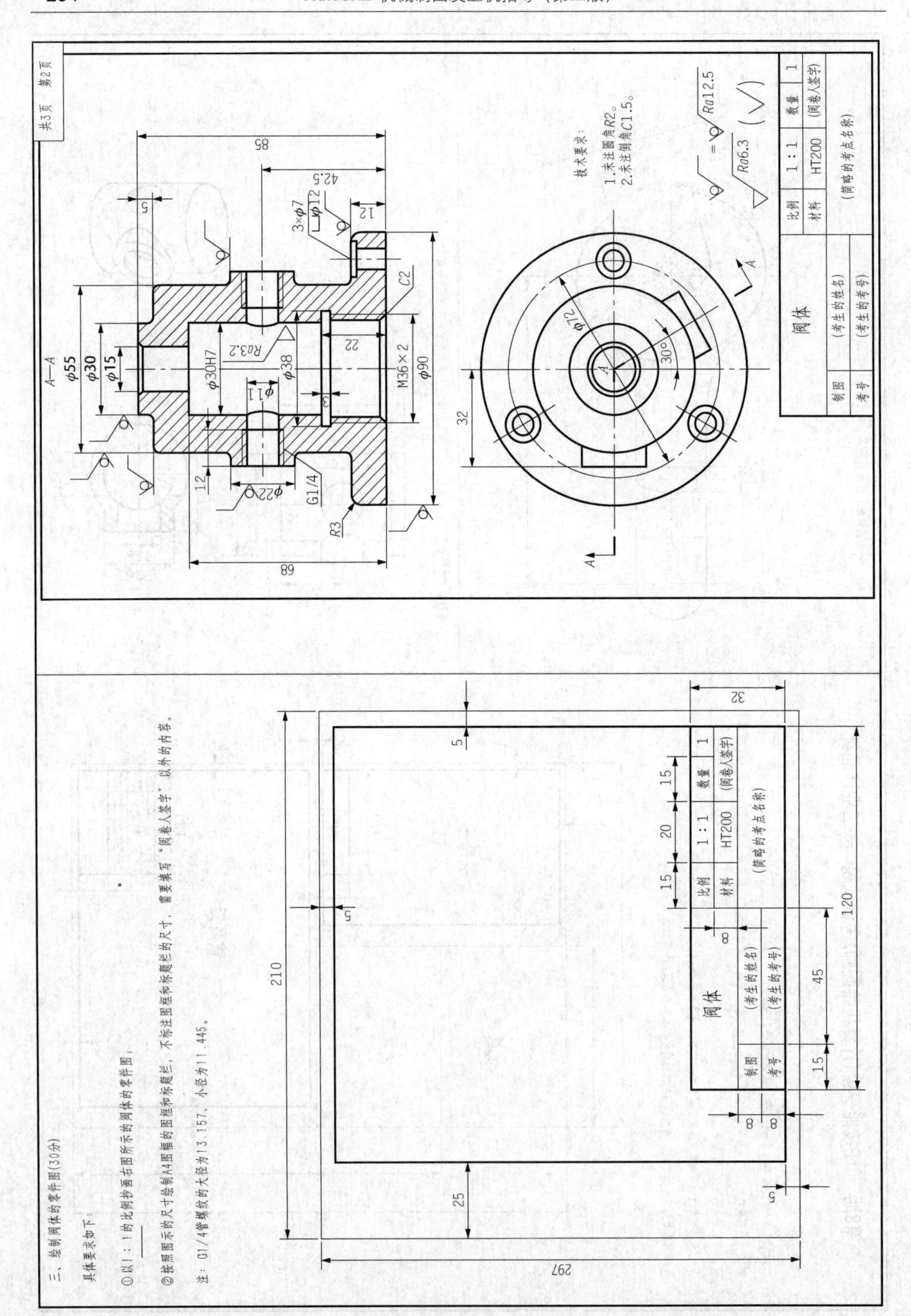

共3页　第2页
A—A
φ55
φ30
φ15
φ30H7
φ11
φ38
M36×2
φ90
φ22
G1/4
R3
Ra3.2
3×φ7
⌴φ12
C2
85
42.5
12
5
22
3
68
32
φ72
30°
技术要求：
1.未注圆角R2。
2.未注倒角C1.5。
Ra12.5
Ra6.3
阀体
比例　1:1　数量　1
材料　HT200　(阅卷人签字)
制图　(考生的姓名)
考号　(考生的考号)
(简略的考点名称)
三、绘制阀体的零件图(30分)
具体要求如下：
①以1:1的比例抄画右图所示的阀体的零件图；
②按照图示的尺寸绘制A4图幅的图框和标题栏，不标注图框和标题栏的尺寸，需要填写"阅卷人签字"以外的内容。
注：G1/4管螺纹的大径为13.157，小径为11.445。
297
210
25
5
120
45
15
20
8

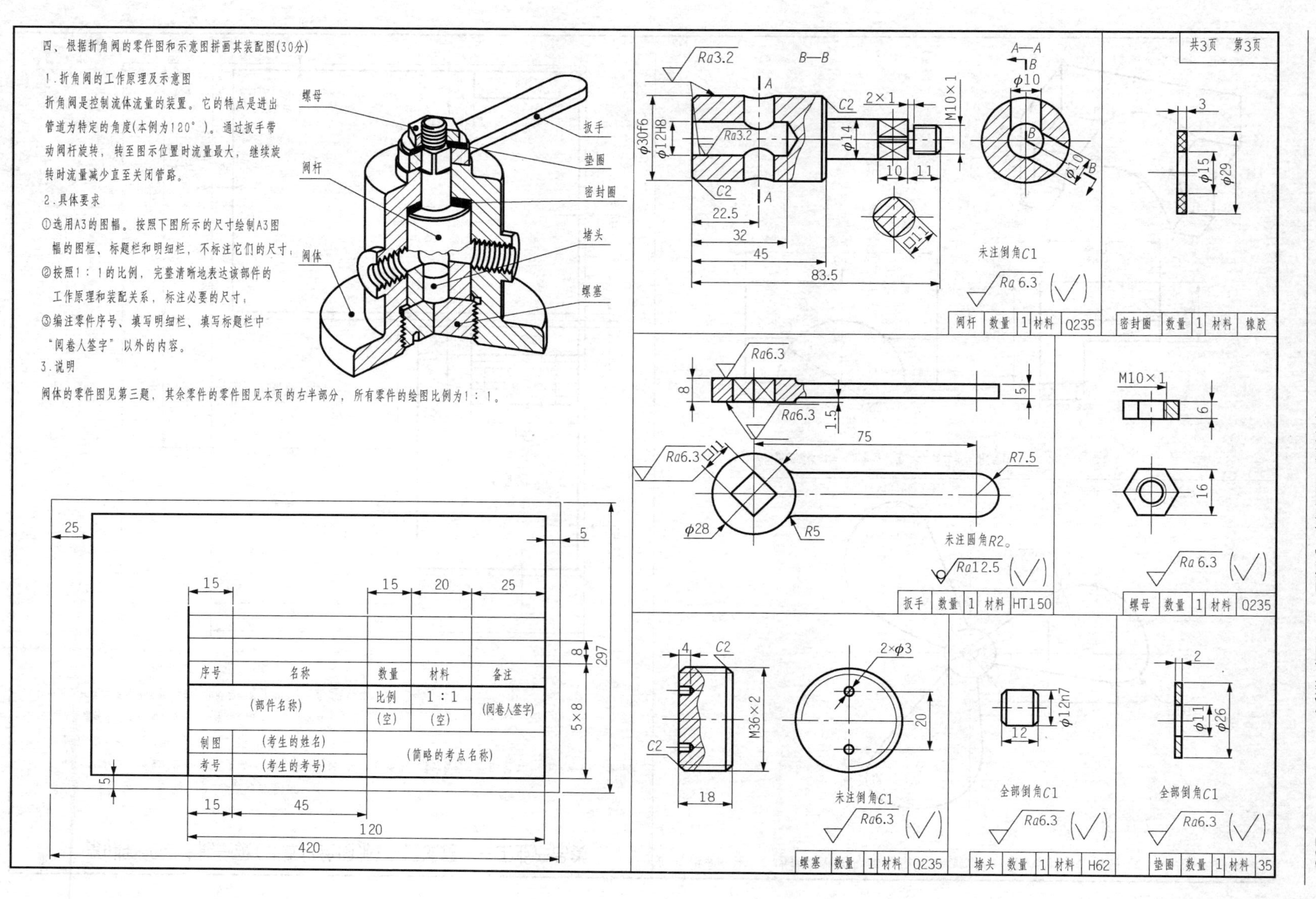

四、根据折角阀的零件图和示意图拼画其装配图(30分)

1.折角阀的工作原理及示意图

折角阀是控制流体流量的装置。它的特点是进出管道为特定的角度(本例为120°)。通过扳手带动阀杆旋转，转至图示位置时流量最大，继续旋转时流量减少直至关闭管路。

2.具体要求

①选用A3的图幅。按照下图所示的尺寸绘制A3图幅的图框、标题栏和明细栏，不标注它们的尺寸；

②按照1：1的比例，完整清晰地表达该部件的工作原理和装配关系，标注必要的尺寸；

③编注零件序号、填写明细栏、填写标题栏中“阅卷人签字”以外的内容。

3.说明

阀体的零件图见第三题，其余零件的零件图见本页的右半部分，所有零件的绘图比例为1：1。

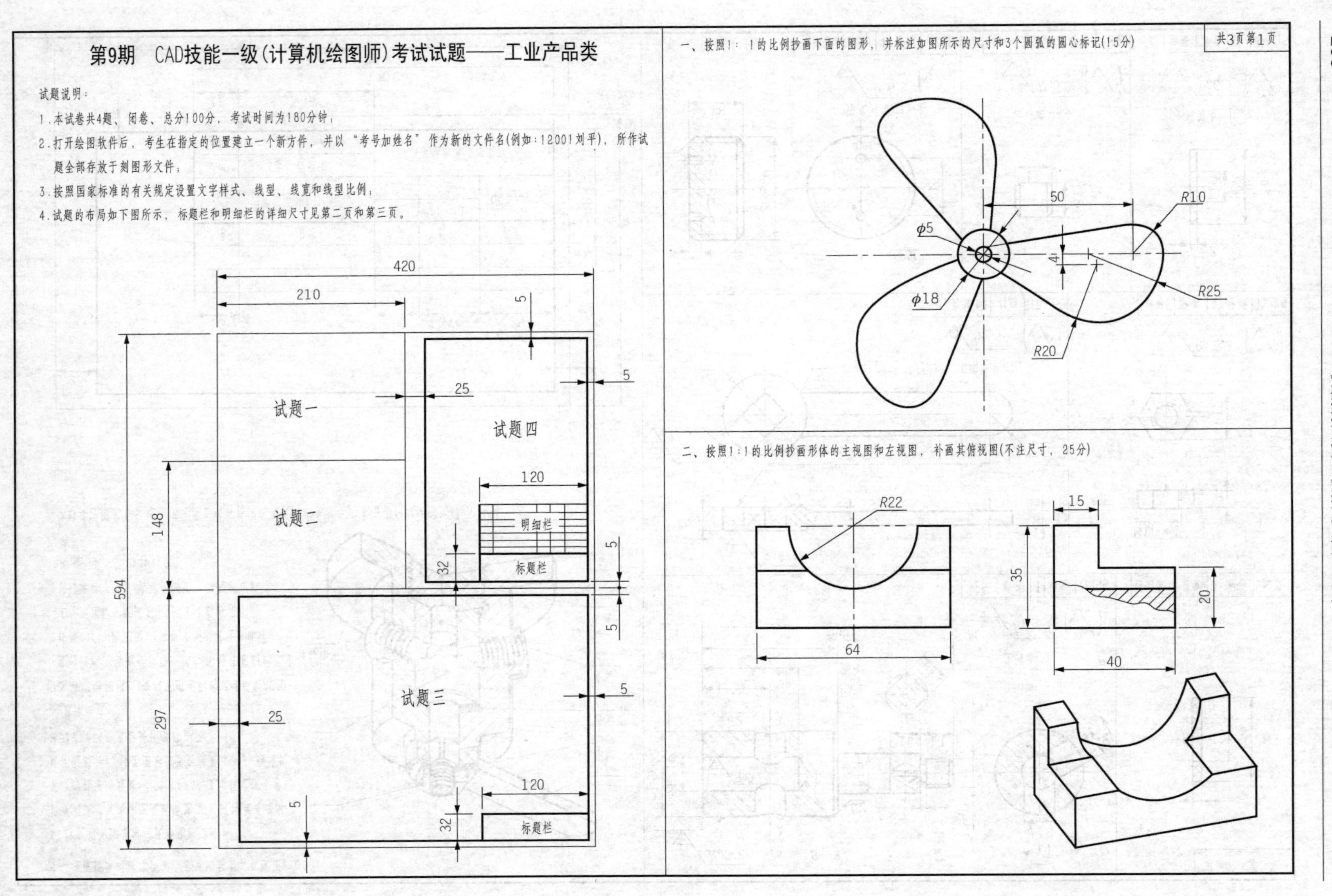

第9期 CAD技能一级(计算机绘图师)考试试题——工业产品类

共3页第1页

试题说明：

1. 本试卷共4题、闭卷、总分100分，考试时间为180分钟；
2. 打开绘图软件后，考生在指定的位置建立一个新方件，并以“考号加姓名”作为新的文件名(例如：12001刘平)，所作试题全部存放于刻图形文件；
3. 按照国家标准的有关规定设置文字样式、线型、线宽和线型比例；
4. 试题的布局如下图所示，标题栏和明细栏的详细尺寸见第二页和第三页。

一、按照1：1的比例抄画下面的图形，并标注如图所示的尺寸和3个圆弧的圆心标记(15分)

二、按照1:1的比例抄画形体的主视图和左视图，补画其俯视图(不注尺寸，25分)

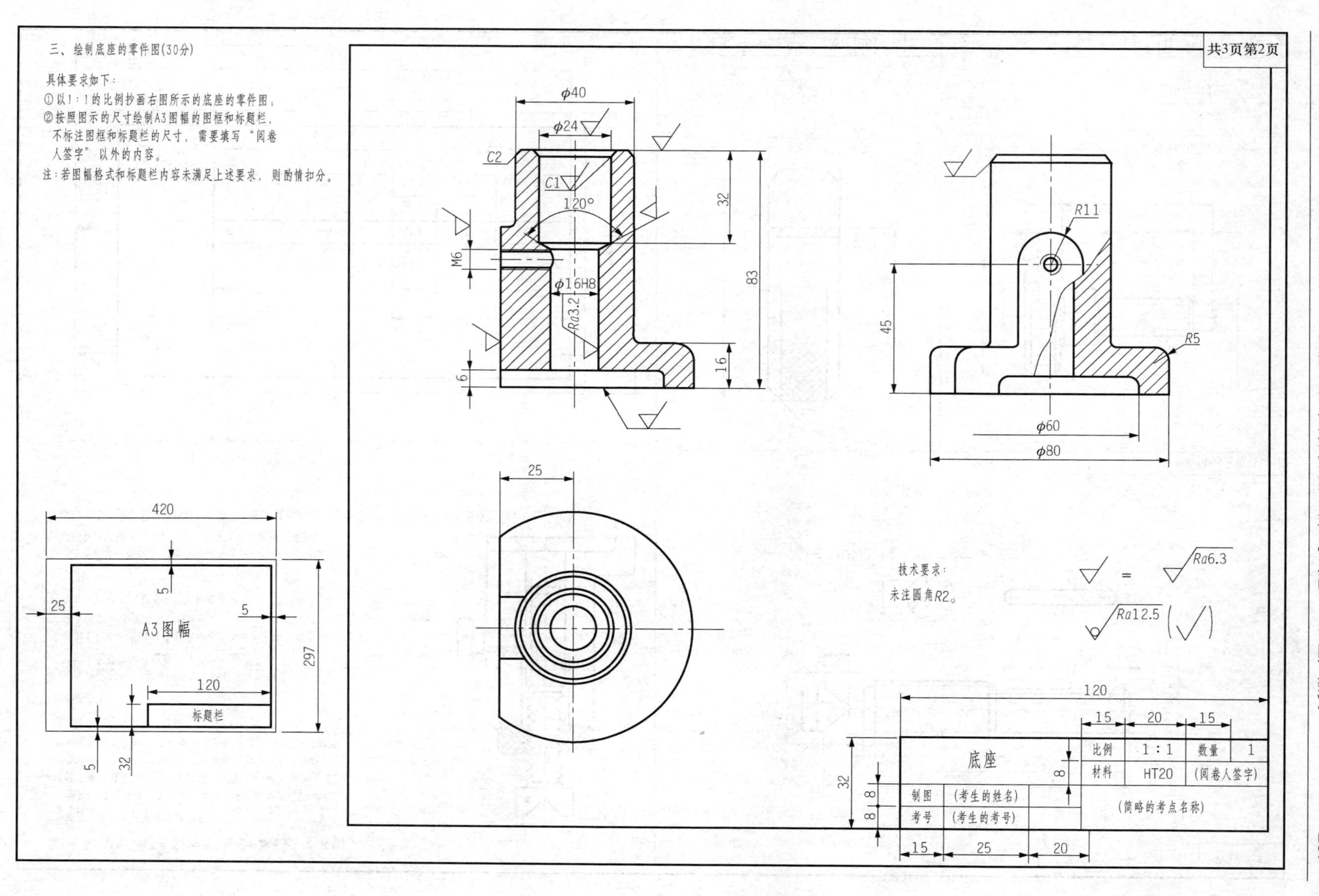
共3页第2页
三、绘制底座的零件图(30分)
具体要求如下：
①以1:1的比例抄画右图所示的底座的零件图；
②按照图示的尺寸绘制A3图幅的图框和标题栏，不标注图框和标题栏的尺寸，需要填写"阅卷人签字"以外的内容。
注：若图幅格式和标题栏内容未满足上述要求，则酌情扣分。
技术要求：
未注圆角R2。
底座
比例 1:1 数量 1
材料 HT20 (阅卷人签字)
制图 (考生的姓名)
考号 (考生的考号)
(简略的考点名称)
A3图幅
标题栏

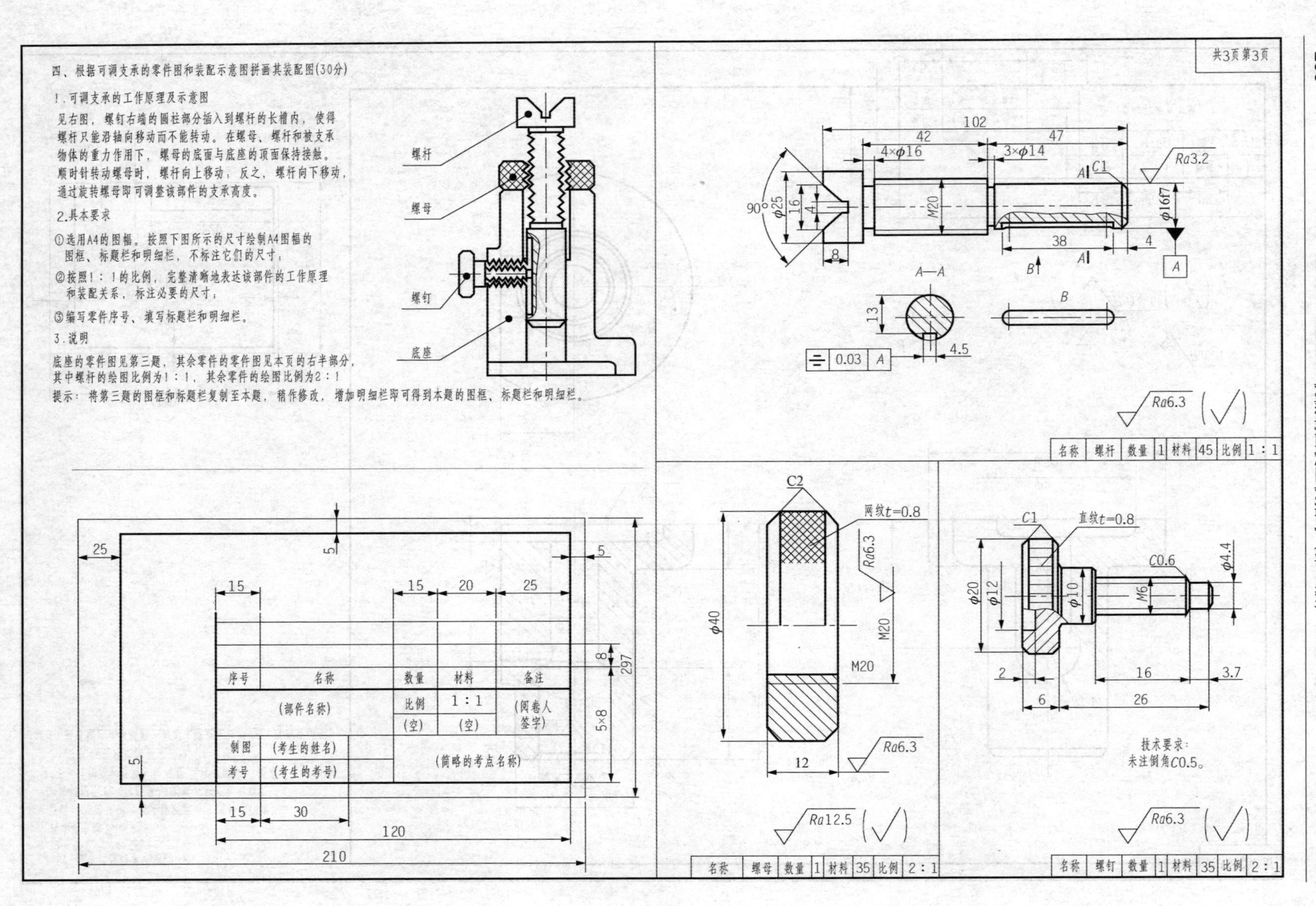

共3页第3页

四、根据可调支承的零件图和装配示意图拼画其装配图(30分)

1. 可调支承的工作原理及示意图

见右图，螺钉右端的圆柱部分插入到螺杆的长槽内，使得螺杆只能沿轴向移动而不能转动。在螺母、螺杆和被支承物体的重力作用下，螺母的底面与底座的顶面保持接触。顺时针转动螺母时，螺杆向上移动，反之，螺杆向下移动，通过旋转螺母即可调整该部件的支承高度。

2. 具本要求

①选用A4的图幅。按照下图所示的尺寸绘制A4图幅的图框、标题栏和明细栏，不标注它们的尺寸；

②按照1∶1的比例，完整清晰地表达该部件的工作原理和装配关系，标注必要的尺寸；

③编写零件序号、填写标题栏和明细栏。

3. 说明

底座的零件图见第三题，其余零件的零件图见本页的右半部分，其中螺杆的绘图比例为1∶1，其余零件的绘图比例为2∶1

提示：将第三题的图框和标题栏复制至本题，稍作修改，增加明细栏即可得到本题的图框、标题栏和明细栏。

序号	名称	数量	材料	备注
	(部件名称)	比例	1∶1	(阅卷人签字)
		(空)	(空)	
制图	(考生的姓名)	(简略的考点名称)		
考号	(考生的考号)			

名称	螺杆	数量	1	材料	45	比例	1∶1

名称	螺母	数量	1	材料	35	比例	2∶1

名称	螺钉	数量	1	材料	35	比例	2∶1

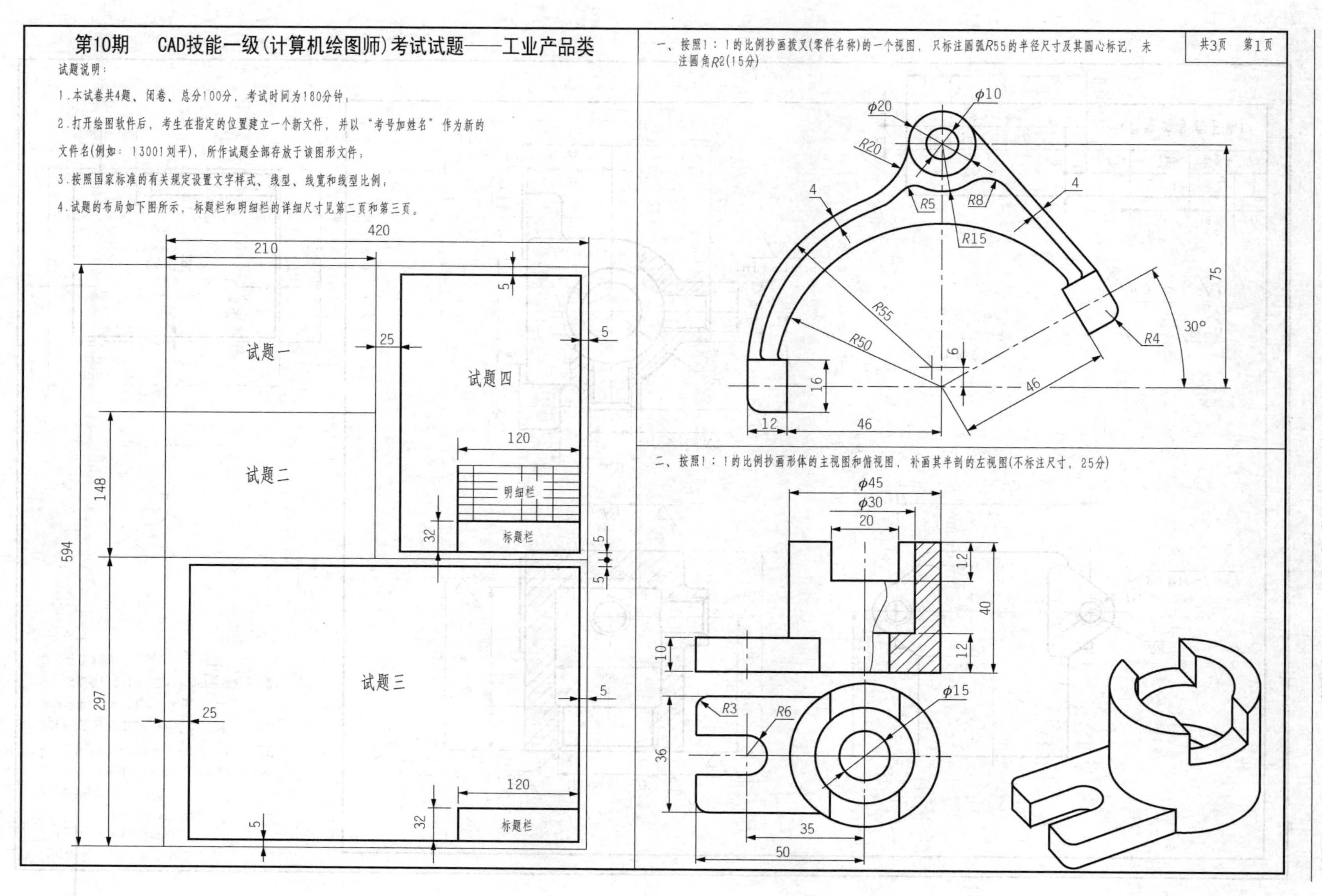
第10期　CAD技能一级(计算机绘图师)考试试题——工业产品类
试题说明：
1.本试卷共4题，闭卷，总分100分，考试时间为180分钟；
2.打开绘图软件后，考生在指定的位置建立一个新文件，并以“考号加姓名”作为新的文件名(例如：13001刘平)，所作试题全部存放于该图形文件；
3.按照国家标准的有关规定设置文字样式、线型、线宽和线型比例；
4.试题的布局如下图所示，标题栏和明细栏的详细尺寸见第二页和第三页。
试题一
试题二
试题三
试题四
明细栏
标题栏
标题栏
420
210
594
148
297
120
120
32
32
25
25
5
一、按照1：1的比例抄画拨叉(零件名称)的一个视图，只标注圆弧R55的半径尺寸及其圆心标记，未注圆角R2(15分)
共3页　第1页
φ10
φ20
R20
R5
R8
R15
R55
R50
R4
30°
75
46
46
16
12
6
4
二、按照1：1的比例抄画形体的主视图和俯视图，补画其半剖的左视图(不标注尺寸，25分)
φ45
φ30
φ15
20
12
40
10
R3
R6
36
35
50

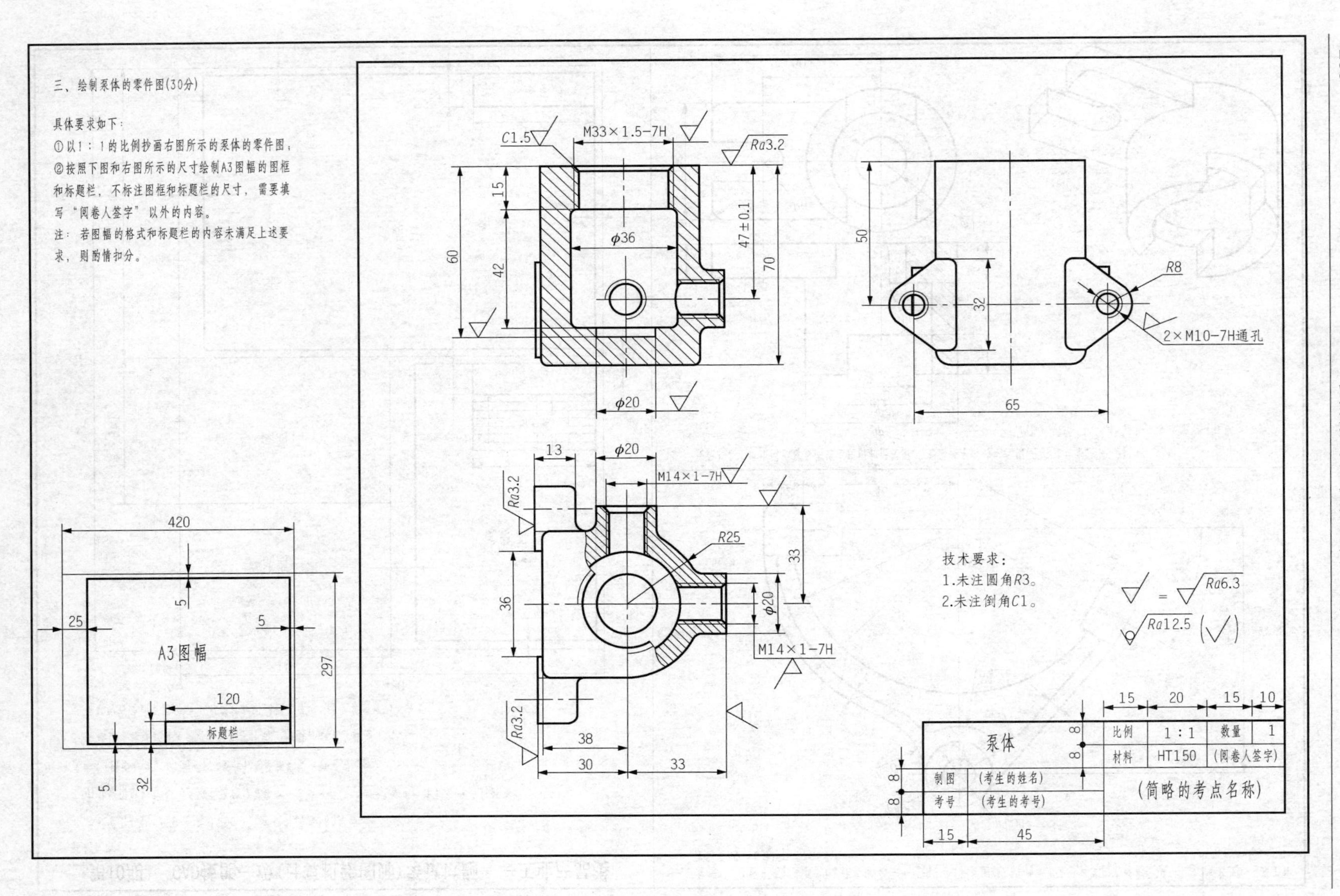

三、绘制泵体的零件图(30分)
具体要求如下：
①以1：1的比例抄画右图所示的泵体的零件图；
②按照下图和右图所示的尺寸绘制A3图幅的图框和标题栏，不标注图框和标题栏的尺寸，需要填写“阅卷人签字”以外的内容。
注：若图幅的格式和标题栏的内容未满足上述要求，则酌情扣分。
A3图幅
标题栏
420
297
120
25
5
32
C1.5
M33×1.5-7H
Ra3.2
47±0.1
70
60
42
15
φ36
φ20
R8
2×M10-7H通孔
50
32
65
13
M14×1-7H
R25
33
36
38
30
技术要求：
1.未注圆角R3。
2.未注倒角C1。
Ra6.3
Ra12.5
泵体
比例
1：1
数量
1
材料
HT150
(阅卷人签字)
制图
(考生的姓名)
考号
(考生的考号)
(简略的考点名称)

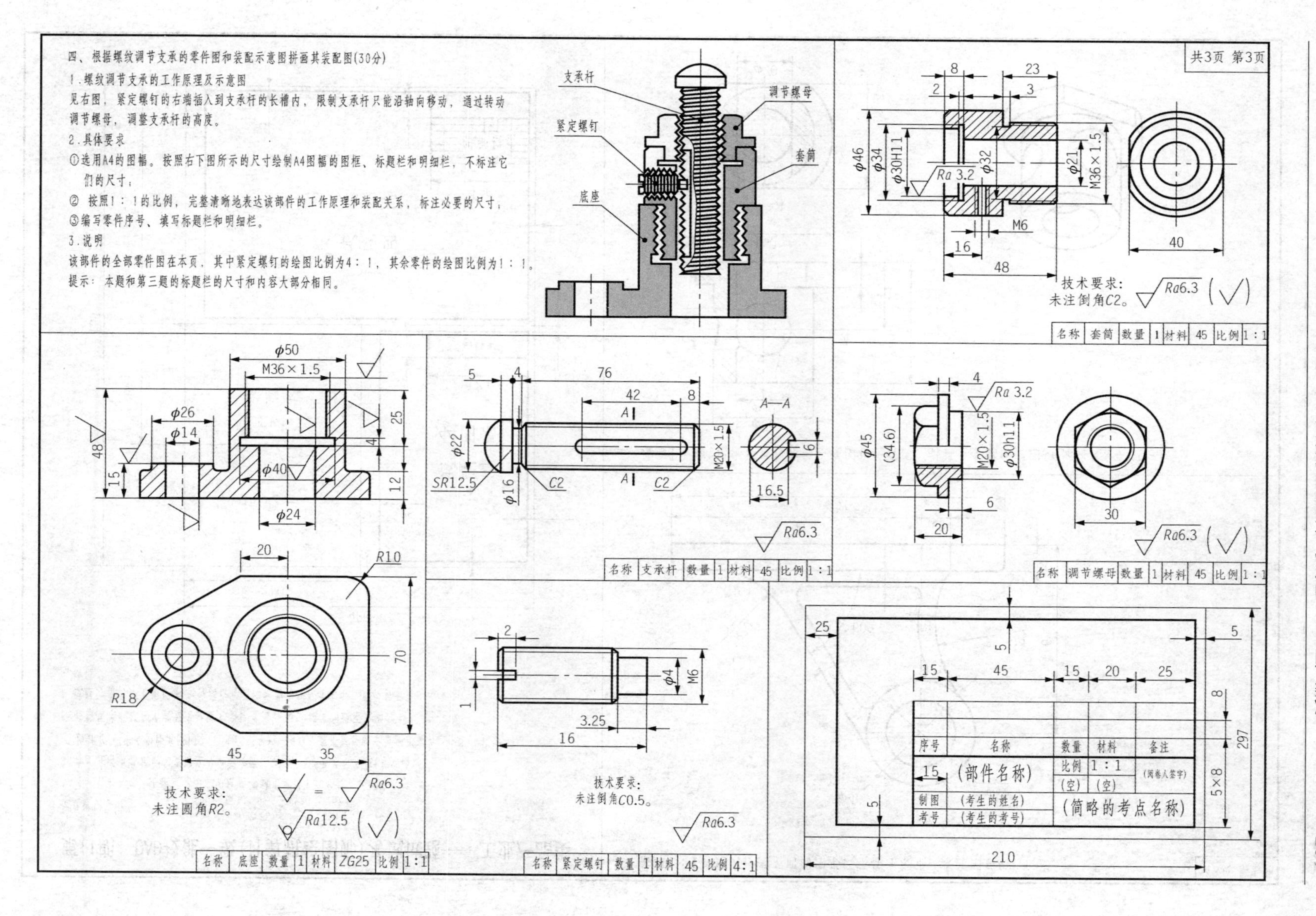
共3页 第3页
四、根据螺纹调节支承的零件图和装配示意图拼画其装配图(30分)
1.螺纹调节支承的工作原理及示意图
见右图，紧定螺钉的右端插入到支承杆的长槽内，限制支承杆只能沿轴向移动，通过转动调节螺母，调整支承杆的高度。
2.具体要求
①选用A4的图幅。按照右下图所示的尺寸绘制A4图幅的图框、标题栏和明细栏，不标注它们的尺寸；
② 按照1：1的比例，完整清晰地表达该部件的工作原理和装配关系，标注必要的尺寸；
③编写零件序号、填写标题栏和明细栏。
3.说明
该部件的全部零件图在本页，其中紧定螺钉的绘图比例为4：1，其余零件的绘图比例为1：1。
提示：本题和第三题的标题栏的尺寸和内容大部分相同。
支承杆
紧定螺钉
底座
调节螺母
套筒
技术要求：
未注倒角C2。
名称 套筒 数量 1 材料 45 比例 1：1
名称 支承杆 数量 1 材料 45 比例 1：1
名称 调节螺母 数量 1 材料 45 比例 1：1
技术要求：
未注圆角R2。
名称 底座 数量 1 材料 ZG25 比例 1：1
技术要求：
未注倒角C0.5。
名称 紧定螺钉 数量 1 材料 45 比例 4：1
序号 名称 数量 材料 备注
(部件名称) 比例 1：1 (阅卷人签字)
(空) (空)
制图 (考生的姓名)
考号 (考生的考号)
(简略的考点名称)

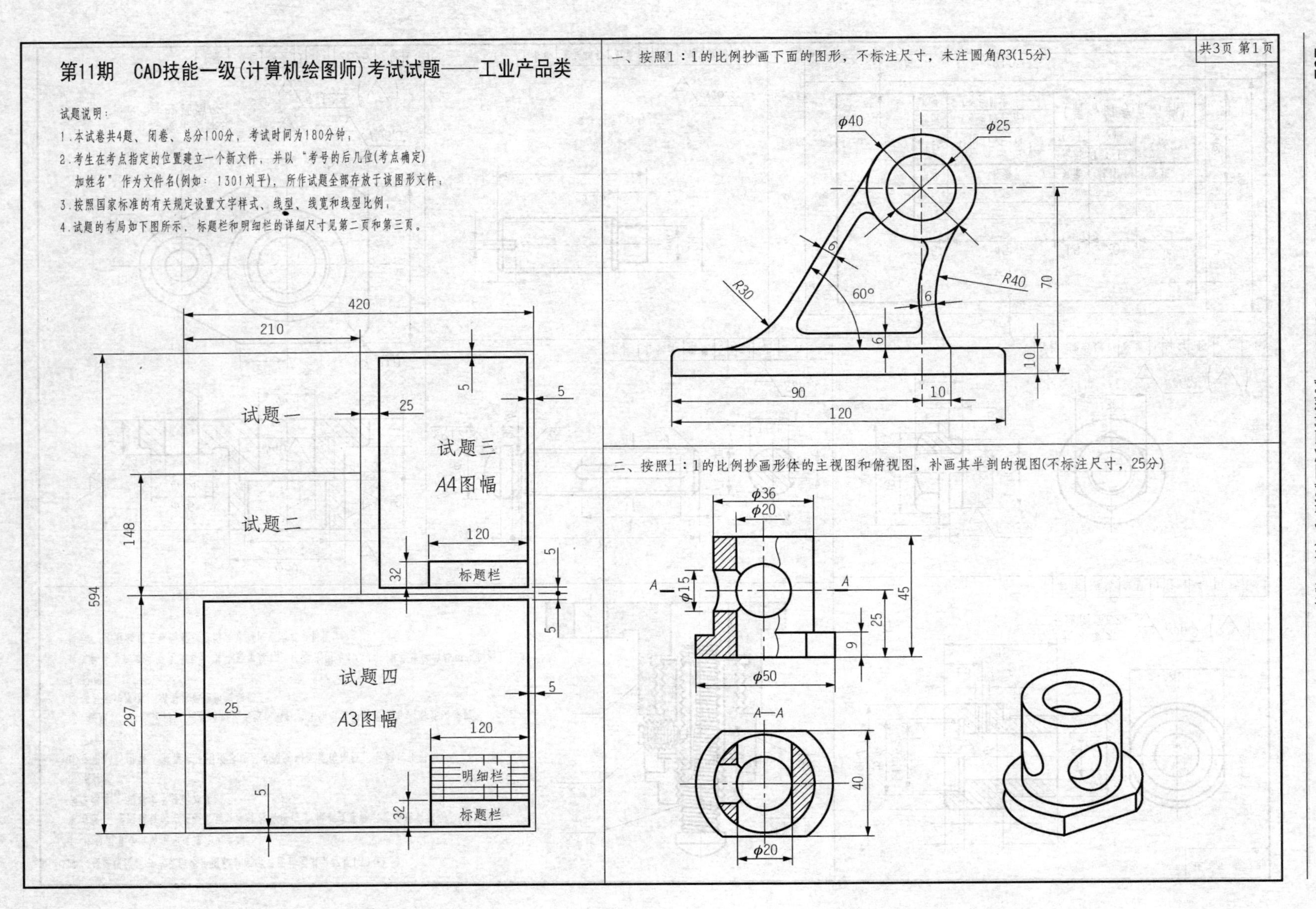

共3页 第1页

第11期　CAD技能一级(计算机绘图师)考试试题——工业产品类

试题说明：

1. 本试卷共4题、闭卷、总分100分，考试时间为180分钟；
2. 考生在考点指定的位置建立一个新文件，并以“考号的后几位(考点确定)加姓名”作为文件名(例如：1301刘平)，所作试题全部存放于该图形文件；
3. 按照国家标准的有关规定设置文字样式、线型、线宽和线型比例；
4. 试题的布局如下图所示，标题栏和明细栏的详细尺寸见第二页和第三页。

一、按照1：1的比例抄画下面的图形，不标注尺寸，未注圆角R3(15分)

二、按照1：1的比例抄画形体的主视图和俯视图，补画其半剖的视图(不标注尺寸，25分)

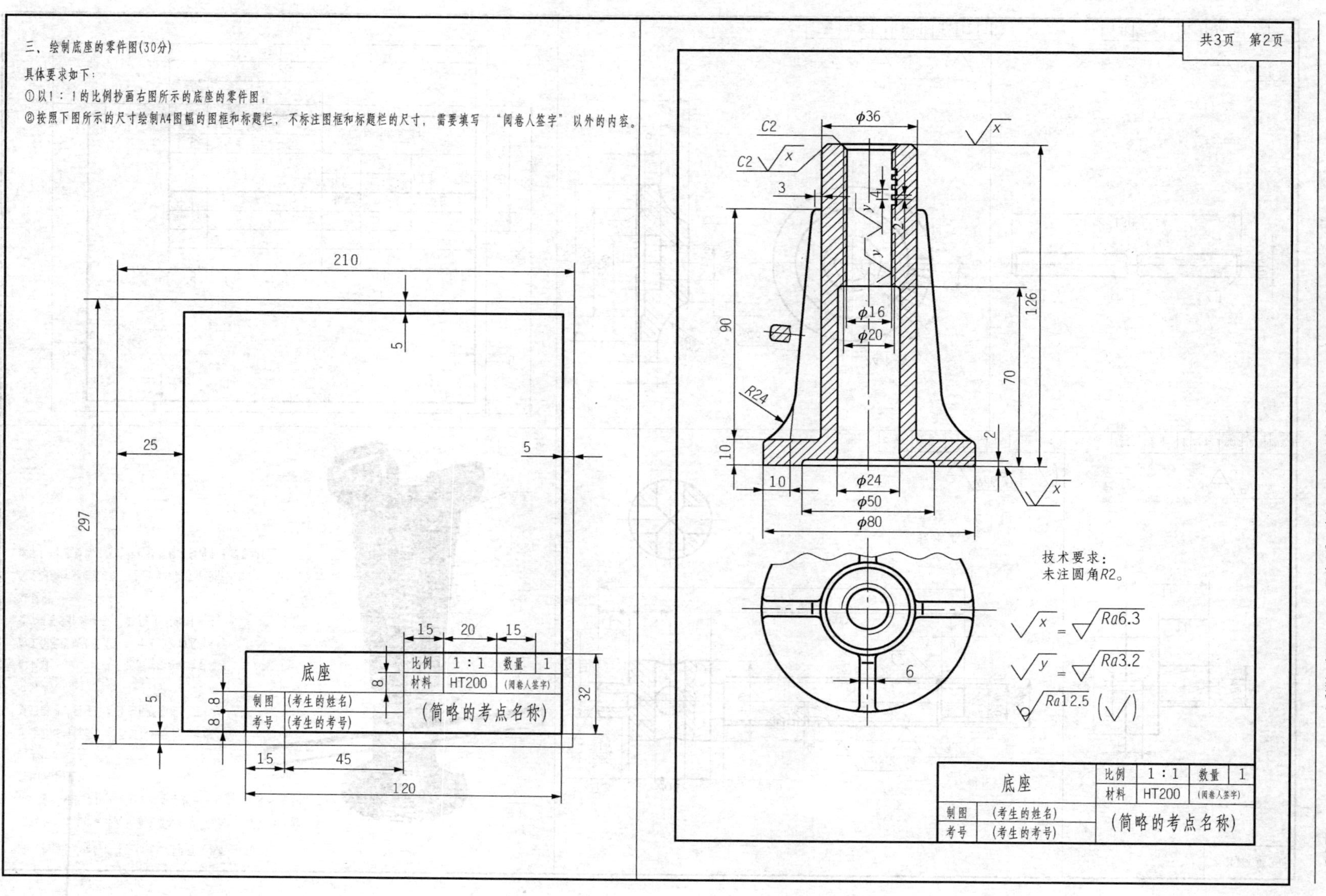
共3页　第2页
三、绘制底座的零件图(30分)
具体要求如下：
①以1：1的比例抄画右图所示的底座的零件图；
②按照下图所示的尺寸绘制A4图幅的图框和标题栏，不标注图框和标题栏的尺寸，需要填写"阅卷人签字"以外的内容。
210
297
25
5
15
20
45
8
32
120
底座
比例
1：1
数量
1
材料
HT200
(阅卷人签字)
制图
(考生的姓名)
考号
(考生的考号)
(简略的考点名称)
φ36
C2
3
90
126
70
φ16
φ20
R24
10
2
φ24
φ50
φ80
6
技术要求：
未注圆角R2。
Ra6.3
Ra3.2
Ra12.5

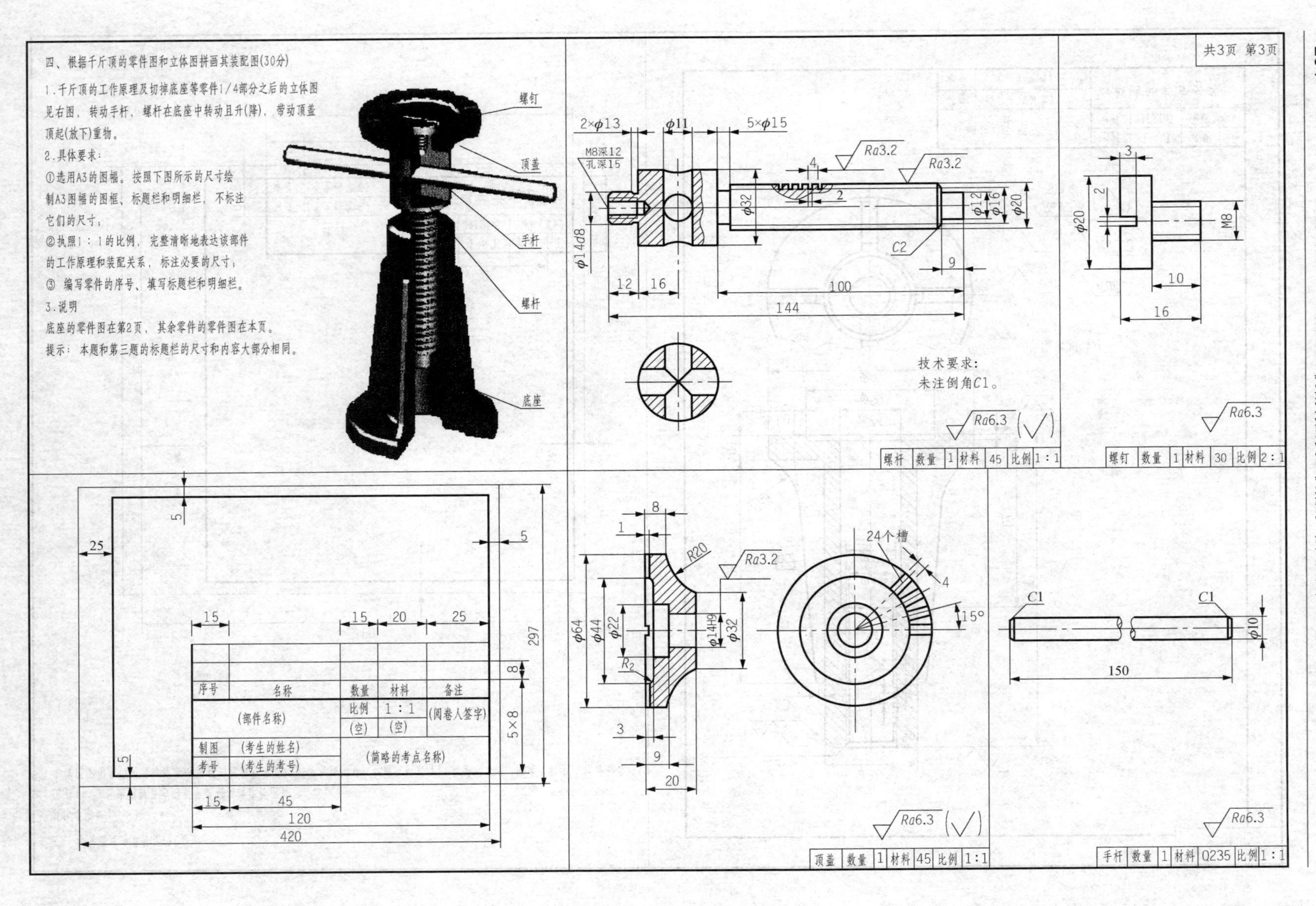

共3页 第3页

四、根据千斤顶的零件图和立体图拼画其装配图(30分)

1.千斤顶的工作原理及切掉底座等零件1/4部分之后的立体图见右图，转动手杆，螺杆在底座中转动且升(降)，带动顶盖顶起(放下)重物。

2.具体要求：

①选用A3的图幅，按照下图所示的尺寸绘制A3图幅的图框、标题栏和明细栏，不标注它们的尺寸；

②执照1：1的比例，完整清晰地表达该部件的工作原理和装配关系，标注必要的尺寸；

③ 编写零件的序号、填写标题栏和明细栏。

3.说明

底座的零件图在第2页，其余零件的零件图在本页。

提示：本题和第三题的标题栏的尺寸和内容大部分相同。

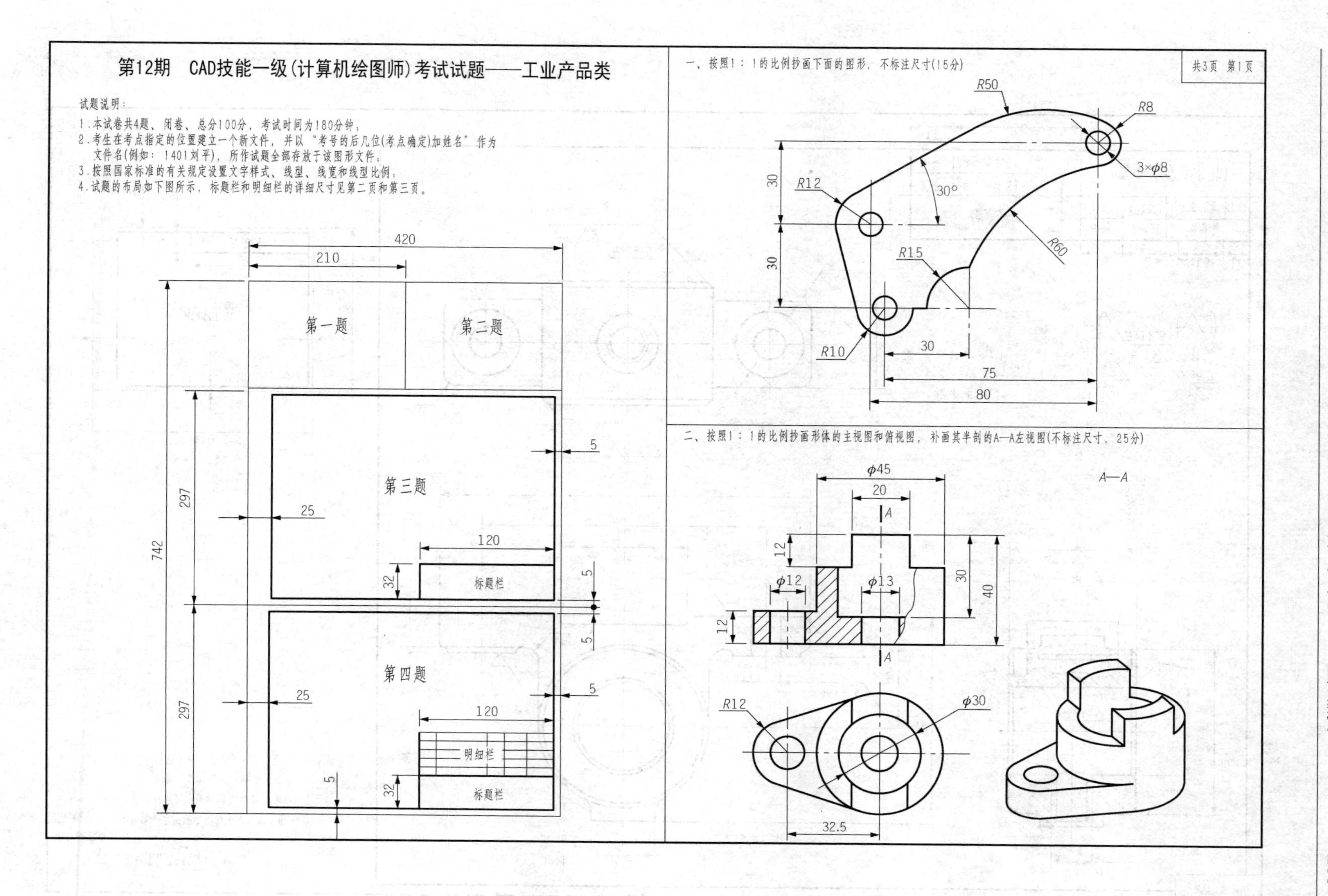
第12期　CAD技能一级(计算机绘图师)考试试题——工业产品类
试题说明：
1.本试卷共4题，闭卷，总分100分，考试时间为180分钟；
2.考生在考点指定的位置建立一个新文件，并以"考号的后几位(考点确定)加姓名"作为文件名(例如：1401刘平)，所作试题全部存放于该图形文件；
3.按照国家标准的有关规定设置文字样式、线型、线宽和线型比例；
4.试题的布局如下图所示，标题栏和明细栏的详细尺寸见第二页和第三页。
第一题
第二题
第三题
第四题
标题栏
明细栏
742
297
420
210
120
25
32
5
一、按照1：1的比例抄画下面的图形，不标注尺寸(15分)
共3页 第1页
R50
R8
3×φ8
R12
30°
R15
R60
R10
30
75
80
二、按照1：1的比例抄画形体的主视图和俯视图，补画其半剖的A—A左视图(不标注尺寸，25分)
A—A
φ45
20
φ12
φ13
12
40
R12
φ30
32.5

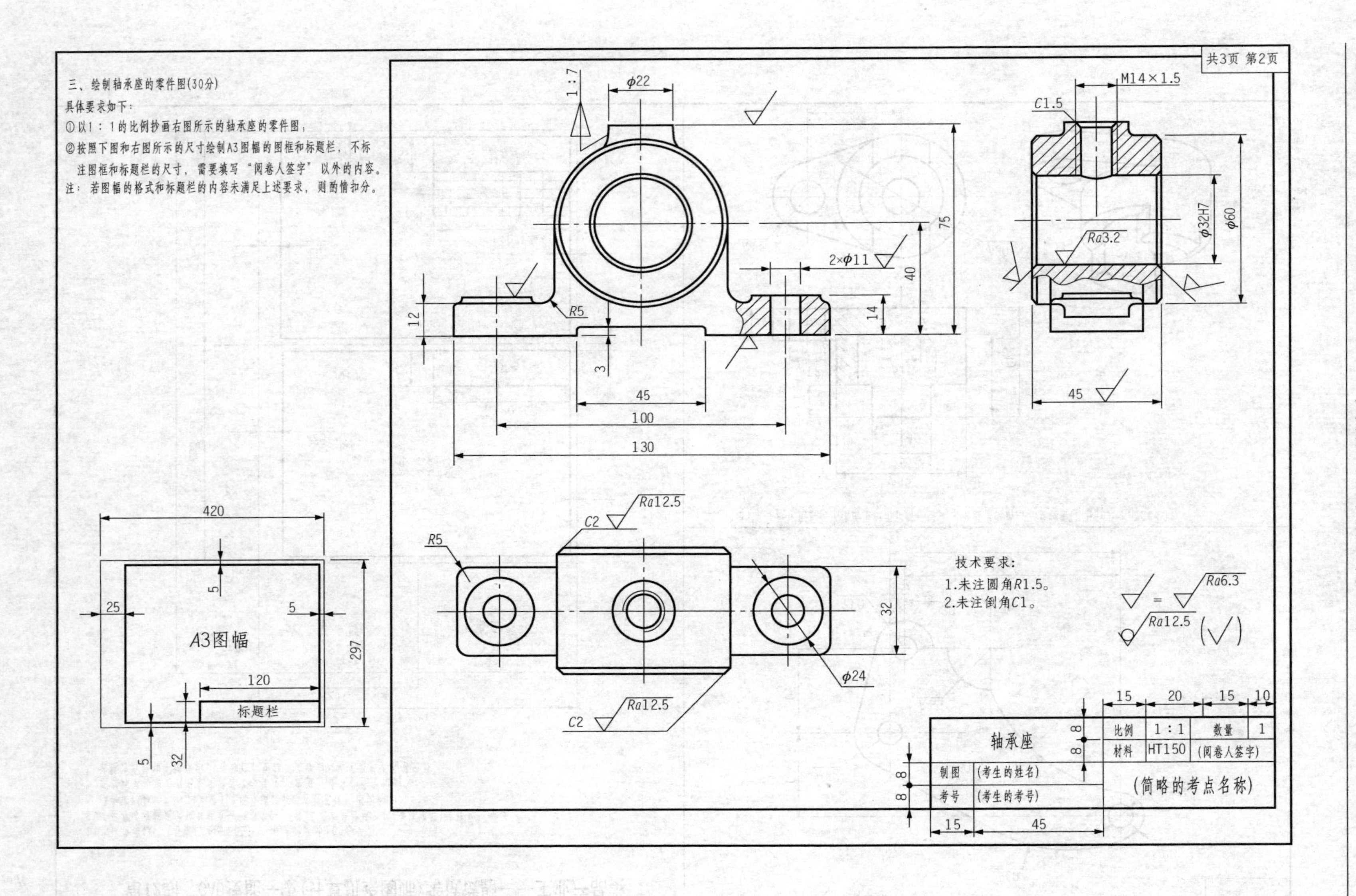
共3页 第2页
三、绘制轴承座的零件图(30分)
具体要求如下：
①以1：1的比例抄画右图所示的轴承座的零件图，
②按照下图和右图所示的尺寸绘制A3图幅的图框和标题栏，不标注图框和标题栏的尺寸，需要填写“阅卷人签字”以外的内容。
注：若图幅的格式和标题栏的内容未满足上述要求，则酌情扣分。
1：7
φ22
R5
12
3
45
100
130
75
40
14
2×φ11
M14×1.5
C1.5
Ra3.2
φ32H7
φ60
45
Ra12.5
C2
R5
φ24
32
Ra12.5
C2
技术要求：
1.未注圆角R1.5。
2.未注倒角C1。
Ra6.3
Ra12.5
420
5
25
5
A3图幅
297
120
标题栏
5
32
15
20
15
10
轴承座
比例
1：1
数量
1
材料
HT150
(阅卷人签字)
制图
(考生的姓名)
考号
(考生的考号)
(简略的考点名称)
8
8
8
8
15
45

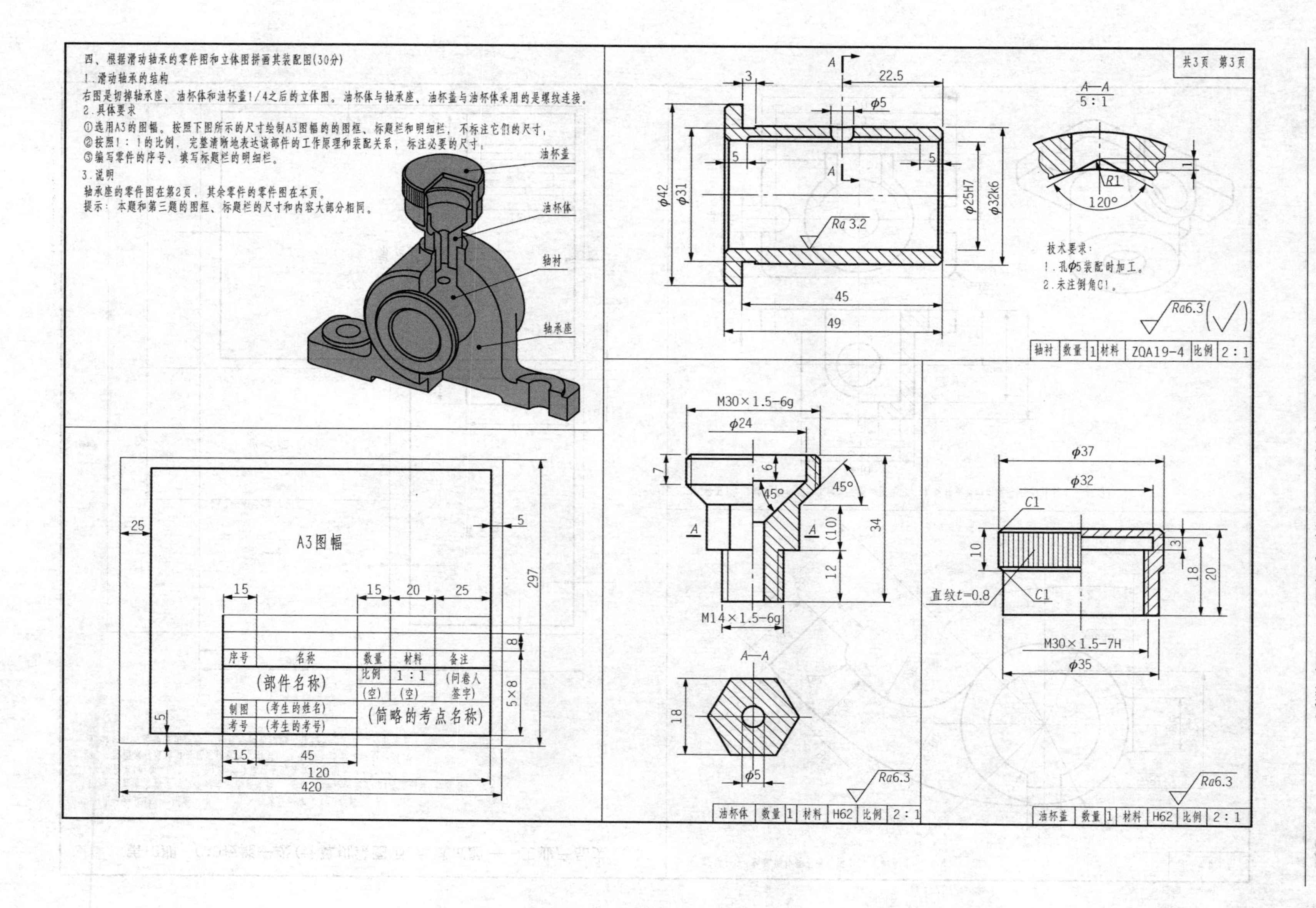
共3页　第3页
四、根据滑动轴承的零件图和立体图拼画其装配图(30分)
1.滑动轴承的结构
右图是切掉轴承座、油杯体和油杯盖1/4之后的立体图。油杯体与轴承座、油杯盖与油杯体采用的是螺纹连接。
2.具体要求
①选用A3的图幅。按照下图所示的尺寸绘制A3图幅的的图框、标题栏和明细栏，不标注它们的尺寸，
②按照1：1的比例，完整清晰地表达该部件的工作原理和装配关系，标注必要的尺寸。
③编写零件的序号、填写标题栏的明细栏。
3.说明
轴承座的零件图在第2页，其余零件的零件图在本页。
提示：本题和第三题的图框、标题栏的尺寸和内容大部分相同。
油杯盖
油杯体
轴衬
轴承座
A3图幅
序号
名称
数量
材料
备注
(部件名称)
比例
1：1
(问卷人签字)
(空)
(空)
制图
(考生的姓名)
考号
(考生的考号)
(简略的考点名称)
A—A
5：1
R1
120°
ϕ5
22.5
ϕ42
ϕ31
ϕ25H7
ϕ32k6
Ra 3.2
45
49
技术要求：
1.孔ϕ5装配时加工。
2.未注倒角C1。
Ra6.3
轴衬　数量　1　材料　ZQA19-4　比例　2：1
M30×1.5-6g
ϕ24
45°
(10)
34
M14×1.5-6g
A—A
18
ϕ5
Ra6.3
油杯体　数量　1　材料　H62　比例　2：1
ϕ37
ϕ32
C1
直纹t=0.8
M30×1.5-7H
ϕ35
Ra6.3
油杯盖　数量　1　材料　H62　比例　2：1

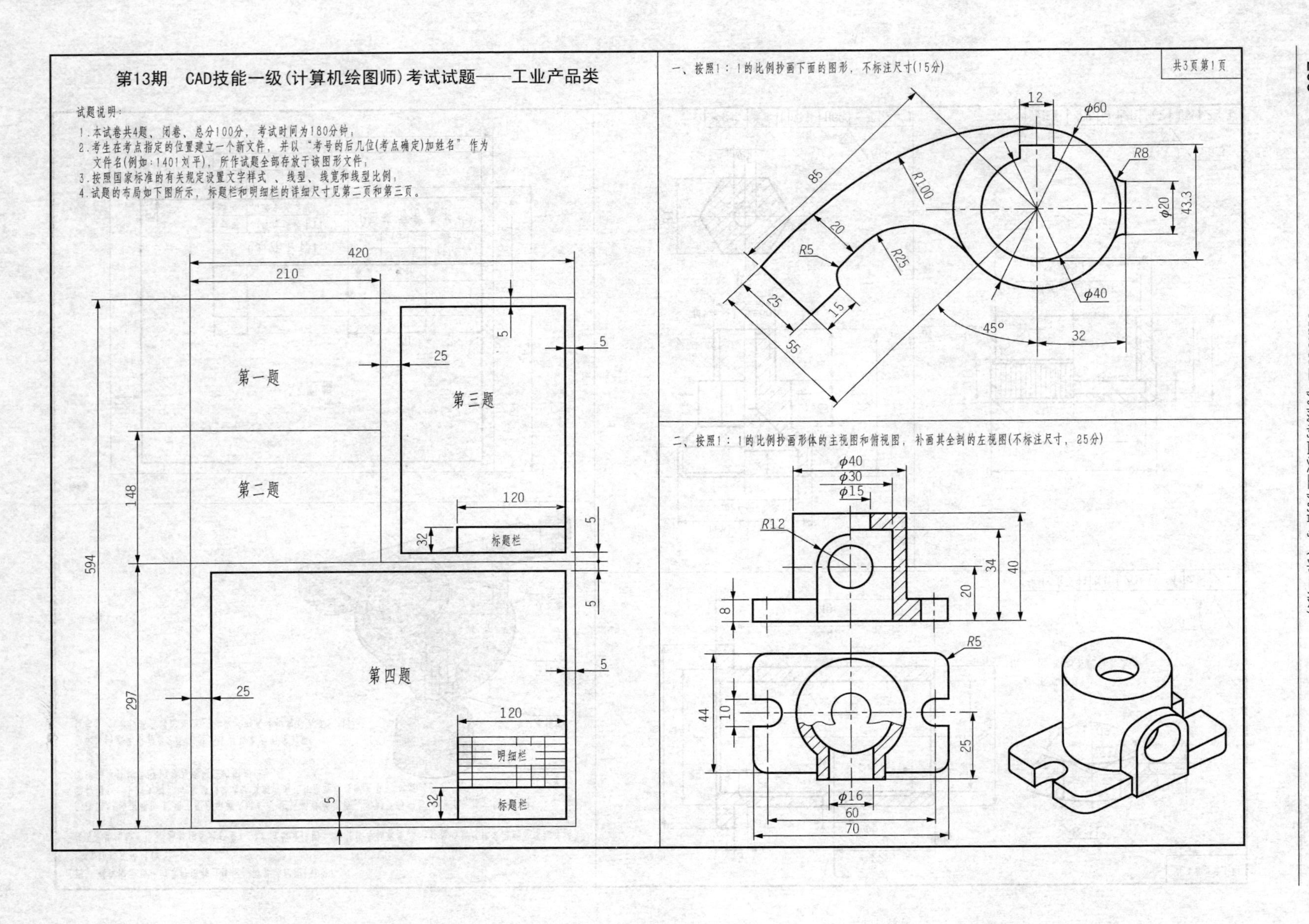
第13期 CAD技能一级(计算机绘图师)考试试题——工业产品类
试题说明：
1.本试卷共4题，闭卷，总分100分，考试时间为180分钟；
2.考生在考点指定的位置建立一个新文件，并以"考号的后几位(考点确定)加姓名"作为文件名(例如：1401刘平)，所作试题全部存放于该图形文件；
3.按照国家标准的有关规定设置文字样式、线型、线宽和线型比例；
4.试题的布局如下图所示，标题栏和明细栏的详细尺寸见第二页和第三页。
420
210
594
148
297
第一题
第二题
第三题
第四题
标题栏
明细栏
120
25
32
5
一、按照1:1的比例抄画下面的图形，不标注尺寸(15分)
共3页第1页
12
φ60
R8
85
R100
φ20
43.3
20
R5
R25
φ40
25
15
45°
32
55
二、按照1:1的比例抄画形体的主视图和俯视图，补画其全剖的左视图(不标注尺寸，25分)
φ40
φ30
φ15
R12
34
40
20
8
R5
44
10
25
φ16
60
70

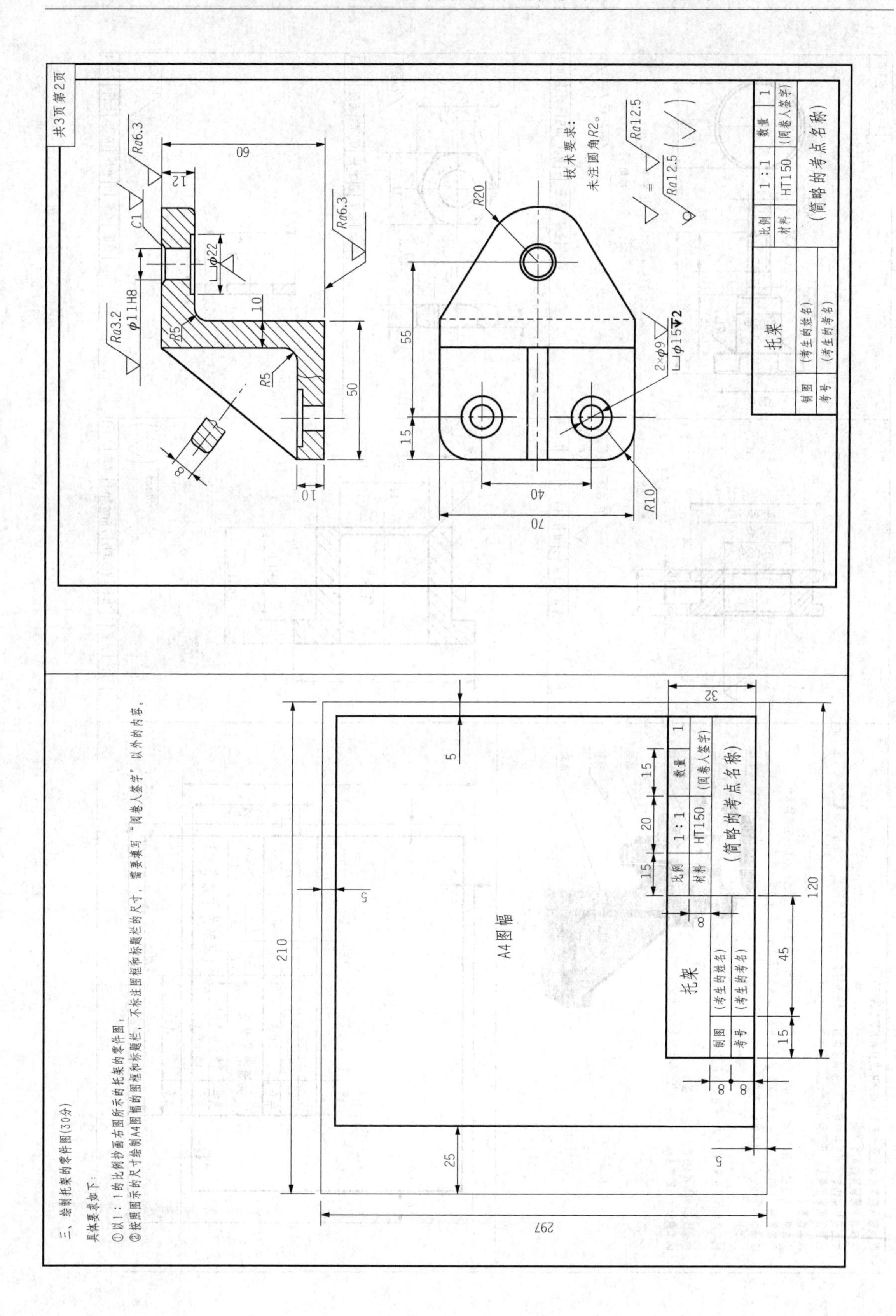
三、绘制托架的零件图(30分)
具体要求如下：
①以1：1的比例抄画右图所示的托架的零件图；
②按照图示的尺寸绘制A4图幅的图框和标题栏，不标注图框和标题栏的尺寸，需要填写"阅卷人签字"以外的内容。
A4图幅
共3页第2页
技术要求：
未注圆角R2。
托架
比例 1：1 数量 1
材料 HT150 (阅卷人签字)
制图 (考生的姓名)
考号 (考生的考号)
(简略的考点名称)

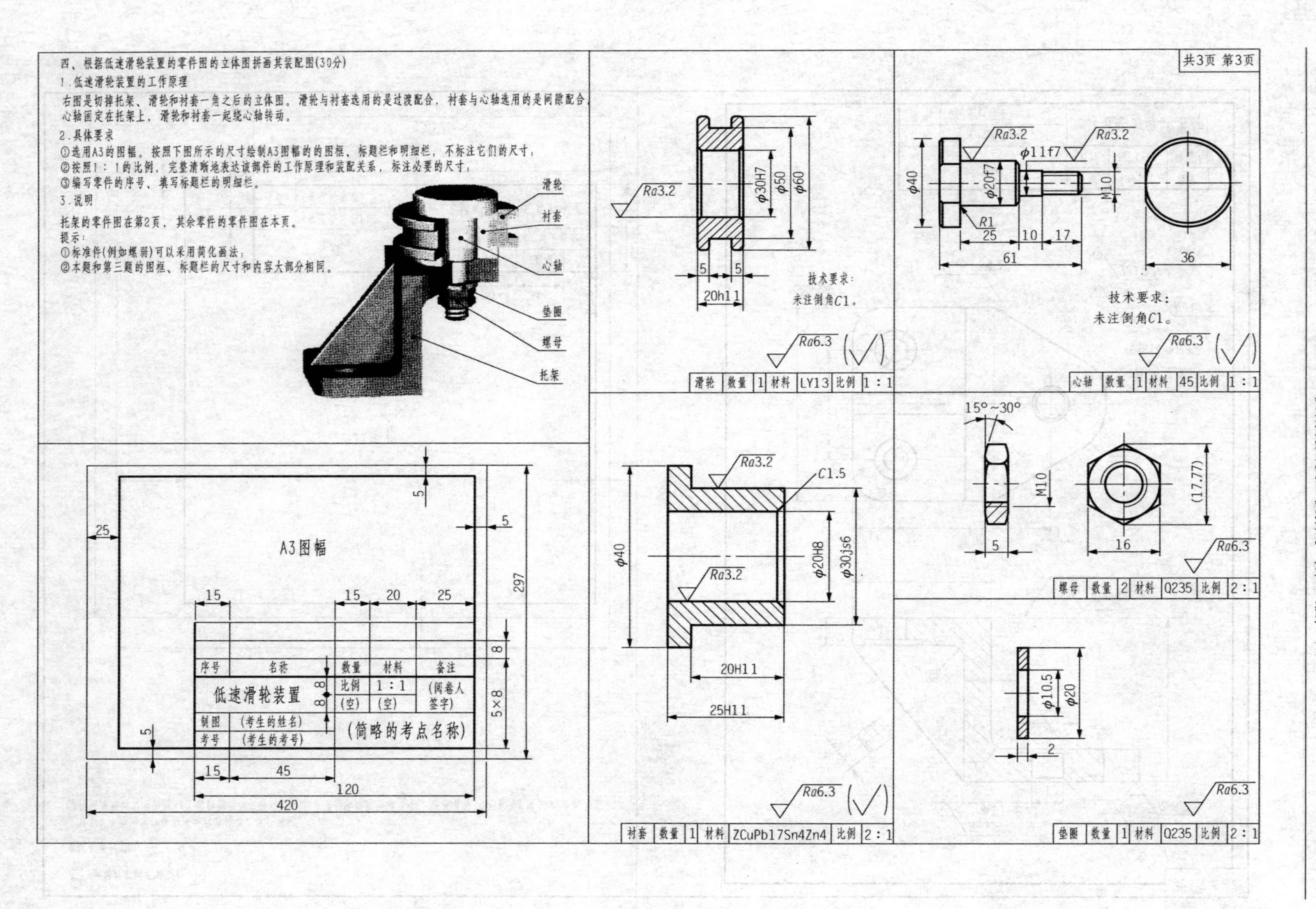

四、根据低速滑轮装置的零件图的立体图拼画其装配图(30分)
1.低速滑轮装置的工作原理
右图是切掉托架、滑轮和衬套一角之后的立体图。滑轮与衬套选用的是过渡配合，衬套与心轴选用的是间隙配合，心轴固定在托架上，滑轮和衬套一起绕心轴转动。
2.具体要求
①选用A3的图幅。按照下图所示的尺寸绘制A3图幅的的图框、标题栏和明细栏，不标注它们的尺寸；
②按照1：1的比例，完整清晰地表达该部件的工作原理和装配关系，标注必要的尺寸；
③编写零件的序号、填写标题栏的明细栏。
3.说明
托架的零件图在第2页，其余零件的零件图在本页。
提示：
①标准件(例如螺钉)可以采用简化画法；
②本题和第三题的图框、标题栏的尺寸和内容大部分相同。
滑轮
衬套
心轴
垫圈
螺母
托架
A3图幅
序号
名称
数量
材料
备注
低速滑轮装置
比例
1：1
(阅卷人签字)
(空)
(空)
制图
(考生的姓名)
考号
(考生的考号)
(简略的考点名称)
共3页 第3页
技术要求：
未注倒角C1。
滑轮 数量 1 材料 LY13 比例 1：1
心轴 数量 1 材料 45 比例 1：1
螺母 数量 2 材料 Q235 比例 2：1
衬套 数量 1 材料 ZCuPb17Sn4Zn4 比例 2：1
垫圈 数量 1 材料 Q235 比例 2：1

第5期评分标准

第一题　10分

见图1，每漏画一条线段或该线段不准确，则扣1分；若中心线出头过长，则共扣0.5分；若线型、线型比例不合适，则共扣0.5分；若线宽不合适，则共扣0.5分。

第二题　30分

1. 分数分配如图2所示。

2. 若投影关系错（主视图和左视图、主视图和俯视图未对齐），则每处扣2分。

3. 每漏（错）画一条带标记“O”的线段，则扣2分；每漏（错）画一条其余的线段（包括中心线），则扣1分。对称的两条线段按一条线段统计。漏（错）画一处剖面线，则扣1分；若所有的剖面线的方向或间隔不一致则扣1分。若波浪线出头，则扣1分。

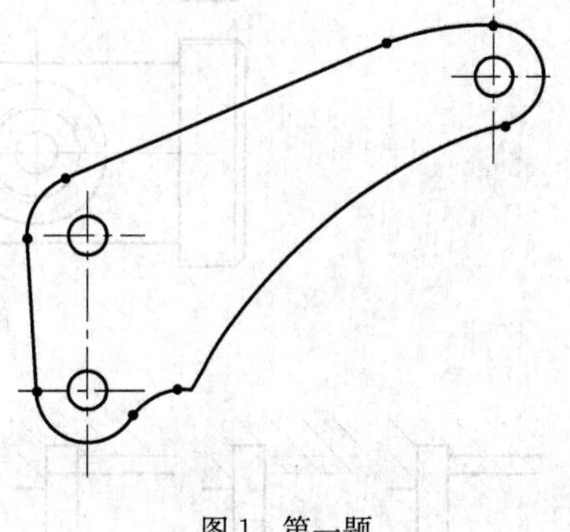

图1　第一题

4. 若线型、线型比例不合适，则扣1分；若线宽不合适，则扣1分。

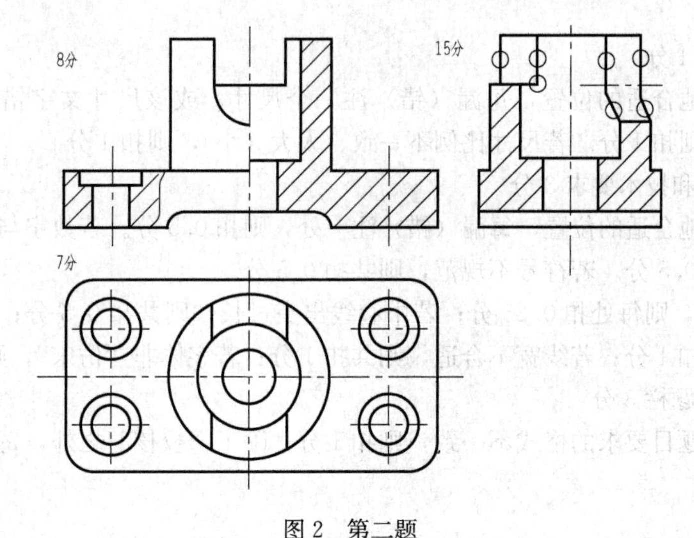

图2　第二题

第三题　30分

1. 视图（不含尺寸和表面结构的标注）（20分）

（1）分数分配如图3所示。

（2）若投影关系错（主视图和俯视图未对齐），则扣2分。若缺少A向视图的标注，则扣1分。

（3）每漏（错）画一条线段，则扣1分。每漏画或出现图4所示的错误，则每处扣1分。若主视图的相贯线为直线，则扣1分。

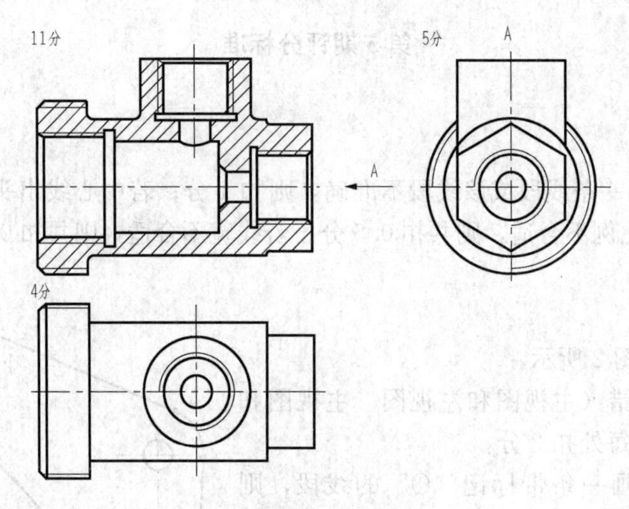

图3 阀体的三视图

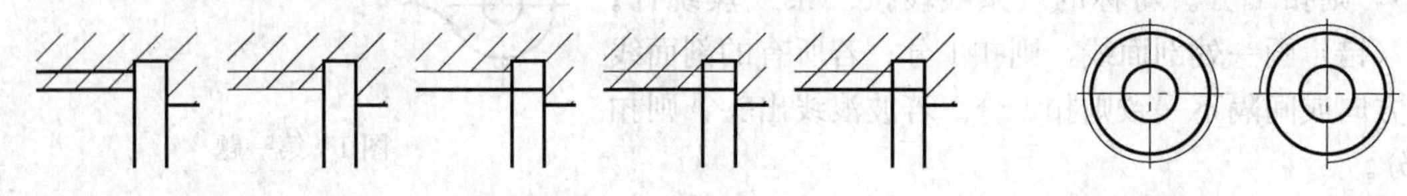

图4 错误的螺孔实例

2. 尺寸标注4分

可以改注其他合适的位置，每漏（错）注一个尺寸，或该尺寸文字错，则扣0.25分；若字号不一致，则扣1分。若尺寸比例不一致、太大（小），则扣1分。

3. 表面结构和技术要求3分

可以改注其他合适的位置，每漏（错）注一处，则扣0.5分。若数字与尺寸数字的高度不一致，则共扣0.5分。若符号不规范，则共扣0.5分。

4. 若字压线，则每处扣0.25分；若中心线出头过长，则共扣0.5分；若线型、线型比例不合适，则共扣1分；若线宽不合适，则共扣1分；若字体非“仿宋”，则共扣1分。

5. 图框和标题栏3分

若标题栏与题目要求的格式不一致，则扣1分；除了“校核”之外，每漏填一项，则扣0.25分。

第四题　30分

1. 视图（共20分）（不含尺寸和零件编号）

（1）螺纹连接件、弹簧和零件的工艺结构可采用国家标准规定的简化画法，调节螺母5可采用全剖。

（2）若只有阀体1的主视图，可得4分；若漏画了其余的零件，则每个扣3分。

（3）若阀盖7、垫圈6和阀体1处于非工作位置（未拧紧），则扣4分；若调节螺母5、弹簧4、弹簧座3、钢球2和阀体1处于非工作位置（有间隙），则扣4分；若零件的安装顺序错，则每处扣4分。

（4）若漏（错）画零件的主要结构线，则每条扣1分；若保留了被弹簧4遮挡的图线，则每条扣1分；若垫圈6的剖面符号为金属材料，则扣1分；若漏画剖面符号，则每处扣1分；若相邻零件的剖面符号的方向和间隔均相同，则每处扣1分。

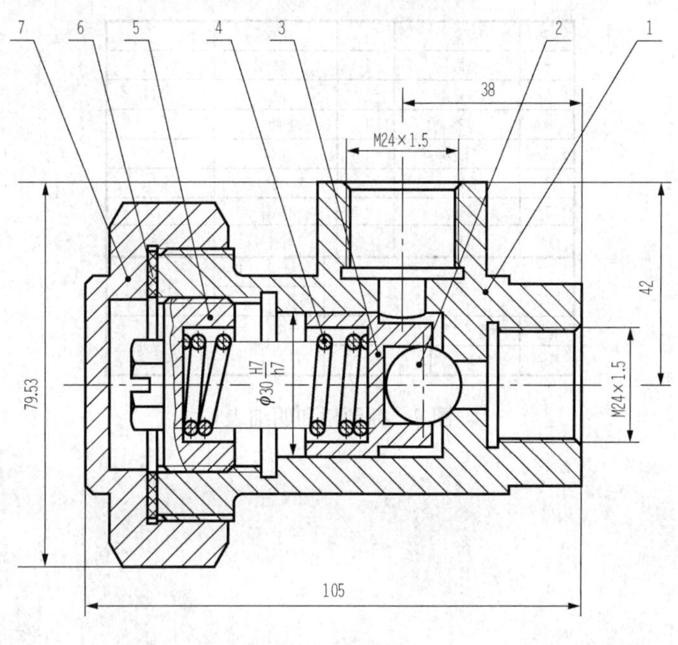

图5　溢流阀

（5）图6所示为正确的阀盖与阀体、调节螺母与阀体的螺纹连接部分。若螺纹连接的螺纹大、小径不一致或线宽错，则每处扣2分。

（6）若中心线出头太长，则共扣0.25分。若线型、线型比例、线宽不合适，则每项扣1分。

2. 尺寸标注（共3分）

可以改注其他合适的位置，每漏注1个尺寸，则扣0.5分；若只是尺寸文字错，则每个扣0.5分。若尺寸文字压线，则每处扣0.25分。若尺寸比例不一致或太大（小），则扣0.5分。标注了与装配图无关的尺寸不计分。

3. 图框、标题栏、零件编号和明细表（共7分）

零件序号的编排可以自定。若编号无序，则扣1分；若序号的内容和位置如图7所示，则扣2分；若引线的起始处无显著的圆点（垫圈处可以为箭头），则共扣0.5分；若引线之间相交，则每处扣0.5分；若编号的数字没有比尺寸数字大一号或两号，则共扣0.5分。

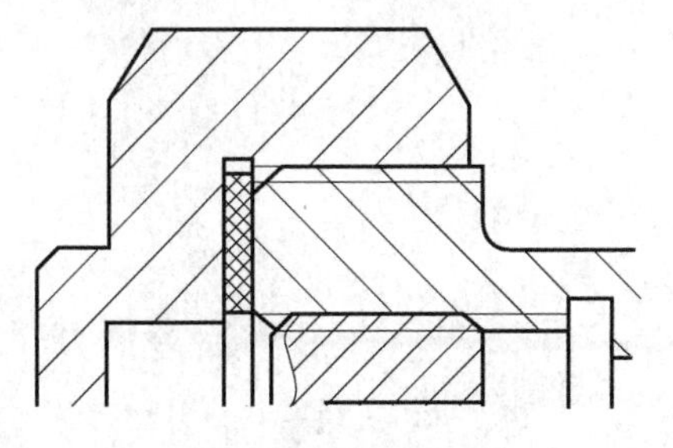

图6　正确的螺纹连接

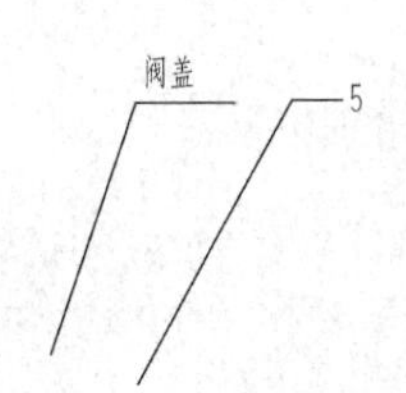

图7　序号的内容和位置错

如图 8 所示，若图框、标题栏和明细表的格式与题目所要求的不一致，则扣 1 分；若序号非自下而上排列，则扣 1 分；与图 8 比较，每漏掉一项，则扣 0.25 分；若字体非“仿宋”，则共扣 1 分。

7	阀盖	1	HT200	
6	垫圈	1	橡胶	
5	调节螺母	1	A3	
4	弹簧	1	65Mn	
3	弹簧座	1	A3	
2	钢球	1	45	
1	阀体	1	HT200	
序号	名称	件数	材料	备注

溢流阀			比例	1:1	（校核）
			质量		
制图	（考生姓名）		（简略的考点名称）		
考号					

图 8　标题栏和明细表

参 考 文 献

[1] 莫正波，高丽燕 . AutoCAD 2010 绘制建筑图 . 北京：中国电力出版社，2010.
[2] 杨月英，张效伟 . AutoCAD 2012 绘制机械图. 北京：机械工业出版社，2012.
[3] 王海英 . 举一反三 AutoCAD 中文版建筑制图实战训练 . 北京：人民邮电出版社，2004.